JOSEPH SCHUMACHER

ANTIKE MEDIZIN

Die naturphilosophischen Grundlagen der Medizin

in der griechischen Antike

ERSTER BAND

Berlin 1940

VERLAG WALTER DE GRUYTER & CO.

JOSEPH SCHUMACHER

DIE NATURPHILOSOPHISCHEN GRUNDLAGEN DER MEDIZIN

in der griechischen Antike

Berlin 1940

VERLAG WALTER DE GRUYTER & CO.

Archiv-Nr. 33 50 40
Printed in Germany
Druck von Walter de Gruyter & Co., Berlin W 35

Frau Jula Thyssen

in Verehrung zugeeignet

VORWORT

Sprengel sagt in der Einleitung zu seinem »Versuch einer pragmatischen Geschichte der Arzneikunde« (4. Aufl. I. Bd., Leipzig 1846, S. 2): »Die Philosophie ist die Mutter der Medizin in wissenschaftlicher Rücksicht, und das Wachstum der einen steht mit der Zunahme der anderen Wissenschaft in unzertrennlicher Verbindung.«

Dieser Satz hat in der Folgezeit wie kaum ein anderer Anerkennung und Widerspruch gefunden. Für keine Periode aber ist die Diskrepanz der Urteile von Philologen, Philosophen und Medizinhistorikern stärker, als für die Zeit der Genese der wissenschaftlichen Medizin. Schon das zeigt die Problematik. Die lückenhafte Überlieferung jedoch und vor allem der Widerspruch in den Doxographen stellt den Forscher, der es unternimmt, das Miteinander und Auseinander der Entwicklung naturphilosophischen und medizinischen Denkens in der griechischen Antike zu untersuchen, vor eine Fülle von Teilproblemen, und nicht mit Unrecht hat der ausgezeichnete Kenner der griechischen Antike, W. Capelle, dem ich für seine wertvollen Hinweise danke, dieses Unternehmen als ein »opus aleae plenum« bezeichnet.

Ich hätte es nie gewagt, diese Arbeit durchzuführen, wenn mir nicht die Annahme des vorliegenden Teils als Habilitationsschrift durch einen Professor Haberling eine unschätzbare ideelle Unterstützung gewesen wäre. Ihm auch an dieser Stelle für seine stete Hilfsbereitschaft meinen Dank zu sagen, fühle ich mich aufs tiefste verpflichtet.

Essen-Werden-Ruhr, im Mai 1939.

Joseph Schumacher.

INHALTSVERZEICHNIS

Seite

ABKÜRZUNGEN

Burnet, J., Die Anfänge der griechischen Philosophie. Aus dem Engl. übers. von E. Schenkel. Leipzig 1913 = Anfänge.

Deichgräber, K., Die Epidemien und das Corpus Hippocraticum. Voruntersuchungen zu einer Geschichte der koischen Ärzteschule. Berlin 1933 = Epidemien.

Doxographi graeci, coll., rec., prolegomenis indicibusque instruxit H. Diels. Ed. II. Berlin 1929 = Dox.

Fragmente der Vorsokratiker. Griech. u. dt. v. Herm. Diels. 5. Aufl., hrsg. v. W. Kranz. 1—3. Berlin 1934—37 = Vors.[5]

Fredrich, C., Hippokratische Untersuchungen (Phil. Untersuchungen v. Wilamowitz-Kiessling 15). Berlin 1899 = Untersuchungen.

Gilbert, O., Die meteorologischen Theorien des griechischen Altertums. Leipzig 1907 = Meteor. Theor.

Hippokrates, Über Entstehung und Aufbau des menschl. Körpers (Περὶ σαρκῶν). Hrsg., übers. u. komment. v. Karl Deichgräber. Leipzig 1935 = Hipp. Περὶ σαρκῶν.

Palm, A., Studien zur hippokratischen Schrift περὶ διαίτης. Diss. Tübingen 1933 = Studien.

Temkin, O., Der systematische Zusammenhang im Corpus Hippocraticum. Kyklos Bd. 1. 1928, S. 9—43 = Der syst. Zusammenhang.

Ders., Die Krankheitsauffassung von Hippokrates und Sydenham in ihren Epidemien. Arch. f. Gesch. d. Med. Bd. 20. Heft 4. 1928. S. 327—352 = Die Krankheitsauffassung.

Überweg, F., Grundriß der Geschichte der Philosophie. I. Teil: Die Philosophie des Altertums, 12. Aufl., hrsg. von Karl Praechter. Berlin 1926 = Grundriß[12].

Vorsokratiker, Die, Die Fragmente u. Quellenberichte übers. u. eingel. v. W. Capelle. Leipzig 1935 = Vorsokratiker.

Zeller, E., Die Philosophie der Griechen in ihrer geschichtlichen Entwicklung. 6. Aufl. I. Teil, 1. Hälfte, hrsg. von W. Nestle, Leipzig 1919; I. Teil, 2. Hälfte, Leipzig 1920 = I[6].

Ders., Die Philosophie der Griechen in ihrer geschichtlichen Entwicklung. II. Teil, I. Abteilung, 5. Aufl. Leipzig 1922 = II[5].

VORBEMERKUNGEN

Die vorliegende Arbeit umfaßt nur einen kleinen, aber äußerst wichtigen Abschnitt aus dem lebendigen Fluten der Geistesgeschichte, nämlich der Zeit, da noch echt ursprüngliches Naturgefühl mit den Anfängen kritischen Denkens sich mischte und erstaunlich schnell eine Fülle von Theorien entstand, deren Bedeutung weniger in elementaren Definitionen, als vielmehr in der fruchtbaren Methode liegt, mit der man nach dem Unveränderlichen und Beständigen in den zusammengesetzten Stoffen und den Gesetzmäßigkeiten in deren Wirken zu suchen begann.

Die ideellen Konzeptionen aus dieser Zeit der Geistesrevolution zeugten eine Welt-Anschauung, die in ihrer frischen Jugendkraft einerseits immer neue Fragestellungen aus sich heraus entließ und in den Menschen einen fast fanatischen Willen zu reiner Erkenntnis schuf, andererseits aber auch die Möglichkeit gab, die in der Spürkraft des menschlichen Geistes schon gefundenen unzähligen Einzelergebnisse durch Zusammenschau in ein bestimmtes System einzuordnen. Objekt der Zusammenschau waren alle Gebiete des Wißbaren, und das jeweilige philosophische System umfaßte alles, Naturwissenschaftliches, Ethisches, Kulturelles und insbesondere auch das am meisten reizende Medizinische in gleicher Weise. Von dieser Tatsache erhält die vorliegende Arbeit Ausgangspunkt und innere Begründung. Nicht immer wurde das klar gesehen: die geistige Struktur der letzten Jahrhunderte, insbesondere des letzten, das auf allen naturwissenschaftlichen Gebieten ungeahnte Fortschritte schenkte, prägte auch der philologisch-kritischen und philosophisch-synthetischen Forschungsarbeit ihre Eigenart auf[1]).

[1]) Wie die Anschauungen des vergangenen Jahrhunderts waren, zeigt (für viele andere) die Arbeit von M. Mollet, La médecine chez les Grecs. Paris 1906, S. 177ff.: Nos philosophes préhippocratiques ne s'embarassèrent point d'une étude aussi ardue; ils foncèrent tête baissée dans le maquis de la métaphysique, construisant avec outrecuidance la plus folle physiologie, l'embryogénie la plus saugrenue et l'anatomie la plus pitoyable qui se puisse supposer . . . car tout philosophe est un sophiste en puissance et malheur à la réalité des faits tangibles s'ils ne se conforment pas aux théories préconçues! ... C'a été précisément la faute lourde de nos philosophes-médecins: bâtir ingénieusement des théories ontologiques et vouloir ensuite y adapter les faits matériels, qui, en

Es lag in der Tendenz der materialistischen und mechanistischen Naturerklärung, die in all den Erfolgen, die sie tatsächlich hatte, die Überwindung des »Rausches der Naturphilosophie« sah, auch für die Antike den Einfluß der Philosophie auf die Wissenschaft als unheilvoll anzusehen, bzw. in einer für Forscher unverständlichen Voreingenommenheit einfach zu leugnen. Die überwiegende Mehrzahl der Arbeiten erscheint — wenigstens auf dem Gebiet des Medizinischen — fast als ein Produkt des Wetteifers, alles Wertvolle der philosophiefreien, »einzig wissenschaftlichen Methode der Empirie« zuzuschreiben.

Eine zweite Gefahr, die zwar immer bestand, aber dem letzten Jahrhundert mit seinem Individualismus und Subjektivismus im besonderen Maße eignete, ist die Wertung einer vergangenen Wissenschaftsperiode von der Gegenwart aus. So fand ich noch in letzter Zeit in der Abhandlung eines Gelehrten von Ruf den als selbstverständlich hingestellten Satz: »Freilich können wir die Pathologie eines altklassischen Mediziners nur aus unserem heutigen pathologischen Wissen verstehen und werten«. Es kann nicht ausbleiben, daß auf diese Weise ein stark subjektives Moment in die Auffassung hineingetragen wird, und man kann a priori sagen, daß es so niemals möglich sei, die geistige Struktur antiken Denkens und Erkennens in ihrer Eigentümlichkeit zu erfassen.

Außerdem verbindet sich mit dieser Beurteilung vom Subjektiven aus allzu leicht sowohl Unter- wie Überbewertung der Antike. Gegenüber modernen, manchmal geradezu romanhaften Darstellungen griechischer Denker und Ärzte gilt: »Wer nicht Distanz wahrt gegen die Eigenheit der Antike, wer sie nur zu verstehen meint, indem er sie uns anbiedert durch Anpassung an

---

quelque manière, servaient de contrôle à l'excellence de leur élucubration. Il y avait là une gymnastique intellectuelle agréable, un passe-temps plein d'attrait, qui consistait à soumettre les lois cosmiques aux créations imaginatives de l'esprit humain; c'était un exercice de dialectique, qui pouvait avoir quelque utilité dans les écoles philosophiques mais il n'eut dû en aucun cas être pris au sérieux et malheureusement il le fut. De monstrueuses hérésies médicales furent le résultat fatal de cette façon inverse de procéder; chaque philosophe eut son système immuable, chaque école entra en rivalité avec l'école voisine, prônant, ainsi que des dogmes fondamentaux, des vues de l'esprit fort chimériques. C'est cet illogisme de la méthode scientifique qui fit sombrer la philosophie grecque primitive dans l'absurdité, absurdité que nous ne prendrons pas la peine de signaler, car il faudrait le faire à chaque pas de l'exposition des doctrines.

unsere Ideale und Interessen, der beraubt sich der geschichtlichen Lehrkraft der Antike und behält schließlich nichts in der Hand als den leeren Spiegel seiner Einbildungen. Denn wir lernen und verstehen nur, wenn wir mit dem Stoffe ringen und uns dabei ebenso seiner wundersamen Fremdheit zu uns wie seiner tiefen Berührung mit unserem eigenen Wesen bewußt werden«[1]). — Die griechische Philosophie ist uns Lehrmeisterin geworden, wenn wir so wollen, und es ist sicher richtig, wenn wir sagen, die Entwicklung unserer Philosophie, Naturwissenschaften, insbesondere auch der Medizin wäre eine ganz andere gewesen, wenn dieser Einfluß nicht stattgehabt hätte. Es fehlt zwar noch jede genauere Untersuchung, welchen Anteil z. B. der romanische und der, zwar zeitlich spätere, aber deswegen in nicht weniger gewichtiger Weise, germanische Faktor beigetragen haben, das Weltbild zu gestalten, das zu besitzen wir uns heute rühmen dürfen; aber das wissen wir und fühlen es an tausend Einzelheiten, daß die genannten Faktoren teils als Kräfte des Widerstandes, teils als Kräfte ungestüm drängender Gestaltung ihre Eigenart der modernen Wissenschaft und Philosophie aufgeprägt haben. Es ist für den Historiker dringendste Notwendigkeit, das Ganze klar herauszustellen und zugleich in Ablehnung der maßlosen Überschätzung ihres Einflusses zu sagen: wir verdanken den Griechen vieles, aber nicht alles. Wir sind ihre Schuldner; es besteht zwischen unserm Denken und dem ihren in mehr als einer Beziehung eine geistige Verwandtschaft, aber wir sind nicht »die Kinder, die an ihren Brüsten gesäugt wurden und von ihrem Blute sich noch immer nähren«. Wohl sind wir die Erben, die von dem reichen Besitz übernahmen, was übrig blieb, als das alte Hellas starb. Aber wir sind Erben, die weder das Ganze in seiner ursprünglichen Form übernahmen, weil in der Zeit des Verfalls der griechischen Wissenschaft und zum Teil schon vorher zu vieles verwischt, verändert und zerstört wurde, noch das Ganze auf einmal; denn das Aufsuchen und Auffinden des hinterlassenen Gedankengutes dauert heute noch an. Vor allem aber sind wir Erben, die durch das geistig Überkommene zwar reicher bzw. gewandelt wurden, aber gewandelt wurden gemäß der uns eigenen geistigen Struktur. Die Römer übernahmen anders als spätere romanische Völker und anders als diese die Germanen.

[1]) Joel, Karl, Geschichte der antiken Philosophie. Tübingen 1921, S. 803.

Die Philosophie und ebenso die Medizin der alten Griechen und vor allem der Vorsokratiker ist eine Philosophie (und Medizin) sui generis und es kommt fast einer Verfälschung gleich, das antike Denken unter moderne philosophische (und medizinische) Begriffe subsumieren zu wollen.

Nichts vermag das deutlicher zu beweisen als der Bedeutungswandel der Kunstausdrücke. Es erscheint mir richtig und praktisch, das in diesen Vorbemerkungen an einigen Beispielen aufzuweisen und damit zugleich zu zeigen, in welchem Sinne die im Text gebrauchten Begriffe angewandt worden sind.

So bedeutet »Schließen« für uns Folgerungen ziehen aus gegebenen Prämissen; wenn aber Alkmaion von τεκμαίρεσθαι spricht, oder Demokrit sagt, daß man von den φαινόμενα auf die ἄδηλα »schließen« müsse, dann meinen sie, wie zahllose Stellen zeigen, das Abwenden des Blickes (und der Sinne überhaupt) vom Äußeren der Dinge auf das Wesen der Dinge.

Das Wort θεωρία war damals gleich speculatio und drückte die intellektuale Anschauung, das unmittelbare Erkennen aus, so wie es auch der Gottheit eignet. Heute bezieht sich Spekulation auf einen Gegenstand, »zu welchem man in keiner Erfahrung gelangen kann«, und sie »wird der Naturerkenntnis entgegengesetzt«[1]. Seit der Mitte des vorigen Jahrhunderts wurde sie kaum noch erwähnt ohne ein Beiwort, das zugleich Verachtung ausdrückte, bis Joel[2]) wieder das Wort fand: »die Welt durchschauen im Denken — das ist die vielgeschmähte Spekulation«. Für die Alten aber ist Theorie (θεωρία) »Schau«[3]. Es ist schwer, das Wort in seiner eigentümlichen Bedeutung nachzuempfinden. Es ist ein denkendes Schauen und ein schauendes Denken. Es ist ein Denken, verschieden vom Wahrnehmen, von dem es schon Alkmaion und

---

1) Kant, Kritik der reinen Vernunft. Riga 1781, S. 497.

2) Joel, Karl, Philosophenwege. Freiburg 1901, S. 292.

3) In etwas allgemeinerer Form, aber doch deutlich die Wortbedeutung aufweisend, ist es gebraucht in Herodot I 30 (Herodoti, Historiarum libri IX, Ed. Henr. Rudolph. Dietsch, Editio altera, curavit curatamque emendavit H. Kallenberg, Vol. I. Lips. 1911), wo Krösus den Solon anredet: ... ὡς φιλοσοφέων γῆν πολλὴν θεωρίης εἵνεκεν ἐπελήλυθας. — Von Pythagoras sagt Sosikrates in den Philosophenfolgen, er habe das Leben mit einer Festversammlung verglichen, in der die einen als Kämpfer um den Preis, die anderen als Händler, die Besten aber als Zuschauer sich einfänden, nämlich die Philosophen als Forscher nach Wahrheit (Diog. L. VIII 8).

Heraklit geschieden hatten. Und doch sind beide Dinge in ihrem tiefsten Wesen nicht so verschieden, wie man es auf Grund scheinbar eindeutiger Aussprüche der alten Philosophen im allgemeinen anzunehmen pflegt. Das Denken bleibt im wesentlichen Schauen, nur daß durch dieses nicht die Erscheinungen (τὰ φαινόμενα), die sinnlichen Eigenschaften der Dinge (Farbe, Ton, Geruch, Geschmack), sondern das den wechselnden Eigenschaften, den Erscheinungen, Zugrundeliegende, τὸ ὑποκείμενον, das Wesen der Dinge erfaßt wird[1]).

Deswegen nehmen die alten Philosophen auch als Elemente solche, die sie in innerer Schau erfassen können und deren Veränderung bzw. Vermischung sie gleichsam als das Unwandelbare, Unzerstörbare in den wandelbaren anorganischen Dingen, den Pflanzen und auch im menschlichen Körper »sehen«. Feuer, Wasser, Erde, Luft sind ihnen keineswegs Symbol, wie man meistens annimmt[2]) und ebensowenig Fiktionen, sondern wirkliche Gegebenheiten oder richtiger gesagt, die Möglichkeit, das »Wesen« der Dinge zu schauen oder, auf den menschlichen Körper angewandt, z. B. im Kranksein, den Kampf der Elemente bzw. ihrer δυνάμεις gleichsam plastisch zu erfassen. Sie haben damit eigentlich dasselbe getan, wie der heutige Naturforscher, der in der Elektrizitätslehre von Wellen oder in der allgemeinen Physik von Kraftfeldern und Ionenpaketen als Konstitutionselementen der Dinge spricht.

Ebenso deutlich offenbart sich das Anderssein des antiken Denkens in der »Idee«: ἰδέα und εἶδος war den Griechen die äußere Erscheinung, das Aussehen[3]), die Beschaffenheit, der Zustand, aber auch das Wesen der Dinge. Nichts zeigt klarer die Eigenart ihres Denkens als die Tatsache, daß sie trotz aller scheinbar so strengen Differenzierung des Wahrnehmens und Denkens dieses nicht nur

---

[1]) Es sei hier auf das neue Werk Rothackers: Die Schichten der Persönlichkeit, Leipzig 1938, hingewiesen.

[2]) So in neuerer Zeit Max Schlesinger, Die Geschichte des Symbolbegriffs in der Philosophie, Arch. f. Gesch. d. Philos. 22. 1909, S. 49ff. und zuletzt noch E. Howald in: Die Anfänge der europäischen Philosophie, München 1925, der in der Einleitung sagt: »Daß die Entstehung der Philosophie darum in gleicher Weise betrachtet werden muß wie religiöse Symbolschaffungen, ist Voraussetzung unserer ganzen Arbeitsweise.«

[3]) Z. B. Andoc. 1, 100: τὴν ἰδέαν μοχθηρός; Plat. Prot. 315 E wird Agathon τὴν ἰδέαν πάνυ καλός genannt; besonders instruktiv ist Rep. IX, 588 C: πλάττε μίαν ἰδέαν θηρίου.

durch dasselbe Prinzip sich vollziehen ließen, sondern auch die Objekte beider mit demselben Namen ausdrückten. Die ἰδέαι im philosophischen Sinne bedeuteten ihnen nicht gestaltlose Schemen, nicht abstrakte Produkte begrifflichen Denkens, sondern Hypostasen; sie hatten nicht nur Wesenheit, sondern waren die οὐσία der Dinge, die das philosophische Auge fast mit derselben Selbstverständlichkeit erschaute, mit der das Auge des »Nichtdenkenden« an den äußeren Erscheinungen der Dinge haften bleibt, deren Gestaltung der Denker aber mit derselben Deutlichkeit ertastete, wie die menschliche Hand das Harte, Feuchte, Warme empfindet. »Die Zahlen, Elemente, Urstoffe, Atome, Begriffe, Ideen, Formen, die das ganze griechische Denken als Weltprinzipien herausstellt, sind härter, starrer, bestimmter, klarer als der Marmor der griechischen Landschaft und die Statuen der griechischen Kunst«, sagt Joel[1]) in guter Charakteristik, »eine Klärung des Schauens also war das griechische Denken, eben eine Reinigung von verwischendem Wechsel, von den Wundern der Metamorphose, von den Widersprüchen, die in jeder Wandlung liegen«. . . . »Ja, der hellenische Idealismus . . . war von Anfang an intuitiv und damit ebenso visuell wie der hellenische Naturalismus, der nur, indem er mit Demokrit die Tastbarkeit (Arist. de sens. 442 a 28) oder mit der Stoa die Greifbarkeit der anschaulichen Vorstellung (φαντασία καταληπτική) betont, den engeren Bund des Auges mit der Hand fordert. Aber auch der platonische Idealismus, indem er den Blick über die sinnliche, greifbare Welt emporschwingen läßt, aßt seine Ideen doch plastisch, . . . säubert in der Kritik die Begriffe wie »Statuen« (Rep. 361 D) und fordert für die Welt die Elemente Feuer und Erde um der Sichtbarkeit und der Tastbarkeit willen.«[2])

Die Weiterentwicklung der Ideenlehre bis in die heutige Zeit wurde ein getreues Spiegelbild der jeweils verschiedenen philosophischen Anschauungen, und man kann sagen, je mehr die Philosophie sich der jetzigen Zeit nähert, desto subjektiver wird die Idee und überhaupt das ganze Denken, das bei den Griechen geradezu ein Prozeß der Objektivierung genannt werden kann. Der Idealismus des letzten Jahrhunderts läßt nicht nur die Erkenntnis, sondern die Welt selber vom Subjekt abhängig sein und leugnet ihre selb-

[1]) Joel, Gesch. d. antik. Philos., S. 95.

[2]) Joel, a. a. O., S. 93f.

ständige Realität. Der antike Philosoph distanziert sich von der Welt und läßt sie durch Versachlichung selbst des Geistigen das Objekt seines Denkens und Wahrnehmens sein. Bei den Neueren ist Idee Mittel des »Sehens«, bei den Alten das Gesehene selbst, das Objekt der Schau. Im Zeitalter mechanistischer Weltanschauung wird die Idee, werden letzten Endes alle Dinge zu Funktionen, und schließlich wird alles, Geistiges und Körperliches, dynamisch, höchstens noch vitalistisch aufgefaßt. Dem Griechen aber ist alles Gestaltung und Gestalt.

Auch sonst zeigen sich allenthalben grundlegende Unterschiede griechischen und modernen Denkens. Wir Heutigen denken in Begriffen. Die Vorsokratiker kannten keinen »Begriff« i. e. S.: das »Feuer« des Heraklit, die »Luft« des Anaximenes, Anaxagoras und Diogenes, die »Zahl« der Pythagoreer, die στοιχεῖα des Empedokles werden zwar meist nicht nur Elemente des Seins, sondern auch der Erkenntnis, aber in ganz anderem Sinne als unser »Begriff«. Begriffe (sowohl Funktions- als auch Gegenstandsbegriffe) setzen Definition voraus. Von einer Definition aber des Wassers oder des Feuers, der Liebe oder des Streites findet sich keine Spur[1]).

Falsch ist es aber auch, die alten Philosophen den Idealisten bzw. Materialisten zuzuteilen oder von den einen zu sagen, sie seien rein empirisch, induktiv und von den anderen, sie seien rein spekulativ, deduktiv vorgegangen. Pythagoras ist kein »Idealist«, weder erkenntnistheoretischer noch metaphysischer, wie Willmann[2]) und Kinkel[3]) aus der schaffenden und normativen Kraft der Zahl ableiten wollen, und Demokrit nicht der Erzmaterialist der Darstellungen älterer und neuerer Autoren. Seine Atomenlehre ist etwas wesentlich anderes als die eines Robert Boyle oder John Dalton. Seine Atome sind, wie wir später sehen werden, so unvollziehbar auch für uns Moderne der Gedanke ist, die in unendlich

---

[1]) Ob die vier Elemente aus den alten Kosmogonien übernommen sind oder damals allgemeiner Anschauung entsprachen, ob φιλία und νεῖκος Überbleibsel animistischen Denkens sind oder ob und inwiefern andere Gründe zu ihrer Annahme geführt haben, läßt sich heute mit Sicherheit nicht mehr feststellen. Auch läßt sich kaum nachweisen, welche Rolle dabei die Empfindung des Warmen, Kalten, Feuchten und Trockenen spielte.

[2]) Gesch. d. Idealismus, Bd. 1. II. Aufl. Braunschweig 1907, S. 263 ff.

[3]) Gesch. d. Philosophie als Einl. in das System der Philos. I. Teil. Gießen 1906, S. 101 ff.

viele kleinste Seinsteilchen zerschlagene Seinskugel des Parmenides. Ausgangspunkt seiner Lehre ist nicht die Materie in unserem Sinne, sondern das Sein schlechthin. Auch Alkmaion und Hippokrates waren nicht »Empiriker κατ' ἐξοχήν, die den wissenschaftlich allein richtigen Weg der Induktion gingen«[1]). Vielleicht am wenigsten trifft die griechischen Denker das Vorurteil, daß sie zur Wissensfindung nur den Weg der Spekulation (im verächtlichen Sinne des Wortes) gegangen wären[2]). Dieses Urteil könnte zwar eine gewisse Begründung in der alten Überlieferung finden; aber Burnet[3]) weist schon in feiner Weise darauf hin, daß diese »größtenteils aus Placita besteht — d. h. aus dem, was wir »Resultate« nennen ... selten nur erfahren wir, warum irgendein alter Philosoph diese oder jene Ansicht hatte«. Er weist weiter darauf hin, »daß Anaximander einige bemerkenswerte Entdeckungen auf dem Gebiet der Biologie des Meeres machte, die durch die Forschungen des 19. Jahrhunderts vollinhaltlich bestätigt worden sind«, und daß Xenophanes »einer seiner Theorien durch Hinweise auf die Fossilien und Versteinerungen so weit voneinander entlegener Örtlichkeiten, wie Malta, Paros und Syrakus stütze«. Weiter richtet er den Blick auf die genaue Anatomie der griechischen Plastik, die außerordentlich entwickelte Beobachtungsgabe zeige und auf die Beschreibung der Klepsydra des Empedokles. Man könnte die Reihe seiner Beobachtungen noch in mehr als einer Hinsicht erweitern; aber auch so ist sein Urteil hinreichend begründet: »Es wäre sicher absurd, zu glauben, daß Menschen, welche diese Beobachtungen zu machen imstande waren, nicht das Interesse oder die Fähigkeit besessen haben sollten, viele andere Beobachtungen zu machen, die in Vergessenheit geraten

---

[1]) Dieser Satz, den die Literatur in unendlich vielen Variationen bringt, enthält schon in sich mehrere schwere Aporien: 1. ist mit der Induktion wenigstens bei der Verifikation der gefundenen allgemeinen Tatsachen (z. B. eines Gesetzes) auch Deduktion verbunden; 2. beruht jede Induktion auf der fürs erste doch unbewiesenen Hypothese (die der Empiriker gerade ablehnen will), daß gleichen Ursachen gleiche Wirkungen entsprechen; 3. kommt auch die Empirie nicht ohne (in das Gebiet der Philosophie fallendes) Schlußverfahren aus. Jede Induktion beruht letzten Endes auf einem Syllogismus mit disjunktivem Obersatz.

[2]) s. Kurt Sprengels Versuch einer pragmatischen Geschichte der Arzneikunde, 4. Aufl. I. Bd. Leipz. 1846, S. 300.

[3]) Burnet, John, Die Anfänge der griechischen Philosophie (aus dem Englischen übersetzt von E. Schenkel). Leipzig 1913, S. 23f.

sind«. Ja, man kann rein a priori sagen, die »Wesensschau« des griechischen Denkers setzt ihn notwendigerweise in ein ganz inniges Verhältnis zur Natur, die er mit allen Sinnen in sich aufnahm und die für ihn aus denselben Elementen bestand, wie die, durch die er sie erfaßte.

Zusammenfassend kann man geradezu folgern: der antike Denker empfand mit der Fähigkeit einer unmittelbaren Einsicht in sein eigenes Werden und das Werden des Weltganzen Physisches und Metaphysisches mit einer Spürkraft, wie sie nur eine werdende Weltanschauung am Ende der Periode magischer Betrachtungsweise erzeugen konnte. Wenn es gestattet ist, hier einmal das so häufig gebrauchte und vielfach mißbrauchte Wort »Erlebnis« zu verwenden, dann darf man mit einer gewissen Berechtigung sagen: sein Schauen war Erlebnis, nämlich ein Erleben des Einen, Unzerstörbaren, Wirklichen, und es würde dann in dieser Kennzeichnung vor allem das Einmalige in den einzelnen Systemen gut hervorgehoben, in das wir uns wohl einigermaßen wieder einfühlen können, das wir aber nicht noch einmal mit der ganzen beglückenden, bestrickenden, vom Druck des Suchens befreienden Kraft wieder zu erleben vermögen; das konnten ja nicht einmal die intimsten Schüler mehr, die deswegen fast immer nur das tatsächlich Lehrbare, das Typenhafte, aus der Lehre des Meisters übernahmen, woraus sich auch die Vielheit der Systeme in knapp zweieinhalb Jahrhunderten griechischen Denkens erklärt, gegenüber den langlebigen Systemen etwa der Ägypter und Inder, deren Philosophie man treffend eine »anonyme« genannt hat. Das »Erleben« im griechischen Denken war aber weit davon entfernt, ein intuitiv-irrationales oder überrationales zu sein; deswegen erscheint es richtiger, es als eine bewußte Komplexion in Typen aufzufassen, beruhend auf einer dem antiken Denken eigentümlichen Kraft der Kontemplation, die die Möglichkeit gab, das Wesentliche an Dingen und Vorgängen in einem einzigen Akt herauszuheben und zu »verstehen«.

Und was für die alte Philosophie gilt, gilt in gleichem Maße für die antike Medizin. Denn philosophisches und medizinwissenschaftliches Denken durchdrangen einander so innig, daß die meisten der uns bekannten Philosophen zugleich auch Ärzte, jedenfalls Mitschöpfer medizinischer Betrachtungsweise gewesen sind. Bezeichnend ist ein Ausspruch des Aristoteles, nach dem es Aufgabe der Naturforschung ist, die πρώτας ἀρχάς von Gesundheit und Krankheit zu sehen; eine andere Stelle lautet: »... die meisten Physiker kommen ungefähr bis zu den Tatsachen, die mit der Heilkunde zusammenhängen; diejenigen aber unter den Ärzten, die ihre Kunst mehr philosophisch betreiben, beginnen in der Medizin mit der Erforschung der Natur«[1]). Naturphilosophie und Medizin sind in der griechischen Antike so eng miteinander verknüpft, daß der Aufschwung der einen den der anderen bedingt; sie sind so sehr eins, daß eine genetische Geschichtsschreibung beide nicht gesondert behandeln kann.

In Ablösung der roh-empirischen, mit animistischen Gedankengängen durchsetzten Heilkunde bringt die neue Philosophie auch die neue Auffassung der Medizin. Es hat wohl schon bei den Primitiven eine begriffsformende Tätigkeit des Menschengeistes stattgehabt, noch ehe dem Menschen das Bewußtsein einer Differenz zwischen dem eigenen Ich und der ihn umgebenden Natur gekommen war, wenn auch weniger auf dem Wege der Abstraktion, durch die der Begriff überhaupt in den seltensten Fällen zustandekommt; jede Zusammenfassung von Eindrücken in ein einzelnes Wort, welches ihm von da ab der adäquate Ausdruck für das Wesen einer Sache wurde, war ja eigentlich schon Begriffsbildung,[2]) und auf ihr beruhte die Formulierung von Sätzen und die Schöpfung der Sprache. So hat auch die Medizin schon in ihren Anfängen, ganz gleichgültig, ob sie von Erfahrungstatsachen oder von animistischen oder von theurgischen Vorstellungen ausging, »Begriffe« der Krankheit oder wenigstens des Krankseins; und schon die rohe Empirie drängte in innerer Tendenz zu methodischen

[1]) Arist. περὶ αἰσθ. κ. αἰσθητ. 436 a 19 (Aristotelis opera graece. Ex rec. Im. Bekkeri Berl. 1831). Magnus, H., zitiert in seiner Entwicklung der Heilkunde, Breslau 1907, S. 109, aus Aristoteles, Sinn und Sinnliches, Kap. V. Opera omnia, Paris 1848/74: »Es sei das Geschäft beider, den Ursachen des Gesund- und Krankseins nachzuspüren. Nur der Arzt dürfe den Anspruch erheben, ein wissenschaftlicher genannt zu werden, der mit den philosophischen Theorien gründlich vertraut sei.« (Seine Aristotelesausgabe war mir nicht zugänglich). — Treffend bemerkt zu dieser Stelle Magnus a. a. O., S. 90 (für den allerdings sonst die ganze alte Philosophie und größtenteils auch die Medizin nur phantastische Spekulation ist (a. a. O., S. 109)): »Entsprechend dieser Wertschätzung der Philosophie ist dieselbe während der Herrschaft der antiken Medizin gleichbedeutend mit dem Begriff der medizinischen Wissenschaft, sowie die Naturerkenntnis schlechthin.«

[2]) im vorwissenschaftlichem Sinne.

Fortschritten des Menschengeistes in der Erfassung der Wirklichkeit. Denn reine Erfahrung gibt noch keine Erkenntnis. Erst wenn zur Sinneswahrnehmung die auseinander- und zuordnende Kraft des Verstandes kommt, wird sie zur Kenntnis und Erkenntnis. Das erwachende philosophische Denken nun gab dem Verstand für die aus der natur- und medizinkundlichen Sphäre stammenden Erfahrungen den Maßstab, nachdem er das ihm durch die Sinne aufgenommene Tatsachenmaterial ganz anders, gewissermaßen systematisch, ein- und zuordnen konnte. Zugleich erwachte bzw. wurde gestärkt das kausale Bedürfnis, das immer nach dem »Warum« fragt und zur Erforschung des »Woher« der Dinge drängt. Damit war zugleich die Möglichkeit gegeben, Folgen zu sehen bzw. bei beabsichtigten Handlungen Erfolge vorauszusehen. Damit war die wissenschaftliche Medizin geboren; gezeugt aber war sie vom philosophischen Denken, das ihr demnach keineswegs wesensfremd war, wie es das im Grunde genommen auch heute nicht ist, das ihr damals aber auch nicht als eine zweite Disziplin gegenüberstand, eben weil Philosophie allem inhärent war, was den Anspruch auf Wissenschaftlichkeit geltend machen wollte.

Unter anderem gab die Philosophie nun dem medizinischen Denken die Fähigkeit, nach bestimmten Gesichtspunkten das Wichtige vom Unwichtigen zu scheiden, gab ihr die »Hypothese« als Instrument der Deutung und Sinnfindung und in der ganzen Kraft ihrer Neuheit den nie mehr ermüdenden Drang, das in einer neuen Erkenntnis Geschaute in willkürlicher oder unwillkürlicher Beobachtung (Entstehung des Experimentes!) zu verifizieren und zuletzt in Erstarkung des philosophisch-medizinischen Denkens das Bestreben, die in der Natur wirkenden Zweckmäßigkeiten zu finden.

Man machte mit der Philosophie diesen oder jenen empirisch gegebenen, aber nun als Element des Seienden und der Erkenntnis ganz andersartig und ganz neu empfundenen Stoff zum Träger der Vorgänge im menschlichen Körper. Die »Elemente« wurden das orientierende Prinzip in dem nur sinnenhaft gegebenen Tatsachenmaterial. Zunächst waren es die allgemeinen στοιχεῖα (und zugleich ἀρχαί) der allgemeinen Naturphilosophie und deren δυνάμεις, bald die festen Substanzen des menschlichen Organismus und vom Ende der hippokratischen Zeit an die χυμοί wie Blut, Schleim, Galle. Diese letzteren, spezielleren medizin-philosophischen Begriffe mögen durch die populären Anschauungen von der Bedeutung des

Blutes, das man mit dem Leben dem schwerverwundeten Menschen und immer wieder dem Opfertier entströmen sah, mitverursacht sein; aber die Philosophie lehrte erst, in ihnen allgemeine Konstitutionselemente des menschlichen Körpers zu sehen. So knüpfte man in der Medizin wie in der gleichzeitigen Philosophie durchaus metaphysische Begriffe, wie das Leben, an das Reale und Greifbare[1]). Und wie die Philosophie durch ihre Hilfsvorstellungen (die sie allerdings wie Realitäten sah) alle Vorgänge in der Natur in einer für uns nicht mehr wirklich verständlichen Weise »erschaute«, so vermochte der Arzt in dem Wirken der Elemente, Kräfte oder Säfte, die schließlich auch zu einer naturphilosophisch begründeten Aufstellung der δίαιτα führten, die Vorgänge im menschlichen Körper und in deren Harmonie die Zustände von Gesundheit und Kranksein gleichsam plastisch zu erfassen. Aus diesem Gedankengang heraus ist dann auch das später noch näher bezeichnete Verfahren der Diagnosenstellung, bei dem alle fünf Sinne ihre Rolle hatten, in seiner Eigenart verständlich.

Die Wandlungen der Begriffe und Vorstellungen in Medizin und Philosophie entsprechen einander, bis die Neuzeit ihre scheinbar endgültige Loslösung voneinander bringt. Man fürchtete, daß die Medizin ihres naturwissenschaftlichen Charakters entkleidet würde, wenn sie sich philosophischer Methoden bediene. Zwei Gründe mögen zu dieser Einstellung geführt haben: erstens der Rückblick auf die Irrwege, die die Medizin in der Vergangenheit gegangen war, die man mit Recht oder Unrecht der Anwendung philosophischer Methoden zuschrieb; zweitens die großen Erfolge, die gerade das 17. und 19. Jahrhundert zunächst der Naturwissenschaft und in Anwendung naturwissenschaftlicher Methoden dann auch der Medizin gebracht haben und die man als Erfolge der neuen Orientierung wertet[2]). Man übersieht dabei, daß gerade die großen Ärzte aus der naturwissenschaftlichen Zeit die Verbin-

---

[1]) Magnus, Entwickl. d. Heilk., sagt S. 87 zur Charakteristik dieser Periode: »Trotzdem die Spekulation ganz gewiß zu keiner Zeit ein sonderlich verläßlicher Genosse der medizinischen Forschung gewesen ist, so muß ihr Eintritt in dieselbe doch als einer der denkwürdigsten Momente angesprochen werden, welche die Geschichte unserer Wissenschaft bisher zu verzeichnen gehabt hat ... Mit dieser bedeutsamen Wandlung begann sie zugleich aber auch den Charakter einer Wissenschaft anzunehmen ...«

[2]) Die ablehnende Einstellung zur Philosophie zeigen besonders kraß die zahlreichen Artikel H. Kolbes; so bezeichnet er (Journal f. prakt. Chemie, hrsg. von

dung mit der Geisteswissenschaft als dringendes Erfordernis ansahen; und wenn z. B. Virchow, zwar gegen seinen Willen, aber tatsächlich Anlaß wurde zu der einseitig mechanistischen Einstellung, dann trug die Schuld weniger er selbst als vielmehr die Zeit, in der er lebte und teilweise auch die anderen, die ihn mißverstanden oder falsch deuteten.

Für die praktische Durchführung der im I. Band gesetzten Aufgabe möge das folgende bemerkt sein.

Ich habe mich bemüht, soweit das überhaupt möglich ist, dem Ideal des »objektiven Standpunktes« möglichst nahe zu kommen. Mit Benutzung der älteren und neueren Ergebnisse philologischen Forscherfleißes, mehr aber noch in Neudurchforschung der Fragmente und alten Doxographen unter medizin-historischen Gesichtspunkten habe ich den Versuch gemacht, das mit dem Thema gegebene Problem zu lösen und das Miteinander und Auseinander des naturphilosophischen und medizinischen Denkens in der Kindheitsperiode der wissenschaftlichen Medizin zur Darstellung zu bringen. Dabei wurde, wo nicht die Notwendigkeit dazu zwang, bewußt auf die rein philologischen Problemstellungen verzichtet und nur auf die notwendigste Literatur verwiesen. Die Anordnung ist im wesentlichen historisch, verzichtet aber auf alle Datierung, weil damit notwendig die Behandlung von Kontroversen verbunden war, die vom gegebenen Thema zu weit weggeführt hätte. Dem Thema entsprechend sind die anderen ebenso wertvollen Entwicklungsfaktoren der Medizin unberührt gelassen. Von philosophiegeschichtlichen Darlegungen wurde nur soviel gebracht, als mir im Rahmen der Aufgabe nötig erschien; daß ich in diesen teilweise zu einer von der gewöhnlichen abweichenden Auffassung gekommen bin, mag begründet sein in der Heranziehung von Fragmenten, die wegen ihres medizingeschichtlichen Inhaltes den Philosophen weiter ablagen, deren Einbeziehung aber das Gesichtsfeld wesentlich erweiterte bzw. die philosophischen Ansichten zum Teil in ein ganz anderes Licht stellte.

Besonderer Wert wurde auf die Bestimmungen des Inhaltes gelegt, den die Alten mit ihren neuen Kunstausdrücken verbanden.

Ernst v. Meyer, Bd. 8, 1874, S. 419f.) die Vertreter der Stereochemie und der Strukturchemie als »Metaphysiker«, die den soliden Boden exakter Naturwissenschaft verlassen hätten und das nüchterne Urteil des gesunden Menschenverstandes durch wertlose Phrasen verdrängten.

Deshalb möge an dieser Stelle noch ein Wort über die Bezeichnungen στοιχεῖα[1]), ἀρχή und ähnliche Ausdrücke gesagt sein. Denn diese Worte werden meist, obschon ihr begrifflicher Inhalt ein ganz verschiedener ist, nach dem Vorgang von Aristoteles wie Synonyma gebraucht.

Das Unveränderliche, Ewige, auf das die ersten griechischen Denker alles (scheinbar) Veränderliche zurückführen zu können glaubten, wird von diesen selbst, bzw. von den Doxographen — was die Untersuchung ungemein erschwert, da es oft unmöglich ist, die Quelle zu finden, aus der sie geschöpft haben — mit den verschiedensten Namen gekennzeichnet. Bei Isokrates und Xenophon erscheint zum erstenmal die Benennung στοιχεῖα, und zwar im Sinne von »Anfängen« und bei Platon finden wir das Wort einmal noch in derselben Bedeutung (legg. VII 790 c), dann aber auch schon in der ontologischen Bedeutung (im Kratylos, Theaitet, Timaios und Sophisten), die wir damit zu verbinden pflegen (στοιχεῖα, ἐξ ὧν ἡμεῖς τε συγκείμεθα καὶ τἆλλα)[2]). Daher wird angenommen, daß die Einführung dieses Begriffes in die naturphilosophische bzw. physikalische Sprache durch Platon erfolgt ist. Aristoteles gebraucht den Ausdruck sehr oft und bezeichnet damit durchgängig die Urelemente bzw. nicht mehr weiter zerlegbare Grundstoffe der früheren Philosophen[3]), die aber in seinen Berichten ebensooft zumeist als ἀρχαί erscheinen.

Für die Verwendung des Wortes στοιχεῖον in einem zweifachen Sinne und den gelegentlichen synonymen Gebrauch von ἀρχή ist das dritte Kapitel des vierten Buches[4]) der »Metaphysik« ein gutes Beispiel: »Als Element (στοιχεῖον) bezeichnet man den Urbestandteil, aus dem etwas aufgebaut ist. Seiner Form nach kann er nicht in eine andere Form zerteilt werden. Beispielsweise ist Schallelement das, woraus der Schall besteht und worin er als Äußerstes zergliedert wird. Das Schallelement aber kann nicht mehr in andersförmige Laute aufgelöst werden; sondern im Falle seiner

---

[1]) Zur Geschichte des Ausdrucks s. H. Diels, Elementum, Leipzig 1899, S. 3ff., 13ff., 18ff., 24ff., 37ff., 68ff.

[2]) Theaitet. 201 E (Platonis opera recognovit brevique adnotatione critica instruxit Johannes Burnet, Tom. I. Oxonii 1899).

[3]) Deswegen in seinen Berichten öfter der Zusatz τὰ καλούμενα (στοιχεῖα).

[4]) Von manchen, wie Lasson (Aristot. Metaph. Jena 1907), falsch als fünftes Buch gerechnet.

Zerlegung sind die Teilchen (τὰ μόρια ὁμοειδῆ) gleichartig. Das Teilchen Wasser zum Beispiel ist Wasser ... Diejenigen aber, die sich über die Körperelemente (τὰ τῶν σωμάτων στοιχεῖα) äußern, in die die Körper als Äußerste abgebaut werden, die selbst aber nicht mehr in andere εἴδη zerfallen, bezeichnen diese gleichermaßen als Elemente (στοιχεῖα), und zwar ungeachtet des Vorhandenseins einer oder mehrerer Wesenheiten. Ähnlich spricht man aber auch von den Elementen (τὰ τῶν διαγραμμάτων στοιχεῖα) der geometrischen Beweise und von denen der Beweise überhaupt. Denn die Urbeweise, die in einer größeren Menge von Beweisen vorhanden sind, bezeichnet man als ihre Elemente (στοιχεῖα). Solcher Art sind auch die Urschlußfolgerungen, die man aus drei Begriffen durch einen Mittelbegriff erhält. Von da aus überträgt man die Bezeichnung »Element« (στοιχεῖον) und nennt so all das, was bei seinem ἕν-Sein und bei seiner Kleinheit zu vielem verwendbar ist. Daher ist es gekommen, daß das Allgemeinste Element ist, weil alles zum Allgemeinsten Gehörige bei seinem ἕν-Sein und seiner Einfachheit vielem oder allem oder möglichst vielem eigentümlich ist«, um dann fortzufahren: διὸ καὶ τὸ ἓν καὶ τὴν στιγμὴν ἀρχάς τισι δοκεῖ εἶναι[1]).

Eudem scheint zuerst die Trennung στοιχεῖον = Stoff und ἀρχή = Prinzip der Bewegung durchgeführt zu haben, die aber bei Späteren wieder verloren ging. Bei den Römern wurde für στοιχεῖον, und zwar wahrscheinlich durch Lukrez, elementum in die philosophische Sprache eingeführt.

Der synonyme Gebrauch von στοιχεῖα, ἀρχαί, ἰδέα usw. gibt leicht Anlaß zu Mißverständnissen. Die ionischen Naturphilosophen kannten neben dem Einen die vier allgemein gebräuchlichen Elemente Feuer, Erde, Wasser, Luft[2]). Diese gingen sekundär aus dem Einen (z. B. bei Anaximander und, wie ich annehme auch bei Pythagoras[3]) aus dem ἄπειρον) hervor, und zwar durch ein in dem Einen oder außer ihm bestehendes Prinzip (ἀρχή). Es wäre deswegen besser, das Eine, aus dem alles hervorgeht, Urstoff oder Urelement, die aus diesem als erstes sich bildenden »Stoffe« Elemente, die gestaltende Kraft Prinzip zu nennen.

---

[1]) Arist. Metaph. 1014 a 26.

[2]) Diese Tatsache hat Gilbert, Meteor. Theor., einwandfrei nachgewiesen.

[3]) Die Neuerung des Empedokles bestand darin, daß er nicht ein, sondern vier Urelemente annahm, aus denen alles hervorging.

Diese Vorbemerkungen waren notwendig, um damit zu begründen, warum ich zuweilen bei den Untersuchungen selbst eine gegenüber der üblichen abweichende Haltung eingenommen habe. Ich habe mich jeden Werturteils enthalten (abgesehen von solchen, die die Entwicklung während der zu untersuchenden Zeit selbst betreffen) und mich vor allem vor jeder Deutung nach modernen Gesichtspunkten und jetzt gebräuchlichen Kunstausdrücken gehütet. Ich wollte mit dieser Haltung aufs deutlichste meinen Standpunkt zum Ausdruck bringen, daß die antike Philosophie und Medizin eine Wissenschaft sui generis sei und daß jeder, der sie anders ansieht, sich nur selber um all das Wertvolle bringt, das sie uns heute noch zu geben vermag[1]). Das ist vor allem die Fähig-

[1]) An dieser Stelle möge eine Bemerkung zum modernen Medizin-Philosophie-Problem gestattet sein: die Ablehnenden sind meist das Opfer einer Verwechslung von Philosophie und Weltanschauung, die aber beide auf ganz verschiedenen Ebenen liegen. Wenn aber z. B. R. Koch (in: Die Bedeutung der Gesch. d. Med. für den Arzt, Fortschritte der Medizin, 1921, Nr. 7, S. 220ff.) mit vielen anderen sagt, daß Medizin selbst in dem Sinne gar nicht Wissenschaft genannt werden könne, als es ihr letzten Endes gar nicht ums Wissen, sondern ums Helfen zu tun sei, dann liegt dem zunächst eine Verwechslung der Zielsetzung der Medizin mit ihrer Definition, dem ganzen Gedankengang aber eine falsche Fragestellung zugrunde; die Medizin — und das gilt für jede systematische Wissenschaft — ist mehr als ein Aneinanderreihen von empirisch gegebenen Tatsachen; die systematische Ein- und Zuordnung aber, ja schon das Schließen aus den Gegebenheiten unterliegt Gesetzmäßigkeiten, die zu untersuchen Objekt philosophischer Forschung ist. Deshalb aber der Philosophie nur als einer Art Wissenschaftstheorie Bedeutung für die Medizin zumessen zu wollen, wie zuletzt es noch Prez de Inlow in The Philosophy of Medicine, Med. Life 44, New York 1937, S. 399ff. und S. 432f. tut, verrät einen zu engen Standpunkt; denn nicht nur die formale Seite der Medizin, sondern auch die ontologischen und metaphysischen Fragen sind letzten Endes philosophische, die aber wegen der Eigenart der Seinsstruktur der Dinge, mit denen der Arzt zu tun hat, nur vom Arzt-Philosophen gelöst werden können. — Im übrigen scheint mir, daß in einer vergangenen Zeit allzuviel von Lebensfremdheit oder Bankrott der medizinischen Wissenschaft gesprochen wurde, zumal darin ein Vorwurf versteckt liegt, der jeder Berechtigung entbehrt. Gerade das Mitgehen mit den immer neuen Auffassungen (wie sie z. B. in besonders reichem Maße im letzten Jahrhundert die Naturwissenschaft brachte), ist ein glänzendes Zeugnis für die Aufgeschlossenheit des Arztes und schließlich der Ausdruck einer Gesinnung, die ihn nur ehren kann. Sehr gut sagt hierzu Kerschensteiner, H., in seinem Nekrolog auf G. Honigmann: »Wir glauben nicht mehr an eine Krisis, sondern nur mehr an den steten Fluß, an Erneuerung, Bereicherung, Überprüfung einer stets wachsenden, blühenden und von Kraft strotzenden Lehre« (M. m. W. 1931, S. 157).

keit zur »θεωρία«, zu der Schau, die uns neben dem »Sehen« der Vorgänge in Natur- und Menschenleben das »Darunterliegende«, das Metaphysische, wenigstens in seiner Tatsächlichkeit zu erfassen fähig macht — eine Fähigkeit, die das materialistische, mechanistische, dynamistische, aber auch das vitalistische Denken vergangener Jahrhunderte fast verkümmern ließ; es ist weiter die Konsequenz des Denkens, »die größte Obliegenheit des Philosophen«, wie Kant sie nennt, mit der in ihr drängenden Kraft, weiter zu forschen und zu arbeiten, wenn ein Ergebnis sich scheinbar dem Axiom, von dem man ausging, nicht einfügen will; die Konsequenz der Treue, die den aus Liebe zur Weisheit nach Wahrheit und Wirklichkeit suchenden Menschen schafft, oder, für die Medizin gesagt, den Arzt schafft, der unermüdlich und uneigennützig forscht und sucht, was immer seinem großen Ziele dienen könnte, dem Gesunden die Gesundheit zu wahren und dem Kranken Heilung zu bringen.

Die Weite des Themas dieser Arbeit bedeutete zugleich Beschränkung. Nicht wenige Probleme, die dem Verfasser bei seinem Gange durch drei Fachgebiete begegneten, konnten nur berührt, von manchen nur eine vorläufige Lösung ohne das zugehörige Quellenmaterial gebracht werden. Es ist jedoch die Absicht des Verfassers, das hier gegebene Bild historischer Entwicklung — soweit das seine ärztliche Praxis erlaubt — in Einzeluntersuchungen zu vervollständigen.

DIE ALT-IONISCHE NATURPHILOSOPHIE

I. THALES

Die alten Ionier haben gemäß den Fragmenten und doxographischen Nachrichten keine medizinischen Theorien aufgestellt, im strengen Sinne des Wortes auch keine philosophischen; aber ihre genialen Versuche, durch Denken die Einheit und den Wesensgrund der Dinge zu »schauen«, wo die Sinne nur ein dauerndes Entstehen und Vergehen und Wechsel und Widerstreit wahrnehmen, haben ihren Namen unlösbar mit der abendländischen Geistesgeschichte verknüpft; und ihre Konzeptionen erzeugten in ununterbrochener Folge direkt oder indirekt die Systeme, deren Gesamtheit unsere Philosophie und Wissenschaft ausmacht.

Wir dürfen nicht an die Gedankenwelt der ersten Ionier herantreten mit der Erwartung, in ihr wenigstens schon die Anfänge der Logik und Noëtik zu finden oder Untersuchungen über ideales und reales Sein, über ontische Verhältnisse, Sachverhalte u. dgl. Die Bestimmtheiten des Denk-Gegenstandes waren für sie weder logische noch ontologische, sondern lebendige, von der ἀρχή aus bestimmte. Seine »Kategorien« übertrugen sie auf das Real- wie Idealseiende. Sphären unwirklicher Gegenstände gab es nicht für sie. Und doch bedeutet ihre Tat echte Wissenschaft, wissenschaftliches Denken, bestimmt einmal durch das Ziel: von der Welt und den Dingen in ihr vollständige Erkenntnis zu erlangen, die Allgemeinbeziehungen zwischen dem Urgrund und den Einzeldingen und der Einzeldinge untereinander zu finden und aus dieser Allgemeinbeziehung alle Vorgänge zu erklären; und dann durch die Methode: indem sie die Einzeldinge aufs genaueste beobachteten — sehr im Gegensatz zu den Vorstellungen, die wir uns gewöhnlich über sie machen — und die Komplexe der Vorstellungen vom Einzelding auf eine Einheit isolierten und, wenn auch nicht auf einen abstrakten Begriff, so doch auf ein gemeinsames Element, aus dem es entstanden, zurückzuführen trachteten. Sie kannten keine ontologischen Untersuchungen, aber in der bis dahin für die Griechen — und für die anderen Völker noch lange nachher — primitiv-komplexen Welt suchten sie das Elementare, das nicht weiter definiert werden kann, um von da aus wieder den Durchbruch in das Reale zu wagen und die Einzelerscheinungen im Tiefsten zu verstehen und zu deuten. Ihre Prinzipien bzw. Urstoffe kommen allen Dingen im Makro- und Mikrokosmos in gleicher Weise zu, die beide im Grunde genommen nicht sind, sondern im Hin und Her des Überwiegens oder Unterliegens oder des Sich-Verdichtens und Verdünnens der Urstoffe ständig neu werden. Kosmisch-organisch und physikalisch-mechanisch könnte man die aus ihrer Naturphilosophie fließende Welterklärung nennen, indem sie sowohl durch die Kategorien des Lebendigen als auch durch physikalische Begriffe und Tendenzen den unaufhörlichen Wechsel im Werden und Vergehen der Dinge zu erklären versuchen.

Wenn wir in diesen allgemeinen, einleitenden Bemerkungen Wendungen aus der modernen philosophischen Schulsprache, unter denen hier übrigens die negativen instruktiver sind als die positiven, gebrauchen, dann ist das kein Widerspruch gegen die eingangs aufgestellte Forderung, das Denken der Antike als eine Welt sui generis aufzufassen. Wie notwendig das Eingehen auf die Denkweise der Alten auch ist, und wie fruchtbar das »Nacherleben«, wie man heute oft sagt, ihres θαυμάζειν vor den Wundern der ihnen zum erstenmal erkenntnismäßig sich erschließenden Natur auch sein mag, wir brauchen dennoch gelegentlich den schulmäßigen Begriff, gleichsam als Rahmen, der dem Bild, das uns die Aussprüche der »Alten« zeichnen, Umgrenzung und Einfassung gibt.

Was wir über Thales an wirklich sicheren Berichten haben, ist äußerst dürftig. Die zahlreichen Anekdoten, die sein Wissen in der Astronomie, Meteorologie und Nautik verherrlichen und nebenbei seine Fähigkeiten als Techniker, Mathematiker und Kaufmann in ein helleres Licht setzen als sein philosophisches Denken, sind längst als solche erkannt. Auch vor seinem Titel eines »Archegos der abendländischen Philosophie« hat die moderne Kritik nicht haltgemacht. E. Frank erwähnt die »Philosophie des Thales« in Anführungszeichen[1], J. Burnet kommt an Hand seiner scharfsinnigen Untersuchungen zu der Ansicht: ». . . genau genommen, wissen wir über die Lehre des Thales gar nichts«[2]). Die Verteidiger des Thales als »Ersten unter den abendländischen Philosophen«

---

¹) Plato und die sog. Pythagoreer. Halle 1923, S. 77.

²) Anfänge, S. 37.

finden nur in der Autorität des Aristoteles eine einigermaßen sichere Stütze und zwar vor allem in der bekannten Stelle der Metaphysik, wo der Stagirite eine kurze Charakteristik der früheren naturphilosophischen Denkweise gibt und als ἀρχηγὸς τῆς τοιαύτης φιλοσοφίας Thales bezeichnet. Dort erfahren wir auch — die späteren Zeugnisse sind samt und sonders entweder von Aristoteles abhängig oder aber unzuverlässige Erweiterungen —, daß Thales behauptet habe, die ἀρχή aller Dinge sei das Wasser. Irritierend ist in dem Bericht des Aristoteles die Ausdrucksweise, in der er die Gedankengänge der ersten Philosophen und damit auch des Thales wiedergibt: »Von denen, die als erste Philosophie trieben, hielten die meisten nur materielle Prinzipien für die Prinzipien (τὰς ἐν ὕλης εἴδει μόνας ᾠήθησαν ἀρχὰς εἶναι) des Alls; denn woraus alles Seiende besteht und woraus es seinen Ursprung hat, und in das es schließlich (wieder) vergeht — während das Wesen (die Substanz) zwar erhalten bleibt, in den Zuständen aber wechselt —, das ist nach ihrer Aussage Element (στοιχεῖον) und dieses Prinzip des Seienden; und deswegen glauben sie, daß nichts entstehe oder vergehe, da ja eine Substanz von solcher Art immer erhalten bleibe.«[1]) So konnten natürlich die ersten Philosophen und vor allem Thales noch nicht gesprochen haben. Aristoteles gibt hier in der Sprache seines eigenen Systems Gedanken wieder, die in ihrer ganzen Eigenart vielleicht schon zu seiner Zeit nicht mehr verstanden wurden. Aber die Quellen, aus denen er selbst die Kenntnis der ältesten Philosophen schöpfte, sind uns verloren und wir werden wohl für immer dort, wo wenigstens die Bruchstücke aus den alten Schriften nicht selber zu uns sprechen, größtenteils auf seine Aussagen angewiesen sein. Auch der Umstand, daß er überhaupt über jene ersten Philosophen in der Art, wie er es tat, geschrieben hat, läßt Rückschlüsse zu. Die ἀρχή des Thales muß, auch wenn er diesen Ausdruck gar nicht gebraucht hat, mehr gewesen sein als der »Anfang«, das Erste, aus dem alles geworden ist; denn in diesem Sinne hatten auch schon die uralten Kosmogonien ausgesagt, und Aristoteles hätte des Thales gar nicht zu erwähnen brauchen, wenn dieser nicht etwas ganz Neues gelehrt hätte. Die ἀρχή mußte mehr bedeuten. Nietzsche, der philologisch sonst zwar recht wenig zuverlässig ist, urteilt hier in

---

[1]) Arist. Metaph. I 3 983 b 6ff.

treffender Kürze: er sage erstens etwas vom Ursprung der Dinge aus, zweitens sage er es »ohne Bild und Fabelei«, und drittens enthalte der Satz den Gedanken »alles ist eins«; mit dem ersteren sage er noch nichts, was ihn aus der Gemeinschaft der »Religiösen und Abergläubischen«, wie er sich ausdrückt, heraushebe, das zweite zeigt ihn uns als Naturforscher (der sich vom Mythos der Theogonien loslöst), »aber vermöge des dritten Grundes gilt Thales als der erste griechische Philosoph«[1]. Nun ist, wie auch Oehler[2]) zur Stelle richtig bemerkt, der Satz, »alles ist Wasser« = alles ist eins, in der Überlieferung keineswegs durch eine direkte Aussage bezeugt. Nur aus dem oben angeführten ἀρχηγὸς τῆς τοιαύτης φιλοσοφίας des Aristoteles können wir mit einiger Sicherheit erschließen, daß Thales, der damit in eine Reihe mit den übrigen »Ioniern« gestellt wird, ebenso wie diese nicht nur nach der ἀρχή in der Bedeutung »Anfang« oder »Urgrund« gesucht hat, sondern gleichzeitig und vor allem nach der ἀρχή als dem Prinzip des Alls.

Zum gleichen Resultat kommen wir durch eine Art historischer Analyse, die in diesen Untersuchungen des öfteren angewandt wird und ohne Zweifel auch an dieser Stelle, ohne einen Verstoß gegen die Regeln der Geschichtsforschung zu begehen, Verwendung finden darf. Im Falle des Thales kann ich mich begnügen, den »Schluß« in der Formulierung J. Burnet's anzuführen. Er erklärt zunächst, daß nach Aristoteles Thales offenbar behauptet habe, »Wasser sei das fundamentale oder primäre Ding, von dem alle anderen bloße vorübergehende Formen seien«, und er sagt dann weiter: »Wie wir sehen werden, war es gerade eine solche primäre Substanz, nach welcher die gesamte Schule von Miletos forschte, und es ist unwahrscheinlich, daß die früheste Antwort auf diese große Frage des Tages jene verhältnismäßig künstliche des Anaximander gewesen sein sollte«[3].)

Aristoteles gibt nur mit einem »vielleicht« die Gründe an, die Thales zu seiner Schlußfolgerung veranlaßte (λαβὼν ἴσως τὴν ὑπόληψιν ἐκ τοῦ πάντων ὁρᾶν τὴν τροφὴν ὑγρὰν οὖσαν κτλ.)[4]), hat damit aber nirgendwo Zustimmung gefunden. W. Capelle[5])

---

[1]) F. Nietzsches Werke, Bd. X, hrsg. von F. Kögel, Leipzig 1896, S. 20.
[2]) Oehler, R., Friedrich Nietzsche und die Vorsokratiker. Leipzig 1904, S. 55.
[3]) Anfänge, S. 38.
[4]) Metaph. 983b 22.
[5]) Vorsokratiker, S. 71, Anm. 3.

nimmt meteorologische, geophysische und vielleicht auch biologische Beobachtungen an. J. Burnet[1]) weist u. a. auf die Aggregatzustände des Wassers hin und auf die Alluvialmassen im Delta des Nils, die Thales beobachtet haben könnte. Andere Erklärungen führe ich überhaupt nicht an, nicht nur, weil sie der historischen Unterlagen entbehren, sondern weil durch sie den Alten eine Denk- und Forschungsweise substituiert wird, wie sie den Physikern und Physiologen des achtzehnten und neunzehnten Jahrhunderts eigen war; man machte, vielleicht verführt durch das φυσικοί der Doxographen, die alten Philosophen zu Physikern und verkennt damit nicht nur ihre Denkweise, sondern auch ihre historische Stellung. Nicht weil sie Physiker, sondern weil sie Metaphysiker[2]) waren, haben sie der abendländischen Wissenschaft so vieles Große geben können.

II. ANAXIMANDER (DAS ΑΠΕΙΡΟΝ, DIE SEKUNDÄREN ELEMENTE, DIE ENANTIOSEN, DAS «LEBEN», DAS GEOMETRISCHE WELTBILD)

Das »Metaphysische« wird um vieles klarer in den Theorien des Zweiten der ionischen Denker. Das ἄπειρον des Anaximander war ein den Sinnen nicht zugänglicher »Stoff«[3]). Einzig, ewig[4]), unzerstörbar, alles umfassend, quantitativ unbegrenzt[5]) und qualitativ unbestimmt[6]), in sich tragend — ob potentiell oder als kon-

---

1) Anfänge, S. 39.

2) »Metaphysiker« natürlich nicht im Sinne der Scholastiker.

3) Phys. op. fr. 2; Dox. 476 (Vors.[5] 12 A 9).

4) Hippol. ref. I 6, 1; Vors.[5] 12 A 11.

5) Mieli, Aldo, I Prearistotelici, I, Firenze 1916, übersetzt ἄπειρον S. 32 mit »unbestimmt«: »... non osò pronunciarsi su un elemento effettivo, ma lo lasciò indefinito (ἄπειρον), ponendo così a base di tutto qualche cosa di non conosciuto che, secondo la sua momentanea affezione (πάθη), genera l'una o l'altra sostanza.« — Peithmann, Arch. f. Gesch. d. Philos. N. F. XV, S. 314, schreibt dem Aristoteles eine fälschliche Auffassung vom ἄπειρον zu und übersetzt es mit »unendlich leerer Raum«. Burnet übersetzt »räumlich unbegrenzt« (Anfänge, S. 48, Anm. 1).

6) »Unbestimmt« will hier nur als nähere Bestimmung des ἄπειρον aufgefaßt sein, während die Übersetzung von ἄπειρον mit »unbestimmt« schlechthin schon aus sprachlichen Gründen eine Unmöglichkeit darstellt; die Bedeutung (räumlich) unbegrenzt, grenzenlos ist denn auch heute über jeden Zweifel erhaben und allgemein anerkannt; vgl. auch Capelle, Vorsokratiker, S. 82, 1.

krete Mischung ist eine für unsere Zwecke irrelevante alte Streitfrage — alle Gegensätzlichkeiten und zugleich die Kraft der Bewegung und Zeugung; auch diese Bewegung ist eine ewige[1]), und aus ihr vollzieht sich die Entstehung unzähliger Welten[2]). Das ἄπειρον ist der Urstoff, aus dem, und zugleich das Prinzip, nach dem, und die Kraft, durch die alles wird; es ist das Absolute, der Wesensgrund, die zeugende Weltkraft, die Quelle allen Lebens. Nach Simpl. phys. (Dox. 476) und Hippol. ref. (Dox. 559) hat Anaximander das ἄπειρον zuerst eine ἀρχή genannt, und zwar offenbar nicht nur im Sinne von Anfang, sondern von Prinzip[3]); es ist ein ἀόριστον dem Raume, der Zeit und der Qualität nach, aber es trägt alles dieses in sich[4]), und zwar nicht nur vor der Schöpfung, sondern auch in der gewordenen Welt. Es wäre demnach nicht nur Schöpfungsprinzip und Schöpfungssubstrat, sondern das ὑποκείμενον[5]) der Dinge überhaupt, also nicht nur Quelle und Ursprung alles Wechselnden, sondern das in der Vielheit der Erscheinungen Beharrende, Unwandelbare, Unzerstörbare, das Prinzip des Werdens und des Seins aller Dinge und ihre Gesetzmäßigkeit. Das scheint vor allem bestätigt zu werden durch die schon angeführte Stelle aus Aristoteles[6]): »Denn dasjenige, woraus alles Seiende

---

[1]) Hippol. ref. I 6, 2 (Vors.[5] 12 A 11).

[2]) Hippol. ref. I 6, 1 (Vors.[5] 12 A 11).

[3]) Schleiermacher, Sämtliche Werke, 3. Abtg. Bd. 2, Berlin 1838, S. 171ff., nimmt das ebenfalls an; Neuhäuser, Joseph (in: Anaximander Milesius sive vetustissima quaedam rerum universitatis conceptio restituta, Bonnae 1888), bestreitet es. Abweichende Ansichten betreffend das ἄπειρον vertreten auch Teichmüller, G., Studien zur Gesch. d. Begriffe, Berlin 1874, S. 3ff. und P. Tannery, Pour l'histoire de la Science Hellène. Paris 1887; vgl. auch Zeller I[6], S. 272 und P. Natorp, Phil. Monatshefte, Bd. XXV, S. 204; von den Doxographen führe ich an: Diog. L. II 1 'Αναξίμανδρος . . . ἔφασκεν ἀρχὴν καὶ στοιχεῖον τὸ ἄπειρον; Simpl. phys. 24, 13 ἀρχήν τε καὶ στοιχεῖον εἴρηκε τῶν ὄντων τὸ ἄπειρον, πρῶτος τοῦτο τοὔνομα κομίσας τῆς ἀρχῆς (Dox. 476); vgl. Hippol. ref. I 6; Plut. Strom. 2; Aet. I 3, 2. (Dox. S. 133); bezüglich der ἀρχή der Doxographen gilt natürlich auch hier, was im Abschnitt Thales gesagt wurde: Anaximander hatte das »Prinzip«, aber nicht das Wort.

[4]) Hier stimme ich Neuhäuser zu (gegen Natorp, a. a. O., S. 370), der S. 238 a. a. O., sagt: ». . . principium infinitum non esse materiam per se quavis qualitate carentem, sed esse substantiam . . . corpoream, simplicem; »das weitere »propria . . . sensili qualitate utentem« ist aber offenbar ein Irrtum Neuhäusers.

[5]) Simpl. phys. I 4 und Hippol. ref. 6, 1 (Dox. 559).

[6]) 983b. — Weitere Stellen zum ἄπειρον des Anaximander: Arist. phys.

besteht, und das erste, woraus es entsteht und das letzte, in das es vergeht, indem die Substanz zwar bleibt, sich aber ändert in ihren Zuständen, das ist nach ihrer Aussage Element und Prinzip allen Seins«.

Von höchstem Interesse sind in diesem Zusammenhang die Ausführungen des Aristoteles im 4. und 5. Kapitel des dritten Buches der Physik. Hier gibt er in langen Ausführungen einmal eine Darlegung der Gedankengänge, die die alten »Physiker« zur Annahme eines »Unbegrenzten« als Prinzip aller Dinge geführt haben mögen und dann eine Kritik. Burnet[1]) hat zwar unrecht, daß an dieser Stelle[2]) Anaximander und Thales in Gegensatz gestellt seien (es kann nur der Gegensatz zwischen den alten Denkern, die Eines zum Prinzip machten, gegenüber den Späteren gemeint sein), aber er mag richtig gesehen haben, wenn er hier nicht hypothetische, sondern historische Gedankengänge der Alten sieht, von denen unsere Fragmente schweigen. Die Worte sind zwar unstreitig die des Aristoteles, aber der Unterschied gegenüber den Gedankengängen, mit denen dieser im zwölften Buche der Metaphysik seine eigene »unbestimmte Materie« darlegt, ist unverkennbar. Eine etwaige Einwendung, Anaximander habe diese Überlegungen noch gar nicht anstellen können, ist nicht stichhaltig: der zugrunde liegende Gedanke (mehrere »Unendlich« würden einander aufheben) ist ein derartiger, daß er vom primitiven Denken unmittelbar und ohne eigentliches Schlußverfahren als richtig empfunden werden kann. Im übrigen wird der tatsächliche Widerspruch im Prinzip des Anaximander auch auf diese Weise nicht gelöst; doch kämen wir damit in das Gebiet der reinen Philosophie. Hier soll nur die Tatsache festgestellt werden, daß das Prinzip des Anaximander ein metaphysisches war und damit sein System ein (natur)philosophisches. Das ἄπειρον war für ihn die ἀρχή und zwar in ihrer doppelten Bedeutung als Anfang aller Dinge und als Grundprinzip aller Dinge auch in ihrem späteren Bestehen, Eher-Sache vor dem individuellen Sein und Grund alles Geschehens.

Die Entstehung der sekundären Elemente ließ Anaximander durch eine ἔκκρισις, ein ἐκκρίνεσθαι, sich vollziehen[3]), ein Vorgang, der weder als rein abstrakter, noch als konkret-stofflicher gedacht werden darf, sondern als ein vitaler[4]). Wie viele solcher Elemente

---

187 a 20; metaph. 1069 b 18; de caelo 303 b 9; de gen. et corr. 332 a 20; Theophr. phys. opin. fr. 4 (Dox. 479); Themistius zu phys. 204 b 24 — auch diese Stelle zeigt deutlich den philosophischen Gedankengang des Anaximander —; Alex. zu Met. 987, 2 und Schol. Bekker 546 b 33 (hierzu jedoch Neuhäuser, a. a. O., S. 105 A.); Asklepius zu Met. 988 a 27; Philop. zu gen. et corr. 328 b 33.

[1]) Anfänge S. 44.

[2]) Gemeint ist phys. III 5, 204 b 22.

[3]) Arist. phys. A 4 187 a 20: »Aus dem Einen (ἕν) würden die darin enthaltenen Gegensätzlichkeiten (ἐναντιότητες) ausgesondert, wie Anaximander sagt . . .«

[4]) So auch Joel, a. a. O., S. 263.

bzw. δυνάμεις, aus denen dann die anderen Dinge wurden, Anaximander hervorgehen ließ, ist nicht festzustellen. Jedenfalls sind die wichtigsten das Warme und Kalte[1]). Es läßt sich weder beweisen noch widerlegen, ob er die übrigen Qualitäten, von denen ihm wenigstens noch das Trockene und Feuchte bekannt waren, aus dem Urstoff sich abscheiden oder sekundär mit den ausgeschiedenen Elementen entstanden sein ließ. Jedenfalls waren ihm die δυνάμεις Enantiosen, wechselnde Zustände ein und derselben Substanz. »Alle setzen die Elemente und die von ihnen sogenannten Prinzipien«, sagt Aristoteles in seiner etwas ironischen Berichterstattung, »in gleicher Weise als Gegensätze, wie wenn die Wahrheit selbst sie dazu gezwungen hätte.« So haben wir schon bei ihm die ἐναντιότητες, die nicht nur in den philosophischen Systemen des ganzen Altertums eine so große Rolle spielen, sondern vor allem die theoretische Medizin und zwar bis ins 18. Jahrhundert hinein beherrschen sollten. Kosmologisch erklärte man aus ihnen das »Werden«, physiologisch das »Leben«, medizinisch »Gesundsein« und »Kranksein«, und alle Untersuchungen des Physisbegriffs der Alten werden von ihnen auszugehen haben. Die Gegensätzlichkeiten selbst wechselten, der Grundgedanke aber blieb: im Kampf miteinander bilden sie die verschiedenen Zustände der Ausgeglichenheit, des Überwiegens oder Unterliegens, sei es der Elemente, der Kräfte, der Säfte oder von »Begrenzendem« und »Begrenztem« und damit die Dinge. Von diesem Kampf der Enantiosen scheint auch das einzige erhaltene Fragment des Anaximander zu sprechen: »Woraus aber die Dinge ihre Entstehung haben, darein finde auch ihr Untergang statt, gemäß der Notwendigkeit. Denn sie leisten einander Sühne und Buße für ihr Unrecht, gemäß der Ordnung der Zeit«[2]). Es ist bemerkenswert, daß dieses Fragment schon mehr als keimhaft die wesentlichen Elemente der Kosmologie Heraklits enthält: die Gegensätze, den Kampf und das Moment der Notwendigkeit bzw. der Gesetzmäßigkeit allen Geschehens; der Grundgedanke des Fragments ist übrigens vom Verfasser von π. διαίτης trotz der ganz anders gearteten Elementenlehre ebenfalls verwandt[3]).

---

1) Plut. Strom. 2 (Dox. 579).

2) Simpl. phys. 24, 13. Übersetzung nach Capelle, Vorsokratiker, S. 82; vgl. auch die Anmerkungen 4—6.

3) VI 472, 17 L.

Es wäre für uns von hohem Wert zu wissen, auf welche Weise Anaximander zu seiner Lehre von den Enantiosen gekommen ist. Es mag sein, daß er das Kochen des Wassers beobachtete oder auch das Verdunsten des Meerwassers durch die Sonnenwärme oder daß er absichtlich glühende Steine mit verschiedenen Flüssigkeiten zusammenbrachte. Wie bei fast allen alten Philosophen geben auch hier die Doxographen nur die Lehre, nicht den Weg des Findens. Doch haben wir noch eine Reihe von doxographischen Berichten über seine Kosmologie, die uns seine Anschauungsweise deutlich machen: ». . . bei der Entstehung dieser Welt entstand ein γόνιμον τοῦ θερμοῦ τε καὶ ψυχροῦ, ein Etwas, das fähig war, Warm und Kalt zu erzeugen und daraus wuchs rings um die Luft, die die Erde umgibt, eine Kugelhülle aus Feuer, so wie die Rinde um den Baum wächst . . . das wurden Sonne, Mond und Sterne[1])«; diese Gestirne sind Feuerkreise; sie haben Atemlöcher, d. h. gewisse röhrenartige Öffnungen[2]); die Sonne entläßt durch eine solche Öffnung wie durch die Mündung eines Blasebalges Feuer[3]). Die Wirkung ist die, daß die Erde, die ursprünglich allenthalben feucht[4]) war, auftrocknet; dabei steigt ein Teil der Feuchtigkeit als Dunst[5]) empor und verursacht die Winde und die Wenden[6]) von Sonne und Mond, der übriggebliebene Teil aber ist das Meer. Als Ergänzung füge ich einen Bericht des Aetius bei: »Anaximander behauptete, der Wind sei ein Strom von Luft, entstanden bei der Bewegung oder Auflösung der feinsten und feuchtesten Teile in ihr durch die Einwirkung der Sonne[7]).

Diese kosmologischen Anschauungen halte ich in ihrer Auswirkung für bedeutsam, auch für die Medizin. Das τὸ λεπτότατον (τῆς ὑγρότης) wird in Verbindung mit gleichartigen Bezeichnungen (z. B. τὸ κουφότατον) sozusagen zum stehenden Ausdruck

---

[1]) Plut. Strom. 2 (aus Theophrast.), Vors.[5] 12 A 10.

[2]) Wie es aus der von Diels so glücklich verbesserten Stelle bei Hippolytos hervorgeht: πόρους τινὰς αὐλώδεις statt τύπους τινὰς ἀερώδεις; vgl. Dox. 156 und Zeller I[6], S. 297, 1, wo auch die Parallelstellen.

[3]) Aet. II 20, 1 und Achilles 19 (Vors.[5] 12 A 21).

[4]) Arist. Meteor. I 1, 353 b 5, 355 a 21; de caelo II 13 295 b 10ff.

[5]) Arist. Meteor. 353 b 5; 355 a 21 (über die Beziehung dieser Stelle auf Anaximander s. Burnet, Anfänge S. 53); vgl. auch Aet. III 16, 1 (Vors.[5] 12 A 27).

[6]) Zu τροπαί vgl. Zeller I[6], S. 298, 4 u. Burnet, Anfänge, S. 53, 1.

[7]) Aet. III 7, 1 (Vors.[5] 12 A 24).

bei Naturphilosophen und Ärzten[1]). Im Makrokosmos ist es die Sonne, die durch ihre Wärme dem noch ungeschiedenen »Feuchten« der Erde das Feinste und Leichteste entreißt und durch »Kochen« »süß« macht; im Körper des Menschen bewirkt dasselbe das ἔμφυτον πῦρ, das lange bevor dieser Ausdruck geprägt war, als solches bekannt war. In beiden Kosmen bewirkt die Wärme eine Scheidung: das λεπτότατον und κουφότατον aus dem Feuchten der Speise wird die eigentliche Nahrung der Lebewesen, während die περιττώματα, wie Aristoteles sie nennt, übrigbleiben; im Makrokosmos steigt das Feinste und Leichteste der Feuchtigkeit als ἀτμίς, ἀτμός, ἀναθυμίασις usw. empor, um der Sonne als Nahrung zu dienen, während die ἁλμυρά zurückbleiben; »Ambrosia nennt Demokrit die Dünste, von denen sich die Sonne nährt«[2]); Diogenes läßt die Sonne auf der Suche nach dieser Nahrung ihre Bewegungen am Himmel ausführen[3]). Alle diese Anschauungen sind übrigens weder Mystik noch in ein mystisches Gewand gehüllt: sie drücken das wirkliche Sehen der Naturvorgänge aus, wie es den alten Denkern eigen war. Darum ist für sie die Parallele Makrokosmos — Mikrokosmos mehr noch als eine Analogie.

Wie universal das Denken Anaximanders war, zeigt sich in seinem Versuch, das Werden der Lebewesen zu erklären: sein Schöpfungs- und Seinssubstrat ist in ewiger Bewegung und entläßt aus sich heraus unzählige Welten. Es ist also etwas Lebendiges, das nun nach den in ihm selbst liegenden Gesetzmäßigkeiten geformte Lebewesen zeugt. Subjekt und Materie der sekundären Formung sind die primär entlassenen Gegensätze des Warmen und Kalten und weiterhin die des Feuchten, Trockenen usw. Die elementare — hier »Element« nur im uneigentlichen Sinne — Struktur der Lebewesen zeigt sich plastisch deutlich in den wenigen Berichten, die wir über seine Biologie besitzen: »Die Lebewesen hätten ihr Entstehen aus dem Feuchten, als es durch die Einwirkung der Sonne

---

[1]) Vgl. auch die Feststellung W. Theilers, Zur Gesch. d. teleol. Naturbetrachtung bis auf Aristoteles, Zürich 1925, S. 11.

[2]) Vors.[5] 68 B 25.

[3]) Alex. in Meteor. B 1 (Vors.[5] 64 A 17); vgl. die Parallele in π. φυσῶν, wo der ἀὴρ λεπτός »der Sonne das immerwährende Leben gewährt« und den Weg der Sonne, des Mondes und der Gestirne bewirkt. In π. διαίτης ist »Wasser des Feuers Nahrung«, in π. ἀ. ὑ. τ. liegt die Theorie von der trennenden Wirkung der Sonnenwärme einer ganzen Reihe von Folgerungen zugrunde (vor allem in Cap. 8 II 32, 34 L.).

verdunstete. Der Mensch sei aus einem anderen Lebewesen geworden, d. h. einem Fische, dem er im Anfang (in seinen Verhältnissen) angepaßt gewesen sei«[1]). Er läßt also die Lebewesen wie Spätere aus dem warmen Schlamm entstehen. Der folgende Bericht bezeugt schon teleologische Gedankengänge: »Weiter sagt er, der Mensch sei anfangs aus andersgearteten Lebewesen geboren worden deswegen, weil die anderen sich bald selbst ernähren können, der Mensch allein aber einer langen Pflege (durch eine Amme) bedürfe«[2]). Man hat aus diesem Bericht herauslesen wollen, daß Anaximander »Darwinist« gewesen sei[3]). Die gebrauchten Ausdrücke machen aber klar, daß der Mensch als Mensch ἐξ ἀλλοειδῶν ζῴων geboren wurde, die ihn dann auch der notwendigen τιθήνησις teilhaftig werden ließen. Noch klarer geht das aus einer Stelle bei Censorinus[4]) hervor: Anax. Milesius videri sibi ex aqua terraque calefactis exortos esse sive pisces seu piscibus simillima animalia[5]); in his homines concrevisse fetusque ad pubertatem intus retentos; tunc demum ruptis illis viros mulieresque qui iam se alere possent processisse[6]). Diese Ansichten sind offenbar einmal das Ergebnis naturphilosophischer Erwägungen, die auch bei späteren Philosophen und Ärzten (auch in mehreren hippokratischen Schriften) noch wirksam sind, andererseits beruhen sie auf Beobachtungen, sei es von Fossilien, sei es von lebenden Tieren.

Ein anderer Gedanke, der aus der einheitlichen Seinsstruktur der Einzeldinge und der elementaren Bestimmung des Lebens unmittelbar hervorgeht, ist der, daß Makro- und Mikrokosmos von derselben Wesensgesetzlichkeit bestimmt sind, ein Gedanke, der in der Folgezeit für naturphilosophische wie medizinische Überlegungen von gleicher Wichtigkeit bleibt. Wir haben allerdings

---

1) Hippol. Ref. I 6 (Vors.[5] 12 A 11, 6).

2) 'Plut.' Strom. 2 (Vors.[5] 12 A 10).

3) So z. B. Siebeck, H., Gesch. d. Psych. I. 1, S. 38, der von dem Bestreben Anaximanders spricht, »die Lebenskraft des Urstoffs in einer Reihe continuierlicher Entwicklungen nachzuweisen«, um ihn dann in Verkennung des wesentlichen Unterschiedes der hier und dort wirksamen Prinzipien zum »ersten antiken Vorläufer der Descendenzlehre« zu machen.

4) 4, 7 (Vors.[5] 12 A 30).

5) In dem Parallelbericht bei Plut. Symp. VIII 8, 4 (Vors.[5] 12 A 30) sind es γαλεοί; vgl. dazu Arist. de hist. an. 10, 565 b 1 ff. und zu diesem J. Müller, Über den glatten Hai des Aristoteles, Abhdlg. d. Kgl. Akad. d. Wissensch. zu Berlin, 1840, S. 187—257.

6) Vgl. auch Aet. V 19, 4 (Vors.[5] 12 A 30).

keinen Bericht darüber, ob und inwiefern schon Anaximander selbst diesen Gedanken der Gesetzmäßigkeit des Naturgeschehens, die er vielleicht überhaupt als Erster angenommen hat, anwandte. Er sah sie wohl überhaupt mehr nur in einer allgemeinen »Ordnung«, ausgedrückt durch bestimmte Zahlenverhältnisse: die verschiedenen Welten, deren er also viele gleichzeitig nebeneinander existierend annahm, stehen in gleicher Entfernung voneinander[1]); sie vergehen und kehren wieder in periodischen Zeiträumen[2]); die Erde schwebt vermittels ihrer gleichmäßigen Entfernung[3]) von allem übrigen; ihre Gestalt ist konvex und rund und einer Steinsäule ähnlich[4]); ihre Tiefe beträgt den dritten Teil ihrer Breite[5]); der Ring der Sonne ist 27mal so groß wie die Erde[6]), der des Mondes 18mal[7]). Diese Zahlenverhältnisse, die Anaximander übrigens wahrscheinlich auf der ersten Weltkarte, die je existierte, anwandte, bezeugen ein Weltbild von, wie W. Jaeger sagt, »wahrhaft metaphysischer Tiefe und strenger konstruktiver Einheit«. »Die Welt Anaximanders baut sich in streng mathematischen Proportionen auf«, sagt W. Jaeger weiter[8]), und er spricht mit Recht von der »schöpferischen Genialität« Anaximanders und der anderen originalen Bahnbrecher, »die ihre den Menschengeist inspirierende Erkenntnis einer durchgängigen Ordnung und Gliederung im Aufbau der Welt[9]) in der Ideensprache der von ihnen eben erst ergründeten mathematischen Zahlenproportionen auszudrücken suchten«[10]).

---

[1]) Aet. II 1, 8 (Vors.[5] 12 A 17).

[2]) 'Plut.' Strom. 2 (Vors.[5] A 10).

[3]) Hippol. Ref. I 6 (Vors.[5] 12 A 11, 3); vgl. Arist. de cael. II 13, 295 b 10ff. (Vors.[5] 12 A 26), wo auch die Begründung mitgeteilt wird.

[4]) Ebd.

[5]) Vors.[5] 12 A 10.

[6]) Hippol. I 6, 5 (Vors.[5] 12 A 11); vgl. Aet. II 20, 1 (Vors.[5] 12 A 21).

[7]) Aet. II 25, 1 ; Vors.[5] 12 A 22; über die verschiedenen Zahlen und die Frage selbst vgl. Tannery Pour l'histoire de la science Hellène, S. 87f., und vor allem Diels, Über Anaximanders Kosmos, Arch. f. Gesch. d. Philos. X. S. 228ff.

[8]) Paideia, S. 216f.

[9]) W. Capelle deutet mit Recht in seiner höchst wertvollen Ausgabe der Vorsokratiker, S. 75 u. S. 82 das einzige Fragment Anaximanders in derselben Richtung: »Zeigt es uns doch in ebenso plastischer wie monumentaler Sprache, daß hier zum erstenmal im Denken der Menschheit der Begriff einer alles Geschehen, d. h. den gesamten Weltprozeß beherrschenden, ihm immanenten Gesetzlichkeit, d. h. des Weltgesetzes, erfaßt ist.«

[10]) E. Howald, Die Anfänge der europäischen Philos., München 1925,

Mit Absicht habe ich die Gedankenwelt Anaximanders mit etwas größerer Ausführlichkeit behandelt. Schon Burnet war der Ansicht, daß höchstwahrscheinlich[1]) zwischen dem Milesier und Pythagoras ein Zusammenhang bestanden hat, wenn auch alle Quellen darüber schweigen. Mir kommt es dabei weniger auf die Einzelheiten an, in denen er glaubt, eine Übereinstimmung feststellen zu können; ich sehe vielmehr in der Tatsache, daß schon Anaximander ein »streng geometrisches Weltbild« aufbaute, ein starkes Argument für die Richtigkeit meiner Einordnung des Pythagoras in die Geistesgeschichte.

III. ANAXIMENES

Anaximenes schrieb sein Werk in einfachem ionischem Dialekt, und das ist schon ein äußerer Ausdruck dafür, daß er nicht den hohen und kühnen Gedankenflug eines Anaximander besaß. — Was für diesen das ἄπειρον, war für ihn die Luft, und zwar mit denselben Eigenschaften und Fähigkeiten wie jenes[2]). Aus ihr, sagt er, entstehen alle Dinge, die sind, gewesen sind und sein werden, die göttlichen Dinge und die Götter[3]). Jedoch scheint das Prinzip des Anaximenes nicht so allgemein — das ἄπειρον ist qualitativ und quantitativ unbestimmt, der ἀήρ des Anaximenes jedoch nur quantitativ — zu sein wie das ἄπειρον des Anaximander, vor allem scheint er es mehr körperhaft gefaßt zu haben, so daß Brandis[4]) annehmen möchte, er habe gar nicht die atmo-

S. 14, spricht ihm sogar schon den philosophisch und medizinisch so folgenschweren Begriff der »Harmonie« zu: für Anaximander »läßt sich einwandfrei erweisen, daß für ihn dasjenige, was er im Kosmos suchte, durch das Wort Harmonia repräsentiert wurde« (im Einheitsgedanken?), . . . das »uns wie eine Privatdomäne des Pythagoreismus erscheint«. Die Erklärung der Stimme (»der Ton entstehe, wenn das πνεῦμα auf dichte Luft falle und durch Rückprall zu den Ohren gelange«), die uns Galen. XIX 312 K. von Anaximander überliefert, möchte ich für eine Verwechslung mit Späteren halten.

[1]) Anfänge, S. 49 und S. 95ff.

[2]) »Anaximenes aus Milet zeigte als Urgrund des Seienden die Luft auf. Aus ihr nämlich entstehe alles und zu ihr vergehe alles« (Dox. 278 a 10. b 6); vgl. dazu Dox. 91 a b; 170; 579; 21 589; 29; 610; 12; 653, 4; 278 a 11 b 7; 532 b 3; 351 a b 17; Gal. XIX 243 K. und Gal. XV 25 K.

[3]) Hippol. Ref. I 7, 1 (Vors.[5] 13 A 7). Vgl. Dox. 278 a 13 b 9 und 481, 16; Gal. XV 25 K.

[4]) Handbuch d. Gesch. d. Griech.-Röm. Philos. I, Berlin 1835, S. 143ff.

sphärische Luft gemeint. Einen Fortschritt bringt seine Ansicht: er führt den Begriff der quantitativen Veränderung ein, indem er lehrt, daß die sekundären Elemente sich durch Verdichtung und Verdünnung bilden[1]).

Die Luft (ἀήρ) ist dieselbe wie die, die wir atmen; so wird sie identisch mit »Leben« bzw. lebenspendendem Prinzip, und wie sie uns das Leben spendet, so auch allen Dingen in der Natur. Auf diese Weise geht auch bei ihm das Analogieprinzip zwischen Makro- und Mikrokosmos mit innerer Notwendigkeit aus seiner Theorie hervor. »Durch seine Lehre von der Luft als Urgrund, in dem Urstoff und Urkraft zusammen eine höhere Synthese bilden, ist Anaximenes der Ahn der bis tief in die Philosophie der späteren Stoa hinreichenden Lehre vom alles durchwaltenden »Pneuma« geworden«[2]). Noch weit wichtiger jedoch wurde die Lehre vom ἀήρ bzw. Pneuma für manche medizinische Theorien; doch darüber später gegebenen Orts.

---

[1]) »Anaximenes, Sohn des Eurystratos, aus Milet, Gefährte des Anaximander, behauptet ebenso wie jener, eins sei die zugrundeliegende Substanz und unendlich, läßt sie aber nicht unbestimmt wie jener, sondern bestimmt, indem er die Luft als Urgrund erklärt. Sie unterscheide sich aber entsprechend den verschiedenen Daseinsstufen (κατὰ τὰς οὐσίας) durch Dünne und Dichtigkeit. Verdünnt werde sie zu Feuer, verdickt zu Wind, dann zu Wolken, noch mehr verdickt zu Wasser, dann zu Erde, dann zu Stein, das Übrige aber aus diesen. Auch er nimmt eine ewige Bewegung an, auf Grund deren sich die Veränderung vollzieht« (Dox. 476, 16). Vgl. hierzu Simpl. phys. 24, 26 (Vors.[5] 13 A 5 und Hipp. Ref. I 7 (Vors.[5] 13 A 7); hierzu auch Plut. de prim. frig. 7, 947 F (Vors.[5] 13 B 1): ». . . was sich aus ihr zusammengezogen und verdichtet habe, sei nach seiner Aussage kalt, was aber vereinzelt und ohne feste Verbindung stehe . . . warm; daher paßt die Redensart sehr gut, daß der Mensch aus seinem Munde Warmes und Kaltes herauskommen lasse. Denn der Atem kühlt sich ab, wenn er durch die Lippen zusammengepreßt und verdichtet ist. Der bei offenem Munde austretende Atem jedoch werde infolge der Dünne warm, was schon Aristoteles (Probl. 34, 7 964 a 10?) berichtigt.« — Die Erklärung bei Mieli, a. a. O., S. 35: »Certamente però Anaximenes ha dovuto in modo ben chiaro ed esplicito esprimere questa teoria, il fondamento della quale si è mantenuto a lungo e si mantiene tuttora, sotto certi riguardi, nella scienza moderna«, erscheint reichlich phantastisch. — J. Dörfler, Zur Urstofflehre des Anaximenes, Freistadt 1912, S. 14ff., bringt eine Reihe von Zitaten aus orphischen Schriften, um Anklänge an die Orphik nachzuweisen; jedoch scheint mir mit Nestle, Deutsche Literaturzeitung 1914, S. 338f., der Versuch der Ableitung der Pneumalehre des Anaximenes aus der Orphik verfehlt.

[2]) W. Capelle, a. a. O., S. 90.

Wir können uns nicht leicht in den Gedanken »finden«, sagt Burnet[1]), »daß in den Augen seiner Zeitgenossen und lange nachher Anaximenes eine weit wichtigere Gestalt war als Anaximander. Und doch steht diese Tatsache fest.« Pythagoras verdankt[2]) ihm noch mehr als Anaximander, Anaxagoras und Diogenes, und damit hatten alle die von diesen beeinflußten Ärzte ihre tiefsten Wurzeln in seiner Lehre vom ἀήρ.

Die ionische Gedankenwelt umfaßte also die Fragen: woraus ist das All entstanden und welches ist auch noch im gewordenen Kosmos, in den immer wechselnden Formen und Zuständen der Einzeldinge die alles zusammenfassende und zusammenhaltende Einheit, oder — um einen aristotelischen Ausdruck zu gebrauchen — welches ist das dem sinnenhaft Wahrgenommenen Zugrundeliegende, das ὑποκείμενον der »Erscheinungen«? Die Antwort fanden die Ionier in ihrem lebendigen Urstoff, der ἀρχή, die Anfang allen Werdens und Prinzip allen Seins zugleich war. Ihre Bedeutung für die Entwicklung des wissenschaftlichen Denkens ist weniger in den von ihnen gefundenen kosmologischen und biologischen Lehren in ihren Einzelheiten zu suchen, als vielmehr in der neuen Grundhaltung, die sie den Objekten der Forschung in ihrer Gesamtheit gegenüber einnahmen. Was an ihrem Denken so wertvoll war, ist nicht das Gefundene, sondern das Finden: die Feststellung einer oder auch einer Reihe von Tatsachen ließ sie die Hypothesis konzipieren; auf ihrem Boden stehend sahen sie dann auch alles andere nach demselben Grundsatze sich vollziehen. Das war es, was ihr Suchen und das Forschen der späteren Generationen zu einem wissenschaftlichen machte. So sagt ja auch Kant in der Einleitung zu seiner »Kritik der reinen Vernunft«: »Das Experiment ist nur ein Hilfsmittel für den Denkprozeß . . . der Gedanke muß ihm in allen Fällen und mit Notwendigkeit vorausgehen«, und Liebig hat einmal gesagt, daß ein Experiment, dem nicht eine Theorie, d. h. eine Idee, vorhergehe, sich zur Naturforschung verhalte wie das Rasseln einer Kinderklapper zur Musik.

So bedeutend ihre Tat für die Entwicklung europäischer Philosophie und Wissenschaft und damit indirekt auch für die Medizin ist, so unbegreiflich ist es aber auch, daß ihnen anscheinend — oder muß man hier sagen, scheinbar? — die in ihrer Lehre liegenden

[1]) Anfänge, S. 66.

[2]) Vgl. die Ausführungen bei Burnet, a. a. O., S. 63, Anm. 1 und S. 96f.

Aporien nicht aufgefallen sind. So ist z. B. das ἄπειρον des Anaximander eigenschaftlich unbestimmt und ein ἀμετάβλητον, und doch ist es in ewiger Bewegung und läßt die verschiedensten Qualitäten aus sich hervorgehen. Die Darlegungen Windelbands beheben die logische Schwierigkeit nicht[1]). Und weiter: die Frage nach der μορφή der Dinge ist gar nicht eigens gestellt, obschon sie doch eigentlich das Korrelat zu dem gefundenen Substrat war; der Satz von der Entstehung der Dinge aus Gegensätzen sollte zwar für die zukünftige Entwicklung von ungeahnter Fruchtbarkeit werden, konnte aber zu der Zeit, wo er ausgesprochen wurde, keine wirkliche Antwort geben auf die uralte Menschheitsfrage, wie die Dinge werden, zumal er gar nicht mehr als das rein stoffliche Sein erklären wollte. Wie immer in der Geschichte sich zeigt, schlug nun auch hier das zu stark angezogene Pendel ebensoweit nach der anderen Seite aus.

[1]) Windelband, W., Lehrbuch d. Gesch. d. Philos., 9. u. 10. Aufl., Tübingen 1921, S. 29: »Das Wahrscheinliche ist . . ., daß Anaximandros die unklare Vorstellung des mythischen Chaos, welches Eins und doch Alles ist, begrifflich reproduziert hat, indem er als den Weltstoff eine unendliche Körpermasse annahm, in der die verschiedenen empirischen Stoffe so gemischt seien, daß ihr im ganzen keine bestimmte Qualität mehr zugeschrieben werden dürfe, daß aber deshalb die Ausscheidung der Einzelqualitäten aus dieser selbstbewegten Materie nicht mehr als deren eigentliche qualitative Veränderung angesehen werden könnte.«

PYTHAGORAS UND DIE PYTHAGOREER

I. PYTHAGORAS UND SEINE SCHULE

1. Zur Pythagoras-Kritik

Die Beurteilung der Bedeutung des Pythagoras und der älteren Pythagoreer für die Weiterentwicklung des philosophischen Denkens im allgemeinen und für die Höherentwicklung der theoretischen Medizin im besonderen ist eine durchaus widerspruchsvolle. »Pythagoras ist nur in sehr bedingtem und abgeleitetem Maße ein Mann der Wissenschaft. Es darf ihm kaum ein neuer von ihm zuerst ausgegangener wissenschaftlicher Gedanke zugeschrieben werden«, so beginnt Döring[1]) sein Kapitel Pythagoras, und Robert Fuchs[2]) sagt bezüglich der Zahlenlehre: »Durch die Zahlenlehre des Pythagoras ... wurde die Heilkunde ... nur insofern gefördert, als die Lehre von den kritischen Tagen auf seiner Theorie beruht.« Ganz anders Houdart[3]): »Autrement, pourquoi Celse (Lib. III §§ 131, edit. F. Didot, Parisiis, 1844, p. 175) aurait-il mis Pythagore au nombre des philosophes de l'antiquité qui s'étaient le plus illustrés dans la science médicale?«, und er spricht dann weiter von der pythagoreischen Idee, »devenue le véritable fondement de la médecine«. Diepgen[4]) sieht in ihm den Philosophen, »der für die Heilkunde mit am ersten spezielle Bedeutung gewann«. Die Zitate sind typisch für die Verschiedenheit der Meinungen. — Hier mag eine grundsätzliche Bemerkung angebracht sein. Ich halte es nicht mit jener modernen Hyperkritik, die entgegen der Ansicht angesehener Gelehrter, alle Fragmente der Altpythagoreer und jede doxographische Nachricht über sie für unecht erklärt, um alles in das Reich der Legende zu verweisen. Damit ist ernster Forschungsarbeit wenig gedient. Ich meine, man darf die ziemlich zahlreichen Nachrichten über Pythagoras und den Altpythagoreismus weder kritiklos annehmen, noch sie durch Hyperkritik samt und sonders

---

[1]) Döring, Gesch. d. griech. Philos., Leipzig 1903, S. 50.

[2]) Fuchs, Robert, Handbuch der Gesch. d. Medizin (begr. von Puschmann, Jena 1902), S. 172.

[3]) Houdart, Histoire de la médecine grecque, Paris 1856, p. 215.

[4]) Diepgen, Paul, Gesch. d. Medizin, Bd. I, Berlin u. Leipz. 1923, S. 54.

entwerten. Für das erstere sind Cocchi[1]), Cantù, Gioberti, Bertino, Rosmini u. a. typische Beispiele; die letztere Methode befolgt z. B. Reinhardt, der auch sonst, aber besonders hinsichtlich des Pythagoras, die Geschichte der Philosophie geradezu auf den Kopf stellt. Für ihn scheinen nur die Stellen Beweiskraft zu haben, aus denen er ableiten kann, daß Pythagoras ein Betrüger, ein Erzscharlatan war, während wir, »was für Daumenschrauben wir auch der Überlieferung anlegen«, ihr »kein Zeugnis über eine altpythagoreische Philosophie zu erpressen« vermögen[2]). — Viele begnügen sich mit der kategorischen Angabe, die Gestalt des Pythagoras (und der alten Pythagoreer) sei legendär. So schreiben z. B. Eduardo de Vincentiis[3]): »Dai contemporanei di Pitagora non abbiamo alcun documento ... Una falange di Pitagorei, Filolao, Eraclide di Ponto, Isocrate, Clearco, Teofrasto; una schiera di scrittori, Timeo di Locri, Aristarco, Diodoro, Strabone, stuiano Pittagora, ma creano una legenda« und Mieli[4]): »Pythagoras è sopratutto una figura leggendaria[5]«). Auch E. Frank[6])

[1]) Cocchi, Antonio, Del vitto pitagorico. Firenze 1743.

[2]) Parmenides, Bonn 1916, S. 232.

[3]) Vincentiis, Eduardo de, Un tarantino illustre, Trani 1895, S. 30.

[4]) Mieli, Aldo, Le scuolo ionica pythagorica ed eleata, Firenze 1916, S. 214.

[5]) Ähnlich Schaarschmidt, K., Die angebliche Schriftstellerei des Philolaos u. d. Bruchstücke der ihm zugeschr. Berichte, Bonn 1864, Tennemann, W. G., Geschichte der Philosophie, Leipzig 1798, Meiners, Chr., Grundriß d. Gesch. d. Weltweisheit, Lemgo 1789, Krug, W. T., Gesch. d. Philosophie alter Zeit, vornehmlich unter Griechen und Römern, Leipz. 1827 u. Ritter, H., Geschichte der Philos., Bd. I, Hamburg 1829. — Auch den mannigfaltigen Versuchen, die pythagoreische Lehre als orientalische darzustellen, kann ich nicht zustimmen (womit nicht jeder Einfluß des Orients geleugnet werden soll). Namentlich A. Gladisch hat in seinen verschiedensten Schriften vergleichende Untersuchungen angestellt, die sich vor allem auf dem Gebiet der Philosophie und Religion bewegten und den Beweis führen sollten, daß in der hellenischen Kultur und gerade auf philosophischem Gebiete die religiösen Weltanschauungen der alten Kulturvölker des Morgenlandes, und zwar der Inder, Perser, Chinesen, Ägypter wiederzufinden seien. In seinen folgenden Schriften kehren diese Gedankengänge in allen Variationen wieder: Einl. in d. Verständnis d. Weltgesch., Abtg. 1 u. 2, Posen 1841—44; Die Religion und die Philosophie in ihrer weltgeschichtlichen Entwicklung und Stellung zueinander, Leipz. 1852; Herakleitos und Zoroaster, Leipz. 1859; Empedokles u. d. Ägypter, Lpz. 1858; Anaxagoras u. d. Israeliten, Lpz. 1864; Die vorsokrat. Philosophen, N. Jahrb. f. Philol. 1879, S. 720—793. Ähnlich L. von Schröder, Pythagoras u. d. Inder, Leipz. 1884 u. A. Götze, Persische Weisheit in griech. Gewande, Ztschr. f. Indol. u. Iranist. 1. 2. 1922—23, S. 87. — Alle Phantasien dieser Art sind durch

spricht von »religiösem Zahlenaberglauben«[1]) und von »Legende«, die »ihr Dasein im Grunde einer literarischen Fiktion ganz ebenso verdankt, wie die von der Philosophie Homers oder Orpheus'«. Zeller bleibt auch in seiner vorzüglichen Neubearbeitung durch W. Nestle kritisch, aber im ganzen positiv eingestellt. O. Gilbert[2]) mißt ebenfalls dem Pythagoreismus eine große Bedeutung bei, läßt aber im Gebrauch der Zeugnisse zu sehr die kritische Stellungnahme vermissen, die gegenüber vielen von ihnen sicher am Platze ist. K. Joel bringt in seiner Geschichte der antiken Philosophie mehr Momente der Anregung und Einfühlung in die inneren Zusammenhänge als wirkliche Beweise. Durchaus kritisch-selbständig untersucht J. Burnet Lehre und Bedeutung der alten Pythagoreer; er kommt in der vollen Erkenntnis der Schwierigkeiten, die mit dem Problem gegeben sind, zu der Feststellung: »Es wird jedoch dessen ungeachtet klar sein, daß er (Pythagoras) eine neue Periode in der Entwicklung der griechischen Wissenschaft eröffnete, und sicherlich war es seine Schule, welcher jene die größten Entdeckungen direkt oder indirekt verdankte«[3]). An einer anderen Stelle bezeichnet er die Gesellschaft der Pythagoreer »als eine der hervorragendsten wissenschaftlichen Schulen von Hellas« und bezeichnet als »sicher, daß die pythagoreische Wissenschaft . . . von dem Meister selbst herrührt«[4]). Wenn ich mich in meinem eigenen Urteil dem Standpunkt J. Burnets im großen und ganzen anschließe, dann geschieht das in der Hauptsache aus Gründen, die ich hier nur kurz andeuten, im weiteren Verlauf der Untersuchung

---

die Ausführungen Zellers, I[6] S. 23ff. und 28ff. (vgl. auch die Zusätze Nestles, S. 29, 3 u. 31, 2) endgültig widerlegt.

[6]) Plato und die sog. Pythagoreer, S. 67ff.

[1]) Daß der Pythagoreismus frei gewesen sei von aller Mystik wird niemand behaupten wollen — das war aber auch bei den übrigen alten Philosophen keineswegs der Fall; wohl aber ist es unrichtig, das mystische Moment als Aberglauben, bzw. diesen als das Wesenhafte in den Anschauungen der alten Denker bezeichnen zu wollen. Was E. Frank in seinem übrigens sehr lesenswerten Buche verkennt, ist der Gang der organischen Entwicklung, den das abendländische Denken in seinen Anfängen notwendig gehen mußte. Hinsichtlich der »rationalen Mathematik« mögen seine Gedankengänge recht wertvoll sein, die Linie der Geschichte des Denkens in seinen Anfängen läßt er vielfach stark verzeichnet und verzerrt erscheinen.

[2]) Meteor. Theor., S. 65ff.

[3]) Anfänge, S. 98.

[4]) Ebd. S. 85.

aber noch öfter erwähnen muß: es ist ein Postulat — nicht etwa Konstruktion der Art, wie Zeller sie mit Recht verpönt —, gewissen Lehren des Empedokles, des Demokrit und vor allem Platons und einer Reihe von Ärzten eine Entwicklungsstufe vorausgehen zu lassen, in der diese Lehren zum mindesten keimhaft angelegt waren. Wenn nun die Tradition in ihrer Gesamtheit — mögen auch die einzelnen Zeugnisse philologisch-kritisch gesehen angreifbar sein — dem Pythagoras und den alten Pythagoreern die entsprechenden Untersuchungen und Lehren zuschreibt, dann sehe ich keinen Grund, ihr zu mißtrauen[1]. Wenn E. Frank an »jenen famosen Apfel« erinnert, »durch den Newton auf die Idee von der Gravitation gebracht worden sein soll«[2], oder an die Geschichte von der hin- und herschwingenden Kirchenlampe im Dom zu Pisa, die angeblich Galilei die Kenntnis der Pendelgesetze vermittelte und dann erklärt: »Solche Geschichtchen . . . sind fast nie wahr«, so finde ich seine Argumentation sehr unglücklich. Denn es wird doch gerade aus diesen Beispielen klar, daß hier nur die legendarische Ausschmückung einer historischen Tatsache vorliegt. Warum sollte den Anekdoten über Pythagoras nicht auch ein historischer Kern zugrundeliegen, zumal die Tradition in einer Vereinigung wie die der Pythagoreer — das αὐτὸς ἔφα ist bezeichnend — wohl Ausschmückungen, aber nicht leicht Fälschungen zuließ? Ich kann in dieser Beziehung A. Boeckh nur Recht geben, wenn er sagt[3]: »Der Leichtsinn, mit welchem man über die ganze Masse der jüngeren pythagorisierenden Schriften den Stab gebrochen hat, als ob aus ihnen nichts für die Geschichte des älteren Pythagoreismus entnommen werden könnte, verdient ungeachtet der Unsicherheit des Urteils um so mehr gerügt zu werden, je einleuchtender es ist, daß in mystischen Schulen sehr viel auf Überlieferung beruht . . .«[4].

---

[1]) Vgl. auch die Stellungnahme von Hans v. Arnim, Die europäische Philosophie des Altertums, Kultur der Gegenwart, Teil I, Abt. V, Berlin u. Leipz. 1909, S. 124f.; leider wurde mir diese höchst wertvolle Arbeit erst während der Korrektur zugänglich.

[2]) E. Frank, Plato und die sog. Pythagoreer, S. 78.

[3]) Philolaos, des Pythagoreers Lehren nebst den Bruchstücken seiner Werke. Berlin 1819, S. 194.

[4]) Ähnlich urteilt Th. v. Scheffer in einer persönlichen Mitteilung, daß selbst jedem Mythos und uralten Bericht ein wahrer Kern zugrunde liege, und daß nichts aus den Fingern gesogen sei.

2. Die Zahlenlehre (Räumlichkeit der Zahl? Arithmetik oder Geometrie? Eigene Stellungnahme)

Ausgangspunkt unserer Untersuchungen ist die pythagoreische Zahlenlehre. — »Die Beschäftigung mit den Zahlen soll Pythagoras am meisten von allen gepflegt und in den Vordergrund gezogen haben, indem er sie aus dem Geschäft der Händler herausholte und alle Dinge den Zahlen unterordnete (mit den Zahlen verglich) . . .«[1]. »Vor diesen (Leukipp und Demokrit) beschäftigten sich die sogenannten Pythagoreer mit (mathematischen) Wissenschaften und sie brachten diese als erste voran, und, nachdem sie sich ganz in diese eingelebt hatten, hielten sie deren ἀρχαί für die ἀρχαί aller Dinge. Da aber in diesen naturgemäß die Zahlen das erste sind, glaubten sie, in den Zahlen viel Verwandtes mit dem Sein und Werden der Dinge zu sehen, mehr als in Feuer, Erde und Wasser . . . da sie in den Zahlen die Eigenschaften und Verhältnisse des Harmonischen sahen — weil ja alles andere seiner ganzen Natur nach den Zahlen nachgebildet erschien, die Zahlen aber . . . das erste sind — nahmen sie an, daß die Elemente der Zahlen die Elemente aller Dinge seien καὶ τὸν ὅλον οὐρανὸν ἁρμονίαν εἶναι καὶ ἀριθμόν«[2]. Die angegebenen Stellen sollen fürs erste einerseits andeuten, welche Wichtigkeit das pythagoreische System der Zahl beimaß und andererseits, wie es zu den auch heute noch nicht erledigten Kontroversen über das Wesen der Zahl kommen konnte.

Brandis[3]) u. a. vertraten die Ansicht, daß die pythagoreische Zahl körperlich zu nehmen sei. Für Zeller[4]) steht es fest, daß für die Pythagoreer die Zahl das Wesen aller Dinge, daß alles seinem Wesen nach Zahl sei. Weil sie bemerkt hätten, daß alle Erscheinungen, namentlich die Verhältnisse der Himmelskörper und der Töne, von gewissen Zahlen und Zahlenverhältnissen beherrscht seien, seien sie zu der Annahme geführt worden, die Zahl sei nicht bloß die Form aller Dinge, sondern auch ihre Substanz, der Stoff, woraus sie bestehen. Beeinflussung durch mythologische Anschauungen sei unverkennbar. Ihre Zahl sei letzten Endes nichts anderes, als die Hypostase des für uns in ihr liegenden abstrakten Begriffes. Also nicht, die Dinge *haben* Zahlen, hätten die Pythagoreer gelehrt, sondern die Dinge *sind* Zahlen; daraus dürfe man aber nicht folgern, die Pythagoreer hätten angenommen, die Zahlen seien körperlich; das eigentümlich Pythagoreische liege eben darin, daß die Unterscheidung in Körperliches und Unkörperliches noch gar nicht vorgenommen worden sei; bei den Körpern

[1]) Stob. I pr. 6 (Vors.[5] 58 B 2).

[2]) Arist. Metaph. 985 b 23 ff.

[3]) Handbuch d. Gesch. d. Griech.-Röm. Philos., I, S. 476f. u. S. 486f.

[4]) Zeller I[6], S. 446 ff.

werde an das gedacht, was sich der sinnlichen Wahrnehmung, bei den Zahlen an das, was sich dem mathematischen Denken darbietet, und beides werde unmittelbar identisch gesetzt, ohne daß man die Unzulässigkeit dieses Verfahrens bemerkte[1]). Ganz anders Gilbert[2]); er ist der Ansicht, daß für die Pythagoreer die Zahl nur das Charakteristische an den Dingen war. Er sieht richtig, daß für Pythagoras, im Gegensatz zu den Joniern, die Form der Dinge das Wesentliche[3]) ist. Die Formen aber seien zurückführbar auf ein gewisses Maßverhältnis, dessen allgemeinster Charakter sich als Zahl bezeichnen lasse. Auch er heruft sich wie Zeller hauptsächlich auf Aristoteles, der aber nie gesagt habe, daß die Pythagoreer die Zahl als stofflichen Inhalt der Dinge genommen hätten. Aus Arist. Metaph. 985 b 26 und 906 a 4 zeigt er, daß die Zahlen nur aufgefaßt sind als ὁμοιώματα und ὁμολογούμενα der Dinge und daß in den Zahlen und Zahlenverhältnissen nur Analogien gesucht und gefunden werden; in der Stelle φαινόνται δὴ καὶ οὗτοι τὸν ἀριθμὸν νομίζοντες ἀρχὴν εἶναι καὶ ὡς ὕλην τοῖς οὖσι καὶ ὡς πάθη τε καὶ ἕξεις übersetzt er offenbar, wie man aus seinen Bemerkungen ersehen kann[4]), das ὡς mit »gleichsam«. Den deutlichsten Beweis sieht er in der oben angeführten Stelle 987 b 11: μιμήσει τὰ ὄντα φασὶν εἶναι τῶν ἀριθμῶν. Die Zahl mit ihren στοιχεῖα des ἄρτιον und περισσόν treffe also die äußere Form und die Zahlenverhältnisse der Dinge. In der Frage des »Stoffes«, aus dem die Dinge würden, hätten sich die Pythagoreer an die jonischen Lehren angeschlossen.

Nach Kinkel[5]) ist der Irrtum bei Aristoteles zu suchen, der die pythagoreischen Zahlen fälschlicherweise als Dinge aufgefaßt habe, während sie den Pythagoreern nichts anderes gewesen seien als das formende, erzeugende Gesetz, dessen gedankliche Natur sie freilich noch nicht, wie Platon, erkannten; ihr Verdienst liege in der Erkenntnis, daß nicht die unmittelbare sinnliche Wahrnehmung oder ein materieller Stoff das Sein ausmache, sondern das Gesetz der Zahl. Die Frage sei gewesen: wie können die dauernden Dinge mit den ewig wechselnden, fließenden Sinneswahrnehmungen in Übereinstimmung gebracht werden? Die Zahl sei das Gesetz, welches das objektive Sein der subjektiven Empfindung und damit das Wesen der Dinge selbst ausdrücke.

Die beiden letzten Sätze bezeugen den ideal-realistischen Standpunkt Kinkels, von dem aus er die Eigentümlichkeiten des Pythagoreismus aber genau so wenig zu erklären vermag wie auch O. Willmann. Mit seiner Ablehnung der pythagoreischen Zahl als körperlich hat er recht. Seine Auffassung der Zahl als des »formenden und zeugenden Gesetzes« ist nicht unbedingt abzulehnen, wohl aber seine Formulierung, die in dieser Form einem Gedanken

---

1) a. a. O., S. 487.
2) Meteor. Theor., S. 67ff.; S. 74ff.
3) So schon v. Arnim, a. a. O., S. 124f.
4) a. a. O., S. 69. A. 1.
5) Kinkel, Walter, Gesch. d. Philos. als Einleitung in d. System der Philosophie. I. Teil, Gießen 1906, S. 107f.

Ausdruck gibt, der erst der modernen Zeit eignet. Wenn im diametralen Gegensatz zur Kinkelschen Auffassung Brandis die Zahl als etwas rein Körperliches aufgefaßt wissen will, dann muß sich diese Auffassung als falsch erweisen schon allein angesichts der Tatsache, daß sie eine Erklärung der »pythagoreischen Proportionen«, die J. Burnet wohl schon mit Recht dem Gründer der Schule selbst zuschreibt, unmöglich machen würde. Auch wenn wir annehmen müssen, daß die Pythagoreer an eine Definition des »Unkörperlichen« nicht einmal gedacht haben, so steht es dennoch fest, daß sie weder bewußt noch unbewußt die Vorstellung der Zahl als eines Körpers gehabt haben.

Die hier vorliegende Problematik wird durchsichtiger, wenn wir die Frage in der Form stellen, ob die pythagoreische Zahl räumlich oder unräumlich gewesen bzw. ob ihr System als ein arithmetisches oder geometrisches anzusehen sei. Die Behandlung solcher Probleme liegt nur scheinbar von unserem Thema ab: einmal vermögen gerade solche Fragen die in den »Vorbemerkungen« gemachten Ausführungen zu beleuchten und die Behauptung zu bestätigen, daß das Denken der Antike ein Denken sui generis war; überdies kann die Behandlung der diesen Fragen zugrunde liegenden Tatsachen deutlicher als vieles andere und zugleich mit größerer Beweiskraft als die von den Pythagoreern berichteten medizinischen Fakta den Einfluß aufzeigen, den der Pythagoreismus als Faktor der medizinhistorischen Entwicklung darstellt.

Auch die Beantwortung der Frage nach der Räumlichkeit der Zahl ist bis heute kontrovers geblieben. Die meisten Historiker gehen von dem Satze des Aristoteles aus: ». . . sie (die Pythagoreer) lassen die Einheiten Größe haben; wie jedoch die erste Eins, die Größe hatte, entstanden sei, darüber scheinen sie keine rechte Auskunft zu wissen«[1]). Ritter[2]), Steinhart[3]) und Burnet[4]) schließen daraus auf die Räumlichkeit der Zahl. Burnet stützt sich in seiner Annahme noch auf einen anderen Satz des Aristoteles, in dem dieser sagt, daß die Elemente der Zahlen das Gerade und das Ungerade seien und das eine mit dem Begrenzten, das andere mit dem Unbegrenzten gleichgesetzt werde[5]); nach Simplicius seien die geraden Zahlen unbegrenzt, die ungeraden begrenzt genannt worden[6]); dasselbe ergebe sich aus Stobaeus I S. 20. 1[7]); da nun aus

[1]) Arist. Metaph. 1080 b 18ff. Vgl. 1083 b 8ff.; Arist. d. caelo 300 a 16.
[2]) Ritter, H., Gesch. d. pythag. Philos., Hamburg 1826, S. 93ff.
[3]) Steinhart, Karl, Hall. Literaturzeitung 1845, S. 895f.
[4]) Burnet, Anfänge, S. 89ff.
[5]) 986 a 18ff.
[6]) Simpl. phys. S. 455, 20 (Vors.[5] 58 B 28).
[7]) Vors.[5] 58 B 2; vgl. Stob. I 22, 19 W.

der letzten Stelle geschlossen werden könne, daß das Unbegrenzte, das Pythagoras mit der Luft, der Nacht oder dem Leeren identifiziere, räumlich sei, müsse auch die Grenze räumlich sein.

Ganz anders Zeller[1]). Mit großem Scharfsinn, aber auch nicht ohne Voreingenommenheit, untersucht er alle einschlägigen Stellen und kommt zu dem Ergebnis, daß das pythagoreische System ein arithmetisches sei; mit großem Aufwand an Mitteln versucht er, die Räumlichkeit der Zahl (und der pythagoreischen Prinzipien überhaupt) als unrichtig darzutun. Er gibt aber zu, daß die Pythagoreer die Körper aus der geometrischen Figur ableiteten und weiter, daß sie die Figuren und die räumlichen Dimensionen auf Zahlen zurückführten (den Punkt auf die Einheit, die Linie auf die Zweiheit usw.); dann sagt er weiter — meiner Ansicht nach übrigens sehr zu Recht und manche Unklarheit beseitigend —, daß daraus durchaus nicht gefolgert werden dürfe, daß sie nun auch unter der Einheit nichts anderes als den Punkt und unter dem Unbegrenzten nichts anderes als den leeren Raum verstanden hätten, und daß die Begriffe der Grenze und des Unbegrenzten, der Einheit und der Zahl einen weiteren Umfang haben als die des »Leeren« und der Zahlen[2]).

Ausgangspunkt für meine eigene Stellungnahme ist zunächst eine Angabe bei Aristoteles[3]): »Gar nichts ist bestimmt darüber, auf welche von beiden Weisen die Zahlen Ursachen der Wesenheiten und des Seins sind, ob als Grenzen, so wie die (End)punkte der Größen (wohl der Figuren) und wie Eurytus der Reihe nach festlegte, welches die Zahl von etwas ist, z. B. die eines Menschen oder die eines Pferdes, wobei er wie diejenigen, die die Zahlen auf Figuren des Dreiecks und des Vierecks übertragen, durch Rechensteine die Gestalten der organischen Dinge nachformt.« Aristoteles hat hier, wie wir aus der Geschichte wissen, Männer aus Platons und seiner Zeit im Auge, und zwar solche — wahrscheinlich sind es Pythagoreer der später erwähnten neuen Richtung —, die glauben, daß die in der Zahl liegende Wahrheit weder durch die konventionellen Buchstabenzeichen noch durch lineare Darstellung deutlich zum Ausdruck gebracht werden könne, und die daher wieder auf die alte Art der Darstellung von Zahlen zurückgreifen wollen, die offenbar gemeint ist in Jambl. Introd. S. 56, 27 Pistelli: »Man muß nämlich wissen, daß unsere Vorfahren in alter

---

[1]) Zeller I^6, S. 485ff.

[2]) In der sechsten Auflage des Zellerschen Handbuches setzt sich Nestle mit der Burnetschen Ansicht auseinander (S. 494f.); er hält dort an der Zellerschen Ansicht von der Unräumlichkeit der Zahlen fest.

[3]) Arist. Metaph. 1092 b 8 (Vors.^{5} 45, 3). Vgl. Theophr. Metaph. 11 p. VI a 19 Usener (Vors.^{5} 45, 2).

Zeit die Quantitäten der Zahlen auf natürlichere Weise dargestellt haben, nicht wie die Heutigen symbolisch«[1]).

Aus dieser so glücklich durch Jamblich erläuterten Aristotelesstelle läßt sich schließen, wie anschaulich das λογίζεσθαι (rechnen, berechnen, aber auch erwägen, betrachten, denken) der Alten (vor Aristoteles) gewesen sein muß, wie man gleichsam aus der Zahl Figuren werden sah und das »Erkennen« — das wohl dem Denken und Einsehen gleichgesetzt wurde — darin bestand, die Figuren wieder in ihre Elemente aufzulösen.

Das aber ergibt für unseren Fall einen dankenswerten Hinweis für die Erklärung einer der wesentlichen Funktionen der pythagoreischen Zahl (und zugleich für ihr Alter). Wir dürfen annehmen[2]), daß eine der primitiven Methoden, Zahlen darzustellen, die war, Punkte in symmetrische Figuren anzuordnen, ähnlich der Anordnung etwa der Punkte auf den Dominosteinen. Aus Aristoteles, Stobaeus, Philoponus, Simplicius, Alexander, Themistius u. a.[3]) wissen wir, daß es wohlbekannt war, daß die Zusammenfassung einer bestimmten Anzahl von Punkten in einer bestimmten Anordnung bestimmte Figuren ergab, z. B., wenn man von 1 angefangen, Reihen aufeinanderfolgender Zahlen in Form von Punkten darstellt, ergibt sich ein Dreieck: ; die sich aus dem Dreieck jeweils ergebenden Summen nannte man Dreieckszahlen: 1, 3, 6, 10, 15, 21, 28 usw.; fügt man zur 1 die nächste ungerade Zahl 3 und zur jeweiligen Summe die nächste ungerade Zahl usf. hinzu: , so ergibt sich immer eine Quadratzahl: $1 + 3 = 4$, $+ 5 = 9$ usf.; wenn jedoch zur 2 die aufeinanderfolgenden geraden Zahlen addiert werden, entstehen die »rechteckigen« Zahlen: . Auf diese Weise sehen wir aus Zahlen

[1]) Nämlich nicht durch Buchstaben; daß dieses mit συμβολικῶς gemeint ist, ergibt sich aus Nikomachos von Gerasa, Introd. Arithm. S. 83, 12 Hoche: Πρότερον δὲ ἐπιγνωστέον, ὅτι ἕκαστον γράμμα ᾧ σημειούμεθα ἀριθμόν . . . νόμῳ καὶ συνθήματι ἀνθρωπίνῳ, ἀλλ' οὐ φύσει σημαντικόν ἐστι τοῦ ἀριθμοῦ.

[2]) worauf schon Burnet — allerdings ohne bis ins letzte die Konsequenzen zu ziehen — hinweist (a. a. O., S. 88ff.).

[3]) Belegstellen s. Zeller I,[6] S. 455 Anm. 3; genauere Ausführungen bei H. Hankel, Zur Gesch. d. Mathematik im Altertum u. Mittelalter, Lpz. 1874, S. 92ff. u. S. 104; Moritz Cantor, Vorlesungen über Gesch. d. Mathematik I, Lpz. 1880, S. 124ff. u. S. 135.

Flächen werden, fühlen wir, wie mit der arithmetischen die geometrische Ordnung zugleich gegeben ist und wie unnötig der Streit um die Frage ist, ob die Pythagoreer die Zahl räumlich oder unräumlich faßten. Sie haben sich diese Frage nie gestellt, nicht nur, weil man damals ein Abstrahieren der Zahl von der Form, in der sie dargestellt wird, bzw. von Dingen, die sie konstituiert, noch nicht kannte, sondern weil man gar nicht das Bedürfnis hierzu empfand.

Es soll in dieser Arbeit nicht untersucht werden, was Ägypten und Babylon Griechenland gegeben haben, jedenfalls war der Stand wenigstens des praktischen Wissens bei den Erbauern der Pyramiden und den ἀρπεδονάπται, die schon das Dreieck mit den Seiten 3, 4 und 5 kannten, das immer rechtwinklig ist, und rein arithmetisch den »Pythagoreischen Lehrsatz« zu illustrieren vermag, hinreichend, griechischem Geiste die ersten »Handlangerdienste«[1]) zu leisten, und es ist sicher, daß die Griechen bald ihre »Lehrmeister« überflügelten, nicht nur in der praktischen Anwendung des Gelernten. Es zeigt sich eben auch hier: der hochentwickelte Orient hatte eine Unsumme von Einzelkenntnissen zu vergeben und Griechenland mag bisweilen der empfangende Teil gewesen sein; aber wo die Orientalen stehen blieben, da begannen die Griechen, wandten den Blick von den Erscheinungen auf das Wesen, von der Mannigfaltigkeit auf die Regelmäßigkeit, auf die Gesetzmäßigkeit, um aus ihr wieder die Einzeldinge mit logischer Notwendigkeit entstehen zu sehen; so machten sie das Wissen zur Wissenschaft, und das war ihre Gabe an das Abendland, von der wir heute noch zehren. — So sah nun Pythagoras aus jenen Figuren, die schon unzählige Male den täglichen Lebensbedürfnissen des Menschen gedient hatten, ohne zu tieferem wissenschaftlichem Denken zu führen, die Regelmäßigkeit, die konstituierende, formbildende Kraft der Zahl. Und noch etwas muß hier erwähnt werden: daß die Saiten der Lyra verschiedene Längen haben müssen, das wußten auch die Instrumentenbauer, daß aber die Länge der Saiten in einem bestimmten Verhältnis abnahm bzw. zunahm, das sah erst der, für den die längere Saite der — rechtwinkligen — Lyra zur »Hypotenuse« geworden war. An einer

[1]) Der Ausdruck entstammt den kurzen, aber treffenden Ausführungen des Ägyptologen F. W. v. Bissing, Ägyptische Weisheit u. griechische Wissenschaft. Neue Jahrb. 29, 1912, S. 81 ff.

ausgespannten Saite, deren tönenden Teil er durch Verschieben eines Steges verlängern bzw. verkürzen konnte, soll er die Zahlen 12, 9, 8, 6, 4, 3, denen die Töne c, f, g, c′, g′, c″ entsprechen, gefunden haben. Wenn wir Jamblichos[1]) glauben wollen, dann kannten allerdings schon die Chaldäer diese Beziehungen der Arithmetik zur Musik, ja sogar schon das harmonische Mittel, das auch obigen Zahlen zugrunde liegt, und Pythagoras soll es nach ihm von jenen gelernt haben; aber darauf kommt es hier gar nicht an; denn nicht darin liegt die Größe des Pythagoras, sondern in der Erkenntnis — nicht nur eines Naturgesetzes, sondern — einer in Zahlen festlegbaren Gesetzmäßigkeit in der Natur überhaupt.

So wird er der große Mathematiker, indem er hinausführt über die praktischen Bedürfnisse[2]), so wird er zum Wissenschaftler. Eine glückliche Verbindung von Beobachten und Denken, von Empirie und echt philosophischer Schau brachte als Ergebnis die für alle Wissenschaften so fruchtbare Erkenntnis der Gesetzmäßigkeit in allem Werden und Geschehen. Am schwerwiegendsten für die Folgezeit erwies sich aber das Hinaufrücken der Zahl in das Gebiet des Metaphysischen. Die Zahl selbst wurde zum Gesetzgeber, zum gestaltenden, formenden Prinzip, dem die Kräfte der Wandlung, vor allem das Feuer, untertan waren.

Anhangsweise sei hier noch eine Angabe des Aristoteles erwähnt, die, wenn wir sie richtig verstehen, nicht nur eine Ergänzung und Bestätigung der oben dargelegten Zahlentheorie bedeuten würde, sondern auch für das Verständnis späterer medizinischer Theorien von Bedeutung wäre. In seiner Physik spricht Aristoteles über die verschiedenen Anschauungen vom Leeren und sagt unter anderem[3]): »Auch die Pythagoreer sagten (ἔφασαν!), das Leere sei, und es gehe aus dem grenzenlosen Odem das Leere in die Welt[4]) selbst — als ob sie aufatme — hinein, welches die Naturen umgrenze (διορίζει), gleichsam als wäre das Leere eine Art Trennung des Aufeinanderfolgenden und (überhaupt eine Art) der Unterscheidung. Und das liege als erstes in den Zahlen (sei das Wesen der Zahlen?).« J. Burnet sagt zu dieser Stelle[5]): »Im wesentlichen ist das die Lehre des Anaximenes, und es wird zur vollen Gewißheit, daß es die des Pythagoras ist, wenn wir erfahren, daß Xenophanes[6]) sie ablehnte.« Die

---

[1]) Introd. in Nic. Ar. p. 141.

[2]) Vors.[5] 58 B 2.

[3]) Arist. phys. IV 6 213 b 22 (Vors.[5] 58 B 30).

[4]) Ich lese mit Diels das handschriftlich überlieferte αὐτῶι statt αὐτὸ bei Bekker.

[5]) Anfänge, S. 95.

[6]) Diog. L. IX 18, 19; die Stelle ist aber nicht eindeutig!

von Burnet weiter angeführte Stelle aus der Metaphysik[1]) kann nun zum Beweis nicht herangezogen werden, da aus dem Zusammenhang hervorgeht, daß es sich dort um Pythagoreer um Platon handelt[2]); aber seine Ausführungen über die alten Vorstellungen über Luft und Leeres, über Luft und Dampf, Feuer und Nacht, Licht und Dunkelheit, Begrenzung und Unbegrenztes sind gut begründet. Zustimmen kann man auch, wenn er daraus folgert: »Die darin enthaltene Identifizierung von Odem und Dunkelheit ist ein gewichtiges Argument für den primitiven Charakter der Lehre; denn im 6. Jahrh. wurde die Dunkelheit als eine Art Dunst angesehen, während im 5. Jahrh. ihr wahres Wesen wohl bekannt war«[3]). Dennoch wird man zögern, ihm zuzustimmen, wenn er weiter sagt: »Es scheint in der Tat sicher, daß Pythagoras die Begrenzung mit dem Feuer identifizierte und das Unbegrenzte mit Dunkelheit.« Einerseits finden wir in den Quellen keine einzige nach dieser Richtung hingehende Aussage — höchstens die Lehre vom Zentralfeuer und einige sehr unsichere Berichte über astronomische Anschauungen könnten damit in Harmonie gebracht werden —, und andererseits kann dieser Gedanke nicht leicht mit der oben dargelegten Lehre von der Zahl, vor allem mit der Lehre von der Harmonie und den Proportionen in Einklang gebracht werden. Es sei denn, daß man die Zahlen etwa als das dem Feuer immanente Gesetz ansehen würde, nach welchem dessen Tätigkeit der Begrenzung näher bestimmt würde. Dann hätten wir allerdings darin einen Beweis für die Behauptung, daß Pythagoras keine Unterbrechung der Kontinuität der bisherigen Entwicklung bedeutet, sondern vielmehr Fortführung und Ergänzung. Wir hätten auch eine Erklärung für die merkwürdige Tatsache, daß ältere Pythagoreer, z. B. Hippasos — mit offensichtlicher Bezugnahme auf Anaximenes[4]) und Anaximander — das Feuer zur Hypostasis der Dinge machen konnten. Auf gewisse später zu besprechende medizinische Lehren und auf die Herkunft der ihnen zugrunde liegenden naturphilosophischen Ansichten fiele damit ein ganz neues Licht.

Die Ionier hatten das Wesen der Dinge im Stofflichen gefunden. Causa formalis, finalis, efficiens, Verursachendes und Verursachtes, Beherrschendes und Beherrschtes, alles war letzten Endes ein und dasselbe. Eine solche Welterklärung konnte auf die Dauer nicht genügen, schrie geradezu nach Ergänzung. Sie hatten wohl erklärt, woraus alles bestehe, aber nicht, warum es gerade in dieser oder jener Form bestehe. Die Ergänzung brachte Pythagoras: die Zahl bildet die verschiedenen regelmäßigen Figuren, die Zahl beherrscht, nein, bildet den Ton, der ohne sie etwas ganz Flüchtiges, Unfaßbares ist; warum dann nicht auch alles andere? So wird der Grund gelegt zum Begriff des εἶδος, der mit seinen später näher ausgeführten Bestimmungen in der Medizin als φύσις-Begriff und »Naturheilkraft« so wichtig wird.

[1]) 1091 a 13.
[2]) Nach Stob. ecl. phys. 308 u. 448 kann es Ekphantos gewesen sein.
[3]) Anfänge, S. 96. [4]) M. vgl. z. B. Simpl. phys. 23, 33.

3. Bedeutung der neuen Wissenschaftsmethode

Die Zahl des Pythagoras war noch nicht die von den Dingen losgelöste Ideal-Zahl des Platon, sie war noch nicht das εἶδος des Peripatos, aber sie stand mitten zwischen den ersten Anfängen des philosophischen Denkens und dessen vorläufigem Abschluß durch Aristoteles. E. H. Weiße[1]) sagt mit Recht: »Das pythagoreische System übte auf die gesamte ältere Philosophie der Griechen einen unberechenbar großen Einfluß dadurch aus, daß es die Anschauungen und Abstraktionen des unphilosophischen Denkens in eine typische Ausdrucksweise und stehende Form brachte, wodurch dieselben gleichsam zum Stoff für das spekulative Denken bereitet wurden ... wir glauben aussprechen zu dürfen, daß der allein vielleicht unter all jenen Führern wahrhaft groß zu nennende Genius des Pythagoras den gesamten Inhalt der griechischen Philosophie bis auf Sokrates und Platon ... bereits vollständig durchgearbeitet und geordnet hatte.« — Wir können es heute kaum noch empfinden, welche Wirkung die Entdeckung des Gesetzes der Zahl auf die Denker von damals ausüben mußte. Das Naturgeschehen und die Lebensvorgänge im Menschen sind nun nicht mehr zufällige Geschehnisse; nicht mehr Schicksal und blinder Zufall beherrschen alles, sondern der λόγος, der in der gottgeschaffenen Zahl verborgen liegt, und den man nur zu erkennen braucht, um alles zu wissen, da ja alles aus ihm wird. Das Leben läßt sich messen, es ist ja alles μέτρον, und alles Werden vollzieht sich auf Grund der Ordnung durch die Zahl. Jahreszeiten, Tageszeiten, alles ist metrisch, rhythmisch. Die Zahl ermöglicht Vergleichung, Aufsuchen von Analogien, nicht vagen, sondern zahlenmäßig bestimmten; Typisierung, Form, Proportion, Ordnung, alles das ist mit der Zahl gegeben, und der Drang, all diese Dinge in der Natur und im menschlichen Leben zu finden, war so stark, daß er die Anwendung des neuen Prinzips bis in die Gebiete gehen ließ, wo er nicht mehr fruchtbar sein konnte und doch fruchtbar wurde, weil er die Kritik herausforderte und das Gegeneinander der Prinzipien erzeugte, das immer noch für das Finden von Wahrheiten nötig gewesen ist.

Wertvoll an der Entdeckung des Pythagoras war das in ihr liegende Prinzip als Grundlage einer neuen Wissenschaftsmethode:

---

[1]) E. H. Weiße, Aristoteles' Physik, Leipz. 1829, S. 391.

aus den Einzeldingen und Erscheinungen das allgemeingültige Gesetz abzuleiten und, umgekehrt, aus ihm die Einzeldinge zu verstehen und, wenn möglich, auch zu lenken, das Prinzip, das stets auch Prinzip aller medizinischen Wissenschaft sein wird.

»In Ehrfurcht beugen wir uns vor der Geisteskraft der Männer, die zuerst den Weg gewiesen haben zum eindringenden Verständnis und zur schließlichen Beherrschung der Naturgewalten[1]).«

4. Die »Gegensätze« und die »Harmonie«

Hinsichtlich der Medizin speziell ist Pythagoras — wenn möglich — noch fruchtbarer geworden durch seine Lehre von den Gegensätzen und ihrer Harmonie.

Diogenes Laërtius überliefert uns eine Angabe des Alexander Polyhistor aus dem 1. Jahrhundert v. Chr.; er habe folgendes in den Aufzeichnungen der Pythagoreer gefunden: der Anfang von allem sei die Einheit; aus der Einheit aber sei die unbestimmte Zweiheit, gleichsam als Materie der Einheit, ihrer Ursache; aus der Einheit aber und der unbegrenzten Zweiheit seien die Zahlen entstanden, aus den Zahlen die Malzeichen, aus diesen die Linien, aus diesen die Flächengestaltungen, aus den Flächen die mathematischen Körper, aus diesen die sinnlich wahrnehmbaren Körper, deren vier an der Zahl sind: Feuer, Wasser, Erde, Luft[2]). In dieser Weise wurde in der nacharistotelischen Zeit vielfach[3]), besonders von den Kommentatoren des Aristoteles, Simplicius und Ps. Alexander, die pythagoreische Lehre von den Urgründen bzw. Gegensätzen dargestellt. Obwohl der dialektische Charakter der Schriften, die Sprache, die verwandten Begriffe u. a. mit aller Deutlichkeit spätere Unterschiebungen bzw. Fälschungen verraten, hat die Lehre von der Einheit bzw. unbegrenzten Zweiheit als echt pythagoreische Lehre vom Gegensatz noch in neuerer Zeit ihre Verteidiger gefunden[4]), die aber von Zeller mit unwiderlegbaren Beweisen abgetan wurden[5]).

Döring[6]) geht von dem Bericht des Aristoteles[7]) aus, in dessen Tafel der Gegensätze als erstes Paar »Begrenztes« und »Unbegrenztes« überliefert sind, und auf dem nach Döring alle anderen Gegensatzpaare beruhen: das Unbegrenzte sei der außerhalb der Welt befindliche unendliche Weltstoff, zu welchem das Begrenzende als gleich ursprüngliches entgegengesetztes Prinzip hinzutrete und ihn mit bestimmten Umrissen versehe; der Gegensatz des Unbegrenzten und der Grenze sei der des Stoffes und der Form, welchen Gedanken er »unge-

[1]) Gomperz, Theodor, Griechische Denker. Berlin und Leipzig 1922, S. 85.
[2]) Diog. L. VIII 24f. (Vors.[5] 58 B 1 a).
[3]) s. Zeller I[6], S. 465f.
[4]) Vgl. Boeckh, Philolaos, S. 65.
[5]) a. a. O., S. 465 bis 479.
[6]) Gesch. d. griech. Philos., S. 109ff.
[7]) Arist. Metaph. 986 a 22ff. (Vors.[5] 58 B 1 a).

zwungen« und »als sehr nahe liegend« aus der Ordenslehre ableiten will (Aufgabe und Regel für die pythagoreische Lebensführung sei, Begrenzung und Form in das Leben zu bringen).

Begrenzendes und Unbegrenztes sind auch für Kinkel[1]) die beiden Urgründe. Seine Zeugen sind Philolaos, Platon und hauptsächlich Aristoteles. Grenze und Unbegrenztes hätten sie gegenüber der Zahl als das logisch Frühere gesetzt, da durch sie die Zahlen erst möglich würden, indem sie in Gestalt des Geradzahligen und Ungeradzahligen in dieselben als Gesetz und Prinzip des Seins eingingen[2]). Gerade und ungerade Zahlen seien beide dem begrenzenden formgebenden Prinzip angehörend, welches die geraden Zahlen nur unvollkommener als die ungeraden enthielten und ausdrückten. In Arist. Metaph. 986 a 19: τὸ δ' ἓν ἐξ ἀμφοτέρων εἶναι τούτων (καὶ γὰρ ἄρτιον εἶναι καὶ περιττόν) τὸν δ' ἀριθμὸν ἐκ τοῦ ἑνός . . . und aus Arist. Metaph. 1080 b 20: ὅπως δὲ τὸ πρῶτον ἓν συνέστη ἔχον μέγεθος, ἀπορεῖν ἐοίκασιν findet er den Beweis für seine Behauptung, die Pythagoreer hätten die Existenz einer ersten Eins gelehrt, die selbst noch nicht Zahl war — er gibt also wenigstens bezüglich dieser Annahme einer ursprünglichen Eins Boeckh recht —, sondern erst, indem sie sich selbst zur Ausdehnung bestimmt, werde sie Zahl und entlasse aus sich das Gerade und Ungerade. Mit aller Schärfe behauptet er gegen Zeller, daß in der pythagoreischen Lehre zum erstenmal deutlich ein formendes, gestaltgebendes Prinzip einem leidenden gestaltlosen gegenübertrete[3]). Schleiermacher[4]) hat wieder als Urgründe die Einheit und Zweiheit angenommen und läßt Gott und Materie = bestimmendes und bestimmtes Prinzip einander gegenübergesetzt sein. Für Gilbert[5]) ist das Grunddogma der pythagoreischen Lehre die Scheidung in ἄπειρον (Stoff) und πέρας; das erstere ist ihm die ἀόριστος ὕλη, das zweite das εἶδος gleich Form; die πέρατα aber sind die Zahlen; als »Stoff« aber hätten sie dieselben vier Elemente wie auch die älteren Forscher gelehrt; den Beweis hierfür führt er — meist negativ — aus Aristoteles[6]), Aetius[7]), Diog. L.[8]) und vor allem aus Philolaos[9]). Die Pythagoreer hätten nicht an den Prinzipien gezweifelt, durch die die δυνάμεις wirksam werden, z. B. Wärme und Kälte seien auch ihnen als die den Veränderungen der Dinge, den Wandlungen der Elemente, dem Wechsel der meteoren Erscheinungen zugrunde liegenden Naturkräfte erschienen.

Auch für Heidel ist das πέρας und ἄπειρον das grundlegende Gegensatzpaar der Pythagoreer.

Zeller[10]) baut sein ganzes pythagoreisches System auf dem Satz auf: alles

[1]) W. Kinkel, Gesch. d. Philos. Gießen 1906, S. 109ff.

[2]) Frg. 1 (Vors.[5] 44 B 1).

[3]) vgl. besonders S. 110 und Anm. 19.

[4]) Schleiermacher, Gesch. d. Philos. (Werke III 4 a). Berlin 1839, S. 56.

[5]) Meteor. Theor., S. 66, Anm. 2; S. 71ff.

[6]) Arist. Metaph. 987 a 2, 13; 990 a 16; 987 a 15; 986 b 6 u. a. m.

[7]) Aet. I, 9, 2. (Dox. 307).

[8]) Diog. L. VIII 25 (Vors.[5] 58 B 1 a).

[9]) Stob. ecl. 21, 7 b (Vors.[5] 44 B 4).

[10]) Zeller I[6], S. 463.

ist Zahl, alles ist Harmonie. Da die Zahlen aber alle entweder gerade oder ungerade oder gerad-ungerade seien, hätten die Pythagoreer geschlossen, daß das Ungerade und Gerade die allgemeinen Bestandteile der Zahlen und dann auch der Dinge seien; weil sie nun das Ungerade dem Begrenzten, das Gerade dem Unbegrenzten gleichsetzten[1]), kamen sie zu dem Satz, alles bestehe aus Begrenztem und Unbegrenztem. Dem Volksglauben entsprechend hätten sie das Begrenzte und Ungerade für das Vollkommenere gehalten und in ihrer ziemlich willkürlich aufgestellten Kategorientafel das Ungerade auf die eine, das Gerade auf die andere Seite gesetzt. Das Band aber, das die jeweiligen Gegensätze verknüpfe, sei die Harmonie als eine Einheit, die in der Zahl selber liege. Wie sich die Wahrnehmung der ursprünglichen Gegensätze in den Dingen den Pythagoreern an die Betrachtung der Zahl geknüpft habe, so die Anerkennung der Harmonie, welche die Gegensätze versöhnt, an die Betrachtung der Tonverhältnisse: »Harmonie ist ihnen nichts anderes als die Oktave« sagt er dann, und in der Anmerkung fügt er erläuternd hinzu: »'Αρμονία ist der Name für die Oktave; m. s. z. B. Aristox. Mus. II, 36: τῶν ἑπταχόρδων ἃ ἐκάλουν ἁρμονίας . . .«.

Zeller hat hier offenbar den logischen faux-pas — unstatthafte Umkehr eines Urteils — gar nicht bemerkt. Noch ein zweites[2]) sagt er: ». . . denn jede Zahl ist eine bestimmte Verbindung oder eine Harmonie des Ungeraden und Geraden«, und Zeile 15f.: »In dem Einklang der Töne erkennen die Pythagoreer das allgemeine Gesetz der Verknüpfung von Entgegengesetztem, sie nennen deshalb jede solche Verknüpfung . . . Harmonie und übertragen auf dieselbe die Verhältnisse der musikalischen Harmonie«, Zeile 8 dagegen sagt er: ». . . die Harmonie ist ihnen nichts anderes als die Oktave.« Hier sieht er den Widerspruch, schiebt ihn aber — wenigstens bez. der μετάβασις εἰς ἄλλο γένος — den alten Philosophen zu, »die es noch nicht gewohnt waren, die allgemeinen Begriffe von den besonderen Erscheinungen, an denen sie ihnen zum Bewußtsein kamen, bestimmt zu unterscheiden«[3]).

Was Zeller in seinen Darlegungen über »die Harmonie« bei den Pythagoreern nicht grundsätzlich beachtet hat, ist die Tatsache, daß ἁρμονία nicht Harmonie im musikalischen Sinne schlechthin bedeutet; das Wort kommt von ἁρμόττειν und heißt Einfügung, Verknüpfung, oder, wie Bernays[4]) nachgewiesen hat, »Struktur«. Die Zahl in der Anschauung der alten Pythagoreer war jenes περαῖνον, das als notwendige Ergänzung der Lehre des Anaximander dessen ἄπειρον gegenübertrat. Damit haben die Pythagoreer dem abendländischen Denken die Möglichkeit gegeben, in einer ganz neuen Weise den Kosmos zu sehen, zu durchdringen und zu erklären. Ich sehe davon ab, das Wesen der pythagoreischen

---

[1]) Simpl. phys. 455, 20 (Vors.[5] 58 B 28).

[2]) Zeller I[6], S. 463, 1—3.

[3]) a. a. O., S. 463, 10ff.

[4]) Bernays, Jak., Ges. Abh. hrsg. v. Usener, Berlin 1885, S. 101 ff.

Harmonie etwa durch die Berichte bei Nikomachos und Theo von Smyrna und Stobaios näher erläutern zu wollen, da dort ganz unzweideutig die Ansichten späterer Pythagoreer gemeint sind, vor allem aber, weil ich der Ansicht bin, daß die tatsächliche Fruchtbarkeit der pythagoreischen Anschauungen für die medizinischen Theorien gerade auf der ursprünglichen Form mit ihrer ganzen Primitivität und Einfachheit beruht.

Für das Alter dieser primitiven Anschauungen gibt uns Aristoteles einen bemerkenswerten Hinweis. Der Stagirite spricht im 5. Kapitel des 1. Buches seiner »Metaphysik« von sogenannten Pythagoreern, die zur Zeit des Leukipp und Demokrit »und noch vor diesen« sich mit der Zahlenlehre beschäftigt hätten. Der Bericht unterscheidet deutlich zwei Gruppen von Pythagoreern, von denen die einen die Zahlen als die den Dingen immanente Wesenheiten aufgefaßt hätten, während den anderen die Dinge »ihrer ganzen Natur nach den Zahlen nachgebildet erschienen«. Die Tatsache des Bestehens zweier einander diametral entgegengesetzter Richtungen setzt eine gewisse Zeit der Entwicklung voraus. Wir können also — auch wenn wir davon absehen, aus der Verbindung der zweiten Schulmeinung mit dem Namen Alkmaion eine Zeitbestimmung herauslesen zu wollen — gemäß dem obigen »und noch vor diesen« annehmen, daß es sich um ältere Pythagoreer handelt, so daß wir die geforderte Vorstufe der Entwicklung mit einiger Sicherheit dem Meister selbst zuschreiben können. Die Wertung des Gegensatzes Gerade — Ungerade und ihre Gleichsetzung mit dem Begrenzenden und Begrenzten in der Kategorientafel ist aber allem Anschein nach erst den Pythagoreern um Platon oder Aristoteles selbst zuzuschreiben[1]).

5. Folgerungen

Mit diesen Ausführungen scheint mir die naturphilosophische Seite der Problematik der pythagoreischen Frage hinreichend gekennzeichnet, um die für unsere Untersuchung notwendigen Folgerungen ziehen zu können:

1. Die Pythagoreer haben zum erstenmal in der Geschichte abendländischen Denkens Form und Stoff voneinander geschieden, und zwar Form als das zeugende männliche Prinzip gegenüber der als weiblich gegenübergestellten Materie. Stoff und Form erscheinen als ursprünglich gesondert; durch ihr Zusammentreten

[1]) K. Joel wird recht haben, wenn er in seiner Gesch. d. antik. Philos., S. 371 schreibt: ». . . die starke Betonung und Wertung des Gegensatzes von gerade und ungerade ist schließlich in die kontinuierliche Zahlenskala nur künstlich hineingetrieben, um auch hier die Kraft der Antithetik zu entfalten«; ich glaube nur, daß es notwendig ist, stärker als Joel zu betonen, daß diese Entwicklung erst sekundär erfolgte und mehr akzidentell; jedenfalls gelten das 11. Fragment des Philolaos und Arist. 986 a 15ff. erst für die Pythagoreer etwa um Platon.

werden die Dinge. Die Zahlen sind es nun, die bei den Pythagoreern als die πέρατα bzw. περαίνοντες gegenüber dem ἄπειρον in Funktion treten, d. h. sie haben die Kraft und die Tendenz, die Materie zu durchdringen, zu umfassen und zu begrenzen, ihr dadurch Umriß und Gestalt zu geben, d. h. sie im eigentlichen Sinne des Wortes zu »bilden«. Diese Kraft kommt allen Zahlen, den geraden und ungeraden zu.

2. Wichtig ist aber nun für unsere Darlegungen die Tatsache, daß Begrenzendes und Begrenztes, Form und Materie als Gegensätze erscheinen und daß das Erfaßtwerden des Widerstrebenden, des in ewiger Bewegung sich befindenden Stoffes als ein Kampf dargestellt wird, bzw. das Formprinzip als tätig, die Materie als leidend[1]). Die Vereinigung beider aber ist die »Harmonie« in der den Pythagoreern eigentümlichen Bedeutung und in ihrer Wichtigkeit für die von ihnen gefundenen und von anderen übernommenen philosophischen und medizinischen Lehren.

Mit dieser Feststellung ist aber ein Doppeltes gegeben, dessen Wichtigkeit im Sinne unserer Untersuchung nicht übersehen werden darf: einmal wird damit schon die Tendenz der weiter unten zu besprechenden pythagoreischen δίαιτα offenbar, und zweitens ist dadurch der Unterschied charakterisiert, der die »Harmonie« der alten Pythagoreer einmal von der der jüngeren, dann aber auch gegenüber der »Isonomie« des Alkmaion und der »Harmonie der Gegensätze« des Heraklit unterscheidet.

Es ist nicht leicht, und solange nicht der große Thesaurus graecus, von dem Diels so hoffnungslos in seinem »Elementum«[2]) spricht, Wirklichkeit geworden ist, auch wohl unmöglich, eine sichere Scheidung dessen, was Pythagoras, was den Schülern, was den üngeren und was den älteren Pythagoreern angehört, vorzunehmen. Als sicher können wir jedoch annehmen, daß das, was wir im allgemeinen unter »Pythagoreischer Zahlenmystik« verstehen, weiter die Ableitung der Elemente aus den fünf regelmäßigen Körpern, dem Würfel = Erde, dem Oktaeder = Luft, dem Ikosaeder = Wasser, dem Tetraeder = Feuer, dem Dodekaeder = Äther usw. erst späteren Ursprungs ist und wahrscheinlich erst von den Pythagoreern um Platon herrührt. Sicher altpythagoreisch ist aber die Annahme des ἄπειρον als der gestaltlosen, ungeformten Stoffmasse

---

[1]) Arist. phys. 189 b 14.

[2]) H. Diels, Elementum. Leipz. 1899, S. Xff.

und die Annahme des gestaltenden, formgebenden Prinzips, wobei das ruhende, vor den Dingen existierende περαῖνον das in dauernder, regelloser Bewegung sich befindende und widerstrebende Ungeordnete in sich aufnimmt und mit ihm zusammen ein Drittes wird: das »Ding«, das in der Zahl bzw. in der Harmonie (gleich in der Verknüpfung des Ungleichen) seinen Bestand und seinen Ausdruck hat.

3. Damit ist aber ein Drittes gegeben, das wir geradezu als die Großtat der Pythagoreer bezeichnen müssen: wenn es die Zahl ist, die Anfang und Mitte und Ende des Alls ausmacht, wie Aristoteles als Ansicht der Pythagoreer bestätigt[1]), wenn das Zusammentreten der gleichen zahlenmäßig bestimmten Menge unter der Einwirkung der gleichen zahlenmäßig bedingten Kräfte ein Gleiches oder einen gleichen Zustand erzeugt, dann ist damit nichts anderes gefunden als die durch die Zahl bestimmte Gesetzmäßigkeit[2]), die in ihren einzelnen Faktoren genauer bestimmbare kausale Verkettung alles Naturgeschehens. Erst dieser Glaube an die allwaltende Gesetzmäßigkeit in der Welt — die übrigens Pythagoras als erster einen κόσμος[3]) genannt haben soll —, erst diese Erkenntnis machte wissenschaftliches Forschen möglich und ist noch heute die stillschweigende Voraussetzung, mit der der Physiker, der Chemiker, der Medizinwissenschaftler — unter Berücksichtigung der Eigenart des jeweiligen Arbeitsgebietes — an ihre Aufgabe herangehen. Die medizingeschichtliche Bedeutung aber ergibt sich aus der Tatsache, daß es erst jetzt ermöglicht war, Definitionen von Gesundheit, Krankheit usw. aufzustellen, und es erst jetzt sinnvoll werden konnte, systematisch die Wirkungen von Kälte und Wärme usw. auf den Organismus und den Einfluß der verschiedenen Nahrungsmittel auf Gesundheit und Krankheit sowie der Lebensweise überhaupt zu untersuchen und eine bestimmte δίαιτα aufzustellen.

»Es ist im höchsten Grade überraschend, die innere Einheit wahrzunehmen, welche den ganzen Kreis der pythagoreischen Mathematik untereinander verbindet und, der realen Verwandtschaft des Gegenstandes folgend, immer von einem und demselben

---

[1]) Arist. de caelo 268 a 10.

[2]) Gegenüber der mehr intuitiv empfundenen Tatsächlichkeit des alles beherrschenden Weltgesetzes durch Anaximander.

[3]) Aet. II 1, 1 (Dox. 327 a 8 b 2).

Mittelpunkt, dem magister matheseos, aus in den verschiedenartigsten Richtungen sich über das Gebiet der Raum- und Zahlenverhältnisse verbreitet. Es ist ein charakteristisches Zeichen des Genies, solche Mittelpunkte der Erkenntnis herauszufinden und von ihnen aus die Fäden in dem verschlungenen Gewebe der Detailkenntnisse zu verfolgen«[1]).

Für Galilei war nach seinen eigenen Worten das Buch der Natur in Triangeln, Quadraten, Kreisen und Kugeln geschrieben; und so war auch für Pythagoras »der ganze Himmel (= der ganze Kosmos) Harmonie und Zahl«.

6. Die »Medizin« der Pythagoreer (Gesundheit und Krankheit. Die pythagoreische Δίαιτα. Die Therapie)

'Αρμονικοί hießen die Pythagoreer nach Aristoxenos. Überall auf der Welt sehen sie Symmetrie im Räumlichen, Eurhythmie in den Bewegungen, Harmonie in den Gegensätzen. Aus dieser metaphysisch begründeten und — in vielem — empirisch bestätigten Weltauffassung wurden Gedanken geboren, die für die medizinische Wissenschaft von grundlegender Bedeutung geworden sind und es blieben, bis sie in unfruchtbarem Dogmatismus erstarrten. Auch wenn Pythagoras nicht »einer der berühmtesten Ärzte«[2]) gewesen wäre, und wenn auch bei den Pythagoreern die Heilkunst nicht in höchster Blüte gestanden hätte[3]), dürften sie in keiner Medizingeschichte fehlen: es kann nach den Ausführungen über die praktischen Auswirkungen der dargelegten Gedankengänge (s. u.) nicht mehr zweifelhaft sein, daß es die Pythagoreer waren, die die wichtigsten Theorien der antiken wissenschaftlichen Medizin begründet oder wenigstens ihre formale und materiale Entwicklung entscheidend gefördert haben.

---

[1]) Fr. Pfeiffer, Der goldene Schnitt. Augsburg 1885, S. 52.

[2]) Wegen ihrer Bedeutung im Zusammenhang dieser Arbeit möge die einschlägige Stelle aus A. Corneli Celsi Medicinae L. I, prohoem 6, 7 (C. M. L. I, 18) etwas ausführlicher wiedergegeben werden: »Primoque medendi scientia sapientiae pars habebatur, ut et morborum curatio et rerum naturae contemplatio sub isdem auctoribus nata sit: scilicet is hanc maxime requirentibus, qui corporum suorum robora quieta cogitatione nocturnaque uigilia minuerant. Ideoque multos ex sapientiae professoribus peritos eius fuisse accipimus, clarissimos uero ex is Pythagoran et Enpedoclen et Democritum.«

[3]) Daß bei den Pythagoreern die Heilkunst blühte, bezeugen: Porph. 33; Jambl. 110, 163; Diog. L. VIII 12; Apollon. b. Jambl. 264.

Die Zahl der Berichte über medizinische, insbesondere physiologische Ansichten der Pythagoreer oder des Pythagoras selbst ist nicht gerade gering[1]). Doch sind solche Berichte mit ihrer unheilvollen Vermengung von Echtem und Unechtem, von Früherem und Späterem mehr geeignet, das Bild von der pythagoreischen Lehre und ihres Einflusses auf die Entwicklung der wissenschaftlichen Medizin zu verdunkeln als aufzuhellen[2]). Dennoch teile ich nicht die pessimistische Meinung der Autoren, die solche Bruchstücke der Überlieferung allzu schnell in Bausch und Bogen als völlig wertlos verworfen haben: wenn man einmal von den philologischen Fragestellungen, die mit ihnen gegeben sind, absieht und sie mehr von philosophiegeschichtlichen Gesichtspunkten — bzw. u. U. auch von medizinischen — aus prüft, erkennt man, wie verschieden die Denkweise ist, die ihnen zugrunde liegt. Vielleicht gibt gerade die vorliegende Arbeit Anregung, auch diese Berichte unter einem neuen Gesichtspunkte zu sehen und für die Medizingeschichte verwendbar zu machen. Hier harren noch Probleme der Bearbeitung, die nur der Philologe und Medizinhistoriker werden lösen können — wenn ihre Lösung überhaupt möglich ist. Voraussetzung für jede Untersuchung von Einzellehren scheint mir jedenfalls die Feststellung des Grundsätzlichen zu sein.

Deshalb wurde auch in den folgenden Darlegungen über die Auswirkungen des älteren Pythagoreismus (etwa bis zu der Katastrophe von Kroton um die Mitte des 5. Jahrhunderts) auf das medizinische Denken auf die Untersuchungen von Einzelheiten verzichtet. Um so klarer sollten die großen Linien hervortreten, die die Entwicklung der theoretischen Medizin durch die Einführung der pythagoreischen Vorstellungen von Gesundheit, Krankheit, Heilung und der diätetischen Vorschriften gezeichnet haben. Gerade diese Vorstellungen — Begriffe dürfen wir noch nicht sagen — halte ich hinsichtlich der Medizin für die großen Konzeptionen, die dem Pythagoreismus mit der genialen Verallgemeinerung der Funktion der Zahl gegeben waren, und die ihren Wert und ihre Stoßkraft auf die Weiterentwicklung behalten haben, auch nachdem die Anwendung auf Einzellehren der Medizin längst kontrovers geworden war.

Nach den oben dargelegten Resultaten aus den Untersuchungen über die Bedeutung der Zahl, der Harmonie usw., die mitsamt den z. T. längst erledigten Kontroversfragen mit Absicht ausführlicher

[1]) s. z. B. bei Alexander Polyhistor (in Diog. L. VIII 25ff.); Stob. I 420; Aet. V 3, 2 (Dox. 417 a 6); Galen. XIX 321 K.; XIX 260 K. (Dox. 320 b 29); XIX 322 K. (Dox. 417 a 21); 322 K. (Dox. 418 a 5); Porphyr. vit. Pyth. § 43 u. ö. — Über die Authentizität dieser Nachrichten s. Wilamowitz, Platon II², S. 84, 1 und Theiler, Gnomon II, 1926, S. 147ff.; Wellmann, Herm. 54, S. 225ff.; vgl. aber auch die positiven Resultate in der kritischen Untersuchung Rohdes, Die Quellen des Jamblichus in seiner Biographie des Pythagoras. Kl. Schriften, II. Bd., S. 105, S. 134, S. 156f., S. 159, S. 163, S. 172 und C. Ritter, Jahresber. über die Fortschr. d. klass. Altertumsw., Bd. 225, 1930, S. 155, bes. 157ff.

[2]) Vgl. Wilamowitz, U. v., Platon II² 84 Anm. 1; Wellmann, M., Eine pythagoreische Urkunde des 4. Jahrhunderts v. Chr. Hermes 54, 1919, S. 225—248.

dargestellt wurden, um die Eigenart des altpythagoreischen Denkens möglichst tief zu erfassen, glaube ich behaupten zu können, daß es einen doppelten Weg gibt, die medizinischen Theorien der Pythagoreer zu erkennen: nämlich neben dem der doxographischen Untersuchung auch den der Deduktion aus der allgemeinen Lehre. Wenn wir diesen letzten Weg — zunächst als rein hypothetischen — gehen wollen, ist es notwendig, sich vor Augen zu halten, daß die Alten — wie besonders das Corpus Hippocraticum und die einschlägigen Stellen bei Platon zeigen — nicht so sehr die Krankheiten, sondern den kranken Menschen zum Objekt der Behandlung gemacht haben, mit anderen Worten, es interessierte sie das Kranksein = das Abweichen von der Norm, vom εἶδος — hier gleich Aussehen, Beschaffenheit des Leibes. Folgerichtig war, wie auch später noch gezeigt werden wird, Ausgangspunkt der Untersuchungen die Norm: der vollkommene, der gesunde Mensch, wobei der Begriff »gesund« einen weiteren Umfang hatte als bei uns und, gemäß ihrer »Ganzheits«-Auffassung, auch Schönheit und geistige Leistungsfähigkeit ebenso wie die rein körperliche umfaßte. Nun existiert nach den obigen Ausführungen über die Anschauungen von der Zahl und der Harmonielehre jedes belebte und unbelebte Wesen durch die — kraft der ordnenden Wirkung der Zahl erzeugte — Symmetrie (nicht Gleichheit!) der Komponenten, also auch der Mensch; oder anders ausgedrückt: im Menschen ist einerseits der Stoff mit seinem »Erdhaften«, »Dunklen«, nämlich das ἄπειρον als das ungestaltete, aber gestaltungsfähige Prinzip der Empfängnis, und andererseits das περαῖνον, die Zahl als Prinzip der Gestaltung und Formung. Solange nun — bzw. soweit wie — der ἀριθμός das ordnende, formende Prinzip ist, solange er wie ein ἄρχων die Kräfte des Widerstandes der Einzelkomponenten, nämlich der aus dem ἄπειρον sekundär gewordenen stofflichen Elemente erfaßt und mit sich verknüpft (ἁρμονία), solange ist das εἶδος des Menschen vollkommen; solange sind ihm Harmonie = Gesundheit, Schönheit, Güte — diese Ausdrücke sind synonym und ihr metaphysischer Untergrund und Ausdruck ist die Zahl — eigen. In dem Maße aber, in dem die Verknüpfung (die ἁρμονία) gelöst wird, ist der Mensch κακοδαίμων, unglückselig, sittlich schlecht, körperlich (oder geistig) krank.

Es ist möglich, noch eine weitere Folgerung aus dem Dargelegten rein deduktiv abzuleiten, nämlich, daß schon im alten Pythagoreismus der »hippokratische« Grundsatz angelegt war, daß der Mensch es selbst in der Hand hat, Gesundheit und Krankheit zu beeinflussen: durch Überschreiten des Maßes, d. i. durch Zügellosigkeit und Ausschweifung (und zwar im Essen und Trinken = in der Hinzufügung von zu bewältigenden stofflichen Komponenten und in Vergnügungen und Anstrengungen = im Verbrauch der Bestandteile des Körpers) muß die formende Kraft der Zahl beeinträchtigt und das εἶδος durch die Schuld des Menschen selbst zerstört werden.

Doxographisch wird diese letzte Folgerung durch eine große Anzahl von »Mäßigkeitsgeboten« in ihrer Richtigkeit bewiesen und in ihrer Bedeutung gewürdigt; außerdem gibt es eine Stelle bei dem allerdings sonst nicht sehr beweiskräftigen Jamblichos:[1]) »Am allerschönsten zeigt er (Pythagoras), daß die Götter unschuldig sind an den Leiden, und daß alle Krankheiten und Schmerzen des Körpers die Erzeugnisse der Ausschweifungen sind«.

Weniger günstig ist unsere Lage, wenn wir für die rein deduktiv gewonnene Vorstellung von Gesundheit und Krankheit doxographische Belegstellen suchen. Wir haben zwar mehrere, aber leider nur solche, die sich durch Form und Inhalt selbst als wenig beweiskräftig stempeln. In einem bei Diogenes erhaltenen Aristotelesfragment[2]) heißt es in Form einer regelrechten Definition: ὑγίειαν τὴν τοῦ εἴδους διαμονήν, νόσον τὴν τούτου φθοράν; Galenos definiert den pythagoreischen Krankheitsbegriff als eine Störung der Harmonie durch Überhandnehmen bzw. Mangel einer der δυνάμεις: »Pythagoras behauptet, Krankheiten des Körpers treten auf, weil der Körper zu warm oder zu kalt werde; denn das Warme ist es, was über das Maß hinausgeht, das zu Kalte dagegen das, was hinter dem Maß zurückbleibt«[3]). Diese Bestimmung trifft nun zwar auch Elemente des bekannten alkmaionischen Krankheitsbegriffs, und es ist eine längst gesicherte Feststellung, daß gerade im geschichtlichen Teil seiner Werke Galen oft recht unzuverlässige — weil unverstandene — Ansichten bringt; wenn ich solchen Stellen dennoch nicht jede Beweiskraft absprechen möchte, so geschieht das aus den mehrfach näher begründeten Überlegungen heraus.

---

[1]) Jamblich. vit. Pyth. § 218. Über die Glaubwürdigkeit des Jambl. vgl. Rohde, E., Die Quellen des Jambl. in s. Biographie d. Pyth. Kleine Schriften, II. Bd. S. 102—172, vor allem aber S. 105, 133f. und 156.

[2]) Diog. L. VIII 35 (Vors.[5] 58 C 3). [3]) Gal. hist. phil. XIX 344 K.

Den weitaus größten Raum in der pythagoreischen Überlieferung nehmen ohne Zweifel die Berichte über die δίαιτα ein. Gerade sie trifft am stärksten Zellers Ausspruch: »So weiß uns also die Überlieferung über den Pythagoreismus und seinen Stifter um so mehr zu sagen, je weiter sie der Zeit nach von diesen Erscheinungen abliegt, wogegen sie in demselben Maß einsilbiger wird, in dem wir uns dem Gegenstand selbst zeitlich annähern«[1]. Die Erklärung für diese Tatsache und damit zugleich für das Mißtrauen gegenüber den späteren Doxographen oder vielmehr Biographen erklärt sich aus den geistigen Strömungen der hellenistischen Zeit. Der Pythagoreismus der alten Form war mit der Katastrophe des Bundes um die Mitte des 5. Jahrhunderts erloschen, aber als Form des religiösen Lebens — verknüpft mit einer mehr mystischen Art pseudowissenschaftlicher Forschung — lebte er weiter; im Verlauf der Entwicklung ging er eine Verbindung mit den immer mehr zur Geltung kommenden orphisch-dionysischen Mysterienkulten ein, nahm auch Elemente der platonischen, aristotelischen und stoischen Lehre in sich auf, um gegen Ende der alten Zeitrechnung als Neupythagoreismus zu neuer Bedeutung zu gelangen. Um diese Zeit entstanden wahrscheinlich die Χρυσᾶ Ἔπη und, vielleicht durch des Königs Jabas II. Streben nach dem Besitz pythagoreischer Bücher veranlaßt, die Erweiterung und Neuabfassung der etwa Ende der Zeit des Aristoteles vorhandenen Pythagoras- bzw. Pseudopythagorasliteratur, die der Eigenart der Bewegung entsprechend vor allem die »Vorschriften für das pythagoreische Leben« umfaßte.

Was nun die pythagoreische δίαιτα im allgemeinen angeht, so haben wir schon bei Platon ein einwandfreies Zeugnis. Im »Staat«[2] sagt er von Pythagoras, er habe ein Lebensideal hinterlassen, um dessentwillen er aufs höchste verehrt worden sei, und seine Anhänger »unterscheiden sich noch heute durch ihre pythagoreische Lebensweise deutlich von den übrigen Menschen«. Daß dieser Πυθαγόρειος τρόπος τοῦ βίου nicht einfach dem orphischen gleichgesetzt werden darf, wie z. B. Frank[3]) es tut, hat schon

---

[1]) Zeller I⁶, S. 364.

[2]) Rep. X 600 B.

[3]) Frank, E., Plato u. d. sog. Pythagoreer, S. 67 u. ö.; außerdem Zeller-Nestle, Grundriß d. Gesch. d. griech. Philos. Lpz. 1928, S. 39; vgl. auch Brandis, a. a. O., S. 493; Zeller I⁶, S. 567ff.; Burnet, Anfänge, S. 83ff.

Krische gezeigt[1]). Meine eigene Stellungnahme hierzu mag in den Fragen ihren Ausdruck finden: warum hätte der Pythagoreer der Orphik die Zahlenlehre entnommen — eine historisch vollkommen unhaltbare Auffassung[2]), wie sie z. B. Frank u. a. vertreten —, aber ihre Feste mit ihrem dionysischen Rausche abgelehnt? Warum verschmähte er die orphische Flöte und bevorzugte statt ihrer die apollinische Lyra, das Instrument der Harmonie mit ihren in bestimmter Anordnung und Größe nebeneinander gespannten Saiten?

Wenn wir nun annehmen, daß diese »Vorschriften« sich bis in die hellenistische Zeit erhalten haben, so erscheint das durchaus nicht als eine Unmöglichkeit, da wir zahlreiche Parallelen haben, die die Perseverationstendenz solcher Anweisungen beweisen. Die »Zutaten« des Neupythagoreismus (und Neuplatonismus) sind aber verhältnismäßig leicht als Einflüsse der geänderten philosophischen und mystischen Anschauungsweisen ihrer Zeit zu erkennen, zumal sie alle es nicht vermögen, das punctum saliens, nämlich das »Maß«, die »Harmonie« zu verwischen. Am wichtigsten aber erscheint mir die Tatsache, daß es auch hier wieder möglich ist, auf deduktivem Wege aus der oben dargelegten Denkweise der Altpythagoreer den Sinn der Vorschriften für die Erhaltung der Gesundheit zu rekonstruieren.

Δίαιτα bezeichnet ganz allgemein die Lebensweise eines Menschen, dann aber auch die Anordnung dazu, und zwar in ethischer und physischer Hinsicht. Wenn nun der ἀριθμός als der dem Wert und der Funktion nach schärfste Gegensatz zur ungeformten Materie durch sein Gesetz wie ein ἄρχων die stofflichen Bestandteile des Körpers verknüpft und beherrscht, dann ist es notwendig, alles zu tun, was ihn in dieser Herrschaft unterstützen kann. Das Gesetz der Zahl aber ist das Maß, das ordnend die

Ältere Literatur zu dieser Frage: Joh. Schilter, Diss. de disciplina pythagorica. Jena 1676; Chr. G. Jöscher, Vom pyth. Bunde. Altenburg 1797; G. von Wedekind, Der pyth. Orden. Lpz. 1819 u. Krische, De societatis a Pythagora urbe in Crotoniatarum conditae scopo politico commentatio. Göttingen 1830.

[1]) a. a. O., S. 33ff.

[2]) Denn von solcher Tatsache wissen wir in unserer glaubhaften Überlieferung nicht nur nicht das Geringste, sondern wir wissen vielmehr positiv absolut sicher, daß kein anderer als Pythagoras selber der Begründer (der »Erfinder« sozusagen) der Zahlenlehre ist, während in der alten Orphik keine Spur davon vorhanden ist.

Symmetrie der Bestandteile schafft und damit die Harmonie, in die die Gegensätze in harmonischem Klange zusammenstimmen; deshalb ist es notwendig, »Maß zu halten«, Leib und Seele vor allem zu bewahren, was das μέτρον stören, die ἁρμονία lösen könnte; und in der Tat ist das ζυγὸν μὴ ὑπερβαίνειν der wichtigste Merkspruch, der als häufig ausgesprochener erscheint[1]), noch häufiger aber den allgemeinen Vorschriften zugrunde gelegen haben muß. Man spürt förmlich, wie von diesen Grundsätzen, die man nicht besser charakterisieren kann als mit »naturphilosophischer Schau empirisch gegebener Tatsachen« — aufbauend auf metaphysischen, oder wenn man will, vorphilosophischen Begriffen — noch eine andere Wirkung auf die Entwicklung der wissenschaftlichen Medizin ausgeht: nämlich die Anregung — und zugleich die Möglichkeit — zu systematischer Beobachtung und Deutung. Das wird noch deutlicher bei der Besprechung einzelner doxographischer Berichte, die, wenn auch nicht durchweg als schlüssige Beweise, so doch als gute Illustrationen der dargelegten Anschauungen zu dienen vermögen.

Die Tendenz aller pythagoreischen Diätetik ist gut charakterisiert in der Bemerkung des Porphyrius, es sei die Sorge des Pythagoras gewesen, »daß der Körper, wie an einer Richtschnur gemessen, stets denselben Zustand wahre«[2]). Jamblichos berichtet[3]): »Von den (verschiedenen) Formen der Heilkunst verständen sie am besten die Diätetik und seien darin sehr sorgfältig, und sie versuchten zuerst, Einsicht zu gewinnen in die Kennzeichen des richtigen Verhältnisses zwischen Trank und Speise, aber auch der Erholung. Sodann hätten sie es so ziemlich als erste versucht, bezüglich der Zubereitung der zu genießenden Nahrung selbst Erläuterungen und praktische Bestimmungen zu geben.« An anderer Stelle bezeichnet er es als eine auf Apollo und Paion zurückzuführende ἐπιστήμη »zu erkennen und einzusehen, wie geartete Speisen man zur Ernährung verwenden müsse und in welchem Maße«[4]).

Auch den Einfluß der verschiedenartigen Zubereitung der Speisen scheint man untersucht zu haben. Für das beste hielt man

---

[1]) Jambl. Protrept. 21; Suidas s. v. Ἀναξίμανδρος. Porphyr. V. P. 42 (Vors.[5] 58 C 6); Diog. L. VIII 17.

[2]) Porphyr. V. P. § 35.

[3]) Jambl. V. P. 163 (Vors.[5] 58 D 1). [4]) Jambl. V P. 208 (Vors.[5] 58 D 8).

es, die Nahrungsmittel ungekocht zu genießen, — beachtenswert ist der Gegensatz zu den Anschauungen des Aristoteles, des Diokles von Karystos u.a., die die Einwirkung des Feuers als eine Unterstützung der Pepsis, bzw. des ἔμφυτον θερμόν hielten. Jedenfalls scheint man das Kochen der Speisen wenigstens im allgemeinen vermieden zu haben, ». . . indem man sich mit ungekochter Nahrung . . . zufrieden gab«[1]). Diodor[2]) berichtet, daß Pythagoras viele überredete, ἀπύροις σιτίοις χρῆσθαι καὶ ὑδροποσίαις; vielleicht, weil durch das Kochen das natürliche εἶδος zerstört wurde? Dem würde allerdings widersprechen, daß man doch gebackenes Brot regelmäßig zu nehmen pflegte. Aristoxenos, dessen Berichte aber als tendenziös gefärbt anzusehen sind, gibt als Begründung an: das werde dem Körper zur Gesundheit, dem Geist aber zur Schärfe verhelfen[3]). Am wahrscheinlichsten scheint mir jedoch zu sein und auch ganz in der Richtung ihres Strebens nach Weisheit, Erkenntnis, Loslösung vom Irdischen liegend, daß man Abwendung der Gedanken und Zeitvergeudung und damit indirekt Störung der seelischen Harmonie vermeiden wollte. Die Übereinstimmung der Berichte über die Einfachheit der Lebensweise muß im gleichen Sinne gewertet werden. Porphyrius berichtet uns, daß das Frühstück aus Honigwaben oder Honig bestand[4]). »Als Frühstück nahmen sie Weizenbrot und Honig oder Honigseim«, sagt Jamblichos[5]) und von Pythagoras erzählt Aristoxenos: »Er selbst aber begnügte sich, wie einige sagen, mit Honig oder Honigwaben oder Brot«[6]). »Wein habe er (Pythagoras) bei Tage nicht genossen, seine Zukost bestand meist aus gekochtem oder rohem Kohl, nur ausnahmsweise aus Seefischen«[7]). Das

---

[1]) Diog. L. VIII 13; Haußleiter, Religionsgeschichtl. Vers. u. Vorarb. 24, 1935, S. 98 nimmt allerdings — wie Mewaldt — als Quelle Platons »Timaios« an, den vielleicht Aristoxenos ausschrieb.

[2]) Diodor. X 7 (Rez. Vogel, Bd. 2, 198).

[3]) Diog. L. VIII 13.

[4]) Porphyr. V. P. § 34.

[5]) Jambl. V. P. § 97.

[6]) Diog. L. VIII 19. — Eine Zusammenstellung der einzelnen Speisevorschriften mit einer allerdings unvollständigen Begründung findet man bei J. F. Weidler, Diss. de legibus cibariis et vestiariis Pythagorae earumque causis. Jenae 1711.

[7]) Diog. L. VIII 19; Porphyr. § 34: »Die Hauptmahlzeit bestand aus Hirsebrot und gekochten und rohen Gemüsen, selten aber aus Fleisch von opferbaren Schlachttieren, und zwar auch nicht von jedem Teil«. Vgl. auch Jambl. V. P.

Nichttrinken des Weines wohl vor allem deswegen, weil er das seelische Gleichgewicht stört, indem er τὰ τῆς ψυχῆς πάθη hervorruft, z. B. die »Raserei«, die von den Alten unter die Geisteskrankheiten gerechnet wurde. Daß jedoch nicht ein völliges Alkoholverbot bestand, zeigt Jamblichos[1]): »Sie genossen (bei der Hauptmahlzeit) Wein, Gerstenbrot, Weizenbrot, Zukost und gekochtes und rohes Gemüse. Es wurde das Fleisch von opferbaren Tieren vorgesetzt, Seefische als Zukost aßen sie nur zuweilen.« Für das Letztere gibt Plutarch zwei Gründe an: einmal μελέτης ἕνεκεν τοῦ δικαίου καὶ συνηθείας, »da die anderen Tiere irgendwie dem Menschen Grund zu ihrer Mißhandlung geben, die Fische uns aber in keiner Weise Unrecht zufügen«[2]); zweitens aber sollten die Gefräßigkeit und Leckerhaftigkeit (als Leidenschaften, die die Harmonie stören) hintangehalten werden)[3]).

Wenn in der Gemeinschaft der Pythagoreer eine Reihe von Speisevorschriften gleichzeitig auch religiös-symbolische Ausdeutung erfahren haben, so braucht das den Medizinhistoriker nicht zu hindern, ihre Bedeutung für die medizin-theoretischen Ansichten herauszustellen, vor allem dann nicht, wenn die gemeinsame naturphilosophische Grundlage unzweifelhaft erkennbar ist. Alles, was sich als Leidenschaft weckend und Harmonie störend erwies, galt eben auch als gegen das auf diese Weise erkannte Gesetz der Gottheit verstoßend[4]). Dieser Gedanke hat auch wohl bei der Aufstellung der δίαιτα für Gesunde eine höchst wichtige Rolle gespielt (Fleisch, Wein, üppige Nahrung)[5]). Als charakteristisch

§ 107, § 69, § 188, 226, 13, Philostr. v. Apoll. I 8; Diog. L. VIII 13; VIII 38; gegen das Weinverbot sprechen indirekt: Jambl. § 97 und Athen. X 419 A.

1) Jambl. § 98.

2) Plut. Quaest. conv. VIII 8 p. 729 E.

3) a. a. O., 730 B.

4) Man vgl. hierzu Jambl. V. P. § 209 (Vors.[5] 58 D 8); Ocellus Lucan. § 9; Stob. serm. I 19.

5) Vgl. Jambl. V. P. § 209. An älterer Literatur über die diätetischen Lehren der Pythagoreer ist folgendes erwähnenswert: Lago, Andreas, De ratione vivendi scholae italicae. Aboae 1823; Odoardi, G., Risposta alla lettera del Sre. Zullatti. Trient 1752; Bianchi, G., Discorso sul vitto Pythagorico di soli vegetabili per conservare la sanità e per cura di alcune malatti. Florenz 1743; besonders die Fragen des Fleischgenusses behandeln Pujati, G. A., Riflessioni sul vitto Pitagorico. Feltre 1751; A. G. Heshusii, De dogmate Pythagorico de abstinentia carnium. Diss. Leipzig 1668. — Zu der Lehre von der Diät des Pythagoras im allgemeinen schreibt Antonio Cocchi, Del vitto pitagorico per

für die medizinische Motivierung der pythagoreischen Diätetik mag der Bericht des Arztes Androkydes[1]) angeführt werden, nach dem Pythagoras alle blähenden und beunruhigenden Speisen verbot, dagegen die entgegengesetzten empfahl und das zu gebrauchen anriet, was den richtigen Körperzustand hervorbringt und erhält, und daß er deshalb die Hirse für geeignet für die Nahrung hielt[2]). Diese Überlieferung fügt sich sehr gut den übrigen Aussagen über die Pythagoreer ein.

Großer Wert wird gelegt auf die Erzeugung bzw. Bewahrung der seelischen Haltung, die die Erhaltung der Harmonie verbürgt. Die ganze Lebensweise, Nahrungszubereitung, Nahrungsaufnahme, Arbeit, Ruhe, selbst die Gedanken und die gesprochenen Worte stehen in ihrem Dienste. Das Ideal vollendeter Harmonie sehen die Pythagoreer in der gleichmäßigen und immerwährenden Gesundheit von Körper und Seele. Störung der Harmonie des

---

usu della medicina. Firenze 1743, S. 27: »La preferenza poichè la medicina de' Pitagorici dava al regolamento del vitto sopra tutti gli altri remedi, fa molto stimare la lovo sagicità, a chiunque sa con quante tediose esperienze s'arriva al fine a quella nobile incredultà sulla virtù delle droghe, che mol distinguere alcuni pochi medici da molti e volgari«. Er schreibt ihm dann (S. 28) die Erfindung »des mächtigsten, sichersten und universellsten Medikamentes zu, das menschlicher Fleiß je erfunden hat, das unglücklicherweise Jahrhunderte lang verschollen war und in unserem glücklichen Jahrhundert wieder in die philosophische Medizin eingeführt wurde.« Bezl. der Milchdiät verweist er auf die Untersuchungen von Greisel, De cura lactis arthritide. Wien 1670, S. 179, das mir leider nicht zugänglich war. Übrigens bringt auch Cocchi Philosophie, Medizin und überhaupt alle damaligen Wissenschaften in innigen Zusammenhang, wenn er schreibt: »Fu gran fisico ed astronomo e seppe anco l'istoria naturale e la medicina, la quale non è altro che un resultato di varie notizie scientifiche conginute colla communale prudenza« (S. 9) und er sagt treffend S. 10: »Questa reflessione doveva render più canti quegli nomini per altro ingegnosi che trattarono gli ammaestramenti di Pitagora col nome di sogni e di follie.«

[1]) Zur Zeit Alex. d. Großen (vgl. Vors.[5] I 465 A. zu 24).

[2]) Jambl. V. P. S. 106. Vielleicht liegt in dieser Vorstellung auch die natürlichste Erklärung für das Bohnenverbot, sie »beobachteten ja die Wirkungen der Speisen und Pflanzen aufs genaueste«; über das Bohnenverbot berichten: Diog. L. VIII 34ff. (Vors.[5] 58 C 3) u. Diog. L. VIII, 40; Plin. hist. nat. XVIII 118; Herakleides Pontikos bei Joh. Lydus de mens. IV 42 S. 99 Wünsch; Androkydes bei Jambl. V. P. § 109; Suid. 43 (Vors.[5] 58 C 6); s. hierzu auch Vors.[5] I 101, 16ff. u. a. Die Deutung war schon bei den Alten strittig: s. den interessanten Bericht bei Gellius noct. Att. IV 11, 9 (Vors.[5] 31 B 141); Krische, Untersuchungen, S. 35 deutet das Verbot symbolisch.

einen Teils bedeutete zugleich die des anderen, und Sorge für die Gesundheit des Körpers bewirkte auch die der Seele und umgekehrt. Damit wird auch die oft vertretene Annahme widerlegt, die wohl auf die späteren Pythagoristen zutrifft, sie hätten die Körperpflege vernachlässigt. Jamblichos[1]) berichtet uns: »Gemäß diesem Studium wandten sie sich zur Körperpflege. Die meisten salbten sich und liefen, ein kleiner Teil übte sich in Gärten und Hainen im Ringkampf, wieder andere warfen Wuchtkolben oder übten ihre Hände, indem sie sich bemühten, zur Kräftigung ihrer Körper die geeigneten Übungen auszuwählen.« Und an anderer Stelle[2]) gibt er als Bericht des Aristoxenos, daß die Pythagoreer strenge Leibesübungen empfahlen, die der Bezähmung der körperlichen Begierden dienten, und bei der Erziehung der Jugend Strapazen, körperliche Übungen und Abhärtungen für notwendig hielten[3]).

»Nicht die Richtschnur überschreiten«, hatten wir oben schon als Kernpunkt angeführt. »Schnüre den Bettsack«[4]) = sei stets bereit, oder »ohne Befehl des Herrn verlasse deinen Posten nicht« = verübe nicht Selbstmord und ähnliche Aussprüche haben alle dieselbe Grundtendenz. Zu allem bereit, auf alles gefaßt sein, ist der Sinn all dieser Sprüche und ihr Ziel Harmonie. Harmonie ist aber nicht nur Erzeugnis der genormten Lebensweise, sie zeugt auch selber Symmetrie, wie eine angeschlagene Saite die ihr verwandten mitklingen läßt. — Daher die Bevorzugung der dorischen[5]) Musik und der harmonischen Lyra und ihrer Anwendung zur Besänftigung der Raserei, der Leidenschaften und gewisser Krankheiten.

---

[1]) Jamblich. §§ 96—100.

[2]) Ebenda § 205.

[3]) Bez. der Nahrung bzw. ihrer Auswirkungen auf die Harmonie gibt Cocchi, a. a. O., S. 30, eine ähnliche Erklärung: nachdem er von der Nahrung des Pythagoras ausgeführt hat, daß sie in allem bestand, was vegetarisch, zart, weich, frisch ist und sehr wenig oder fast gar keiner Vorbereitung bedarf (Wurzeln, Blätter, Samen, Früchte), und daß seine Abstinenz sich vor allem auf das vom Tiere Stammende erstreckt habe, sagt er: »Er bevorzugte diese Nahrungsweise, um so die ersehnte Ruhe der Seele, der Säfte und der Gewohnheiten zu gewinnen und durch Mäßigkeit die schlechten Wünsche zurückzudrängen«.

[4]) Cf. Jambl. Protr. 21 (Vors.[5] 58 C 6).

[5]) Krische, a. a. O., S. 32, hat nachgewiesen, daß in den pythagoreischen Gedankengängen manches auch aus dorischer Denkweise enthalten ist.

Pythagoras soll die meisten seiner ἠθικὰ δόγματα von einer delphischen Priesterin erhalten haben [1]), und man hat daraus gefolgert, seine Lehre sei ein Ausfluß orphischer Theomythie. Für mich ist es nur ein Beweis, daß Pythagoras sich auf dem Boden eines viel älteren Denkens bewegt, und daß man ihm, entgegen oft vertretener Ansicht, sehr wohl wenigstens die in vorstehenden Darlegungen aufgezeigten Grundlehren zuschreiben darf [2]). Sein Verdienst ist es, die Sprache verschwommener Mystik und uralte Volksweisheit in den neuen naturphilosophischen Vorstellungen zu klarerer Formung gebracht zu haben. Seine »Philosophie als Weisheitsstreben ist die Reinigung und Vollendung des Lebens, die höchste Musenkunst, der reinste Weihedienst, die wahre Heilkunst«, sagt Willmann [3]) treffend.

Bezüglich der Begriffe Gesundheit und Krankheit haben wir, wie schon oben gesagt, keine einigermaßen zuverlässigen Berichte. Wir sind hier stärker als sonst auf Schlüsse angewiesen. Wir können zwar nicht annehmen, daß Pythagoras oder seine ältesten Schüler einen genauer definierten Begriff der »Physis« kannten. Wohl aber hatten sie eine Vorstellung vom vollkommenen, d. h. ethisch guten, medizinisch gesunden Menschen: es war der Mensch, dessen εἶδος (hier »Gestaltung«) vollkommen, d. h. der Mensch, in dem die Zahl, die Harmonie über die der Formung sich widersetzende Materie zur Herrschaft gekommen war. Der Begriff der Krankheit ergibt sich daraus von selbst, ebenso der der Heilung. Es galt, die ordnende und formende Tendenz der Zahl zu unterstützen, damit die Harmonie wiederhergestellt würde. Die verhältnismäßig wenigen Berichte über die Anwendung der Heilmittel, von denen ein großer Teil noch als Fälschungen gelten müssen, entsprechen dieser Auffassung: »Die Pythagoreer hätten mehr als ihre Vorgänger Salben und Umschläge angewandt; die Anwendung von Arzneimitteln schätzten sie weniger hoch; sie gebrauchten sie meistens (nur) bei Eiterungen; am wenigsten hielten sie vom Schneiden und Brennen; bei einigen Krankheiten wandten sie auch (bezaubernde?) Gesänge an« [4]). Jedenfalls war man mit der Ver-

[1]) Diog. L. VIII 21

[2]) Vgl. auch Rohde, Psyche II, S. 168.

[3]) Willmann, O., Gesch. d. Idealismus, Bd. I, 2. Aufl. Braunschweig 1907, S. 317.

[4]) Jambl. V. P. § 163; vgl. § 244.

wendung von Heilmitteln sehr sparsam; man nahm sie aus der Hand der Natur; deswegen legte man ja auch so großes Gewicht auf die Erforschung der δυνάμεις der Pflanzen, der Speisen überhaupt und der Einwirkung von Wärme und Kälte auf Gesunde und Kranke[1]).

Aus der Wertung der Musik[2]) als Ausdruck der großen Harmonie (s. oben) entsprang ihre Verwendung als Mittel, die gestörte Harmonie wiederherzustellen, vor allem wohl bei Geisteskrankheiten und in Zuständen der Raserei, zu denen auch die Trunkenheit gerechnet wurde.

So stellt sich uns die pythagoreische Lehre, wenn wir abzusehen vermögen von den zahlreichen Widersprüchen in der Berichterstattung, die aber in dem hohen Alter dieser Lehre und vor allem in dem starken Einfluß, den sie nach den verschiedensten Richtungen ausgeübt hat, ihre natürliche Erklärung findet, als ein echt philosophisch-wissenschaftliches System wenigstens insofern dar, als sie von einem einzigen Prinzip ausgehend die Welt in ihrer Mannigfaltigkeit zu erfassen versucht. Das pythagoreische System ist zwar eigentlich erst mehr eine Sammlung von realen Wahrnehmungen und Spekulationen, von wissenschaftlichen Gedankengängen und mystischen Anschauungen, aber es ist es unter einheitlichem Gesichtspunkt. Die pythagoreische Lehre verwirklicht noch nicht den idealen Gedanken Platons[3]) — was dieser übrigens auch selbst nicht vermocht hat —, daß man durch die Dialektik vom Bedingten zum Unbedingten, »zum Anfang aller Dinge« emporsteige, und, »nachdem man dieses (Prinzip) ergriffen hat, das, was aus ihm folgt, durchdenkend zum letzten herabsteige, so daß man nun, das Sinnenhafte überhaupt nicht mehr benutzend . . . von Begriff zu Begriff fortschreitend mit (reinen) Begriffen abschließt«; aber sie verwirklicht bis zu einem gewissen Grade das, was bei dem genialen Leibniz immer nur ein grandioser Plan geblieben ist, der durch eine umfassende Kombinationsrechnung eine vollständige Übersicht über alle überhaupt möglichen Begriffe und Begriffsbildungen herstellen wollte. Man darf sogar behaupten:

[1]) Porph. V. P. § 22; Jambl. V. P. § 208.

[2]) Musik als Heilmittel war übrigens schon vor Pythagoras bekannt; neu dagegen war die ihrer Anwendung zugrunde gelegte naturphilosophische Anschauung; vgl. Rohde, Psyche II, S. 48f.

[3]) de rep. VI 511 B.

die pythagoreische Lehre war auf einem Prinzip aufgebaut, das Leibniz in dieser allgemeinen Bedeutung nicht kannte, nämlich der metaphysischen »Zahl« als dem Prinzip, aus dem alles mit innerer Notwendigkeit hervorgegangen und aus dem alles zu begreifen ist. Gerade darin liegt auch der tiefste Grund für ihren Einfluß auf die Anfänge streng philosophischen Denkens, auf die späteren naturwissenschaftlichen Systeme und auf die Weiterentwicklung der theoretischen Medizin.

II. ALKMAION

1. Die Gegensatzlehre. ἰσονομία. Gesundheit, Krankheit

»Es enthält das Altertum die Anfänge und Wurzeln aller Disziplinen, die primitiven Begriffe und sozusagen die genauen Vorkenntnisse der Menschheit — die Anfänge sind gerade sehr wichtig —, in der Regel liegt in ihnen das Geistigste, die ἀρχή, das Prinzip, welches oft in der Folge verdunkelt wird, wenn man nicht wieder auf die Anfänge zurückgeht.« Mit diesen Worten A. Boeckhs[1]) schließt A. Kayserling seine Abhandlung über die Medizin Alkmaions von Kroton[2]). Wenn er in Umdeutung dieses Ausspruches des großen Philologen die medizinischen Anschauungen des Altertums, insbesondere auch den Hippokratismus auf seine früheren Wurzeln zurückverweist, kann man ihm nur zustimmen; wenn er aber in Alkmaion »den Ersten«[3]) sehen will, so zeigt er, daß er doch nicht bis auf »die Anfänge und Wurzeln aller Disziplinen« zurückgegangen ist.

Die Frage nach der Abhängigkeit von früheren Philosophen wird allerdings verschieden beantwortet[4]). Zeller nimmt zwar

---

[1]) A. Boeckh, Enzyklopädie und Methodologie der philologischen Wissenschaften, Leipz. 1877, S. 32.

[2]) Die Medizin Alcmaeons von Kroton (um 520 v. Chr.), Ztschr. f. klin. Medizin, Berlin 1901, S. 178.

[3]) Damit folgt er allerdings dem Urteil seiner Zeit, die in Alkmaion den ersten Empiriker und damit den »Vater der Medizin« erblickt; vgl. z. B. L. Philippson, ὕλη ἀνθρωπίνη, Berlin 1831, S. 188: ... Alcmaeonem fuisse patrem et anatomiae et physiologiae, a posterioribus propter Stagiritae gloriam maximam nimis neglectum ..., dem J. Sander, Alkmaion von Kroton, Wittenberg. Gymnas. Progr. 1893, S. 26 u. a. zustimmen.

[4]) Zur Literatur über Alkmaion vgl. Unna, M. A., De Alcmaeone Crotoniata eiusque fragmentis, quae supersunt, in Petersen Histor.-phil. Studien,

an, daß die pythagoreische Lehre nicht ohne Einfluß auf ihn geblieben ist, lehnt es aber ab, in ihm einen Schüler des Pythagoras zu sehen, wie die meisten der Doxo- bzw. Biographen[1]), »denn Aristoteles unterscheidet Alkmäon bestimmt von den Pythagoreern«[2]). Nestle aber sagt in einem Zusatz zu den Zellerschen Ausführungen: »Über die nahen Beziehungen des Alkmäon zum Pythagoreismus kann kein Zweifel bestehen ... Freilich zeigt er dabei eine große Selbständigkeit des Denkens, die aufs engste mit seinem medizinischen Wissen zusammenhängt«[3]). Wachtler bejaht die Abhängigkeit des Alkmaion von den Pythagoreern[4]).

Die Stellungnahme zu dieser Frage kann natürlich immer nur eine hypothetische sein, da die wenigen Fragmente und doxo-

---

Hamburg 1832; Wachtler, De Alcmaeone Crotoniata. Leipz. 1896; Gomperz, Zu Alkmaion frg. 1 Diels, Phil. Wschr. 48, 1928, S. 1597; Wellmann, Alkmaion von Kroton, Archeion 11, 1929, S. 156ff. Zur Schreibung des Namens s. Gomperz, Griech. Denker I, Anm. 122, S. 451; er erklärt die Variationen des Namens als die verschiedenen dialektischen Formen.

[1]) I[6], S. 596f.

[2]) I[6], S. 597; er meint Arist. Metaph. I, 5. 986 a 27.

[3]) I[6], S. 602.

[4]) Er weist (a. a. O., S. 83ff.) auf folgende Übereinstimmungen hin: 1. die Lehre von den Gegensätzen (contraria), die nach beider Willen unbegrenzt sind und die beide in die Ordnung von je zwei Gegensätzen brachten; 2. die Isonomie des Alkmaion und die Harmonie der Pythagoreer, durch die eine gegenseitige Bekämpfung der im menschlichen Körper eingeschlossenen Gegensätze verhütet werden soll; 3. die Unsterblichkeit der Seele; 4. folgende Einzelheiten: nach Diog. L. VIII 28 hat auch Pythagoras den Samen für einen Tropfen des Gehirns gehalten (nach Dox. 417 a 6 jedoch für Schaum des Blutes), nach Dox. 417 a 5 hat auch der Samier gelehrt, daß die Frauen Samen ergießen. Nach Dox. 207 soll der Samier außerdem das Prinzip ins Gehirn verlegt haben. Wachtler fügt diesem allen jedoch hinzu, daß wir uns hüten müßten, einzelnes zu pressen. Daß Alkmaion in derselben Stadt und zur selben Zeit wie die Pythagoreer gelebt hat, daß er sogar an Brontinos, einen Verwandten und Anhänger des Pythagoras (Diog. L. VIII 42, Jambl. V. P. 267) sein Buch geschickt hat, das gibt Wachtler die Gewißheit, daß die oben erwähnten Übereinstimmungen nicht zufällig sind. Es folgt dann eine Erörterung, ob die Pythagoreer von Alkmaion oder dieser von den Pythagoreern abhängig sind. Wachtler schließt mit den Worten ab: »Was von beiden wahr ist, können wir zwar ebensowenig wie Aristoteles, der sein Buch gelesen hat, entscheiden, aber wenn man sich der Schlußfolgerung bedienen darf, dann werden wir eher sagen, daß Alkmaion von den Pythagoreern abhängig ist, da er jene Lehre (sc. von den Gegensätzen) nicht ausführlich darlegt, sondern sie nur im Vorübergehen streift, als ob sie schon von anderen genauer entwickelt worden wäre (cf. p. 76, 5).«

graphischen Berichte eine sichere Beweisführung nicht zulassen: wenn man von dem Gesamteindruck ausgeht, erkennt man, daß das Ganze zwar ein in sich geschlossenes System dargestellt haben muß, daß aber die Wurzeln verschieden sind. Zeller weist z. B. mit Recht auf verschiedene astronomische, ethische und allgemeinephilosophische Ansichten hin, die den pythagoreischen nahe verwandt sind[1]); andererseits aber läßt sich die bestimmte Eigenart seiner Gegensatzpaare gegenüber den pythagoreischen nicht verkennen; letztere, z. B. Unbegrenztes — Begrenzendes, Einheit — Vielheit, Männliches — Weibliches, sind Koordinationen mit je zwei korrelaten Begriffen, während die alkmaionischen solche mit einander konträren Begriffen darstellen; allerdings darf man aber nicht übersehen, daß die aristotelische Gegensatztafel der Pythagoreer wahrscheinlich erst lange nach Alkmaion aufgestellt worden ist und daß die bei dem Krotoniaten genannten Gegensätze nur τυχοῦσαι sind, die Aristoteles beispielhaft anführt. Der Unterschied ist allerdings nicht groß: die Gegensätze sind bei beiden als Prinzipien des Seins zu fassen, insofern sie in ihrem Zusammenwirken ein Drittes bilden. Es gibt wohl noch einen anderen Unterschied in den beiden Gegensatzreihen: bei den einen steht immer, aufbauend auf dem Prinzip des Begrenzenden, Männlichen, das Beherrschende und Formbildende dem Begrenzten, Weiblichen, Beherrschten gegenüber, bei dem anderen sind beide durchaus gleich: der pythagoreischen μοναρχία (nämlich der Zahl = Prinzip der Formung über den Stoff) steht die alkmaionische ἰσονομία der Qualitäten gegenüber. Die Verschiedenheiten der beiden Vorstellungen erfordern noch ein anderes Moment, das die Auffassung Alkmaions beeinflußte; ich sehe dieses in den Lehren der Ionier und zwar vor allem in der des Anaximander; auch bei diesem gibt es den Gegensatz der Qualitäten und auch bei ihm schon ein »streng geometrisches Weltbild«. Wir wissen allerdings nichts davon, daß auch er schon die Qualitäten in einem zahlenmäßig bestimmten Verhältnis gesehen hätte, und es ist das auch unwahrscheinlich. Von seiner Lehre konnte Alkmaion sehr wohl erfahren haben, sogar auf dem Wege über Pythagoras selbst. Von diesem oder auch seinen pythagoreischen Freunden, die durch den Eingang seiner Schrift gleichsam urkundlich bezeugt werden, mag er die Fähigkeit gelernt haben, das Qualitative auch quanti-

[1]) I⁶, S. 597ff.

tativ zu sehen, und so seine eigene Theorie konzipiert haben, die durch die »Qualitäten« des »Süßen und Herben« usw. den Beruf ihres Urhebers verrät.

Denn Alkmaion war Arzt und zwar in der medizinischen Metropole Groß-Griechenlands, die Herodot als die berühmteste und bekannteste bezeichnet hat; wir kennen aus der alkmaionischen Zeit zwar einige berühmte Namen, wissen aber nichts über die theoretischen Ansichten, die dort vertreten wurden und die den »Krotoniaten« beeinflußt haben können. Nur eines können wir für diese Zeit der Entfaltung der jungen ärztlichen Wissenschaft behaupten: was er als Arzt und was er von Pythagoras und seiner Schule als Philosoph aufgenommen hatte, drängte zur Entfaltung, zur Kombination und schließlich zu einer neuen, alles Physische und Psychische bis in die Einzelheiten umfassenden Lehre. Für Pythagoras waren Mikro- und Makrokosmos in gleicher Weise Gegenstand der Untersuchung, für ihn wurde in erster Linie der Mensch, den er von denselben Gesetzen beherrscht sah, wie den Makrokosmos, Objekt seiner wissenschaftlichen Forschung. Mit seinem geistigen Auge sieht er den Makrokosmos, den gestirnten Himmel über sich und die Natur um sich, und von denselben Gesetzen, die dort alles beherrschen, sieht er den Menschen beherrscht, und was dort Dynamik und Statik ist, sieht er im menschlichen Leibe als Funktion und Struktur; er sieht den Kampf der gegensätzlichen Kräfte in der Natur, den Kampf zwischen Hell und Dunkel, Warm und Kalt (Winter und Sommer), Feucht und Trocken (Regen und Sonnenschein) und erkennt, wenn die »Entgegengesetztheiten« einander gleich sind, dann zeugen sie Leben und Fruchtbarkeit, wenn aber eine überwiegt und obsiegt, Katastrophe und Tod; und er sieht dasselbe sich im Staatsleben der Völker vollziehen und mit einem großartigen Analogieschluß auch im menschlichen Körper und konzipiert so die Lehre von der ἰσονομία der ἐναντιότητες, die Gesundheit bedeutet und von der μοναρχία der einen Kraft, die als Krankheit sich auswirkt.

Leider haben wir bzgl. der Begriffe »Gesundheit« und »Krankheit« nur ein Dokument, das uns Aetius[1]) überliefert hat: »Alkmaion (behauptet), die ständige ἰσονομία τῶν δυνάμεων (nämlich) des Feuchten und Trockenen, des Kalten und Warmen, des Süßen

---

[1]) Aet. V 30, 1; Dox. 442; Vors.[5] 24 B 4.

und Bitteren, und der übrigen (einander entgegengesetzten Dinge) bedeute die Gesundheit; die μοναρχία unter ihnen (= einer der δυνάμεις unter ihnen) verursache Krankheit; denn die Vorherrschaft einer der beiden (entgegengesetzten Dinge) sei verderblich, und Krankheit entstehe, wenn, was den Ursprung betreffe, Kälte oder Wärme überwiege, was aber ihren Anlaß betreffe, infolge von Übermaß an Nahrung[1]) oder (deren) Mangel, was aber den Sitz (der Krankheit) angehe, so würden entweder Blut oder Mark oder Gehirn betroffen. Zuweilen entständen Krankheiten jedoch aus äußeren Ursachen, durch die Beschaffenheit der Wässer oder der Örtlichkeit, oder Überanstrengung oder Gewalt[2]) oder dergleichen. Gesundheit dagegen sei die symmetrische Mischung der Qualitäten.«

Dieses Fragment ist am besten geeignet, die philosophische Begründung der alkmaionischen Medizin aufzuzeigen, doch müssen zuerst einige notwendige Feststellungen gemacht werden. Zunächst hinsichtlich der Echtheitsfrage. Diels, der das Fragment in seinen Vorsokratikern ohne besondere Bemerkung über Echtheit oder Unechtheit bringt, sagt in den Prolegomena zu seinen Doxographi Graeci, S. 223: miserrime inversum est Alcmaeonis de sanitate placitum V 30, 1, ubi Peripatetica de quattuor causis doctrina Stoicorum ποιοῖς mire copulata est[3]). — Ähnlich drückt sich Wachtler[4]) aus: »Ipsius tamen Crotoniatae verba excerpi posse despero, cum hoc fragmentum non solum Stoicorum manibus aperte tractatum, sed etiam pessime tractatum sit.« Es ist zunächst sicher, daß Aetius die für den Medizinhistoriker so wichtige Mitteilung auf eine für uns in diesem Fall gar nicht erwünschte Kürze gebracht hat; daß die »Überlieferung durch die Hand der Stoiker« aber etwa auch eine Verfälschung in ihrem Sinne bezeichne, möchte ich nicht annehmen. Wachtler selbst fügt dem oben angefügten Satz hinzu, daß er nicht abstreiten möchte, daß die Worte ἰσονομία und μοναρχία dem Alkmaion eigen sind, weil sie bei den anderen

[1]) Ich lese mit Diels aus Stob. διὰ πλῆθος τροφῆς für οἷον, das Wachtler, a. a. O., S. 77, aus Plut. übernahm.

[2]) Ich übersetze »Gewalt«, weil der Singular von ἀνάγκη (außer in Eur. Bacch. 552) für »Folter« — was Diels u. a. haben — ganz ungebräuchlich ist.

[3]) Diels hat jedoch diese im Jahre 1879 geäußerte Meinung augenscheinlich später aufgegeben, denn in seinen »Vorsokratikern« sagt er hiervon kein Wort und ebensowenig Kranz.

[4]) a. a. O., S. 77.

Ärzten nicht gebräuchlich waren. In der Tat kommt das Wort ἰσονομία, soweit ich selbst feststellen konnte, in der einschlägigen Bedeutung nur noch in Platons Timaios vor, so daß dieser Begriff und sein Gegensatz μοναρχία, die in diesem Fragment die wichtigsten sind, als spezifisch alkmaionisch angesehen werden dürfen. Ohne in den »Kampf, der nun schon über tausend Jahre dauert«, wie Codellas sagt[1]), eingreifen zu wollen möchte ich sagen, daß ich gemäß den in der Einleitung erwähnten Grundsätzen auch bei diesem Fragment keine Bedenken habe, es, wenn auch nicht der Form, so doch dem Inhalt nach, als die richtige Wiedergabe der alkmaionischen Gesundheits- und Krankheitslehre und ihrer Begründung in der ἰσονομία der Gegensätze anzusehen.

Eine wenn auch schwache Bestätigung dieser Gegensatzlehre gibt uns ja die bekannte Aristoteles-Stelle[2]); nach Aufzählung der zehn Gegensatzpaare der Pythagoreer sagt er: ὅνπερ τρόπον ἔοικε καὶ 'Αλκμαίων ὁ Κροτωνιάτης ὑπολαβεῖν . . . φησὶ γὰρ εἶναι δύο τὰ πολλὰ τῶν ἀνθρωπίνων, λέγων τὰς ἐναντιότητας οὐχ ὥσπερ οὗτοι διωρισμένας, ἀλλὰ τὰς τυχούσας, οἷον λευκὸν μέλαν, γλυκὺ πικρόν, ἀγαθὸν κακόν, μικρὸν μέγα. Aus dieser Stelle des Aristoteles — in der übrigens das ἔοικε in seiner Tragweite zu beachten ist — hat man nach dem Vorgang des Isokrates[3]) und Clemens Romanus[4]) geschlossen, daß Alkmaion zwei Elemente als Urstoffe angenommen hat. Diesem Urteil liegt wieder die Verwechslung von »Urstoff«, »Element« und »Prinzip« zugrunde. Gilbert[5]) nimmt, gestützt auf Theophrast[6]), bei Alkmaion vier »Elemente« an und bezieht das δύο in der Aristoteles-Stelle auf Kälte und Wärme als das wichtigste Gegensatzpaar. Wer aber unbefangen φησὶ γὰρ εἶναι δύο τὰ πολλὰ τῶν ἀνθρωπίνων, λέγων τὰς ἐναντιότητας . . . liest und dann die folgenden Gegensatzpaare, in denen Wärme und Kälte gar nicht erwähnt sind, dann auch

---

[1]) Codellas, Pan S., Alcmaeon of Croton, his Life, Work and Fragments. Proc. Roy. Soc. Med. 25, 1932, S. 1041.

[2]) Arist. Metaph. 986 a 27; vgl. J. Wachtler, a. a. O., S. 1—7, der diese Stelle ausführlich behandelt, allerdings nur, um die Frage der Zugehörigkeit zur pythagoreischen Schule zu erörtern; auch Zeller I[6], S. 599 und 600ff. führt diese Stelle nur zu diesem Zwecke an.

[3]) Isokrates XV 268.

[4]) Clem. XIII 15.

[5]) Gilbert, Meteor. Theor., S. 83f.

[6]) Theophr. de sens. § 25.

noch weiter παρὰ μὲν οὖν τούτων ἀμφοῖν τοσοῦτον ἔστι λαβεῖν, ὅτι τἀναντία ἀρχαὶ τῶν ὄντων findet, dem kann es nicht zweifelhaft sein, daß Aristoteles mit δύο nichts anderes als das Prinzip des Gegensatzes, ausgedrückt durch je zwei einander konträre Begriffe, gemeint hat. Alkmaion hat wohl tatsächlich Feuer, Wasser, Erde, Luft als Aufbaustoffe des Körpers, wie der Welt überhaupt, gekannt, aber er vernachlässigt in echt pythagoreischer Anschauungsweise den Stoff gegenüber dem philosophischen Prinzip, das bei ihm wie bei den Pythagoreern das des Gegensatzes ist. Damit ist aber auch die Lehre des Alkmaion in ihrem wichtigsten Fragment als auf naturphilosophischer Grundlage angelegt dargetan. Unbegrenzt an Zahl bedeuten die Enantiosen in der Gesamtschöpfung den Makrokosmos, im Völkerleben den Staat und beim Menschen Kraft und Gesundheit, und überall bewirkt das Vorherrschen eines von ihnen Untergang, Verderben, Krankheit[1]). So sind also auch die in unserem Fragment erwähnten Gegensatzpaare keineswegs »unsere üblichen Elemente«, wie ja auch schon aus dem dritten Gegensatzpaar Süß—Bitter und noch mehr aus dem καὶ τῶν λοιπῶν hervorgeht[2]) und deswegen auch keine stoischen Hinzufügungen. Ebensowenig liegt aber auch in diesem Fragment die Lehre von den »vier Säften«[3]): weder von der Vierzahl noch von Säften ist die Rede, noch viel weniger von deren Metastasen[4]).

[1]) Ich sehe auch hier Anklänge an Anaximander, dessen Qualitäten einander überwinden und dann notwendig im Apeiron wieder untergehen.

[2]) Fredrich, Untersuchungen, S. 33 weist darauf hin, daß sich dieses καὶ τῶν λοιπῶν ergänzen läßt aus περὶ ἀρχ. ἰητρ., dessen Verfasser hier und in anderer Beziehung dem Alkmaion folgt. In Kapitel 14 (I 602 L.) werden das Salzige, Bittere, Süße, Saure, Herbe, Fade καὶ ἄλλα μυρία, παντοίας δυνάμιας ἔχοντα πλῆθός τε καὶ ἰσχύν als Bestandteile des menschlichen Körpers hingestellt.

[3]) wie u. a. Wachtler annimmt, wenn er in seiner Untersuchung S. 82 schreibt: »Quod si verum, non gravabimur patrem medicinae graecae Alcmaeonem nominare utpote a quo non sucorum modo doctrina petenda sit, quam longe plurimi medicorum aliter alii secuti sunt, sed etiam aequae temperaturae, quam omnes . . .«

[4]) J. van Wageningen, De quattuor temperamentis, Mnemos. N. S. 46, 1918, S. 374ff. sagt, wohl mit Bezug auf den letzten Satz unseres Fragmentes: τὴν δὲ ὑγιείαν τὴν σύμμετρον τῶν ποιῶν κρᾶσιν, er habe, »so viel wir wissen, als erster bzgl. der Mischung der Eigenschaften das Wort κρᾶσις angewandt, was die Römer mit temperamentum (= richtige Mischung, rechtes Verhältnis) ausdrückten«. — Bei diesem Wort sehe ich jedoch nicht nur sprachlich, sondern auch sachlich stoischen Einfluß; ein sicheres Urteil wird man aber nicht fällen können, da alle Vergleichsstellen fehlen.

2. Analogieschluß. Physiologie

Auch die übrigen Ansichten, die uns als Resultate seiner Forschungsarbeit überliefert sind, zeigen durchweg naturphilosophische Grundlage. Leider gilt auch von ihnen, was schon in der Einleitung gesagt wurde, nämlich daß sie mehr die Resultate als deren Werdegang bringen; aber sie zeigen doch, daß Alkmaion dem programmatischen Satze, der uns als Einleitung zu seiner Schrift überliefert ist[1]), treu blieb: »... über das Unsichtbare wie über das Irdische[2]) haben Gewißheit die Götter, uns aber als Menschen ist nur das Erschließen (τεκμαίρεσθαι) gestattet«. Dieses τεκμαίρεσθαι seiner Forschungsmethode war wie die unten angeführten Beispiele der Analogie-Schluß[3]) — oder vielleicht richtiger das Analogie-Sehen —, den er ebenso vom Tier oder der Pflanze zum Menschen, als auch vom Makrokosmos zum Mikrokosmos gezogen hat. Dieser Analogie-Schluß brachte einerseits das Moment der Empirie und andererseits deren gedankliche Bearbeitung nach bestimmten (naturphilosophischen) Gesichtspunkten. Im folgenden führe ich eine Reihe von Beispielen an, für deren genaue Besprechung im einzelnen ich auf Wachtler verweise.

Die Säugetiere ernähren sich nach dem Verlassen des Mutterleibes durch die Milch: also, folgert er, muß es bei den kleinen Vögeln etwas Ähnliches geben; aus der weißen Farbe der Milch »schließt« er, daß ihr das Weiße im Ei entsprechen müsse, während merkwürdigerweise der »realistische« Aristoteles[4]) die eigenartige Ansicht vertritt, das Gelbe (τὸ ὠχρόν) sei die Nahrung: »Denn den Lebendgeborenen wird in einem anderen Teile, den Brüsten, die Nahrung bereitet, die Milch; für die Vögel aber bereitet diese die Natur in den Eiern. Es ist jedoch das Gegenteil der Fall von dem, was die Menschen annehmen und was Alkmaion von Kroton behauptet; denn nicht das Weiße bedeutet die Milch, sondern das Gelbe.« Das Blühen der Pflanzen vor der Bil-

---

[1]) Diog. L. VIII 83 (Vors.[5] 24 B 1) (Übersetzung nach Diels).

[2]) Zu diesem Satz vgl. H. Langerbeck, Δόξις ἐπιρυσμίη. Studien zu Demokrits Ethik und Erkenntnislehre, Diss. Berlin 1935, S. 47ff.; E. Kapp, Gnomon 12, 1936, S. 167f.

[3]) O. Regenbogen, Eine Forschungsmethode antiker Naturwissenschaft, Quell. u. Stud. z. Gesch. d. Mathemat. Abt. B. Bd. 1, 1929/30, S. 131—182; H. Diller, Ὄψις ἀδήλων τὰ φαινόμενα, Hermes 67, 1932, S. 14ff.

[4]) Arist. de gen. an. 752 b 22; vgl. Wachtler, a. a. O., S. 67.

dung des Samens macht ihm sichtbar, was die Pubertät — die übrigens nach zweimal sieben Jahren erfolgt[1]) — für den heranwachsenden Mann bedeutet[2]). Wie der Schwamm Feuchtigkeit aus der Umgebung, so saugt der Embryo durch seine ganze Hautoberfläche die Nährstoffe auf[3]). — Die Himmelskörper werden ihm zu Organismen wie die Menschen, wahrscheinlich, weil sie ihre Größe ändern und sich bewegen und damit Leben verraten. Ihre ewige Bewegung aus sich selbst — und wahrscheinlich auch der Umstand, daß diese im Kreislauf erfolgt — kennzeichnet die vollendete Harmonie, die auch der Seele eigen ist und ihr Unsterblichkeit verleiht: »Ähnlicher Ansicht wie diese scheint auch Alkmaion bzgl. der Seele zu sein. Behauptet er doch, unsterblich sei sie, da sie den unsterblichen (Wesen) gleiche. Das tue sie aber, weil sie ewig in Bewegung sei. Auch alle göttlichen (Wesen) nämlich seien in ununterbrochener Bewegung begriffen: der Mond, die Sonne, die Sterne und der ganze Himmel[4]).« Denselben Gedanken in höchst interessanter Fassung überliefert Stobaios[5]). Eine Art von negativem Analogieschluß möchte ich es nennen, wenn Alkmaion zu erklären versucht, warum im Gegensatz zur Seele der Leib sterblich sei: »Die Menschen aber sterben nach der Behauptung Alkmaions deswegen, weil sie den Anfang nicht mit dem Ende verknüpfen können«[6]); d. h., wie aus dem Zusammenhang klar wird, weil die Linie ihrer Entwicklung eine Gerade ist und nicht, wie bei den Gestirnen, einen Kreis — der wie die Kugel die vollkommene Harmonie bedeutet — beschreibt. Auf Analogieschluß beruht auch seine Annahme, daß sich beim Embryo zuerst der Kopf bilde[7]) und daß der Same ein Teil des Gehirns sei. Die Gründe werden später klar[8]).

Unsere Untersuchung darf nämlich nicht an der wichtigen Frage vorbeigehen, warum Alkmaion dem Kopf bzw. dem Gehirn

---

[1]) Vgl. Theol. arithm. (ed. Ast. p. 49).

[2]) Arist. hist. an. 581 a 45f.

[3]) Aet. V 16, 3 (Dox. 426 a 28).

[4]) Arist. de an. 405 a 29ff. (Vors.[5] 24 A 12).

[5]) Bei Aet. IV 2, 2 (Vors.[5] 24 A 12); vgl. auch Clem. Protr. 66 (I 50, 20 St.).

[6]) Vors.[5] 24 B 2.

[7]) Plut. Epit. V 3, 3 (Dox. 417 a 10); vgl. Censorinus d. d. nat. V 5, 2ff.; (Vors.[5] 24 A 13); Dox. 190, 1ff.

[8]) Aet. plac. V 17, 3 (Dox. 427 a 8); zu dem widersprechenden Bericht bei Cens. 1 c. V 5, bemerkt Diels (Dox. 190 Anm. 1): haud dubie Aetius vera tradit, dem ich zustimme.

die überragende Stellung gab, die noch lange nach ihm ein Merkmal der Unterscheidung für die verschiedenen Richtungen der Medizin bleibt. Ich kenne sehr wohl die Gründe, die zu der bekannten Antwort auf diese Frage geführt haben. Sind es doch dieselben Gründe, die mich lange Zeit in dieser Richtung überhaupt ein Problem nicht sehen ließen. Ausschlaggebend wurde jedoch für mich die Fragestellung, was hat der Krotoniate bei seinen Tiersektionen gefunden bzw. finden können, und noch mehr, was hat er gesucht? Die Antwort kann zunächst nur lauten: keinesfalls den nervus opticus, und selbst wenn wir einmal annehmen, es sei ihm gelungen, die Blutgefäße und Nerven voneinander zu scheiden, dann hätte er nicht diese, sondern jene für die Verbindung zwischen Gehirn und Auge gehalten. Diese Antwort, die man schon a priori geben könnte, wird durch die sinnesphysiologischen Berichte sprachlich und inhaltlich gestützt. Ich setze zunächst das wichtigste aus der Mitteilung des Chalcidius hierher: duas esse angustas semitas, quae a cerebri sede, in qua est sita potestas animae summa ac principalis, ad oculorum cavernas meent naturalem spiritum continentes. quae cum ex uno initio eademque radice progressae aliquantisper coniunctae sint in frontis intimis, separatae bivii specie perveniunt ad oculorum concavas sedes, qua superciliorum obliqui tramites porriguntur, sinuataeque illic tunicarum gremio naturalem umorem recipiente globos complent . . . porro quod ex una sede progrediantur luciferae semitae, docet quidem sectio principaliter; nihilo minus tamen intelligitur ex eo quoque, quod uterque oculus moveatur una nec alter sine altero moveri queat[1]). Bei genauerem Lesen dieses Berichtes wurde mir klar, daß hier nicht das Chiasma gemeint sein konnte, an das die Schilderung vielleicht im ersten Moment erinnert, wohl aber Blutgefäße, und zwar ἀρτηρίαι φλέβες, die Alkmaion wahrscheinlich als erster von den »blutfließenden«[2]) unterschieden hat, und die in der Tat an der Hirnbasis miteinander verbunden sind und ohne Phantasie sogar bildlich »dieselbe Wurzel« darstellen. Sprachliche Überlegungen ergeben dasselbe Resultat. Die »angustae semitae« könnten als »Nerven« weder mit dem »naturalem spiritum«[3]) noch zu dem »naturalem umo-

---

[1]) Chalcid. in Tim. p. 279 Wrob. (Vors.[5] 24 A 10).

[2]) αἱμόρροους, wie Reiske das ὁμόρους in ABC verbessert; vgl. Dox. 435 a 13.

[3]) Die Beziehung wird nicht ganz klar; ich möchte überhaupt annehmen, daß dieser Passus aus dem Sammelbericht des Chalcidius nicht für Alkmaion

rem«[1]) in Verbindung gebracht werden, wohl aber in ihrer gewöhnlichen Bedeutung, die auch mit dem entsprechenden griechischen πόροι gegeben ist[2]). Dieses Wort gebraucht nämlich Theophrast, der offenbar dasselbe meint, wenn er am Schluß seines Berichtes über die Sinnesphysiologie Alkmaions sagt[3]): »(er lehrte,) daß sämtliche Sinne auf irgendeine Weise mit dem Gehirn verknüpft seien; deswegen würden sie auch gelähmt, wenn dieses erschüttert würde oder seinen Platz ändere; denn es greife auch die »Poren« an, durch die die Sinnesempfindungen (gingen)«. Hier kann πόροι dem ganzen Zusammenhang nach nichts anderes bedeuten als »Durchgänge«, die durch die Bewegung des Gehirns verlegt werden. Das Resultat der bisherigen Überlegungen steht durchaus in Übereinstimmung mit einem Ausspruch von H. Magnus, den ich beim Durchsuchen der Literatur fand: »Was Alkmaion bei diesen seinen Tiersektionen eigentlich suchte, das war und blieb doch nur ein hohler Canal . . . Würde er in der Tat den soliden Stamm des nervus opticus nicht bloß gefunden, sondern auch als Verbindungsglied zwischen Gehirn und Auge erkannt haben, nimmermehr hätte er dann den Namen πόροι für ihn wählen können[4]).«

Das Ergebnis wird durch Alkmaions Feststellungen über die Tätigkeit der einzelnen Sinne bestätigt. Theophrast berichtet über seine Ansichten[5]): »Er sagt, der Mensch höre mit den Ohren, weil in ihnen ein κενόν (also Hohlraum!) vorhanden sei; denn dieses töne . . . die Luft aber schalle entgegen[6]). Er rieche mit der Nase,

---

gilt: es ist offenbar das »psychische Pneuma«, bzw. »angeborene Pneuma« der Späteren.

1) De gen. an. 744 a 8.

2) Die Verfasser von π. σαρκῶν (VIII 604, 21 L.) und π. τόπ. τ. κ. ἀνθρ. (VI 278, 21 L.) bedienen sich bemerkenswerterweise des Wortes φλέβες.

3) Theophrast. de sens. § 26 (Vors.[5] 24 A 5).

4) Die Bemerkung Burnets, Anfänge, S. 183, Anm. 6, hilft natürlich nicht weiter; er meint, Alkmaion sei der Wahrheit näher gekommen, als ihm selbst bewußt war. Die Nervenfasern schienen nämlich bei 1000facher linearer Vergrößerung »manchmal ein offenes Zentrum zu haben, als ob die Fäserchen röhrenförmig wären«.

5) de sens. §§ 25, 26.

6) Vgl. Aet. IV 16, 2 (Vors.[5] 24 A 6); vgl. auch π. τόπ. τῶν κατ' ἄνθρ. (VI 278, 16 L.); ich verweise hier und für die übrigen Sinne auf die ins Einzelne gehenden Untersuchungen bei Beare, John, Greek theories of elementary cognition from Alcmaeon to Aristotle, Oxford 1906, S. 93ff.

indem er zugleich mit der Einatmung die Luft zum Gehirn hinaufziehe[1]). Mit der Zunge unterscheide er die Geschmäcke (χυμούς)[2]): denn da die Zunge warm und weich sei, bewirke sie ein Zerschmelzen[3]); durch ihre lockere (poröse?) und zarte Beschaffenheit nehme sie dann (die Geschmäcke) auf und gebe sie (zum Gehirn) weiter[4]). Die Augen aber sähen durch das Wasser ringsum; daß sie aber Feuer enthalten, sei offenbar: denn wenn einer darauf schlage, leuchte es auf: ⟨der Mensch⟩ sehe aber vermittels des Leuchtenden und Durchsichtigen ⟨in diesem Sinnesorgan⟩ sobald es widerstrahlt (gegen etwas strahlt?[5])) und ⟨zwar⟩ je besser, je reiner es ist.« Auch diese Angaben, die durch Aetius bestätigt werden, erfordern »Poren« in der Bedeutung »Durchgänge«.

Mit diesen Feststellungen ist aber fürs erste nur erwiesen, daß die Annahme, Alkmaion habe, auf Tiersektionen gestützt, »die vornehmsten Sinnesnerven, ihren Verlauf und ihre Endigung im Gehirn« entdeckt, nicht aufrechterhalten werden kann. Damit ist aber die Ausnahmestellung, die er in der Medizingeschichte unberechtigterweise einnahm, erschüttert und gleichzeitig die Voraussetzung und Notwendigkeit gegeben, auch seine Persönlichkeit unter dem Gesichtspunkt organischer Entwicklung zu sehen; m. a. W., wir dürfen schon auf Grund der bisherigen Überlegungen behaupten: naturphilosophische Überlegungen, richtiger: philosophische Schau in dem in der Einleitung gekennzeichneten Sinne war es, die das Messer des »ersten Anatomen« geführt hat.

Die δυνάμεις im Mikrokosmos Mensch waren für ihn dieselben wie im Makrokosmos, und das Prinzip der Gegensätzlichkeit gab die Möglichkeit ihrer Einwirkung aufeinander, durch die jeweils ein neues Drittes gezeugt wurde; das war aber hinsichtlich der Sinnestätigkeit die Wahrnehmung. Darin allein sehe ich die

---

[1]) Vgl. Aet. IV 17, 1 (Vors.[5] 24 A 8); Beare, a. a. O., S. 131ff.

[2]) Das bedeutet gleichzeitig und wohl ursprünglich Säfte; die Wechselbeziehung der neun Arten des Geschmacks, die die Griechen unterschieden, gibt einen interessanten Einblick in die Entstehung der medizinischen Lehre von den Körpersäften und die darauf aufbauende Nosologie, Diätetik und Therapeutik.

[3]) Vgl. Aet. IV 18, 1 (Vors.[5] 24 A 9).

[4]) Hierzu Beare, a. a. O., S. 160ff.

[5]) Beare, a. a. O., S. 11 und Anm. 1 nimmt in Stob. ecl. phys. I 52 die Konjektur ἀντίλαμψιν für ἀντίληψιν (Dox. prol. 223) »corresponds to the ἀντιφαίνῃ of Theophr. de sens. § 26«, was aber tatsächlich ganz unnötig ist.

Begründung dafür, »daß Alkmaion zu denen gehört, die die Wahrnehmung nicht durch das Gleiche (d. h. Einwirkung einer bestimmten δύναμις auf eine gleiche) erklären«[1]). Gleichzeitig wird aus diesem Satz aber auch wieder klar, warum Alkmaion nicht unsere »Nerven«, sondern »Gänge« suchte: nur durch die letzteren war den »Qualitäten« im Mittelpunkt des Kopfes die Möglichkeit gegeben, mit den »Qualitäten« da draußen in die notwendige Verbindung zu treten.

Ehe wir nun an die Beantwortung der ursprünglichen Fragestellung, nämlich warum der Krotoniate im Kopf das Zentrum sah, gehen, scheint es mir gut, die Frage zu stellen, warum sah der realistische Aristoteles das Hegemonikon im Herzen? Aristoteles war der Sohn eines Arztes[2]), er hat Sektionen vorgenommen[3]), er weiß, daß von den Augen Gänge (πόροι) zum Gehirn gehen[4]), er ist wie Alkmaion überzeugt, daß das Prinzip der Wahrnehmung sowohl der Augen als der anderen Sinnesorgane ἐπὶ πόρων sich befindet[5]) und weiter, daß »Gehörs- und Geruchsorgan »Gänge« sind, die, angefüllt mit der ihnen natürlichen Luft, mit der äußeren Luft in Verbindung stehen«; aber dennoch ist für ihn der Zentralsitz der Sinne nicht das Gehirn, sondern das Herz. Die Gänge des Tast- und Geschmacksinnes läßt er unmittelbar dorthin gehen, die übrigen läßt er über den Weg »der aus dem Herzen zum Gehirn laufenden Äderchen« mit jenen verbunden sein[6]). Der Grund aber ist der, daß für ihn das Herz das Zentrum des Organismus bildet und zugleich »den Ursprung der Wärme birgt«, die auch für die Sinneswahrnehmungen das bewegende Prinzip dar-

[1]) Theophrast. de sens. § 25; gemeint ist z. B. Heraklit, der in Konsequenz seiner Gegensatzlehre dieselbe Ansicht vertrat.

[2]) Vgl. Diog. L. V 1.

[3]) Vgl. Arist. de part. an. I 5, bes. 645 a 28; er spricht dort von der Notwendigkeit, das Tier, das man beschreiben will, genau zu untersuchen, und es zeugt für persönliche Erfahrung, wenn er des großen Widerwillens erwähnt, ohne den man das Blut, die Muskeln, die Knochen, die Adern und die anderen Teile, aus denen der Mensch besteht, nicht ansehen könne. Vor allem sind aber viele bis ins Einzelne gehende Angaben über innere Teile ein unbedingter Beweis; vgl. Kalthoff, P., Gesundheitswesen bei Aristoteles, Berlin 1934, S. VIII.

[4]) Hist. an.; vgl. auch die interessanten Ausführungen hist. an. 511 b 13—513 a 7.

[5]) De gen. an. II 6, 743 b—744 a 11.

[6]) Ebd.

stellt[1]). Das Gehirn aber ist das kälteste Organ, und es ist als solches der Gegenpol des Herzens, damit es durch seine Kälte »Maß und Mitte bewahre gegenüber dem Warmen«[2]). Die Pflanzen haben keine Empfindung, weil sie kein Zentrum haben und kein Prinzip, das fähig wäre, die Formen der wahrgenommenen Dinge aufzunehmen.

Demnach stand also Aristoteles, von dessen praktischem Sinn und feiner Beobachtungsgabe so manche Stellen seiner Werke zeugen, als er die πόροι für die Sinnesorgane ihren Weg zum Herzen nehmen sah, vollständig unter dem Einfluß seiner eigenen naturphilosophischen Überlegungen; auf ihrem Grund erstand ihm die Problematik um das Wesen und den Sitz des »Hegemonikon[3])« im menschlichen und tierischen Organismus, und auf ihrem Boden entstand die Lehre von den »Poren« als den Verbindungsgängen zwischen dem »alles begrenzenden Prinzip« im Zentrum und den Sinnesorganen.

Ich habe die Parallele zwischen aristotelischer und alkmaionischer Sinnesphysiologie selbstverständlich nicht gezogen, um auf den gefundenen Tatsachen ein unzulässiges Schlußverfahren aufzubauen. Wohl aber wird aus diesen Darlegungen über die aristotelischen Theorien klar, was für die Alten die »Poren« bedeutet haben; und so können wir auch hinsichtlich des Krotoniaten sagen: die Poren sind für ihn nichts anderes gewesen als die Verbindungswege zwischen dem ἡγεμονικόν[4]) im Inneren des Körpers und den Qualitäten der Umwelt, insofern sie für die Sinnesorgane zu Objekten der Wahrnehmung wurden. Sitz des ἡγεμονικόν aber war für ihn der Kopf. Als Weg zu dieser Erkenntnis ist die Empirie auszuschließen: einmal erwiesen alle bisherigen Darlegungen seine Sinnesphysiologie in den Bereich der Naturphilosophie, und zweitens machen Sätze wie, »der Mensch rieche, indem er mit dem Atem die Gerüche zum Gehirn aufziehe«, »die Zunge nehme infolge ihrer Porosität und Zartheit die Säfte auf und gebe sie weiter«

---

[1]) Vgl. de part. an. III 4 und de an. III 1, 425 a 6.

[2]) Ebd. II 7, 625 b 15—26 u. ö.

[3]) Von Aristoteles selbst, in deutlichem Anklang an Platons »Herrscherburg« (Tim. 70 A, wo dieser den Kopf so bezeichnet; vgl. 90 A u. ö.), »Akropolis« genannt (De part. an. 670 a 26).

[4]) Das Wort selbst hat Alkmaion bekanntlich noch nicht gebraucht; cf. Dox. 223.

usw., eindeutig klar, was Alkmaion »gesehen« hat. Es bleibt nur die Annahme, daß auch die Verlegung des »Hegemonikon« in das Gehirn auf Grund naturphilosophischer Überlegungen stattgefunden hat. Welcher Art diese Überlegungen waren, verraten uns die Fragmente, die allerdings im Falle Alkmaion auch wirklich nur Bruchstücke seiner ganzen Lehre geben, nicht, wenigstens nicht durch eine direkte Aussage. Platon sagt im Timaios — wo wir vor allem den pythagorisierenden Philosophen vernehmen — zur Frage der Entstehung des Körpers (»um sich an das am meisten Wahrscheinliche zu halten«): zuerst hätten die jungen Götter den Kopf, »das Göttlichste an uns«, geschaffen und zwar »in Nachahmung der runden Gestalt des Weltalls«[1]) als kugelförmigen Körper, mit dem Zwecke, den Geist (die Fähigkeit zum Denken und Wahrnehmen) aufzunehmen und jenes »reine, milde Feuer«, das das Sehen bewirkt; überdies soll er die Herrschaft über den übrigen Teil des Leibes ausüben, der — aus teleologischen Überlegungen heraus — erst sekundär, gleichsam als Anhängsel des Kopfes, gebildet wird. Die Fortpflanzung der Sinnesempfindungen vollzieht sich vermittelst »enger Kanälchen« = Adern[2]) zum Kopfe hin: die Anklänge an Alkmaion sind unverkennbar; das braucht natürlich nichts zu beweisen, aber es gibt uns wenigstens einen Hinweis, in welcher Richtung der Analogie-Schluß des letzteren vermutet werden darf.

An eine andere bekannte Lehre der Pythagoreer — die aber mit der eben genannten in einem gewissen Zusammenhang steht — erinnert K. Joel[3]), wenn er sagt: »...wie Pythagoras die Tondifferenzen . . ., so zeigt nun Alkmaion gleichsam die Empfindungssaiten im Menschen in seinen Sinnesnerven auf als »Kanälchen«, bei denen es ihm wie eben den Pythagoreern auf den Kommunikationswert, den Zusammenschluß ankommt, und die er als System im Gehirn konzentriert gleichsam als Zentralfeuer des Mikrokosmos (wie er übrigens auch das Feuer selbst als Inhalt des Auges und das Funkensehen betont)«. Für das »Zentralfeuer« im Mittelpunkt des Kopfes könnte das entsprechende kardiale ἔμφυτον πῦρ des Aristoteles angezogen werden und vielleicht jener dunkle Bericht des Alexander bei Diogenes[4]), der die Wahrnehmungen mit der δύναμις des Warmen (als Gegensatz zur

---

[1]) Tim. 44 Dff. [2]) Ebd. 65 Dff.; 70 B u. ö.

[3]) Gesch. d. antik. Philos., S. 391f. [4]) Diog. L. VIII 29.

äußeren Kälte) in Verbindung bringt, und der berichtet, Pythagoras habe die Augen ἡλίου πύλας genannt. Bedeutungsvoller in dieser Hinsicht ist die schon erwähnte Notiz bei Theophrast, Alkmaion gehöre zu denen, die erklären, daß die Wahrnehmung durch etwas von dem Wahrgenommenen Verschiedenes stattfinde. Gegen die Annahme des Zentralfeuers im Gehirn sprechen all die Gründe, die diese Lehre in eine spätere Zeit des Pythagoreismus verlegen. Ihre Annahme noch zur Zeit des Alkmaion würde allerdings auf die Philolaos-Fragmente und auf die medizinischen Berichte bei Diogenes ein ganz neues Licht werfen. Aber vielleicht haben K. Joels Worte eine größere Bedeutung als er selbst wollte, wenn er am Schlusse seiner Ausführungen über Alkmaion schreibt: »So mündet auch die Physiologie Alkmaions in die Weltharmonie der Pythagoreer, und da er selber in die zeitliche Nähe des Meisters heraufreicht, kann er das Alter dieser Lehre bezeugen, sie ergänzend erklären und bekunden, daß ihre Anwendung auf den Menschen nahelag . . .«[1]).

Jedenfalls haben unsere Untersuchungen das »Daß« des naturphilosophischen Unterbaues der Sinnesphysiologie des Krotoniaten erwiesen, wenn wir auch über das »Wie« mancher Gedankengänge im unklaren bleiben müssen. Alkmaion aber ist, wie die zahlreichen Anklänge in den Theorien Späterer beweisen[2]), durch seine Art, in naturphilosophischen Überlegungen das gegebene oder gesuchte Beobachtungsmaterial zu deuten, bzw. naturphilosophische Theoreme an Hand tatsächlicher Gegebenheiten zu verifizieren, für die Weiterentwicklung der medizinischen Wissenschaft von größter Bedeutung geworden.

III. IKKOS VON TARENT UND HERODIKOS VON SELYMBRIA

1. Ihre δίαιτα (Heilung durch Gymnastik)

Stark pythagoreischen Einfluß verraten auch die beiden Gymnasiarchen Ikkos von Tarent (Taras) und Herodikos von Selymbria (Megaras). Vielleicht ist es nicht unrichtig, in ihnen die Ex-

[1]) a. a. O., S. 392f.

[2]) Wachtler hat auch darüber ausführliche Untersuchungen angestellt (De Alcmaeone Crotoniata, S. 93—102); s. auch F. Willerding, Studia Hippocratica, S. 65 u. ö.

ponenten der durch die Lehre des Pythagoras begründeten δίαιτα und Gymnastik zu sehen; ob sie nur in dieser Hinsicht seine Schüler wurden, läßt sich bei der außerordentlichen Lückenhaftigkeit der doxographischen Dokumente nicht mehr feststellen. Wie Platon im Protagoras berichtet, haben die alten Philosophen aus Furcht vor Anstoß ihren eigentlichen Beruf unter dem Deckmantel eines anderen gewöhnlicheren zu verbergen getrachtet, so auch die beiden Genannten, indem sie sich als Gymnastiker betätigten[1]). Wir verdanken Philostratos[2]) ausführliche Schilderungen über die Tätigkeit und Aufgabe dieses Berufes, der etwa dem des heutigen Sportarztes entspricht; unter anderem machte er auch Angaben über das Verhältnis der Gymnastik, die er eine σοφία und eine τέχνη nennt, zur Medizin: beide seien für die Beseitigung von Krankheiten (Flüsse, Wassersucht, Schwindsucht) durch Entfernung von überflüssigen Stoffen, Fest- oder Lockermachen der Muskeln, Ableiten von Anschwellungen usw. einander gleich zu achten; nur wird von den Gymnasiarchen mehr die δίαιτα und die τρίψις angewandt. A priori kann man behaupten, daß die beiden erstrebten Ziele, ein Höchstmaß von Kraft und harmonischer Schönheit des Körpers zu erlangen, notwendig dazu zwangen, nicht nur die äußerlichen Übungen, sondern auch die sonstige Lebensweise, insbesondere das Verhältnis der aufgenommenen Nahrung zu den geforderten Leistungen und das »Was« zu beachten. So ist es leicht erklärlich, daß die δίαιτα eines Pythagoras, der die beiden erstrebten Ideale in seiner Person vereinigte[3]), in diesen Zweig medizinischen Wirkens schnell Eingang fand und, wo Gymnasien von Männern, wie Platon sie gekennzeichnet hat, geleitet wurden, weiteren Ausbau ihrer naturphilosophischen Begründung erfuhr.

2. Naturheilmethode

Bis dahin war, wie die verschiedenen Berichte beweisen, die Nahrungsweise eine möglichst eiweißreiche (Fleisch, Hülsen-

[1]) Plat. Prot. 316 D.

[2]) Περὶ γυμναστικῆς ed. Daremberg, Paris 1858; eine spätere Ausgabe von C. L. Kayser: Flavii Philostrati Opera. Lpz. 1870. Zum Verhältnis von Gymnastik und Medizin vgl. Galens Schrift Thrasybulos; dazu die allerdings nicht zureichende Arbeit von L. Englert, Untersuchungen zu Galens Thrasybulos, Lpz. 1929.

[3]) Vgl. z. B. Porphyr. V. P. 18 (Vors.[5] 14 8a).

früchte) gewesen, weil man glaubte, daß eine solche die Kräfte auf ein Höchstmaß bringen werde; bekannt war aber auch, daß die Athleten eben wegen dieser Lebensweise zu anderen Berufen, insbesondere zum Militärdienst untauglich wurden. Das neue Ideal der Harmonie verlangte dagegen »Mäßigkeit«, d. h. Symmetrie zwischen Nahrungsaufnahme und Leistung und außerdem die Beachtung der seelischen Einflüsse, ohne die eine vollendete Harmonie nicht erreicht werden könne. Ikkos von Tarent lehrte nun nicht nur diese neue Lebensweise, sondern lebte sie vor[1]), nämlich hinsichtlich der continentia (in venere[2]), in Speise und Trank[3]) und des Erziehungsideals, das den Charakter schafft, der fähig ist, in jeder Lebenslage das harmonische Gleichgewicht zu wahren[4]). Er betrieb selbst Gymnastik[5]), erhielt im Fünfkampf den Kranz[6]) und die »Ikkos-Mahlzeit« wurde sprichwörtlich.

Luccarelli[7]) spricht von ihm als dem »alten italischen Arzt, der sich mit Berechtigung für den Begründer der medizinischen Gymnastik halten kann und

[1]) Eduardo de Vincentiis, der in seinem Buche: Un Tarantino illustre della LXXVII Olympiade Icco Medico-Ginnasiarca, Trani 1895, zusammengetragen hat, was alte und neuere Schriftsteller über Ikkos ausgesagt haben (leider meist ohne nähere Angaben), bringt aus einem Manuskript der Istoria di Taranto, 1799, von Merodio folgendes: »Verso la fine della vita di Pitagora, era celebre Icco tarantino, figlio di Nicolaide, che fu non solo eccellente medico, come scrive Pausania, ma anche famosissimo atleta e ginnasiarca. Questo per il suo gran valore meritò la corona olimpica e poi divenne maestro di ginnasio. Visse sempre casto per non indebolire le forze del corpo, como scrive Eustazio. Onde la continenza e temperanza di Icco servirono a Platone per indurre la gioventù alla virtù«.

[2]) Plat. de legg. 839, 840: ἆρ' οὖν οὐκ ἴσμεν τὸν Ταραντῖνον Ἴκκον ἀκοῆι διὰ τὸν Ὀλυμπίασί τε ἀγῶνα καὶ τοὺς ἄλλους, ὡς διὰ φιλονικίαν καὶ τέχνην καὶ τὸ μετὰ τοῦ σωφρονεῖν ἀνδρεῖον ἐν τῆι ψυχῆι κεκτημένος, ὡς λόγος, οὔτε τινὸς πώποτε γυναικὸς ἥψατο οὐδ' αὖ παιδὸς ἐν ὅληι τῆι τῆς ἀσκήσεως ἀκμῆι.

[3]) Eustath. z. Hom. p. 610, 28 und zu Dionys. Per. 376 (Vors.[5] 25 2 u. 3). Vgl. hier auch Capelle, Altgriechische Askese. Neue Jahrb. f. klass. Alt. 1910, S. 689.

[4]) In Plat., a. a. O., ausgedrückt durch »Mannhaftigkeit« und »Besonnenheit«. Zur Literatur vgl. Joannis Juvenis, De antiquitate et varia Tarentinorum. Napoli 1735; E. Curtius, Griech. Gesch. Bd. 2, Berlin 1887, S. 258; S. de Renzi, Stor. d. Med. Napoli 1845. Der letztere betont, daß durch den Einfluß von Ikkos die Athleten große Mäßigkeit im Essen und Trinken geübt hätten, um dadurch ihre Kräfte zu vergrößern.

[5]) Plat., a. a. O.; Paus. VI 10, 5.

[6]) Paus. VI 10, 5; Steph. Byz. (Vors.[5] 25, 2).

[7]) Vinc. Luccarelli, in Rivista di storia delle scienze mediche e naturali, Anno 21 Vol. 12. 1930, S. 209f.

den Vorläufer der Hygiene«. »Er war der erste Arzt«, sagt er weiter, »der die Norm für eine vernünftige diätetische Methode gab und die Gymnastik zu Heilzwecken anwandte . . . er war ein Erneuerer der Athletik, der durch Wort und Beispiel lehrte, daß es nötig sei, in allem mäßig und nüchtern zu sein. Wenn man sich vor Augen hält, daß die Hauptphilosophen und Ärzte, die die Lehrer des Hippokrates wurden, gerade die der pythagoreischen Schule und der Periodeuten waren, wenn man bedenkt, daß Hippokrates der wirkliche Gründer der reinen Medizin war, so ist es leicht, die Wichtigkeit, die dem Ikkos zukommt, abzuleiten, der mit Herodikos die hervorragendste Gestalt der Periodeuten war.«

In der Überlieferung fraglich ist das reinmedizinische Bruchstück bei Athenaios II 69 E[1]).

Radikaler in der Anwendung der neuen Methode war der zweite Gymnasiarch bzw. Paidotribe Herodikos von Selymbria; er ist einer von den Ärzten, über die wir auch schon vor der Entdeckung des Anonymus Londinensis Nachrichten besaßen. Für ihn bestand die wahre Heilkunst in »der kunstgerechten Anleitung zum naturgemäßen Leben« (τὴν ἰατρικὴν ἔντεχνον ἀγωγὴν εἰς τὸ κατὰ φύσιν); deshalb nennt ihn Haußleiter[2]) den Spezialarzt der Naturheilmethode. Der Menon-Papyrus berichtet von ihm[3]): »Herodikos von Selymbria glaubt, die Krankheiten entstünden von der Lebensweise; diese sei gemäß der Natur, wenn Anstrengung und, so viel wie nötig, ἄλγη damit verbunden seien und so die Nahrung ihre Verarbeitung finde, der Körper aber nehme zu infolge der naturgemäßen Verteilung der Nahrung; denn er glaubt, daß die Gesundheit entstehe, wenn sich die Körper bzgl. der Lebensweise gemäß der Natur, die Krankheiten dagegen, wenn sie sich der Natur entgegen verhalten. Denen, die entgegen der Natur leben, schreibe die Heilkunst vor, sich anzustrengen, um sie so wieder auf das Naturgemäße zu bringen, wie er sagt . . ..«

Interessant ist in diesem Zusammenhang eine Stelle in Platons »Staat«[4]). Nachdem er berichtet hat, daß man vor Herodikos die

[1]) Vors.[5] 57, 2: Λύκος (?) δ' ὁ Πυθαγόρειος τὴν ἔκ(λυσιν) ποιοῦσαν γεννήσεώς φησι Θρίδακα πλατύφυλλον τετανὴν ἄκαυλον ὑπὸ μὲν τῶν Πυθαγορείων λέγεσθαι εὐνοῦχον, ὑπὸ δὲ τῶν γυναικῶν ἀστύτιδα· διουρητικοὺς γὰρ παρασκευάζει καὶ ἐκλύτους πρὸς τὰ ἀφροδίσια· ἔστι δὲ κρατίστη ἐσθίεσθαι.

[2]) Religionsgeschichtl. Vers. u. Vorarb. Bd. 24, S. 365.

[3]) An. Lond. IX 20. Die Zerstörung des Textes ist an dieser Stelle allerdings eine solche, daß man mehr auf Vermutungen angewiesen ist; was Diels, Hermes 28, S. 422, zu den von ihm gemachten Ergänzungen sagt, ist kaum geeignet, die Sicherheit zu erhöhen.

[4]) III 405 E—406 C.

Kranken anders behandelt habe (»dem Eurypylos gab die Dienerin als er verwundet war, Pramnischen Wein zu trinken, nachdem sie ordentlich Gerstenmehl darüber gestreut und Käse dazu geschabt hatte«), sagt er: »Dieser Herodikos, ein Lehrer der Ringkunst, verband, krank geworden, die gymnastische Kunst mit der ärztlichen: so quälte er zuerst vor allem sich selbst und später auch viele andere . . ., indem er sich ein langes Dahinsterben bereitete. Denn während er in einem fort seine unheilbare Krankheit behandelte, brachte er sein ganzes Leben mit Heilversuchen zu, ohne etwas anderes zu tun; er hatte schlimme Qualen, wenn er irgendwie von der gewohnten Lebensweise abwich, und wurde so in dem Wissen, dem Tode Widerstand zu leisten, ein hochbejahrter Greis«[1]).

Ähnlichen Tadel hat auch Aristoteles[2]) für ihn und ebenso Plinius[3]). Der Verfasser von Περὶ Ἐπιδημιῶν[4]) wirft ihm vor, daß er seine Fieberkranken durch Gehen, Ringen, Laufen und Massieren getötet habe.

Der Gesamteindruck der Berichte aber ist der, daß er durch seine Methode, die auf einer rein naturphilosophischen Hypothese aufgebaut war, tatsächlich große Erfolge gehabt hat. Er mag in der Anwendung des Grundsatzes der Symmetrie, den übrigens fast alle Verfasser der hippokratischen Schriften übernommen haben, vielleicht zu radikal vorgegangen sein: gerade die Mißerfolge zwangen zu weiterem Nachdenken und tieferem Forschen, wie es in der Medizingeschichte wohl immer gewesen ist und immer sein wird.

Ob Herodikos auch die Lehre vom ὑγρόν und θερμόν als den Grundlagen von Gesundheit und Krankheit vertreten hat, erscheint mir sehr zweifelhaft; das einzige Zeugnis dafür, der Anonymus Londinensis, bietet infolge der unheilbaren Verstümmelung des Textes eine zu schwache Handhabe[5]).

---

[1]) Die Mißbilligung Platons ist aus seiner Einstellung zum Leben heraus zu verstehen.

[2]) Arist. 1361 b 5.

[3]) Hist. nat. XXIX 4.

[4]) VI 3 (vgl. hierzu Galen. XVII B 99 K.; Plat. Phaedr. 227 D.); V 302 L.: Ἡρόδικος τοὺς πυρεταίνοντας ἔκτεινε δρόμοισι, πάλῃσι πολλῇσι, πυρίῃσι, κακὸν, τὸ (γὰρ) πυρετῶδες πολέμιον πάλῃσι . . .

[5]) Besonders erscheint mir das Dielssche διατεθρύληται in IX 36 (noch so nahe am Anfang des ganzen Exzerptes!) als nicht glücklich. Fredrich, a. a. O., S. 218, fußt allerdings bei seinen Darlegungen auf der Richtigkeit der Konjekturen.

HERAKLIT

1. Seine Bedeutung für die Weiterentwicklung der Wirklichkeitserfassung

Heraklit[1]) soll keines Philosophen Schüler gewesen sein[2]), aber der Einfluß altmilesischer Lehre und zum Teil auch der des Xenophanes und der Pythagoreer, die er vielleicht wenigstens kurze Zeit gehört hat[3]), ist unverkennbar. In seiner Urstofflehre geht er jedoch über den mehr physikalischen Charakter der milesischen Philosophie weit hinaus; seine Metaphysik ist trotz aller Übereinstimmung etwas wesentlich Neues, vor allem in ihrer neuen Fragestellung, die das Wesen des Werdens und Seins der Dinge gleichermaßen zu erfassen versucht.

Die Einwirkung auf das spätere philosophische und medizinische Denken liegt einmal in seiner ganz klaren Scheidung der Mittel der Erkenntnis: der Sinne und der Vernunft. Er hält die Sinne nicht,

---

[1]) Zur Literatur vgl. (außer Zeller I[6] und Ueberweg-Praechter, Grundriß[12]) Gigon, O., Untersuchungen zu Heraklit. Diss. Leipzig 1935; Weerts, Emil, Plato und der Heraklitismus, Beiträge zum Problem der Historie im Platonischen Dialog. Leipzig 1931; Brecht, Frz. Jos., Heraklit. Ein Versuch über den Ursprung der Philosophie. Heidelberg 1936; Praechter, K., Heraklit. Fragm. 51 D. u. d. Aristoteles-Kommentare. Philologus, 88. Bd. Suppl.-Bd. 23, 3, S. 344f.; Loew, E., Verhältnis von Leben und Logik bei Heraklit. Wiener Studien 51. Bd. 1933 S. 15ff.; Binswanger, L., Heraklits Auffassg. d. Menschen. Die Antike, Zeitschr. f. Kunst u. Kultur d. klass. Altertums. Hrsg. v. W. Jaeger, Berlin XI 1935 S. 1ff.; Snell, B., Die Sprache Heraklits. Herm. 61, 1926, S. 355ff.; Faggi, A., Eraclito di Efeso. Atti R. Accad. di Torino 59. 1924, p. 182ff.; Capelle, W., Heracliteum. Herm. 59, 1924, S. 121ff.; ders., Das erste Fragment des Herakleitos. Herm, 59 1924, S. 190ff.; De Falco, Vittorio, Ad Heraclitum A 19 Diels. Riv. Indo-Gr.-It. 7, 1923, 18; Gomperz, H., Heraklits Einheitslehre. Wiener Stud. 43, 1923, S. 115ff.; Walcker, N., Heraklit und die deutsche Romantik. Diss. Tübingen 1923; Lagrange, M. J., Le logos d' Héraclite. Rev. Bibl. 1923, S. 96; Macchioro, V., Eraclito. Bari 1922; Burchard, W., Der Logos u. die Reflexivität des Logos in Heraklits Lehre. Diss. Marburg 1922.

[2]) »Heraklit ging bei keinem der Philosophen in die Schule, sondern wurde ein Meister durch sein Genie und seinen Fleiß« (Vors.[5] 22 A 1 a).

[3]) »Einige aber sagen, er habe den Xenophanes und den Pythagoreer Hippasos gehört« (ebd.).

wie manche Spätere, für wertlos[1]), sondern er sieht auch, und hat es wohl als Erster bewußt ausgesprochen, daß Erkenntnis mehr ist als ein Widerspiegeln der Außenwelt in der Seele vermittels der Sinne; Erkenntnis beginnt erst mit der geistigen Konzeption und Verarbeitung des Wahrgenommenen: »Schlechte Zeugen sind den Menschen Augen und Ohren, wenn sie die Seelen von Barbaren (die nicht denken) haben«[2]), und »Vielwisserei lehrt nicht Verstand haben«[3]). In Fragment 108 sagt Heraklit: »Von allen, deren Lehren ich gehört, kommt keiner dahin, daß er erkännte, ὅτι σοφόν ἐστι πάντων κεχωρισμένον[4]); man darf in diesem Satze noch nicht den Abstraktionsbegriff im heutigen Sinne sehen: diesen konnte er noch nicht finden, weil er ihn nicht suchte, da für ihn der Logos in seiner dreifachen Bedeutung dem Stofflichen inhärent war und mit ihm eine Einheit bildete; aber es ist hier schon deutlich gesagt, daß die σοφία allein wirkliches Wissen bedeutet. Damit ist aber ein Grundsatz ausgesprochen, der stets die Methode echter Wissenschaft war, nämlich, das Wesentliche vom Unwesentlichen zu sondern und zu suchen, was allem Schein zugrunde liegt.

In zweiter Linie liegt seine Bedeutung für die weitere Entwicklung der Wirklichkeitserfassung in der Erkenntnis der logosgesteuerten und logos-bewirkten Gesetzmäßigkeit. Auch diese ist nicht im heutigen physikalischen Sinne als abstrakt dargelegt, sondern in echt naturphilosophischer Schau der beobachteten Einzelheiten erfühlt und erklärt. Das σοφόν = λόγος, oben als Gegenstand aller Erkenntnis gekennzeichnet, ist zugleich das Prinzip alles Werdens: es ist allem gemeinsam, es lenkt alles[5]), zwar nach Notwendigkeit, aber in vernunftbestimmter Notwendigkeit, und zwar in der Welt, im Staat und im Menschen: εἶναι γὰρ

---

1) Hippol. IX 9 (Vors.[5] 22 B 55); Fr. 101 a.

2) Frgm. 107 (Vors.[5] 22 B 107).

3) Fragm. 40 (Vors.[5] 22 B 40); vgl. Fragment 56; vgl. auch Sext. Empir. VII 126ff. (Vors.[5] 22 A 16); nach diesem Bericht, der über Ainesidemos auf die Vetusta Placita zurückgeht, hätte Heraklit die Erkenntnis durch die Sinne ganz verworfen; doch über seine Zuverlässigkeit vgl. Burnet, Anfänge, der sie Seite 138 als »mit späterer Ausdrucksweise und späteren Vorstellungen sehr stark durchsetzt« bezeichnet; s. a. Capelle, Vorsokratiker, S. 149 Anm. 2 und Reinhardt, K., Poseidonios, München 1921, S. 43ff.

4) Vors.[5] 22 B 108; vgl. Vors.[5] 22 B 41.

5) In Fragment 72 spricht er vom λόγῳ τῷ τὰ ὅλα διοικοῦντι, in Fragment 1 von γινομένων γὰρ πάντων κατὰ τὸν λόγον τόνδε; vgl. Fragm. 11, 30, 33, 54, 113.

ἓν τὸ σοφόν, ἐπίστασθαι γνώμην, ὁτέη ἐκυβέρνησε πάντα διὰ πάντων[1]). Der Grund aber für die Einheitlichkeit des Weltgeschehens ist die Einheitlichkeit des Seinsgrundes; denn auch dieser ist der λόγος[2]). Doch kommen wir darauf noch zu sprechen.

Drittens ist aus seiner Lehre für die Folgezeit die Ausgestaltung des Wärmeprinzips, sein Werden aus Gegensätzlichkeiten und der ihm eigentümliche Harmoniegedanke, als ein zweiter neben dem pythagoreischen, bedeutungsvoll geworden.

Die Bestimmung dessen, was mit dem heraklitischen Feuer gemeint ist, ist durch die Verschiedenartigkeit der Berichte außerordentlich erschwert[3]), und dementsprechend sind auch die Meinungen der späteren Forscher fast in allen Einzelheiten auseinandergehend. Brieger[4]) hält es für einen Wärmestoff, Gilbert unterscheidet bei Heraklit ein ewiges göttliches Feuer als ein von allen Dingen getrenntes σοφόν[5]) und vergängliches Feuer »im gleichen Rang mit den Elementen«. Burnet stellt es mit der »Luft« des Anaximenes auf eine Stufe, läßt aber in der herakliteischen Schule verschiedene, weniger primitive Auffassungen vertreten sein; vor allem wehrt er die Vorstellung des Feuers als Symbol ab[6]). Howald[7]) hält das Feuer für ein Symbol der ständigen Veränderung, ebenso Rohde[8]). Nach Windelband[9]) und Bruno Bauch[10]) stellt es einfach das Prinzip des Werdens dar; nach Reinhardt ist das Prinzip Heraklits überhaupt nicht eigentlich das Feuer, sondern entsprechend dem ἄπειρον des Anaximander und dem ὄν des Parmenides ἓν τὸ σοφόν: »Das Weise ist keine Bestimmung, kein Prädikat des Feuers, sondern umgekehrt das Feuer gleichsam eine Erscheinungsform . . . durch die es sich in der materiellen Welt manifestiert[11]«. Diese letztere Auffassung scheint mir mit einer gewissen Variation die einzig tragbare zu sein.

---

1) Fragment 41.

2) Vgl. die für die Gesetzmäßigkeit angeführten Fragmente.

3) Vgl. Dox. 145 u. Burnet, Anfänge, S. 127f., der von Hippolyt., auf den die meisten Fragmente zurückgehen, sagt, er habe sie aus einem biographischen Kompendium ausgeschrieben, »das größtenteils aus apokryphen Anekdoten und Apophthegmen bestand«, in denen die Lehren von Heraklit und Empedokles u. a. »hoffnungslos durcheinander gemengt« seien.

4) In Hermes XXXIX, S. 188.

5) Gilbert, Griech. Rel.-Philos., Leipzig 1911, S. 52 u. 53 u. Gilbert, Meteor.-Theor., S. 61.

6) a. a. O., S. 131.

7) Die Anf. d. europ. Philos. München 1925, S. 26ff.

8) Rohde, Psyche, Tübingen 1921, II, S. 145f.

9) Gesch. d. ant. Philos. III, S. 39.

10) Das Substanzproblem in d. griech. Philosophie bis zur Blütezeit, Heidelberg 1910, S. 301.

11) Poseidonios, S. 205.

2. Der λόγος, die »Elemente«

Die wichtigsten doxographischen Dokumente und Fragmente berichten das Folgende: »Hippasos aus Metapont und Heraklit sagen, das Eine sei das ewig bewegte und vollendete Ganze, der Anfang aber liege beim Feuer. Parmenides und Hippasos und Heraklit sagen, die Seele bestehe aus Feuer«[1]. — »Heraklit und Hippasos aus Metapont erklären das Feuer zum Urstoff aller Dinge. Denn aus Feuer entstehe alles und zum Feuer kehre alles zurück. Wenn dieses aber erlösche, bilde sich das All. Zunächst nämlich ziehe sich das Grobteiligste aus ihm in sich selbst zusammen, und daraus entstehe die Erde. Dann lockere sich die Erde wieder auf und werde durch die natürliche Kraft des Feuers (ὑπὸ τοῦ πυρὸς φύσει) zu Wasser und beim Aufdampfen (ἀναθυμιώμενον) zu Luft. Schließlich aber werde der Kosmos und alle Körper von dem Feuer verzehrt in der ἐκπύρωσις«[2]. — In Philop. de anima p. 4[3]) wird das Feuer der Urgrund genannt.

An später zu besprechende medizinische Theorien klingen die Berichte des Diogenes L. an, die in diesem Falle sicher alte Ansichten wiedergeben[4]): »Wechsel nannte er den Hinauf- und Herabweg und er glaubte, daß die Welt durch diesen wird. Wenn das Feuer sich verdichtet, wird es feucht und, zusammengepreßt, wird es zu Wasser; erstarrtes Wasser wird zu Erde, und das nennt er den Herabweg; und die Erde wird wieder ihrerseits flüssig und es entsteht aus ihr Wasser und aus diesem das übrige; denn er

[1]) Aet. I 5, 5 (Vors.[5] 18 A 7); Dox. 292.

[2]) Aet. I 3, 11 (Vors.[5] 22 A 5); Dox. 283; vgl. Galen. de elem. sec. Hipp. I 4 (I 443 K.): »Und diese nehmen in gleicher Weise das Feuer als Element an, auf Grund der Tatsache, daß durch sein Zusammengehen und Sich-Zusammenballen die Luft entsteht; wenn diese Zusammenballung aber noch stärker werde, das Wasser, bei größter Zusammenballung entstehe die Erde, und sie ziehen auch selbst den Schluß, daß dieses (τὸ πῦρ) das Element sei.«

[3]) Dox. Proll. 214; weitere Stellen: Aet. IV 3, 4 (Dox. 388); Hippol. Philos. 4, 1. 2. (Dox. 558 30f.); Sextus adv. mathem. X 313ff. (Dox. Proll. 91); Probus ad Vergil. p. 21, 14 K (Dox. Proll. 91); Aet. I 3, 11 (Dox. 283); Theophr. Phys. op. fr. 1 (Dox. 475, 14ff.); Hermes Irris. Gentil. Philos. 13 (Dox. 654, 19); Theophr. IX 7 (Dox. Proll. 163); Arnobius adv. nat. II 9 (Dox. Proll. 172); Aet. I 9, 6 (Dox. 308 a 10 b 10); Aet. I 7, 22 (Dox. 303 b 9); Philop. de anima 92, 2 (Vors.[5] 38 A 10); Simpl. Phys. 149, 5 (Vors.[5] II 51, 15); Simpl. de coelo 94, 4 (Vors.[5] 22 A 10); Plut. XIV 3, 8 (Dox. Proll. 169).

[4]) Diog. L. IX 9f.; vgl. Clem. Strom. V 105 (Vors.[5] 22 B 31 u. 36); Hippol. IX 10 (Vors.[5] 22 B 60).

schreibt fast alles der Ausdünstung aus dem Meere zu; dieses ist der Hinaufweg; er glaubt auch, daß Ausdünstungen (ἀναθυμιάσεις) sowohl vom Meere wie von der Erde aufsteigen, einige hell und rein, andere dunkel. Feuer werde durch die hellen, Feuchtigkeit durch die dunklen genährt. Tag und Nacht, Monate, Jahre und Jahreszeiten, Regen und Winde und Dinge der gleichen Art entständen durch die verschiedenen Ausdünstungen; die helle Ausdünstung erzeuge den Tag, die entgegengesetzte die Nacht; ebenso entstehen Sommer und Winter.«

Bemerkenswert ist in den angeführten Berichten der schon bei Anaximander erwähnte »Begriff« der ἀναθυμίασις, ein Begriff, der mir im Verlauf der Untersuchung immer mehr wie ein Schlüssel erschien, der es uns ermöglicht, gewisse Türen zur Eigenart des antiken Denkens zu erschließen. Das Wort selbst wurde bei den Alten nicht eindeutig gebraucht und wahrscheinlich erst von Aristoteles[1]) von ἀτμίς als »trockene und heiße Ausdünstung« unterschieden. Ein Überblick über die einschlägigen Stellen ergibt, daß man mit ἀναθυμίασις unter Einwirkung von Wärme flüchtig gewordene Materie meinte, die als »das Lockerste des Feuers«, als »Glast« oder als »warme Luft« unter lebhaften Bewegungen in die Höhe strebte. Zahlreiche Ausführungen über diesen Vorgang[2]) vermitteln uns einen Eindruck davon, wie es möglich war, Atmung, Ernährung, Leben und allgemein das Hinüberwechseln der verschiedenen Zustände der Materie in Analogie zu den Vorgängen bei der Verbrennung zu erklären[3]). In den obigen Berichten aber ist das Überraschendste, daß Heraklit die ψυχή eine ἀναθυμίασις nennt[4]). W. Capelle[5]) hat es wahrscheinlich gemacht, daß die medizinhistorisch wertvolle Mitteilung des Aetius, »die Psyche der Lebewesen stamme sowohl aus der äußeren ἀναθυμίασις als auch der inneren« (dem Blut? der Nahrung?), trotz ihrer stoischen Formulierung glaubwürdig ist[6]).

[1]) Arist., Meteor. II 4.

[2]) Man vergleiche z. B. die Darlegungen in den ersten Kapiteln von π. διαίτης und π. φύσ. παιδίου.

[3]) Auf Einzelheiten möchte ich hier nicht eingehen, da ich das gesammelte Material in einer eingehenden Monographie bearbeite.

[4]) Arist. de an. 405 a 24 (Vors.[5] 22 a 15; dortselbst auch Aet. IV 3, 12); vgl. Fragm. 12. Burnet, Anfänge, S. 137, bestreitet zwar nicht den Gedanken, wohl aber das Wort (gegen Diels u. a.).

[5]) Heracliteum, Herm. 59, 1924, S. 121—123.

[6]) Im Gegensatz zu Olaf Gigon, Untersuchungen zu Heraklit, S. 104.

Die Bedeutung des Gedankens für das Verständnis sowohl der weiter unten ausgeführten Fragmente bei Heraklit als auch gewisser medizintheoretischer Gedankengänge braucht nicht erst betont zu werden.

Abstrahieren wir von allem vermutlichen späteren Beiwerk in den doxographischen Berichten und den »Fragmenten«, so scheint sich mir als Kern herauszuschälen: für Heraklit ist ὁ λόγος, τὸ σοφόν und τὸ πῦρ ein und dasselbe. Die Dinge, und vor allem die »Elemente«, Feuer, Wasser, Erde sind nur Seinsweisen ein und desselben, nämlich des (stofflich gedachten) Logos. Alle Dinge sind Wechselzustände aus ihm. Darum bleibt er in allem gegenwärtig; als das wahre Sein erfüllt er alles und ist Ursache und Gesetz allen Seins und Werdens. Im Logos sind als dessen Umwandlungen alle Gegensätzlichkeiten gegeben, in ihm finden sie aber auch ihre Einheit. Da die Emanzipation des Logos in Gegensätzlichkeiten immerfort vor sich geht, ist alles in ständiger Bewegung und Veränderung begriffen, nicht nur der Fluß, sondern auch der Mensch, der in ihn hineinsteigt.

3. Die herakliteische Gegensatzlehre

Die Gegensätzlichkeiten bilden zwar im Logos eine Einheit (Harmonie), aber ihre Wertung ist verschieden, je nachdem, ob sie dem Ursprung, dem Feuer, näher stehen oder mehr von ihm entfernt sind; den Hinauf- und Hinabweg durch die Gegensätzlichkeiten hindurch, vom Leben zum Tode, müssen zwar alle machen; aber der Mensch kann in seinem Leben nach eigener Willensentscheidung das Hellere, Lichtere, Logos-Ähnliche erstreben oder aber das Entgegengesetzte, Erdhafte, Feuchte, wie es die Trunkenen tun und die Blöden, die er verachtet.

Auch der Mensch besteht aus Feuer, Wasser und Erde; je mehr er vom Feuer in sich hat, desto näher steht er dem Logos und je näher der Harmonie dieser Grundstoffe, desto näher auch der Gesundheit[1]). Wenn das Feuer den Menschen verlassen hat, dann ist er wertloser als Dung[2]).

---

[1]) Fragm. 118; vgl. die verschiedenen Typen von Geisteskraft und Gesundheit in περὶ ἱερῆς νούσου.

[2]) Vors.[5] 22 B 96: νέκυες γὰρ κοπρίων ἐκβλητότεροι.

Es gibt einen natürlichen Hinauf- und Herabweg des belebenden Feuers im Menschen[1]), darum scheint er für die Sinne derselbe zu bleiben[2]). Die Aufnahme des Logos — die immer wieder notwendig wird, um mit der aufgenommenen Nahrung die Harmonie »Mensch« zu bilden — scheint er sich sowohl durch die »Mündung der Sinne« als durch den Atem erfolgend gedacht zu haben[3]): τοῦτον οὖν τὸν θεῖον λόγον καθ' Ἡράκλειτον δι' ἀναπνοῆς σπάσαντες νοεροὶ γινόμεθα . . ., ebenso wird er dem Ganzen (= dem Logos bzw. der Harmonie, mit der dieser identisch ist) gleichartig, κατὰ δὲ τὴν διὰ τῶν πλείστων πόρων σύμφυσιν . . . καθίσταται[4]); dann nämlich wird »das Widerstrebende zusammengehend aus dem Ungleichartigen die beste Fügung (ἐκ τῶν διαφερόντων καλλίστην ἁρμονίαν)«[5]).

Der Mensch selbst hat es in der Hand, das Gleichgewicht zu bewahren. Des Menschen Herz strebt nach Lust — die dem Feuchten gleichgesetzt wird[6]) —, aber ihr zu folgen bedeutet Tod[7]), weil Überhandnehmen des dunklen, feuchten, logosfernen Elementes statt hat. Zwar ist es »schwer, gegen das Herz (= die Begierde) anzukämpfen«, aber, »was es auch will, es erkauft es um die Seele«[8]). Darum »soll man Frevelmut eher auslöschen als eine Feuersbrunst«[9]).

Die in diesen Fragmenten nur angedeutete Lehre von Gesundheit, Krankheit, Heilung und Diät hat mit der des Pythagoras größte Ähnlichkeit, wenn auch die Gegensätze und die Harmonie auf Grund anderer Voraussetzungen gefaßt sind; ähnlich ist es bei der Lehre von den Sinnen[10]).

---

[1]) Vgl. περὶ διαίτης (I, 5): χωρεῖ δὲ πάντα καὶ θεῖα καὶ ἀνθρώπινα ἄνω καὶ κάτω ἀμειβόμενα.

[2]) Vgl. hierzu Bernays, J., Ges. Abh. hrsg. v. H. Usener, Berlin 1885, S. 109ff.

[3]) Sext. adv. math. VII 129 (Vors.[5] 22 A 16).

[4]) Diese Ansicht von den Poren hängt wohl mit der des Alkmaion zusammen.

[5]) Orig. c. Cels. VII 62 (Vors.[5] 22 B 8); dazu macht Burnet, Anfänge, S. 120 die Anmerkung: »Dies ist, wie ich jetzt glaube, die ärztliche Regel αἱ δ' ἰατρεῖαι διὰ τῶν ἐναντίων, z. B. βοηθεῖν τῷ θερμῷ ἐπὶ ψυχρόν (Stewart zu Arist. Eth. 1104 b. 16)«.

[6]) Fragm. 77, 117.

[7]) Fragm. 76, 77, 85.

[8]) Fragm. 85.

[9]) Fragm. 43.

[10]) Vors.[5] 22 A 16.

Den Schlaf sieht er als ein Sich-Zurückziehen von der allgemeinen Welt (und dem allgemeinen Logos) in die eigene[1]) an. Diese Erklärung erscheint medizingeschichtlich wertvoll, weil die späteren (besonders hippokratischen) Erklärungen des Schlafes, wenigstens mittelbar, auf die des Heraklit zurückgehen.

Der Tod kann auf eine doppelte Weise eintreten: durch Überhandnehmen des Feuchten[2]) oder des Feuers; Krankheit und Verfall sind also gleich Entfernung von dem Gleichgewichtspunkte der Kräfte, Heilung die Wiederannäherung an ihn. Gemäß der Erzählung des Diogenes L.[3]) von seinem Sterben scheint er tatsächlich nach diesem Rezept gehandelt zu haben: als er 60 Jahre alt war und an der Wassersucht litt, grub er sich tief in Rinderdung ein (entweder um die tödliche Kälte zu überwinden oder vielleicht auch, um durch die Wärme des Dungs die Rückumwandlung des Wassers (in Form einer ἀναθυμίασις) zu erreichen)[4]).

4. Naturheilkraft

Daß der Begriff der Natur-Heilkraft, dessen Entdeckung im allgemeinen Hippokrates zugeschrieben wird, schon in der formenden Kraft des pythagoreischen ἀριθμός mitbegründet ist, haben wir oben gesehen. Implicite ist auch im allwaltenden Feuer Heraklits der Inhalt dieses Begriffes gegeben. Hisdosus Scholasticus[5]) schreibt dem Heraklit ein Gleichnis zu, wo dieser den naturphilosophischen Begriff des calor vitalis in einer Weise paraphrasiert, daß es, seine Echtheit vorausgesetzt, nicht mehr zweifelhaft sein kann, darin den Begriff der Heilkraft der Natur aufs deutlichste ausgesprochen zu sehen. — Nachdem Hisdosus ausgeführt hat, daß dieser calor vitalis, der, von der Sonne ausgehend (pytha-

[1]) Fragm. 89.

[2]) Fragm. 36.

[3]) X, 3 (Vors.[5] 22 A 1).

[4]) Diese Überlieferung mag Legende sein, aber sie entspricht — wie vieles andere — symbolhaft Heraklits Lehre und atmet ganz seinen Geist; vgl. auch Fränkel, H., A Thought Pattern in Heraclitus, Amer. Journ. of Philol. 59, 1938, S. 311: »Our interpretation of the legend does not claim to be accurate throughout. Our incomplete material does not allow us to quote point for point the particular and specific references which the author had in mind when composing his parody. We have been able, however, to illustrate the story from beginning to end by some pertinent tenets and sayings of Heraclitus.«

[5]) Hisd. Scholast. ad Chalcid. Plat. Tim. (cod. Paris. 1. 8624 s. XII f. 2).

goreischer Gedanke), allen Lebewesen Leben verschafft, bringt er das Gleichnis des Heraklit, in welchem die Lebenskraft mit der Spinne und der Körper mit deren Netz verglichen wird. »Wie die Spinne in der Mitte ihres Netzes sitzend fühlt, sobald eine Fliege einen Faden ihres Netzes zerstört und darum schnell dorthin eilt, gleichsam im Schmerz über die Zerreißung des Fadens, sic hominis anima aliqua parte corporis laesa illuc festine meat quasi impatiens laesionis corporis, cui firme et proportionaliter[1]) iuncta est[2]).

Dieses Fragment ist — soweit ich sehe — bisher in der medizingeschichtlichen Literatur kaum beachtet worden; der innere Zusammenhang mit der λόγος-πῦρ-Lehre des Heraklit ist unverkennbar und macht es — abgesehen von anderen Gründen — gewiß, daß es, wenn auch nicht der Form, so doch dem Inhalte nach, von diesem Denker selbst stammt. — Damit findet aber ein dieser Arbeit zugrunde liegender Gedanke seine Bestätigung, den Daremberg[3]), ohne entsprechende Würdigung zu finden, schon 1868 geäußert hat: »... in dieser Art ist alles in der geschichtlichen Entwicklung enthalten, und die hippokratische Sammlung ist nicht mehr, wie es durchschnittlich erscheint, eine Oase an der äußersten Grenze der Wüste.[4])«

[1]) Diels führt als Parallele zu proportionaliter (Vors.[5] 22 B 67 a, A. 10) an: εἰς τὸν αὐτὸν λόγον aus Fragm. 31, was tatsächlich sehr gut paßt.

[2]) Diels (Vors.[5] 22 B 67 a, A. 1) läßt es unentschieden, wie weit Heraklit das Gleichnis selbst ausgeführt hat; er führt dann aber in derselben Anmerkung eine Stelle aus Tertullian de anim. 14 an, die mir wenigstens eine inhaltliche Bestätigung zu sein scheint: non longe hoc exemplum (nämlich die Wasserorgel des Archimedes) est a Stratone et Aenesidemo et Heraclito. nam et ipsi unitatem animae tuentur, quae in totum corpus diffusa et ubique ipsa, velut flatus in calamo per cavernas, ita per sensualia variis modis emicet non tam concisa quam dispensata.

[3]) Daremberg, Ch., L'Etat de la médecine entre Homère et Hippocrate, Revue archéologique 1869. S. 63—72, 199—212, 259—267.

[4]) Über die Beziehungen zu den hippokratischen Schriften, bes. περὶ διαίτης, vgl. Zeller I[6], S. 869, Anm. 2; Fredrich, Untersuchungen, S. 112ff.; Burnet, Anfänge, S. 136ff.; Diels, Hermes 45, S. 138.

DIE ELEATEN

I. XENOPHANES, PARMENIDES

1. Die Seinskugel des Parmenides

Die Eleaten sind mit der ionischen und pythagoreischen Schule, insbesondere mit Heraklit viel inniger verbunden, als man wohl vielfach annehmen möchte[1]); vor allem versuchen alle diese Schulen — jede auf ihre Weise — die Mannigfaltigkeit der Erscheinungen auf eine jeweils verschieden bestimmte Einheit des Seins zurückzuführen. Am engsten scheint mir der Zusammenhang der eleatischen Schule mit Heraklit zu sein, zu dessen stetem Wechsel sie rein äußerlich mit ihrem »unveränderlichen Sein« scheinbar im diametralen Gegensatz steht: der Logos des Heraklit erscheint nicht nur als Prinzip des Seins, des Werdens und der Erkenntnis, sondern er ist auch das Primäre, aus dem alle Dinge durch Abwandlung werden und der Endzustand, in den sie zurückkehren[2]), und er ist außerdem nicht nur Mittel, sondern auch Subjekt und Objekt aller Erkenntnis; darum ist es nur die folgerichtige Konsequenz, wenn Parmenides[3]) die Identität von Sein und Denken behauptet: τὸ γὰρ αὐτὸ νοεῖν ἐστίν τε καὶ εἶναι[4]).

Schon Xenophanes hatte die Einheitlichkeit alles Seienden schlechthin gelehrt; Platon sagt von ihm im »Sophisten«[5]): τὸ δὲ παρ' ἡμῖν 'Ελεατικὸν ἔθνος ἀπὸ Ξενοφάνους τε καὶ ἔτι πρόσθεν ἀρξάμενον, ὡς ἑνὸς ὄντος τῶν πάντων καλουμένων οὕτω διεξέρχεται

[1]) Hönigswald, R., sagt in Philosophie des Altertums, München 1917, S. 76, treffend (wenn man ihm auch in den Konsequenzen, die er daraus zieht, nicht folgen kann): »Der herakliteische Satz: »Nur der Wechsel ist« und die eleatische These: »Nur das Sein ist«, klingen, so formuliert, freilich wie Gegensätze. Aber sie für solche erklären, schließt die Forderung in sich, ihren Grund aufzudecken.«

[2]) Vgl. damit den Satz des Parmenides: ξυνὸν δέ μοί ἐστιν, ὁππόθεν ἄρξωμαι. τόθι γὰρ πάλιν ἵξομαι αὖθις (Vors.[5] 28 B 5).

[3]) Vgl. Reinhardt, Parmenides u. d. Gesch. d. griech. Philosophie. Bonn 1916.

[4]) Vors.[5] 28 B 3 (vgl. die eigenartige Übersetzung Zellers I[6], S. 687, Anm. 1: »denn dasselbe kann gedacht werden und sein«).

[5]) 242 D.

τοῖς μύθοις. Aristoteles spricht von »einigen, die gezeigt hätten, daß alles einer Natur sei« und daß der Urstoff nicht wie bei den Physikern Grund des Werdens, sondern ein ἀκίνητον sei: Ξενοφάνης δὲ πρῶτος τούτων ἑνίσας[1]). Demnach kann aus dem Satze: ἐκ γαίης γὰρ πάντα καὶ εἰς γῆν πάντα τελευτᾷ nicht etwa der Schluß gezogen werden, daß er die Erde als Urstoff bezeichnet habe[2]). Wir kennen von ihm eine Reihe von scharfen geologisch-paläontologischen Beobachtungen, aber außer dem allgemeinen Satze, daß alle Lebewesen aus dem Schlamm entstanden seien[3]), ist uns von ihm nichts überliefert, was auf das Medizinische Bezug hätte.

Bezüglich des Parmenides, des ersten Eleaten im eigentlichen Sinne, gehen die Meinungen der Historiker weit auseinander. Karl Reinhardt[4]) sieht in ihm den Erkenntnistheoretiker und ersten Logiker, der jede physikalische Denkweise verachtet; nach Döring[5]) ist seine Lehre abstrakter Monismus, nach Kinkel[6]) reiner Idealismus, nach Burnet[7]) beginnender Materialismus, nach Diels[8]) reiner Rationalismus, nach Marchi[9]) Naturalismus. Einig ist man sich nur in der Auffassung, daß sein Ausgangspunkt des Denkens nicht mehr wie bei den Früheren die Umwelt ist, sondern der Gedanke selbst[10]). Das »Sein« des Parmenides, dem allein wahre Wirklichkeit zukommt, ist, so darf man bei seiner logizistischen Denkweise wohl sagen, das Ergebnis der die einzelnen Dinge miteinander vergleichenden »Abstraktion« von allem Zufälligen, es ist das, was allen Dingen zugrunde liegt, allen Dingen Existenz gibt. Darum ist auch das »Ganze« ein ἕν, und weil es das Vollkommene ist, ist es ein kugelförmiges (also ein körperlich Ge-

[1]) Arist. metaph. 986 b 10ff.; vgl. auch Theophrast bei Simpl. phys. 22, 26 und Tim. bei Sext. Pyrrh. I 224; Cic. Acad. II 37, 118; weitere Stellen bei Zeller I[6], S. 657, Anm. 2.

[2]) Aet. (Theodor) IV 5; das zeigt gut Zeller I[6], S. 664f.

[3]) Vors.[5] 21 B 29 u. 33.

[4]) Parmenides, S. 23f., 201ff.; vgl. hierzu Nestle in Zeller I[6], 938, 3.

[5]) Gesch. d. gr. Philos., S. 127.

[6]) Gesch. d. Philos., S. 147.

[7]) Anfänge, S. 167.

[8]) Diels, Parmenides' Lehrgedicht; griech. u. deutsch. Berlin 1897, S. 21.

[9]) Marchi, E. de, L'ontologia e la fenomenologia di P. Eleate. Torino 1905, S. 6. Eine gute Zusammenstellung der verschiedenen Lehrmeinungen und Stellungnahme gibt Nestle in Zeller I[6], S. 729ff.

[10]) So auch W. Capelle, Vorsokratiker, S. 158.

dachtes!), ungewordenes und unbewegliches Sein[1]). Letztere Qualität kann das logische Ergebnis aus der Leugnung des Nichts sein, mag aber durch pythagoreische Vorstellungen (der Stoff ist als das Unvollkommenere bewegt, während das εἶδος unbewegt ist) mit beeinflußt sein.

2. Seine »δόξα«

Die doxographischen Berichte und Fragmente über Parmenides sind im Sinne unserer Darlegungen äußerst wichtig, ganz gleichgültig, ob die in der Δόξα vorgetragene Lehre eigene Ansichten des Parmenides sind oder die von zeitgenössischen bzw. früheren anderen Denkern[2]); denn sie sind der Beweis für die frühe Entstehung der Lehre von dem Hervorgehen der Dinge aus den Gegensätzen und der Bedeutung des Warmen (des Feuers, des Lichtes), die ich als älteste pythagoreische bzw. alkmaionische kennzeichnete.

In der »Doxa« ist von zwei Elementen die Rede, die einander entgegengesetzt sind (wieder Gegensatzlehre), und aus denen alles entsteht: das αἰθέριον πῦρ, ἤπιον ὄν . . . ἑαυτῷ πάντοσε τωὐτόν und τἀντία νύκτ' ἀδαῆ, πυκινὸν δέμας ἐμβριθές τε[3]). Feuer und Licht erscheinen als das männliche, formende, tätige Prinzip und ihr Korrelat, die Nacht, als das Kalte, Erdige, Weibliche, Veränderung Erleidende[4]). Aus diesen entstehen durch Vermischung miteinander die Dinge des Scheins, d. h. die Dinge der sinnlichen

[1]) »Denn auch Parmenides nimmt das Ganze als ein ἕν an und zwar als ewiges, ungewordenes und kugelförmiges«. Hippol. Philos. 11 (Dox. 564, 19).

[2]) Die Frage, ob Parmenides Ansichten zur Darstellung bringt, die er selbst ablehnt, oder ob er darin eine Erklärung der Welt des Scheins geben wollte, die ihm am wahrscheinlichsten schien, ist auch heute noch nicht entschieden. Diels (a. a. O., S. 10) sieht in ihr eine Doxographie der damaligen zeitgenössischen Philosophen; er habe seine Schüler mit diesen Ausführungen über den falschen zu vermeidenden Weg aufklären wollen. Nach Reinhardt (a. a. O., S. 25f., 29ff., 23f. u. a. m.) bildet die Doxa mit der Aletheia ein einheitliches Ganze. Zeller tritt für die erstere Meinung ein (I[6], S. 725ff.). Er stützt sich dabei auf Fragment 8, 50ff., Arist. phys. I 2 Metaph. 986 b 18, de coelo 298 b 14. Döring (a. a. O., S. 128 u. 136) sieht in ihnen Lehren des Pythagoras und Anaximander, Nietzsche Lehren des Anaximander. Ich selbst möchte annehmen, und zwar aus formellen und inhaltlichen Gründen, daß es sich um ein einheitliches Gedankengebäude handelt.

[3]) Vors.[5] 28 B 8, 3ff., 27ff., 42ff.

[4]) Vgl. hierzu auch Arist. metaph. 986 b 31, 984 b 1 ff., 1004 b 32.

Wahrnehmung. Eine Umwandlung findet dabei nicht statt, nur die Mischung ist verschieden und damit auch die Natur der Dinge. Der Vorgang der Mischung selbst ist nach Analogie der geschlechtlichen Vereinigung gedacht; es ist Aphrodite[1]) als Göttin, die, indem sie als erstes den Eros schuf[2]), die Mischung und damit das Werden der Dinge verursacht[3]). Die Welt stellt sich als eine Reihenfolge verschiedener Sphären[4]) dar: das Innerste und Äußerste ist reines Feuer, d. h. das Prinzip der Gestaltung, das sich noch nicht mit dem Stofflichen vermischt hat. Die Erde mit ihrem Schweren,

---

[1]) Plut. amat. 13 (Vors.[5] 28 B 13).

[2]) Vors.[5] 28 B 13.

[3]) Simpl. phys. 8 a; weitere Stellen Krische, A. B., Forschungen auf dem Gebiet der alten Philosophie, I. Die theolog. LL. d. griech. Denker, Göttingen 1840, S. 112. Gilbert, Griech. Rel.-Philos., sagt hierzu: »... die schöpferische göttliche Substanz vermischt sich mit der starren, in der Erdmasse konzentrierten und kondensierten Materie, löst sie mehr oder weniger auf, und verwandelt ihre aufgelösten Teile in die einzelnen Weltkörper und weiterhin in die lebenden Wesen und Dinge« (S. 184).

[4]) Nach Burnet, Anfänge, S. 173, sind die στεφάναι etwas ähnliches wie die »Räder« des Anaximander und die »Sphären« ein Anachronismus. — Die Alten haben die »Doxa« des Parmenides als dessen eigene aufgefaßt: Hippolyt. (Philosophumenon 11) sagt: »Und zwar geht er selbst der Meinung der meisten nicht aus dem Weg, indem er sagt, Feuer und Erde seien die Prinzipien des Ganzen, und zwar die Erde als Stoff, das Feuer als Wirkursache« (Dox. 564, 20); vgl. Strom. 5 (Vors.[5] 28 A 22); Diog. L. IX 21—23 (Vors.[5] 28 A 1); Alex. in metaph. 984 b 3 p. 31, 7 (Vors.[5] 28 A 7); Hippol. Ref. I 11 (Vors.[5] 28 A 23); Arist. metaph. 986 b 27 und 1010 a 1; Simpl. phys. 1115, 11 (Vors.[5] 28 A28) und 30, 13 (Vors.[5] 28 B 7); Arist. de gen. et corr. 318 b 6, 330 b 13 und 336 a 3; Censorin. 4, 7, 8 (Vors.[5] 28 A 51); Simpl. phys. 31, 10 und 34, 14 (Vors.[5] 28 B 12). Besonders wertvoll für die Scheidung des Reiches der Wahrheit und des Scheins sind die folgenden Stellen (Plut. adv. Colot. 13 p. 1114 D (Vors.[5] 28 A 34)): »Parmenides hebt keine der beiden Naturen auf (des Gedachten, νοητῶν und des Vermuteten, δοξαστῶν). Jeder der beiden teilt er das ihr Zukommende zu. Dem Gedachten legt er die Qualität (ἰδέαν) des Einen (ἕν) und des Seienden (ὄν) bei«. »Parmenides ... verzichtete auf das bloß sich auf Vermutungen gründende Denken (δοξαστὸν λόγον), ich meine jenes Denken, das sich auf schwache Meinungen stützt; das Verstandesprinzip aber, d. h. das unfehlbare Prinzip, nahm er als Kriterium an, er mißtraute aber den Sinnesempfindungen« (28 B 1, Sext. VII 111 ff.). »Alle jene Leute legten eine doppelte Substanz zugrunde: erstens die des tatsächlich Seienden, des Denkbaren (νοητοῦ), zweitens die des Werdenden, die der Sinnesempfindungen (αἰσθητοῦ). Letzteres wollten sie nicht als Seiendes (ὄν ἁπλῶς) schlechthin, sondern als Scheinseiendes (δοκοῦν ὄν) bezeichnen. Deswegen sagt er, um das Seiende gibt es Wahrheit, um das Werdende nur Vermutung« (Simpl. de caelo 557, 20).

Kalten ist also gedacht als das Werdende, das Leidende, Stoffliche, das immer wird und deswegen nicht ist, sondern zur Welt des Scheins gehört.

So ist es auch beim Menschen. Der Stoff, aus dem er wird, ist der Schlamm (Wasser, Erde, Kaltes); das Prinzip der Bildung ist das Warme, das sich ihm mitteilt und dann auch Prinzip des Lebens wird. Verminderung der Wärme bedeutet Schlaf[1]), gemäß dem Verlassen der Wärme entsteht das Greisenalter[2]), bei der ἔκλειψις τοῦ πυρός der Tod[3]).

Eigentlich Medizinisches ist von ihm nicht überliei t. Bzgl. der Embryologie haben wir einige wenige Fragmente, die durch doxographische Berichte bestätigt werden:

femina virque simul Veneris cum germina miscent,
venis informans diverso ex sanguine virtus
temperiem servans bene condita corpora fingit.
nam si virtutes permixto semine pugnent
nec faciant unam permixto in corpore, dirae
nascentem gemino vexabunt semine sexum[4]).

3. Sinnesphysiologie

Auch seine Sinnesphysiologie hat die Elementen- bzw. Gegensatzlehre zur Grundlage. So sagt Theophrast[5]): »Denn Parmenides legte im großen und ganzen nichts fest, nur das eine, daß Erkenntnis durch Elemente, und zwar zwei, entsprechend dem

---

[1]) Tertull. Kap. 43, wo Schlaf als refrigeratio bezeichnet wird (Dox. 205).

[2]) Stob. ecl. IV 35, 50 (Dox. 443 b 12): γῆρας γίνεσθαι παρὰ τὴν τοῦ θερμοῦ ὑπόλειψιν.

[3]) Dox. 500, 4.

[4]) Cael. Aurel. Morb. chron. (Vors.[5] 28 B 18); vgl. hierzu δεξιτεροῖσιν μὲν κούρους, λαιοῖσι δὲ κούρας ... (Gal. in Epid. VI 48 (XVII A 1002); weitere Stellen über das Werden des Menschen: Galen. XIX 324 K.: »Parmenides (gegenüber Empedokles) nimmt aber eine entgegengesetzte Meinung an, daß nämlich im Norden männliche Individuen entständen, da sie am Dichten im größeren Umfange teilhätten, weibliche Wesen aber im Süden wegen der Zartheit«; Galen. XIX 327 K.: »Parmenides glaubt, wenn der Same von den rechten Teilen der Gebärmutter abgeschieden werde, glichen sie (die Kinder) den Vätern, wenn von den linken Teilen, den Müttern«; Aet. V 7, 2 (Dox. 419 a 19): »Parmenides sagt das Gegenteil. Im Norden seien die männlichen Wesen entstanden, denn sie hätten mehr Anteil am Kräftigen, im Süden aber seien die weiblichen entstanden wegen der Zartheit.« Vgl. weitere Stellen: Aet. V 7, 4 (Dox. 420 a 1); Aet. V 11, 2 (Dox. 422 a 20).

[5]) Theophrast. de sens. § 3 (Dox. 499).

Überschüssigen, zustande kommt. Denn wenn das Warme oder Kalte überschieße, dann werde die Erkenntnis eine andere. Besser aber und reiner werde die, die durch das Warme entsteht. Aber auch diese bedürfe freilich einer Symmetrie. ›Denn wie ein jeder die Mischung der viel irrenden Glieder besitzt, so steht den Menschen der Geist zur Seite. Denn dasselbe ist es, was denkt, nämlich die Natur der Glieder, die ein jeder besitzt, denn der Überschuß ist der Gedanke.‹ Er bezeichnet nämlich Wahrnehmung und Denken als dasselbe. Deswegen kämen auch, von diesen herrührend, durch Mischung die Erinnerung und das Vergessen zustande. Wenn sie aber an Mischung gleich seien, ob es dann Denken gibt oder nicht, und was dies für ein Zustand ist, umreißt er nicht näher«. Nach Stobaeus[1]) ließ er, wie Empedokles, Anaxagoras und Demokrit, παρὰ τὰς συμμετρίας τῶν πόρων τὰς κατὰ μέρος αἰσθήσεις erfolgen, indem das spezifisch Eigentümliche des Wahrgenommenen sich jedesmal in die Wahrnehmung einfüge. Selbst Tote nehmen gemäß diesem Grundsatz das ihnen Entsprechende wahr, nämlich Kälte und Schweigen[2]). Ich sehe in dieser Darstellung übrigens einen Hinweis darauf, wie Parmenides selbst den Satz aufgefaßt bzw. erklärt hat, daß Denken bzw. Wahrnehmen und Sein dasselbe sei.

II. MELISSOS UND DIE MEDIZIN

Melissos, als der letzte der Männer, die unter dem Namen Eleaten zusammengefaßt werden, gehört streng genommen nicht in unsere Untersuchungen hinein. Auf eine kurze Charakterisierung seiner Ansichten möchte ich jedoch nicht verzichten, da sie zum Verständnis jener oft zitierten Stelle aus π. φύσ. ἀνθρ. c. 1 dient, wo Polybos die Sophisten, die nur eine Ursubstanz annehmen, tadelt: ἐμοί γε δοκέουσιν οἱ τοιοῦτοι ἄνθρωποι αὐτοὶ ἑωυτοὺς καταβάλλειν ἐν τοῖσιν ὀνόμασι τῶν λόγων αὐτέων ὑπὸ ἀσυνεσίης, τὸν Μελίσσου λόγον ὀρθοῦν[3]). Während wir bei Zenon — allerdings nur nach

[1]) Stob. ecl. I 50 (Dox. 397 b 1 ff.): Παρμενίδης Ἐμπεδοκλῆς Ἀναξαγόρας Δημόκριτος Ἐπίκουρος Ἡρακλείδης παρὰ τὰς συμμετρίας τῶν πόρων τὰς κατὰ μέρος αἰσθήσεις γίνεσθαι τοῦ οἰκείου τῶν αἰσθητῶν ἑκάστου ἑκάστῃ ἐναρμόττοντος.

[2]) Theophrast. de sens. § 4 (Dox. 500, 1): ὅτι δὲ καὶ τῷ ἐναντίῳ καθ' αὑτὸ ποιεῖ τὴν αἴσθησιν φανερόν, ἐν οἷς φησιν· τὸν νεκρὸν φωτὸς μὲν καὶ θερμοῦ καὶ φωνῆς οὐκ αἰσθάνεσθαι διὰ τὴν ἔκλειψιν τοῦ πυρός, ψυχροῦ δὲ καὶ σιωπῆς καὶ τῶν ἐναντίων αἰσθάνεσθαι . . .

[3]) VI 34, 4 f. L.

Diog. L. IX 29[1]) — annehmen können, daß er ähnlich wie Parmenides wenigstens in ganz allgemeinen Zügen eine Welt der Doxa lehrte, finden wir bei Melissos[2]) nicht einmal den leisesten Versuch in dieser Richtung[3]). In seinen Beweisgängen schließt er sich eng an Parmenides an. Nachdem A. Pabst[4]) in seiner Untersuchung fünf Fragmente als bloße Paraphrasen erwiesen hat, werden die übrigen allgemein als echt angesehen[5]). Einen leeren Raum gibt es nicht[6]). Das Seiende ist ewig[7]). Abweichend von Parmenides bestimmt er das Seiende als nicht nur der Zeit, sondern auch dem Raume nach unendlich; denn die Grenze des Seienden müsse sonst das Leere sein, das Leere ist aber ein Nichtseiendes und ein Nichtseiendes könne nicht sein: οὐδὲ κενεόν ἐστιν οὐδέν· τὸ γὰρ κενεὸν οὐδέν ἐστιν; aus der Unbegrenztheit = Unendlichkeit schließt er nun auf die Einheit, denn mehrere Unendliche würden sich ausschließen[8]).

Aus der Leugnung des Leeren folgert er konsequent die Unmöglichkeit der Bewegung und Veränderung[9]) und ebenso der Verdichtung und Verdünnung[10]). Das Sein des Melissos ist körperlos[11]), aber nicht unstofflich[12]). Aus der Gleichheit des Seienden (nach Zeller[13]) aus seiner Vollkommenheit) folgert er die Schmerzlosig-

---

[1]) Vors.[5] 29 A 1.

[2]) Zur Literatur vgl. Orth, Emil, Zu Melissos und Asklepiades von Pergamon. Phil. Wschr. 50, 1930, S. 1230ff.

[3]) Die einzige Stelle, die in Betracht kommen könnte, ist unecht. Vgl. Zeller I[6], S. 778.

[4]) Pabst, A., De Melissi Samii fragmentis. Bonn 1889.

[5]) Der Satz: εἰ μὲν μηδὲν ἔστι, περὶ τούτου τί ἂν λέγοιτο ὡς ὄντος τινός aus Simpl. phys. 103, 13 (Vors.[5] 30 B 1) wird von Burnet, Anfänge, S. 292 A 5 gegen Diels und Zeller als echt angesehen.

[6]) Vors.[5] 30 B 7.

[7]) Simpl. de caelo 557, 14 (Vors.[5] 30 B 6) und vor allem Simpl. phys. 111, 18 (Vors.[5] 30 B 7): »So ist es denn ewig und unendlich und eins und gleichmäßig ganz und gar.«

[8]) »Und da es eins ist, ist es durchwegs gleich; denn wenn es ungleich wäre, würde es Vieles sein und nicht Eines« (Paraphrase R. P. 145 a und in M. X. G. 974 a 13. R. P. 144 a (Vors.[5] 30 B 6).

[9]) Ebd.

[10]) Simpl. phys. 109, 34 (Vors.[5] 30 B 9).

[11]) Arist. de caelo 386 b 10; über die verschiedenen Ansichten Zeller I[6], S. 770 A. 2.

[12]) Vors.[5] 30 B 8.

[13]) Zeller I[6], S. 775 A 1; weitere Stellen Gilbert, Rel.-Philos., S. 193 A.

keit, denn nur durch Hinzufügung oder Hinwegnahme von etwas könnte es Schmerz empfinden; dann aber würde es nicht mehr gleich sein[1]). Gilbert möchte aus Fragment 8 schließen, daß er die Welt der Erscheinungen nicht leugnete, daß aber »die Erscheinungswelt nicht das wirkliche Sein widerspiegele«[2]).

So wertvoll seine Gedankengänge, wie das eleatische Denken überhaupt, für die Entwicklung der reinen Philosophie werden konnten, so unfruchtbar waren die Ausdrücke — man kann fast sagen — fanatischer Weltleugnung für die Wissenschaften, die es mit der Erscheinungswelt als etwas sehr Realem zu tun haben, also auch der Medizin. Diesen Wissenschaften mußten seine Gedanken wie Ungeheuerlichkeiten vorkommen. Wenn aber Polybos, der Verfasser von περὶ φύσιος ἀνθρώπου, die obigen, Verachtung ausdrückenden Worte von ihm spricht, dann hat das noch einen etwas anderen Sinn. Polybos ist offenbar Anhänger des Empedokles. Er nimmt somit vier Elemente als Urstoffe an (im Gegensatz zu den ionisierenden Philosophien, die die vier Elemente erst aus einem Urstoff entstehen lassen). Wenn er in seiner Bekämpfung dieser Philosophen den Melissos namentlich anführt, dann ist das bezeichnend für die geringe Achtung, die dieser in manchen ärztlichen Kreisen wegen der (vermeintlichen) Unfruchtbarkeit seiner Gedanken besaß; vor allem aber will er zeigen, wohin es führen muß, wenn einer bis zur letzten Konsequenz ein ἕν zum Prinzip aller Dinge machen will[3]); möglich ist, daß gewisse Ge-

[1]) Vors.[5] 30 B 7. Deutlicher Anklang an (alkmaion.), empedokl. und hippokrat. Nosologie, die den Satz — wie der Atomismus den Beweisgang für die eleatische Negierung der Bewegung — nur positiv wendet.

[2]) Gilbert a. a. O., S. 193 Anm. 3.

[3]) Interessant ist, was zu dieser Stelle Galen, der allerdings die tieferen Gedankengänge des Melissos offenbar gar nicht verstanden hat, in Στοιχείων βιβλ. πρῶτον I 474 K. sagt: »Denn Melissos tat bzgl. des Alls ebenfalls widersinnige Äußerungen, daß es nämlich eins, unveränderlich und unbegrenzt sei. Von denen, die sagen, das Eine und das All sei die Luft, das Feuer, das Wasser oder die Erde, könnte die Meinung des Melissos richtig scheinen. Wenn man nämlich wählen muß zwischen zwei so absurden Meinungen, scheint die Ansicht des Melissos Sinn zu haben. Denn was er anfangs zur Grundlage machte, das dreht er im Laufe der darauffolgenden ausführlichen Auseinandersetzung nicht um wie jene. Denn sie setzen fest, das Urelement des Seienden sei ein einziges; in dem darauf folgenden Teil jedoch denken sie an seine Veränderung und lassen das Seiende aus vier Elementen bestehen. Denn besser wäre es, dieses ἕν als ein Unveränderliches anzunehmen, wenn es wirklich ein ἕν ist. Denn wenn

dankengänge der Eleaten, die in der neuen von ihnen gefundenen Form der Dialektik auf Griechen von bestrickender Wirkung sein mußten, ihren Einfluß auch auf die Medizin ausgeübt haben; da aber Philosophen, die die Lehre vertreten hätten, der Mensch bestehe aus einem Grundstoff, nicht bekannt sind, liegt die Annahme nahe, daß es sich in der oben angeführten Polybosstelle um Ärzte handelt, die von eleatischen Gedankengängen beeinflußt waren, aber an Stelle des unvorstellbaren ἓν ὄν der Eleaten einen ihnen näher liegenden Stoff, das Blut, den Schleim oder die Galle als ἓν ὄν nahmen[1]).

Wenn übrigens in den vorliegenden, mit absichtlicher Kürze gegebenen Ausführungen über die Eleaten mehrfach von Unfruchtbarkeit ihrer Gedankengänge die Rede war, so bezieht sich das nicht auf ihre einzigartige Stellung in der Weiterentwicklung der Geisteswissenschaften. Die Eleaten eröffnen dem menschlichen Denken zum erstenmal Gebiete, die ihm bis dahin, weil unbekannt, völlig verschlossen waren. Vorerst allerdings sind die nunmehr ge-

---

es sich ändert, wie kann es dann noch ein ἓν sein? Treffend bemerkt Hippokrates, alle diejenigen, die behaupten, Elemente seien das Wasser, das Feuer, die Luft oder die Erde, berichtigen die Meinung des Melissos, die äußerst absurd ist.« Vgl. auch Galen. C. M. G. V 9, 1. 20, 6—11. Wie wenig Galen Melissos verstanden hat, geht aus der folgenden Stelle hervor (C. M. G. V 9, 1. 17, 20): »Er (Melissos) glaubt nämlich ebenfalls, (der Mensch) sei nun ein ἓν, freilich nicht aus diesen Vieren irgendeins, nämlich der Luft, der Erde, des Feuers, des Wassers. Es sieht so aus, als ob dieser Mann gemeint habe, es gäbe irgendeine gemeinsame Substanz, die den vier Grundstoffen zugrunde läge, die nicht zerstörbar ist und seine Nachfolger ὕλη nannten, als ob er sie aber nicht genau habe erklären können. Eben diese Substanz nennt er τὸ ἓν und τὸ πᾶν.«

[1]) Das scheint auch aus der Darstellung Galens hervorzugehen (C. M. G. V 9, 1. 5, 11): »In der vorhergehenden Rede hatte er den Philosophen widersprochen, wofern sie entweder das Feuer allein, oder Wasser, oder Erde, oder Luft für die Substanz unsers Körpers erklärten. Dann wandte er sich den Ärzten zu gemäß seiner vorliegenden Rede, indem er zeigte, daß auch diese gleich den Philosophen in die Irre gingen, wofern sie glaubten, der Mensch sei allein Blut oder Galle oder Schleim. Einleuchtend ist schon bestimmt worden, daß dies, wie in der Einleitung gesagt, eine zweifelhafte Ansicht ist; denn offensichtlich widerspricht er nicht denen, welche die vier Elemente annahmen, sondern denen, die nur eins von diesen annahmen. Unerörtert gelassen wird an dieser Stelle eine gewisse mit der des Melissos übereinstimmende Meinung der Ärzte, die sagen, eins sei der Mensch (ἕν), und dieses ἓν werde bei Veränderung zu jedem der Genannten (wie αἷμα, χολή, φλέγμα).«

fundenen Bedingungen über das »reine Denken« mehr negativ als positiv und, wie hier betont sei, noch durchaus im Rahmen naturphilosophischer Vorstellungsweise. Das geht hervor einmal aus den Prädikaten, die sie dem »Sein« geben zu müssen glauben — und die uns zwingen, z. B. auch Parmenides, den »Vater der Logik«, im Rahmen der bisherigen Entwicklung zu sehen — und dann aus der Weiterentwicklung eleatischen Denkens in den drei folgenden großen Systemen, die einen Teil ihrer Grundgedanken, und damit auch die in ihnen gegebenen medizin-theoretischen Anschauungen den Eleaten — wenn auch teilweise nur in der Umkehrung ihrer Resultate — verdanken.

DIE JÜNGEREN NATURPHILOSOPHEN

I. EMPEDOKLES

1. Vier Grundstoffe.

Die jüngeren Naturphilosophen Empedokles, Anaxagoras, Leukipp und Demokrit haben die eleatische Lehre — so wenig wie etwa eine andere — nicht eigentlich abgelöst: sie gingen aber unter Verwertung aller wichtigen früher gefundenen Tatsachen und Methoden ganz neue Wege der Forschung und wurden durch ihre wahrhaft genialen Gedankengänge die Begründer neuer Methoden, die für die Weiterentwicklung der exakten Wissenschaften, insbesondere der Medizin, von größter Wichtigkeit werden sollten. Sie durchforschten wie die Ionier die Tatsachen des Werdens und der Veränderung, untersuchten wie die Eleaten das Sein und wie die Pythagoreer — und alle Älteren — das Prinzip, nach dem alles wird und ist, und sie faßten alle diese Antworten in ein neues System, das ihnen ganz eigentümlich gehört.

Für die Entwicklung und Herausbildung der neuen Richtung sind insbesondere der Pythagoreismus und der Eleatismus die notwendige Vorstufe gewesen. Aber auch nicht mehr! Ohne die Eleaten wären die Theorien eines Empedokles, Anaxagoras, Leukipp und Demokrit undenkbar, aber ohne diese letzteren hätte sich die Entwicklung menschlichen Denkens um ganze Perioden verzögert.

Bei den Eleaten gab es nur im Reiche des logischen Seins Wahrheit und Wirklichkeit, die jüngeren Naturphilosophen aber suchten die ontologische Wirklichkeit im Reiche der Natur. Für sie war die »Natur« nicht mehr schlechthin das nur durch zufällige und »unzuverlässige sinnliche Wahrnehmung« Gegebene, sondern die in naturphilosophischer Schau und vermittels der durch die neuen Ansichten zum Wahrnehmen geschärften bzw. korrigierten Sinne erkannte Wirklichkeit und Wahrheit. Und nicht nur das sinnenhaft Wahrgenommene, auch die Wahrnehmungen selbst werden Gegenstand der Untersuchungen. Sie wollen alles erklären, indem sie die Mannigfaltigkeit nicht nur auf ein rationales Prinzip zurückführen, sondern auch auf »Elemente«, wie etwa auch die heutige Chemie; dabei versuchen sie alles auf einem Sein basieren zu lassen, das sowohl den logischen Forderungen der Eleaten als auch der Wirklichkeit in ihrer Verschiedenartigkeit gerecht wird. Das »wahre Sein« des Parmenides wird Grundstoffen zugeteilt — gleichsam in ihnen hypostasiert —, und zwar bei Empedokles vier »Elementen«, bei den übrigen unendlich vielen. Diese Elemente sind nicht die bisher besprochenen, sondern sie sind wirkliche Urstoffe (s. Einleitung); sie sind nicht abstracta, aber auch nicht sinnenhaft wahrnehmbar; denn sie sind ja gerade das Mittel, alle — wahrnehmbare — Qualität zurückzuführen auf die Quantität[1]).

Der erste, wenn auch nicht der älteste unter diesen jüngeren Physiologen ist Empedokles[2]), den W. Capelle[3]) als geniale Persönlichkeit, exakten Physiker und enthusiastischen Mystiker kennzeichnet und wegen seiner »schier unvereinbar erscheinenden Widersprüche und Gegensätze« und wegen seines »heißen Dranges nach Ergründung der letzten Ursachen der Natur« einen anderen Faust nennt.

Es wäre unmöglich, in den uns erhaltenen Dokumenten über Empedokles eine wörtlich ausgeführte nosologische Ansicht zu finden[4]), und doch zeigen fast alle medizinischen Fragmente späterer Zeit in irgendeiner Form Elemente seiner Lehre. Wir sehen in seinem Gedicht περὶ φύσεως die vier ῥιζώματα der Welt als Zeus, Here, Aidoneus und Nestis bezeichnet, die uns an Homer, Hesiod und orphische Kosmogonien erinnern. Und doch sagt von ihm Joel[5]): »Empedokles bedeutet den Einzug der Praxis, zumal der

[1]) Sie werden erst sekundär den Sinnen zugängig.

[2]) Zur Literatur vgl. U. v. Wilamowitz, Die Καθαρμοί d. Empedokles. Kleine Schriften I, Berlin 1935, S. 473ff.; Rathmann, W., Quaestiones Pythagoreae Orphicae Empedocleae. Halle 1933; Saenger, Ed., Empedokles. Wien. Bl. Ant. 8 1932, S. 106ff.; Souilhé, J., L'énigme d'Empédocle. Arch. Philos. 9. 1932, S. 337ff.; Traglia, Ant., Riflessi omerici nei frammenti di Empedokle. Pescara 1931; Horna, C., Empedocleum. Wien. Stud. 48, 1930, S. 3—11; Wilam.-Moell., U. v., Die Gedichte des Empedokles. Forsch. u. Fortschr. 6 1930, S. 50f.; Bignone, Ettore, Ennio ed Empedokle. Riv. fil. class. 7. 1929, S. 10ff.

[3]) Vorsokratiker, S. 181f.

[4]) Wellmann (Die Fragmente der sikelischen Ärzte, Berlin 1901, S. 68) u. a. halten Empedokles für den Begründer der sikelischen Ärzteschule; vgl. hierzu M. Pohlenz, Hippokrates u. d. Begründung d. wissenschaftlichen Medizin, Berlin 1938, S. 93, Anm. 1, wo diese Annahme abgelehnt wird.

[5]) Joel, Gesch. d. antik. Philos., S. 534.

Medizin, in die Philosophie« und Gomperz[1]): »Man behauptet kaum zuviel, wenn man sagt, daß wir bei Empedokles mit einem Mal mitten in moderner Chemie stehen.« — Empedokles ist weniger Metaphysiker, als Wissenschaftler. Man spürt in seinen Schriften etwas vom Geist des Corpus hippocraticum. Trotz aller Neuerungen seines Systems steht er mehr am Abschluß als am Anfang einer Entwicklung und trotz allem Eigenen hat seine Lehre ihre philosophischen Grundlagen in den Ergebnissen früherer Denker. Er hat, aufbauend auf den bisherigen naturphilosophischen Resultaten, die wissenschaftliche Arbeitshypothese der Erforschung der Natur dienstbar gemacht. Aus allen hat er geschöpft, aus Anaximenes, Anaximander und aus Heraklit nicht weniger als aus Parmenides, als dessen Schüler er von einigen bezeichnet wird, und aus den Pythagoreern, deren Lehren er im späteren Alter gehört haben soll. Dennoch darf man ihn nicht Eklektiker nennen. Er geht seine eigenen Wege, und die Welt, die er aufbaut, ist eine durchaus neue. Er gibt es auf, die Einheit in der Einheitlichkeit des Urstoffes suchen zu wollen, wie die älteren Ionier es getan hatten, ohne damit das philosophische Denken befriedigen zu können. Er nimmt die alten »Elemente« der griechischen Kosmogonien und stellt sie als gleichwertige Urstoffe nebeneinander. Ihre Vier-Zahl entnahm er vielleicht der heiligen Tetraktys der Pythagoreer, die ja alle ῥιζώματα in sich begreift[2]).

In der Hauptsache aber ist es die Lehre des Parmenides, die er bekämpft, und an die er anknüpft; Parmenides hatte die Einheit, die Harmonie in der Welt der Erscheinungen vergeblich gesucht und sie deshalb ins Transzendentale hinübergerettet, seine Lehre bedeutete eine Emanzipation von der Welt der Doxa. Nur im Logos gab es Wahrheit, Wirklichkeit, Sein. Das Ziel eleatischen Denkens konnte nur noch darin bestehen, auf syllogistischem Wege, ausgehend von dem Grundsatze ταὐτὸν δ' ἐστὶ νοεῖν τε καὶ οὕνεκεν

»Nein, bei dem, der gelehrt den Viersatz unsrem Geschlechte
Urquell, ew'ger Natur Verwurzelungen enthaltend . . .
Höre zuerst des Alls vierfältige Wurzelgeschlechte,
Feuer und Wasser und Erde, des Aethers unendliche Höhe:
Denn hieraus (entstand) was da war, was seyn wird oder was da ist«.

[1]) Griech. Denker I, S. 190.

[2]) Lommatzsch, Die Weisheit des Empedokles, Berlin 1830, S. 268 und S. 275.

ἔστι νόημα[1]) aus dem Begriffe des Seins weitere Qualitäten des Seins zu erschließen. Diesen Weg, für die Dialektik Platons und Aristoteles' und der späteren Philosophie von ebenso großem formellem Wert wie unfruchtbar für die Erkenntnis der Wirklichkeit, verließ Empedokles. »Gipfel an Gipfel füglich nicht nur einen Pfad der Lehre vollenden«[2]), das war sein Prinzip gegenüber dem einen Weg des Parmenides. »Ein Doppeltes will ich verkünden. Bald wächst nämlich Eines zu alleinigem Sein aus Mehrerem heran, bald scheidet es sich auch wieder, Mehreres aus Einem zu sein«[3]). Entsprechend diesem doppelten Weg des Werdens gibt es einen doppelten Weg des Erkennens der Wirklichkeit. Ein für die Weiterentwicklung des wissenschaftlichen Forschens unschätzbar wichtiger Grundsatz; nur beide Wege zusammen können zum Ziele führen. Gegenüber der Verwerfung der sinnenhaften Erkenntnis durch Parmenides gibt er den Sinnen wieder den rechten Wert. Unzählige schmückende Beiwörter, auch in Sätzen, die tiefste Gedanken zum Ausdruck bringen, zeugen von seiner Freude am Sinnenhaften und werden zum Symbol des Gegensatzes seiner lebensnahen Philosophie gegenüber den trockenen Gedankenkonstruktionen seiner Vorgänger. Dennoch wird er nicht Sensualist: nur in Verbindung mit der Scheidekraft der Gedanken schenken die Sinne Erkenntnis der Wahrheit. Ähnlich wie Heraklit warnt er: »Denn engbezirkt sind die Sinneswerkzeuge, die über die Glieder gebreitet sind; auch dringt viel Armseliges auf sie ein, das die Gedanken stumpf macht[4]); und selbst seinen Hörer, der doch nun durch ihn »vertrauenswürdige Lehre aus dem Munde der Muse«[5]) hören soll, mahnt er: »So erkenne du, nachdem die Rede durch deines Inneren Sieb drang«[6]). Rein eleatisch ist sein σφαῖρος, der vor dem Beginn aller Entwicklung in der Form der Seinskugel des Parmenides die vier Elemente in Eintracht umschließt. ». . . von allen Seiten sich selber gleich und überall endlos, Sphairos, der Kugelförmige«[7]).

---

[1]) Vors.[5] 28 B 8, 34.

[2]) Fragm. 24.

[3]) Fragm. 17, 1.

[4]) Fragm. 2.

[5]) Fragm. 4.

[6]) Fragm. 4 und ähnlich Fragm. 114.

[7]) Fragment 28.

Wenn es an anderer Stelle[1]) heißt: »So in der Fügung ('Αρμονίης) festem Verließ liegt verwahrt Sphairos . . .«, so ist das ein Beweis dafür, daß er auch die gestaltende Kraft der pythagoreischen »Form«, und zwar hier der »vollkommenen« Kugel, in seine Lehre aufgenommen hat. Durch diesen Sphairos erreicht er das eine große Ziel des philosophischen Denkens der damaligen Zeit, Einheit und Vielheit zu vereinen. In ihm ruhen in der ersten Periode der Welt die Urelemente in inniger Mischung; er bezeichnet sie als einander gleich, ewig, unzerstörbar[2]) und unveränderlich; durch die letztere Bestimmung rettet er die eleatische Lehre von der Unwandelbarkeit des Seins und wird er der Begründer einer der elementarsten Sätze der Chemie der Neuzeit[3]).

Aus der qualitätslosen, starren Seinskugel des Parmenides wird so bei ihm der Sphairos, aus dem sich der ganze Kosmos nicht als Scheinwelt, sondern als Welt der Wirklichkeit in ihrer Buntheit und lebendigen Mannigfaltigkeit entwickelt. Die Notwendigkeit, eleatische Leugnung des Werdens und die Wirklichkeit mit ihrem Werden und Vergehen, zu vereinigen, zeugt seine neue Lehre von Sein und Werden. Zunächst lehnt er die Auffassung vom Entstehen und Vergehen, wie die unverständigen Menschen sie haben, ab[4]); Was ist, kann nicht vergehen, wird immer sein[5]). »Es gibt kein Entstehen von etwas, was vergänglich ist, noch ein

---

[1]) Fragment 27.

[2]) Fragment 17, besonders 17, 25.

[3]) W. Capelle, Vorsokratiker, S. 184, läßt ihn zum Entdecker des physik.-chemischen Begriffes »Element« werden und sagt von seiner Vier-Elementen-Lehre, sie habe »— bis auf den französischen Chemiker Lavoisier im 18. Jahrhundert — unbestrittene Geltung gehabt«. Empedokles habe es zum erstenmal in der Geschichte der Wissenschaft vermocht, die »Begriffe »entstehen« und »vergehen« als Vereinigungen und Trennungen von Urteilchen dieser vier Elemente begreiflich zu machen.« — Es bleibt natürlich immer gewagt, Lehrsätze der alten Denker im Sinne moderner Naturwissenschaft zu deuten: wir überschauen noch viel zu wenig die Geschichte der geistigen Entwicklung, um mit einiger Sicherheit die Kontinuität der Fortentwicklung eines früher gefundenen Gedankens behaupten zu können. Auch muß vorsichtig machen, wenn eine Autorität wie Aristoteles (in gen. et corr. II 4. II 6, de caelo III 6) wieder lehrt, die Elemente könnten ineinander übergehen, bzw. sich verwandeln, und wenn er dabei dem Empedokles den Vorwurf macht, er habe in seiner Lehre die tägliche Erfahrung vernachlässigt.

[4]) Fragm. 11.

[5]) Vors.[5] 31 B 8, 11, 12, 17 u. ö.

Ende dafür in vernichtendem Tode«[1]). Was wir Entstehen und Vergehen nennen, ist für ihn Mischung und Entmischung bzw. Verbindung und Trennung; die Elemente selbst bleiben in diesem Vorgang ἀκίνητα, werden in ihrem Sein nicht angegriffen; das Verhältnis, in dem die einzelnen Stoffe in den Dingen proportioniert sind, macht ihr So-Sein in der Mannigfaltigkeit aus und unterliegt allein der Veränderung.

2. Φιλία und Νεῖκος

Die Kräfte der Vereinigung und Trennung sind nun zunächst Φιλία und Νεῖκος[2]). Ihr wechselndes Einwirken auf die Elemente erzeugt deren Mischung und Entmischung und damit das »Werden« aller Lebewesen und Dinge. Ich kann hier nicht weiter darauf eingehen, wie nach des Empedokles Meinung im Sphairos der Streit wirksam wird, die vier Elemente auseinanderreißt (Heraklit: der Kampf der Vater aller Dinge!), und die Liebe als sein Widerpart teils Gleiches mit Gleichem, teils Entgegengesetztes mit Entgegengesetztem, neue Gebilde schaffend, miteinander wieder vereinigt[3]); doch möchte ich das interessante Fragment 62, das die Entstehung der Geschöpfe, und Fragment 96, das die Entstehung der Knochen schildert, deswegen nicht übergehen, weil sich in ihnen der pythagoreische Einfluß, der bis jetzt kaum beachtet wurde[4]), deutlich zeigt: aus der neugewordenen Erde heben sich — wohl durch das Feuer, das sich mit seinesgleichen, dem ätherischen Feuer des Uranos, zu vereinigen strebt — rohe Erdklumpen, die in den verschiedensten Verhältnissen Wasser und Feuer enthalten, mit der Luft sich verbinden und, je nach der Proportion der Bestandteile, Teile von Pflanzen oder Tieren oder menschliche Glieder bilden. Prinzip und zugleich Kraft der Vereinigung der

---

[1]) Vors.[5] 31 B 8.

[2]) Vors.[5] 31 B 17, 7 —10; vgl. Arist. metaph. III 4 1000 a 24ff. — Bez. der Streitfrage, ob Φιλία und Νεῖκος körperlich oder unkörperlich oder nur als Symbol der Vereinigung und Trennung zu fassen ist und ob, wie Tennemann und Ritter es wollen, der Haß dem Feuer und die Liebe den übrigen Elementen (bzw. dem Feuchten — wie Plut. pr. frig. 16, 8 S. 952) gleichzustellen sei, und der übrigen Kontroversen, die schon bei den Alten begonnen haben, verweise ich auf die Geschichte der Philosophie.

[3]) Vors.[5] 31 B 17.

[4]) Vgl. jedoch W. Capelle, Vorsokratiker, S. 195 A. 2.

verschiedenen Urstoffteile miteinander war die φιλία; nach dem gleichen Gesetz fügten sich später die einzelnen Glieder zusammen, und dabei trat das pythagoreische ἁρμόζειν in Wirksamkeit mit seiner Kraft der Formung; nur was zueinander paßte, was κατὰ τὸν οἰκεῖον λόγον zusammengekommen war und eine symmetrische Gestalt bildete, wurde lebensfähig; das andere ging wieder zugrunde[1]).

Die gestaltende Kraft der Proportion bzw. der Harmonie zeigt sich auch bei der Bildung der einzelnen Körperteile: »Jeder einzelne von diesen enthält nämlich die Elemente nicht in beliebiger Weise, sondern nach gewissem Verhältnis und Aufbau ...[2])«. In der Paraphrase zu dieser Stelle bei Aristoteles schreibt Simplicius[3]): »ἐπίηρος d. h. harmonisch, wird die Erde genannt, da sie ja nach der pythagoreischen Überlieferung ein Würfel ist; denn sie nannten den Würfel (κύβος) ἁρμονία, da er infolge des Besitzes von 12 Seiten, 8 Winkeln und 12 Flächen die harmonische Entsprechung (ἡ ἀναλογία ἁρμονική) bildet; χόανα sind auch bei dem Dichter die Gefäße, in denen die Mischung der Mischungsobjekte vor sich geht ... Zwecks Entstehung der Knochen mischt er vier Feuerteile (πυρὸς μέρη) — er sagt nämlich, sie hätten infolge ihrer Trockenheit und ihrer weißen Farbe wahrscheinlich an dem sehr reichlichen Feuer teil — zwei Erdteile, einen Luftteil, einen Wasserteil, die er beide als νῆστιν αἴγλην bezeichnet; νῆστιν nämlich wegen der Feuchtigkeit von νάειν = fließen und ῥεῖν = strömen, αἴγλης aber, weil es durchsichtig ist.« Dann heißt es:

Ἡ δὲ χθὼν ἐπίηρος ἐν εὐστέρνοις χοάνοισι
τὼ δύο τῶν ὀκτὼ μερέων λάχε Νήστιδος αἴγλης,
τέσσαρα δ' Ἡφαίστοιο· τὰ δ' ὀστέα λευκὰ γένοντο
Ἁρμονίης κόλλῃσιν ἀρηρότα θεσπεσίηθεν.

Auch bei der Entstehung von Fleisch, Blut und Sehnen spielt die Proportion eine wesentliche Rolle[4]).

---

[1]) Arist. phys. 198 b 29.

[2]) Arist. de an. 410 a 1 (Vors.[5] 31 B 96).

[3]) 68, 5 Hayd. (Vors.[5] 31 B 96).

[4]) Aet. V 22, 1 (Dox. 434 a 4): Empedokles sagt, das Fleisch entstehe aus einer gleichen Mischung der vier Elemente, die Nerven aber aus Feuer und Erde in zweifacher Mischung ...

3. »Harmonie« der Urstoffe und ihrer δυνάμεις

Die »Harmonie« des Empedokles ist nicht die des Pythagoras. Bei diesem war sie nur eine Verknüpfung von Gegensätzen, bei jenem ist sie Vermischung des Gleichwertigen und Entgegengesetzten, wobei das ἁρμόττειν wieder mehr die Bedeutung des Sich-Einschmeichelns hat. Der pythagoreischen Monarchia entspricht bei ihm die Symmetria, der Subordination die Koordination, und Harmonie ist schließlich nur ein anderer Ausdruck für das Sich-Sehnen des Gleichen zum Gleichen, wie er ja auch einmal direkt die φιλία der ἁρμονία gleichsetzt. Das zeigt auch das Fragment 71, wo ὅσα νῦν γεγάασι συναρμοσθέντα als Werk der Aphrodite bezeichnet wird[1]). Alle Lebewesen und Dinge sind nach Proportion zusammengesetzt (ἁρμοσθέντα)[2]). »Denn in Liebe sind all diese mit ihren Teilen verbunden ... ebenso ist all das, was herrscht in der Mischung der Dinge, weil es einander ähnlich ist, aneinander durch Liebe gekettet.« Die Tiergattungen wurden eingeteilt nach den qualitativen, spezifischen Mischungen (διακριθῆναι διὰ τὰς ποιὰς κράσεις) und haben gemäß ihrer Zusammensetzung den Drang zum Wasser, oder sie streben zur Luft oder zur Erde[3]).

Neben der Harmonie der Urstoffe kennt Empedokles auch die der δυνάμεις = der elementaren Kräfte des θερμόν und ξηρόν, des ψυχρόν und ὑγρόν, und zwar wahrscheinlich in der Gestalt zweier Gegensatzpaare[4]). Sie scheinen ursprünglich den einzelnen Elementen als deren φύσεις oder δυνάμεις inhärent gewesen zu sein; die unterschiedlichen Berichte über Bedeutung, bzw. Zuordnung zu den einzelnen Urstoffen haben wahrscheinlich darin ihre Begründung, daß die Elemente nicht rein, sondern nur mehr oder minder miteinander gemischt vorkommen[5]). Die Elemente und deren Kräfte gestalten in der Art ihrer Verknüpfung (inniger

---

1) Vgl. Fragm. 23 und 21 und 107.

2) Fragm. 107.

3) Aet. Plac. V 19, 5 (Dox. 430 a 21).

4) Die Bestimmung ihrer Zugehörigkeit zu den einzelnen Elementen können wir nicht mehr mit Sicherheit feststellen, da sich die doxographischen Berichte widersprechen, z. B. Stob. Ecl. I 10, 11 b p. 121 W (Dox. 88—89) und Aet. III 8, 1.

5) So ist z. B. die atmosphärische Luft mit Feuerteilchen und durch die ἀναθυμιάσεις aus dem Wasser mit Feuchtigkeit gemischt.

oder lockerer) und in ihrer Proportion zueinander Dasein und So-Sein, Leben, Wahrnehmen, Denken und Wollen.

Im allgemeinen bedeutet die Gleichheit der Urstoffe bzw. deren Kräfte, aus denen sich ein Ding oder ein Lebewesen konstituiert, dessen besonders gute Qualität, bzw. das Überwiegen eines oder mehrerer von ihnen entweder die besondere Charakterisierung oder dessen Minderwertigkeit — eine für die von Empedokles höchst wahrscheinlich vertretene Nosologie[1]) sehr bedeutsame Feststellung: der Winter entsteht unter der Vorherrschaft der kalten Luft, der Sommer unter der des Feuers[2]), die größere Feuchtigkeit erhält die Pflanzen immer grün wie den Lorbeer und die Olive, während die überwiegend trockenen ihre Blätter abwerfen[3]); dagegen sind im Blute, »wenn der Mensch gesund ist« — wie wir wohl ergänzen müssen — die vier Elemente in gleicher Proportion vertreten und am besten gemischt[4]); die Augen sehen am besten, in denen Feuer und Wasser zu gleichen Teilen vermischt sind[5]). »Diejenigen, bei denen die Elemente (Urstoffe) zu gleichen Teilen und in ähnlicher Form gemischt und nicht zu weit voneinander gelagert, auch weder zu klein noch zu groß seien (gemeint sind wohl die einzelnen Urstoffteilchen), das seien die klügsten Menschen, und sie hätten die schärfsten Sinne und so nach dem Verhältnis, in dem sie (der richtigen Mischung) nahekommen; bei denen aber das Gegenteil der Fall ist, die sind am unverständigsten; die aber in einem einzelnen Organ die mittlere Mischung hätten, seien gerade in diesem Teile besonders begabt . . .«[6]).

Das Feuer bzw. das Warme hat in der Gestaltung und Formung aber doch — wie auch bei den früheren Philosophen — seine besondere Bedeutung[7]): unter dem Einfluß der Wärme entstehe aus der Erde als Ausschwitzung das Meer[8]) und in Analogie dazu beim

[1]) die wir nur indirekt, insbesondere aus der Theorie der Sinneswahrnehmungen erschließen können.

[2]) Aet. III 8, 1; vgl. Seneca qu. nat. III 24, 1.

[3]) Vors.[5] 31 A 70 (Dox. 439 a 2). Vgl. hierzu Capelle, Philol. 69, S. 284ff.

[4]) Theophrast de sens. § 10 (Vors.[5] 31 A 86); Dox. 502, 13; vgl. Fragm. 105.

[5]) Theophr. de sens. § 8 Vors.[5] 31 A 86.

[6]) Ebd. § 11; vgl. dazu VI 512f. L.

[7]) und zwar so sehr, daß Aristot. (gen. et corr. 330 b 19, Vors.[5] 31 A 36) die Urstoffe des Empedokles auf zwei zurückführt, nämlich auf das Feuer und die Gesamtheit der diesem entgegengesetzten anderen Urstoffe und Kräfte.

[8]) Fragm. 55; Aet. III 16, 3 (Dox. 383 b 25).

Menschen Schweiß und Tränen dadurch, daß das Blut zerschmelze und infolge des Dünnwerdens zerfalle[1]) (καὶ παρὰ τὸ λεπτύνεσθαι διαχεομένου). Die Pflanzen wachsen, »von der in der Erde enthaltenen Wärme emporgetrieben«[2]) und ebenso »wachsen die Lebewesen gemäß dem Vorhandensein der Wärme« — Ernährung ist Ergänzung dessen, was den einzelnen Gliedern spezifisch ist (ὑπόστασις τοῦ οἰκείου)[3]), die dazu notwendige Zersetzung aber geschieht durch Fäulnis[4]) und diese besonders durch Wärme[5]) —; »sie nehmen ab und gehen zugrunde wegen des Fehlens (hier: der Wärme und der Nahrung)«[6]. In Mensch und Tier ist das Warme Prinzip des Lebens: »Durch Ausscheidung des Feurigen (und des Luft-, Wasser- und Erdartigen)[7]), aus deren Verbindung der Mensch gebildet ist, entsteht der Tod«, »im Verhältnis der Abkühlung des Warmen im Blute der Schlaf«[8]). Die Männer — diesen schreibt er wohl wegen der stärkeren Lebenskraft mehr Wärme zu — entstanden, als es noch keine geschlechtliche Zeugung gab, mehr im Osten und Süden, die Frauen im Norden[9]); später aber wird, »wenn der Same in einen warmen Uterus fällt, Männliches, und wenn in einen kalten, Weibliches erzeugt«[10]).

Das naturphilosophische System des Empedokles erhält seine Vervollständigung durch die Lehre von den πόροι und den ἀπόρροιαι. Diese Begriffe sind uns vor allem durch die Ausführungen des Theophrast über die Sinnesphysiologie des Empedokles bekannt[11]). »Ausflüsse aber gibt es von allem, was entstanden ist«[12]). Durch die Anwendung dieser beiden Begriffe macht er einerseits

[1]) Aet. Plac. V 23, 1 (Dox. 434 a 13).

[2]) Aet. Plac. V 26, 4 (Vors.[5] 31 A 70). Dox. 439 a 4.

[3]) Aet. V 27, 1 (Dox. 419 a 4).

[4]) Galen. in Hippocr. aph. VI 1, XVIII A 8 K. (Vors.[5] 31 A 77); vgl. Plat. Phaed. 96 B.

[5]) Fäulnis = Zersetzung in die Urstoffe, damit sie assimilationsfähig werden.

[6]) Aet. Plac. V 27, 1 (Dox. 440 a 4).

[7]) Aet. V 25, 4 (Dox. 437 a 19); das Eingeklammerte von Diels ergänzt: Vors.[5] 31 A 85; s. a. Anm. zu Dox. 437 a 21 und Aet. V 24, 2 (Dox. 435 a 17).

[8]) Ebd. [9]) Aet. V 7, 1 (Dox. 419 a 12).

[10]) Arist. de gen. an. 764 a 1 (Vors.[5] 31 A 81); s. dazu π. διαίτης VI 512, 13 L.

[11]) Z. B. § 7 (Dox. 500, 19): die Wahrnehmung beruhe auf den in die Durchgänge (τῷ ἁρμόττειν εἰς τοὺς πόρους) eines jeden Sinnes passenden Abscheidungen (oder Ausflüssen) und in § 8: Empfindung entstehe durch das Hineinpassen in die Poren: τῷ ἐναρμόττειν τοῖς πόροις.

[12]) πάντων εἰσὶν ἀπορροαί, ὅσσ' ἐγένοντο (Fragm. 89). Zur Definition s. Plat. Men. p. 76 C (Vors.[5] 31 A 92); die meisten Hss. haben ἀπορροὴ σχημάτων.

die innige Mischung der Grundstoffe möglich, die das Entstehen eines neuen Dritten aus ihnen verständlich macht, und rettet andererseits ihre Unveränderlichkeit und Unversehrtheit.

4. Medizinisches (Atemlehre, Krankheit, Heilung, Physiologie, Krasenlehre)

In seiner Theorie des Atmens läßt er mehrere Prinzipien wirksam sein; diese ihm eigentümliche Lehre ist ein Symbol für den neuen Geist, mit dem er an die Erforschung der Lebensrätsel geht, zu denen für die Alten vor allem das biologische Problem der unwillkürlichen Ein- und Ausatmung gehören mußte. Der Vergleich mit der Klepsydra, den er in dem unten angeführten Fragment bringt, ist nicht mehr ein bloßer Analogieschluß, sondern ein wirklicher Vergleich und wenn auch nur die eine und zwar die physikalische Seite verhältnismäßig richtig gegeben ist, so zeigt doch auch die Erklärung des Physiologischen eine genaue Beobachtung oder zum mindesten den Willen, auf dem Wege der Vereinigung von Spekulation und empirischer Forschung in die Geheimnisse der lebendigen Natur einzudringen. Das uns erhaltene Fragment[1]), das in dichterisch vollendeter Form den Prozeß der Atmung veranschaulichen soll, gibt uns eine tiefe Einsicht in die naturphilosophischen Grundlagen seiner Theorie[2]). Die Empedokles be-

Ven. T. hat χρημάτων, Alex. de sensu p. 24, 8 Wendl. σωμάτων; vgl. Diels, Empedokles und Gorgias, S. 349 und Beare, a. a. O., S. 18; vgl. auch die interessante Erklärung des Magnetismus durch die doppelten Ausströmungen und die Symmetrie der Poren (Vors.[5] 31 A 89). Ich glaube übrigens, daß die Poren bei Empedokles etwas ähnliches sind wie bei Alkmaion (vgl. Fredrich Untersuchungen, S. 67), denn auch die Poren des Empedokles müssen als gefüllt gedacht werden, da er das Leere leugnet (s. a. Burnet, Anfänge, S. 189 und zur Abhängigkeit des Empedokles von Alkmaion Wachtler, a. a. O., S. 100). Dazu scheint mir auch zu passen, daß die Ernährung des Embryo durch den Nabel erfolgt, der sich aus vier Gefäßen, zwei venen- und zwei arterienartigen, zusammensetzt und durch welche Blut und Luft als Prinzipien des Lebens zugeführt werden (Vors.[5] 31 A 79).

[1]) Fragm. 100, dessen Schluß (nach dem Vergleich mit der Funktion des Wasserhebers) lautet: ebenso ist es mit dem dünnen Blut, das durch die Glieder rauscht; wenn es rückwärts gewandt in das Innere hineinstürzt, so dringt sofort der Luftstrom heranwogend nach, wenn es aber wieder zurückspringt, strömt das gleiche Maß wieder hinaus (und zwar durch die ganze Körperoberfläche und die Nase).

[2]) Wahrscheinlich sind gerade die einleitenden erklärenden Erläuterungen verloren gegangen.

treffenden Ausführungen bei Aristoteles[1]) lauten: »Auch Empedokles spricht über das Einatmen. Keineswegs aber macht er klar, weshalb es erfolgt und ob alle Lebewesen einatmen oder nicht. Und er spricht auch über das durch die Nüstern erfolgende Einatmen und meint, damit auch über das eigentliche Einatmen zu sprechen. Er behauptet, das Ein- und Ausatmen erfolge deswegen, weil es gewisse Wesen gibt, in denen Blut ist. Allerdings seien sie vom Blut nicht ganz und gar voll, hätten aber Poren zu der außen befindlichen Luft hin. Diese seien kleiner als die Körperteilchen, größer als die Luftteilchen. Da nun das Blut seiner Natur nach sich auf- und abwärts bewege, ströme die Luft ein, wenn sich das Blut nach unten bewege; dabei erfolge das Einatmen. Gehe das Blut nach oben, dann fließe die Luft nach außen, und es erfolge das Ausatmen.« In seinen Scholien zu dieser Stelle sagt Aetius[2]) zunächst hinsichtlich der Atmung der Neugeborenen: die erste Einatmung des Lebewesens erfolge, wenn die Feuchtigkeit in den Neugeborenen ausgeschieden werde und gemäß dem so entstandenen Hohlraum die Außenluft in die offenen Gefäße eindringe[3]). Wenn danach die angeborene Wärme mit ihrem Drange nach außen die Luft von unten herauf wieder hinauspreßt, erfolgt die Ausatmung; wenn sie aber nach innen zurückweicht und der Luft den Wiedereintritt möglich macht, erfolgt die Einatmung; die dann aber erfolgende Ausatmung finde statt, indem sich das Blut nach der Oberfläche des Körpers hin bewege und durch sein Andrängen die Luft durch die Nase[4]) hinausdrücke, und diese nach außen entweiche. Ähnlich wird die Einatmung dargestellt. Nach Fragment 100 erfolgt also die Ausatmung durch Nase und Haut.

Demnach gibt es nach Empedokles eine doppelte Atmung — wie nach ihm auch die meisten anderen, insbesondere die verschiedenen Verfasser der hippokratischen Schriften und Platon[5]),

---

[1]) de respir. 473 a 15 (Vors.[5] 31 B 100).

[2]) Plac. IV 22 (Dox. 411 a 26ff.) und V 15, 3.

[3]) da es ja kein Leeres gibt; es ist also hier, wie auch an anderen Stellen bei den antiken Denkern, nicht etwa der »horror vacui« wirksam, sondern eine echt naturphilosophisch erklärte Erfahrungstatsache!

[4]) Zu diesem groben Mißverständnis (»Nase« für »Haut«) s. Vors.[5] I S. 347 Anm. zu 13 und 16 und Capelle, Vorsokratiker, S. 226 Anm. 2.

[5]) Plat. Tim. 79 Bff.: διὸ δὴ τὸ τῶν στηθῶν καὶ τοῦ πλεύμονος ἔξω μεθιὲν τὸ πνεῦμα πάλιν ὑπὸ τοῦ περὶ τὸ σῶμα ἀέρος, εἴσω διὰ μανῶν τῶν σαρκῶν δυομένου καὶ περιελαυνομένου, γίγνεται πλῆρες . . . δυοῖν ταῖν διεξόδοιν οὔσαιν, τῆς μὲν κατὰ τὸ σῶμα ἔξω, τῆς δὲ αὖ κατὰ τὸ στόμα καὶ τὰς ῥῖνας . . .

ebenfalls angenommen haben —, nämlich die Atmung durch die Nüstern und durch die Haut. Offenbar hat er das Sich-Auf-und-Abbewegen des Thorax und des Abdomens bemerkt und dieses auf eine Bewegung des Blutes nach oben und unten bzw. nach innen und außen gedeutet. Eine seiner Lehren war die, daß das Gleiche zum Gleichen sich sehne: in den Pflanzen strebt das Erdige nach unten, das Ätherische nach oben; so strebt die dem Lebewesen eingeborene Wärme, deren Träger das Blut ist, nach der Vereinigung mit dem Feuer des Uranos, von dem es herkam, und drängt so das Blut an die Peripherie des Leibes, den zu verlassen es die Kleinheit der Poren hindert. An der Peripherie aber kommt es mit der kalten Luft in Verbindung, und, da das Kalte des Warmen Feind ist, tritt nun das νεῖκος mit seiner trennenden Kraft in Wirksamkeit: das Blut weicht einwärts zurück und durch die Poren strömt wie bei der Klepsydra die Luft nach und erfüllt die Gänge des Körpers. Gleichzeitig wird durch das einwärts drängende Blut Luft durch Nase oder Mund nach außen ausgestoßen. Im Innern des Körpers aber entspinnt sich ein neuer Kampf des Blutes mit der eingedrungenen Luft, der wegen der geringeren Menge der letzteren mit dem Siege des ersteren enden muß, so daß sie wieder hinausgetrieben wird (Ausatmung).

Die Sinnesphysiologie des Empedokles — von Psychologie kann man bei ihm nicht sprechen — ist ganz auf seine naturphilosophischen Voraussetzungen aufgebaut, wie überhaupt bei den voraristotelischen Philosophen! »Im allgemeinen begnügt man sich, die Möglichkeit einer Beeinflussung des seelischen Innern durch das einwirkende Äußere nachzuweisen und ist dabei (wie im Grunde noch heute) mehr auf genaue Beschreibung des einwirkenden Vorgangs als auf Erkenntnisse des Wesens der bezüglichen Reaktion angewiesen«, sagt Siebeck[1]). Die sinnesphysiologischen Ausführungen im Corpus Hippocraticum, besonders in der Schrift Περὶ σαρκῶν, sind im wesentlichen dieselben wie die des Alkmaion und anderer älterer Philosophen und Ärzte. Es sind tastende Versuche, die Wunder der psychischen Erscheinungen zu erklären und sie dem Verständnis nahezubringen, indem man die beobachteten Tatsachen zur Grundlage eines natur-

[1]) Siebeck, Geschichte der Psych. I 1, S. 102; zur Sinnesphysiologie des Empedokles s. besonders Panzerbieter, Ztschr. f. Altertumswissensch. 1845, S. 884 u. Beare, a. a. O., S. 18ff. u. ö.

philosophischen Systems macht und die Ergebnisse naturphilosophischer Konstruktionen durch genaueste Beobachtungen der Außenwelt zu verifizieren sucht; wir können heute wohl kaum noch empfinden, welche unschätzbaren Verdienste die schon von Aristoteles und Theophrast so scharf kritisierten Philosophen sich mit ihren Untersuchungen um die tiefere Erforschung der menschlichen φύσις und damit um die Medizin überhaupt erworben haben.

Die empedokleische Physiologie der Sinne ist die erste, von der wir durch Aristoteles und vor allem durch Theophrast eingehende Kenntnis haben. In ihr ist die Abhängigkeit von den aufgestellten naturphilosophischen Grundsätzen besonders deutlich; die ganze Sinnesphysiologie des Empedokles ist eigentlich nichts anderes als eine Anwendung seiner Grundlehre von den Elementen, von der Vermischung der Elemente durch die δύναμις der φιλία und seiner Lehre von den Poren und den ἀπόρροιαι. Eine Wahrnehmung findet statt, wenn das percipiens Poren hat, in die die ἀπόρροιαι des percipiendum hineinpassen (ἐναρμόττειν) oder anders gesagt, wenn das percipiendum dem percipiens symmetrisch ist. Im vollen Maße ist das aber nur bei den Grundstoffen gleicher Art der Fall:

γαίῃ μὲν γὰρ γαῖαν ὀπώπαμεν, ὕδατι δ' ὕδωρ,
αἰθέρι δ' αἰθέρα δῖον, ἀτὰρ πυρὶ πῦρ ἀίδηλον ...[1]).

Alle vier Elemente sind ja in uns vertreten und unterliegen den Einwirkungen von Liebe und Haß. Aber Empedokles kennt nicht nur Emanationen der reinen Elemente, sondern auch die ihrer Mischungen, die nur durch die spezifischen Sinnesorgane wahrgenommen werden können: die Sinne »nähmen nur das wahr, was in ihre Poren passe; deshalb könnten sie auch nicht übereinander urteilen, weil die einen zu weite, die anderen zu enge Poren hätten für das, was die Wahrnehmung bewirke (nämlich die ἀπόρροιαι), so daß das eine die Organe nicht berühre und nicht wirksam werde, und das andere überhaupt nicht hineinkommen könne[2])«. Am ausführlichsten spricht er über den optischen Sinn. Im Auge sind alle vier Elemente vertreten: in seinem Innersten befindet sich das Feuer, der Peripherie am nächsten ist das Wasser, beides ist umgeben von Erde und Luft. Die Art, wie er die einzelnen Elemente

---

[1]) Fragment 109.

[2]) Theophrast de sens. § 2 (Dox. 499).

im Auge verteilt sein läßt, kann man in etwa dem Fragment 84, wo er das Auge mit einer Laterne vergleicht[1]), entnehmen und aus Theophrast[2]) ersehen: »Die Poren des Feuers und des Wassers aber liegen wechselweise nebeneinander; durch die des Feuers aber erkenne man das Weiße (das Leuchtende), durch die des Wassers das Schwarze« — das Wasser nennt er nämlich schwarz —. Er hatte zwar den vier Elementen entsprechend auch vier Grundfarben[3]), sagt aber nichts Näheres darüber, wie die Farben Grün und Rot wahrgenommen werden[4]). Nach Fragm. 84 scheint übrigens das Feuer (als Sehstrahl) aus dem Auge herauszutreten (Vers 5, 6 und 10), und so ist die Frage nach der Stelle, wo und in welcher Weise die Vereinigung der ἀπόρροιαι der Sehdinge mit den Poren des Feuers, Wassers usw. zusammentreffen, strittig[5]).

Wie wir aus Theophrast sehen, lehrte Empedokles, daß die verschiedenen Strukturen der Augen sich entsprechend auf die Sehkraft auswirken. »Am besten sei gemischt, überhaupt am besten sei das Auge, das aus beiden Stoffen (Theophrast spricht an dieser Stelle nur von dem Einfluß des Feuers und Wassers) zu gleichen Teilen zusammengesetzt sei«; auch daß die einen Lebewesen bei

---

[1]) Fragment 84.

[2]) Theophrast de sens. § 7 (Vors.[5] 31 A 86).

[3]) Stob. ecl. I 16, 1 (Dox. 313 b 8).

[4]) W. Kranz, Die ältesten Farbenlehren der Griechen, Hermes 47, Berlin 1912, sagt S. 128: »Die einzelnen Farben den Elementen zuzuweisen (wie es z. B. Veckenstedt, Geschichte der griechischen Farbenlehre, S. 5 tut) geht nicht an. Empedokles hatte (offenbar bei ganz anderer Gelegenheit) nur gesagt, daß das Helle vom Augenfeuer, das Dunkle vom Augenwasser wahrgenommen werde (vgl. oben S. 126)«. Jablonski sagt treffend (Theorie des Sehens im griech. Altertum bis auf Aristoteles, Archiv f. Gesch. d. Med. 23. Bd., Leipzig 1930, S. 312): »Wenn die gesamte neuzeitliche Wissenschaft, durchaus atomistisch gerichtet, als Grundlage des Sehens elementare Farbeinheiten, die Empfindungen, annimmt, so hat sie nicht einmal im schlichten Erfahrungssinne ihre Berechtigung gegenüber den Gedanken eines Empedokles bewiesen. Denn daß der heranwachsende Säugling, wenn ihm das Gesicht der Mutter erstmalig als Optisches entgegentritt, früher eine Summe von Farbeindrücken sieht als etwa ein Freundliches, Liebendes, Schutzgewährendes, dürfte nicht erwiesen sein.«

[5]) Über die verschiedenen Auffassungen vgl. Zeller I[6], S. 994, Siebeck, Gesch. d. Psych. I 1, S. 108 und 270f., Haas, Arch. f. Gesch. d. Philos. XX 1907. Bez. der Beziehungen der Auffassung der Physiologie des Auges im Corp. Hipp. VIII 604 L. weist Willerding, Studia Hippocratica, Diss. Gottingae MCMXIV auf Lackenbacher, Wiener Studien, 1913, I p. 56 hin.

Tage, die anderen bei Nacht schärfer sehen, ist eine Folge des Überwiegens des Wassers oder des Feuers: »Die weniger Feuer hätten, (sähen besser) bei Tage, denn es würde ihnen das innere Licht durch das äußere ergänzt, die aber von dem Entgegengesetzten (weniger hätten), bei Nacht[1]). Denn diesen werde der Mangel ersetzt«[2]).

Diese und die folgenden Angaben sind nun nicht nur sinnesphysiologisch interessant, sondern auch medizinhistorisch äußerst wertvoll: wie schon oben gesagt, sind uns die ἰατρικά des Empedokles restlos verlorengegangen, so daß man bisher in der Medizingeschichte alle Ausführungen über seine nosologischen und therapeutischen Ansichten vermißte. In dieser Stelle nun, die in ihrer Bedeutung von den Medizinhistorikern bisher übersehen wurde, tritt seine Grundlehre von Krankheit und Heilung klar zutage: ἀμβλυωπεῖν μὲν γὰρ καὶ οἷς ὑπερέχει τὸ πῦρ· ἐπεὶ αὐξηθὲν ἔτι μεθ' ἡμέραν ἐπιπλάττειν καὶ καταλαμβάνειν τοὺς τοῦ ὕδατος πόρους· οἷς δὲ τὸ ὕδωρ, ταὐτὸ τοῦτο γίνεσθαι νύκτωρ· καταλαμβάνεσθαι γὰρ τὸ πῦρ ὑπὸ τοῦ ὕδατος. * * * ἕως ἂν τοῖς μὲν ὑπὸ τοῦ ἔξωθεν φωτὸς ἀποκριθῇ τὸ ὕδωρ, τοῖς δ' ὑπὸ τοῦ ἀέρος τὸ πῦρ[3]). Die krankhafte Schwachsichtigkeit tritt also zunächst ein, wenn das Feuer im Übermaß vorhanden ist. Das Übergewicht dieses Elementes wird noch verstärkt durch die Wirkung des Tageslichtes — das dem Feuer ja gleichgesetzt wird — von außen; dasselbe tritt ein, wenn die Feuchtigkeit überwiegt, die durch das Kalte und Feuchte der Nachtluft vermehrt wird. Die ätiologische Bedeutung des gestörten Gleichgewichtes der Kräfte konnte gar nicht deutlicher ausgesprochen werden, und daß er diese nicht nur der Theorie von der gestörten Sehkraft zugrundelegte, geht ganz klar aus folgendem hervor: 1. kannten schon Pythagoras und Alkmaion

---

[1]) Beare, a. a. O., S. 15f. und Capelle, Vorsokratiker, S. 231; vgl. dazu Arist. de sens. 437b 10ff. 23ff.; Alex. z. d. St. S. 43; Plat. Tim. II 861, 3; Arist. gen. et corr. I 8; Aet. Plac. IV 14; Stob. flor. ed. Mein. IV 174. Zur Literatur: Magnus, Die Augenheilkunde der Alten, Breslau 1901 S. 97; Sprengel, a. a. O., S. 269ff.; Sturz, Empedocles, Leipzig 1805, S. 349; Lommatzsch, Die Weisheit des Empedokles S. 175; nach Diels, Studia Empedoclea, Hermes XV S. 163ff., hat sich Empedokles in seiner Lehre von der Struktur und Funktion des Auges an Alkmaion angeschlossen. Beare, a. a. O., lehnt diese Behauptung ab.

[2]) Theophrast. de sens. § 8 (Dox. 501, 5ff.).

[3]) Ebd.

die Lehre von der gestörten Harmonie bzw. Isonomie als Ursache der Krankheiten; 2. geht durch seine ganze Naturphilosophie die Lehre von der Symmetrie bzw. der rechten Mischung; 3. sehen wir bei seiner Lehre über die Ursache des Alterns und des Todes (wie im pflanzlichen Leben über die des Absterbens der Blätter) als Grund die Abnahme bzw. die ἔκλειψις der Wärme bzw. bei den Pflanzen der Feuchtigkeit. Des Empedokles Lehre über die Krankheitsätiologie, wie wir sie nach diesen Überlegungen als sicher annehmen können, würde nur die geradlinige Fortentwicklung der philosophisch begründeten Lehre seiner Vorgänger sein. Ja, es scheint bei ihm schon eine gewisse Differenzierung vorzuliegen, die wir sonst erst bei den Hippokratikern anzunehmen gewohnt sind: aus unserer Stelle geht schon ganz deutlich hervor, welche Bedeutung er den topologischen Einflüssen bei der Entstehung der Krankheit zumaß. Weiter ist es bei ihm nicht mehr die bloße Störung des hypothetischen Gleichgewichts schlechthin, sondern er gibt in dem Satze: »Wenn dieses (das Feuer) am Tage noch vermehrt würde, dann verstopfe es die Poren des Wassers und nehme sie ein«, eine seinem philosophischen System entsprechende Erklärung, worin die Überwältigung des im geringeren Maße vorhandenen Grundstoffes besteht: »seine Poren werden verstopft« d. h. er wird funktionsuntüchtig und kann die ihm eigentümliche Fähigkeit nicht mehr ausüben. In dem folgenden: ». . . denn für beide Fälle ist es das Entgegengesetzte, welches Abhilfe bewirkt«[1]), liegt die erwartete — »hippokratische« — Grundlehre von der Heilung durch das Entgegengesetzte und in dem abschließenden Satze noch einmal deren Begründung: ἄριστα δὲ κεκρᾶσθαι καὶ βελτίστην εἶναι τὴν ἐξ ἀμφοῖν ἴσων συγκειμένην[2]).

Auch die übrigen physiologischen Ansichten weisen durchgehend die beiden charakteristischen Momente der antik-wissenschaftlichen Medizin auf, die der naturphilosophischen Spekulation und der empirischen Beobachtung.

Bezüglich der Embryologie sagt er — außer dem, was schon früher angeführt wurde: der Körper des Kleinkindes geht aus Teilen des väterlichen und mütterlichen Samens hervor[3]), das Streben

[1]) ἑκατέρων γὰρ ἴασιν εἶναι τὸ ἐναντίον.

[2]) wie Stephanus aus συγκειμένων verbesserte.

[3]) Galen. de sem. II 3 T. IV 616 K:. Arist. de gen. an. 722 b 10, 764 b 15 und Fragm. 63.

beider Teile nach Vereinigung ist Ursache des Geschlechtstriebes[1]); die Ähnlichkeiten entstehen gemäß dem Übergewicht der Samenflüssigkeit, die Unähnlichkeiten aber durch das Verdunsten der Wärme im Samen[2]). Das Geschlecht — wie schon oben gesagt — wird durch die Wärme oder Kälte der Gebärmutter bestimmt. Mißgeburten entstehen durch Überfluß oder die Beschaffenheit des Samens[3]). Der Embryo ist schon belebt, aber ohne Atem[4]). Das Herz bildet sich — da um das Herz herum der wichtigste Teil des lebenspendenden Blutes sich befindet — zuerst[5]).

Auch den Zahlen mißt er — allerdings in schon mehr spätpythagoreischem Sinne — Bedeutung zu: »Weil auch Empedokles Bescheid weiß um die zweifache Art der Geburten (von sieben und neun Monaten nach Proklos), deswegen nennt er die Frauen auch Doppeltgebärende und er selbst spricht von dem Übermaß der Menge der Tage und sagt, daß die Achtmonatsföten nicht geboren werden könnten. Natürlich! Die erste Zahl der Siebenmonatsfoeten, die 35, besteht in den Zahlen 6, 8, 9, 12, von denen die äußeren ein doppeltes Verhältnis haben und die διὰ πασῶν. Von den Neunmonatigen besteht die erste Zahl aus den übereinstimmenden Zahlen (ἀριθμοὶ σύμφωνοι) 6, 9, 12, 18, von denen die extremen ein dreifaches Verhältnis haben. Zwischen ihnen ist kein anderes übereinstimmendes Verhältnis möglich. Folglich können die achtmonatigen Foeten nicht geboren werden, da keine Übereinstimmung vorhanden ist«[6]).

---

1) Bei Galen. a. a. O.; s. a. Aet. Plac. V 271, wo es über die Entstehung der Triebe bei den Lebewesen im allgemeinen heißt: τὰς μὲν ὀρέξεις γίνεσθαι τοῖς ζῴοις κατὰ τὰς ἐλλείψεις τῶν ἀποτελούντων ἕκαστον στοιχείων.

2) Aet. V 11, 1. (Dox. 423 a 16); Orib. 1 c III 79.

3) Aet. V 15, 3 (Dox. 425 a 3); vgl. Galen. XIX 330 K.; XIX 316 K. und Lommatzsch, a. a. O., S. 221.

4) Aet. V 15, 3.

5) Cens. 6, 1 (Vors.⁵ 31 A 84); vgl. Galen. XIX 331 K.

6) Procl. in Rep. II 34, 25 Kroll (Vors.⁵ 31 B 69); vgl. Oribas. C. M. G. IV 105, 31; danach ist in 36 bis 40 Tagen die Ausbildung der Körperformen vollendet; das Männliche wächst schneller als das Weibliche und das auf der rechten Seite Befindliche schneller als das auf der linken; s. a. Aet. V. 18, 1 (Vors.⁵ 31 A 75); Censor. 7, 5 (31 A 83); Theo Smyrn. Vors.⁵ 31 B 153 a, wonach die Leibesfrucht in sieben mal sieben Tagen vollendet ist); Galen. XIX 331 K.; cf. Dox. 427 A 17 und Lommatzsch, a. a. O., S. 199. Über Menstruation s. Soran. Gynäc. I 21 p. 14, 9, Vors.⁵ 31 A 80 (C. M. G. IV 14, 12); vielleicht kann man aus Aet. V 26, 24: »Die Früchte seien Überschüsse des Wassers und

Analogieähnliche Schlüsse sind bei ihm häufig und entspringen auch bei ihm offensichtlich dem Mikrokosmos-Makrokosmosgedanken; z. B. heißt es bei Theophrast[1]): »Denn der Same von allem hat eine gewisse Nahrung in sich, welche von Anfang an wie in den Eiern mitgeboren wird. So sagte Empedokles auch nicht übel, als er behauptete, die großen Olivenbäume legten Eier. Denn der Samen Wesen ist sehr ähnlich den Eiern.« Die Bäume vergleicht er Lebewesen, »die infolge der Symmetrie ihrer Mischung (διὰ δὲ τῆς συμμετρίας τῆς κράσεως) den Charakter des Männlichen und Weiblichen hätten . . .; sie seien Teile der Erde (weil aus ihr durch Wärme emporgetrieben) wie auch die Embryonen im Mutterleibe Teile der Mutter«[2]). Haare, Blätter, Federn und Schuppen entsprechen daher einander[3]). Zahlreich sind vor allem neben den Analogie-Schlüssen die echten Vergleiche, die seine scharfe Beobachtung der Naturdinge beweisen und ihm manchen — auch von unserm Stande der Wissenschaft aus gesehen — richtigen Einblick in die Geheimnisse der Natur gewähren. Gegenüber der allgemeinen Ansicht, die ihm jede Teleologie absprechen möchte (da er alles nach ἀνάγκη oder Zufall entstehen lasse, wie ihm auch Plato und Aristoteles vorwerfen[4]), glaube ich doch, daß auch bei ihm das teleologische Moment schon vertreten war; so z. B. wenn Plutarch von ihm schreibt: »Es ist auch nicht so, daß der Teil des Feuers, der oben bei den Augen erglänzt, naturgemäß, der aber, der sich in Höhlung und Herz befindet, naturwidrig ist, sondern jeder hat entsprechend und brauchbar seine Aufstellung erhalten«[5]).

des Feuers in den Pflanzen«, so wie aus Arist de gen. an. 722 b 10ff., 731 a 1 ff., wo er die Früchte der Olivenbäume mit Eiern vergleicht, schließen, daß er diese und den Samen — wie später Aristoteles — als Überschüsse des Blutes betrachtet. Zur ganzen Frage s. a. Bloch, Bruno, Die geschichtlichen Grundlagen der Embryologie bis auf Harvey. Nova Acta. Abhandlg. d. Kaiserl. Leop.-Carol. Deutschen Akademie der Naturforscher, Bd. 82. Nr. 3, 1904, S. 215ff.

[1]) de caus. plant. I 7, 1 (Vors.[5] 31 B 79); s. a. Anm. 7 von S. 119.

[2]) Aet. V 26, 4 (Vors.[5] 31 A 70).

[3]) Fragm. 82.

[4]) So Plat. legg. X 889 B (Vors.[5] 31 A 48); Arist. metaph. 1000 b 12; de gen. et corr. 334 a 1; phys. 196 a 19; de respir. 473 b 1ff.; de part. an. 640 a 18ff.; vgl. außerdem Simpl. phys. 331, 3 D; 371, 33 D; 331, 10 D; dagegen Arist. phys. 189 b 29: ». . . wo aber alles sich zusammenfand, wie zu einem bestimmten Zwecke, da blieb es erhalten.«

[5]) Vors.[5] 31 B 76; ders. de fac. i. orb. lun. 1 14 p. 927 F; Teleologisches sehe ich auch in der Stelle de generatione bei Galen. IV 616 K.

Die Krasenlehre, die im Corpus Hippocraticum ihre Weiterbildung und bei Galen ihre Vollendung erfährt, ist bei Empedokles in ihren wesentlichen Zügen vorgebildet. Macrobius sagt an einer Stelle[1]): scimus autem similibus similia nutriri . . . singula ad se similitudinem sui rapere testis Empedocles, und Plutarch[2]): εἴτε γὰρ ἐξ ὁμοίων ἀναλαμβάνει τὸ οἰκεῖον ἡ φύσις καὶ εἰς τὸν ὄγκον αὐτόθεν ἡ ποικίλη τροφὴ πολλὰς μεθεῖσα ποιότητας ἐξ ἑαυτῆς ἑκάστωι μέρει τὸ πρόσφορον ἀναδίδωσιν· ὥστε γίγνεσθαι τὸ τοῦ Ἐμπεδοκλέους· ὣς γλυκὺ μὲν γλυκὺ μάρπτε, πικρὸν δ'ἐπὶ πικρὸν ὄρουσεν, ὀξὺ δ' ἐπ' ὀξὺ ἔβη, δαερὸν δ' ἐποχεῖτο δαηρῶι[3]). Derselbe Grundgedanke findet sich in einer anderen Stelle bei Pseudo-Plutarch[4]) deutlicher ausgeführt: »Die Unterschiede der Säfte (τὰς δὲ διαφορὰς τῶν χυμῶν = der Geschmackssäfte, wie auch in περὶ ἀρχαίης ἰητρικῆς) entstehen entsprechend dem Wechsel der Mannigfaltigkeit des Erdbodens . . . denn nicht die Unterschiede der Trauben machen den Wein heilsam, sondern die des Nährbodens«[5]).

[1]) Macrob. Sat. VII 5, 17 (Vors.[5] 31 B 90).

[2]) Quaest. conv. IV 1, 3 p. 663 A (Vors.[5] 31 B 90).

[3]) Fragm. 90.

[4]) Epit. V 26 (Vors.[5] 31 A 70).

[5]) Den Unterschied der κρᾶσις bei Empedokles und Hippokrates gibt treffend Galen. (C. M. G. V 9, 1 S. 27, 24): »Das übrige der Rede ist aus dem Vorhergesagten klar; stets muß man aber an die in ihr vorkommende Benennung der κρᾶσις denken, weil Hippokrates unseres Wissens als erster darlegte, die Elemente würden sich mischen — wie es auch kurz vorher gezeigt wurde — und sich dadurch vom Empedokles unterscheidet. Denn auch jener sagt, aus denselben Elementen wie bei Hippokrates seien wir und alle anderen die Erde umgebenden Körper entstanden, allerdings nicht aus den durcheinander gemischten, sondern den als kleine Teilchen nebeneinanderliegenden und sich berührenden.« Cf. Fr. 8, 9, 33, 34, 71, 77, 78 und Aet. Plac. I 30, 1 (Dox. 326 a 10); vgl. auch Capelle, Vorsokratiker, S. 192 Anm. 1. Die Beziehungen des Empedokles zum Corpus Hippocraticum hat Willerding, Studia Hippocratica, S. 56ff., eingehend untersucht. — Aufschlußreich ist vor allem ein Vergleich zwischen Vors.[5] 31 B 90 und VIII 600 L.: ». . . alles, was wächst, wächst aus gleicher Substanz . . . wenn die Nahrung in einen jeden (Körperteil) kommt, gibt sie jedem das ab, woraus er besteht; denn getränkt von der Nahrung wächst ein jedes, Warmes, Kaltes . . . Süßes, Bitteres usw.« — Auch diese Ergebnisse, wenn auch teilweise etwas gewaltsam herbeigeführt, sind ein Erweis für die Bedeutung des Empedokles für die Entwicklung der naturphilosophischen Grundlagen der Medizin (gegen Baumann, E. D., der in De heilige Ziekte, Een Bijdrage tot de Geschiedenis der Geneeskunde in de Oudheed, Rotterdam 1922, S. 40, sagt: »Zij (d. i. Anaximenes, Parmenides, Alk-

Aus diesen Gedankengängen heraus wird es verständlich, warum z. B. die Verfasser von περὶ διαίτης, περὶ ἀρχαίης ἰητρικῆς und andere (vor allem später Diokles) so großen Wert auf die Qualitäten des Süßen, Sauren usw. in der zugeführten Nahrung legten bzw. aus dem Überschuß des einen oder anderen bestimmte Krankheitstheorien ableiteten.

II. ANAXAGORAS

1. Homöomerien. Der νοῦς

Bei dem zweiten der oben charakterisierten jüngeren Physiologen ist die Erkenntnis der Abhängigkeit der Naturlehre von seiner Philosophie viel schwieriger als bei allen früheren. Man hat von Anaxagoras[1]) geradezu gesagt, der Physiker in ihm kenne nicht den Philosophen in ihm. Seine historische Beurteilung ist bis in die heutige Zeit hinein eine widerspruchsvolle; während er den einen den Typ des exakten Wissenschaftlers darstellt, der als »das verkörperte wissenschaftliche Gewissen vor uns steht«[2]), ist den anderen seine Lehre der Tod aller Wissenschaft. Wie sehr die verschiedenartige Beurteilung eine Frage des Standpunktes ist, dafür nur ein Beispiel: Aristoteles lobt Anaxagoras: νοῦν δή τις εἰπὼν ἐνεῖναι, καθάπερ ἐν τοῖς ζῴοις, καὶ ἐν τῇ φύσει τὸν αἴτιον τοῦ κόσμου καὶ τῆς τάξεως πάσης οἷον νήφων ἐφάνη παρ' εἰκῇ λέγοντας τοὺς πρότερον. φανερῶς μὲν οὖν Ἀναξαγόραν ἴσμεν ἁψάμενον τούτων τῶν λόγων . . .[3]), tadelt ihn aber, weil er das Prinzip des reinen Geistes

maion, Anaxagoras, Diogenes, Empedokles) zijn het niet geweest, die op de Grieksche geneeskunde, waarvan we hier een stukje trachten te rekonstrueeren, den meesten invloed hebben geoeffend . . .«.

[1]) Gigon, O., Anaxagoras. Philologus 91 Bd., 1936 I, S. 1ff.; Gomperz, Th., »Ὄψις τῶν ἀδήλων τὰ φαινόμενα. Hermes Bd. 68, 1933, 3 S. 341ff.; Peck, A. L., Anaxagoras, Predication as a problem in physics I. II. Cl. Qu. 25 1931 S. 27ff.; Cornford, F. M., Anaxagoras' theory of matter I. II. Class. Quart. 24 1930, S. 14ff. und S. 83ff.; Leon, P., The Homoiomeries of Anaxagoras, Class. Quart. 21; 1927, S. 137ff.; Peck, A. L., Anaxagoras and the parts. Class. Quart. 20 1926 S. 57ff.; Schaubach, E., Anaxagorae Clazomenii Fragmenta quae supersunt omnia, Lips. 1827. Vor allem aber verweise ich hier auf die glänzende Anaxagoras-Studie von W. Capelle, Neue Jahrb. f. d. klass. Altert. 43, 1919, S. 81—102 und S. 169—198, durch die sich für mich ein Eingehen auf die meisten der mit diesem Namen gegebenen Probleme erübrigt.

[2]) Howald, Die Anfänge der europäischen Philosophie, S. 78.

[3]) Arist. Metaph. 984 b 15—19.

nicht konsequent durchführe: Ἀναξαγόρας τε γὰρ μηχανῇ χρῆται τῷ νῷ πρὸς τὴν κοσμοποιίαν, καὶ ὅταν ἀπορήσῃ διὰ τίν' αἰτίαν ἐξ ἀνάγκης ἐστί, τότε παρέλκει αὐτόν, ἐν δὲ τοῖς ἄλλοις πάντα μᾶλλον αἰτιᾶται τῶν γιγνομένων ἢ νοῦν[1]). Döring[2]) sagt gerade umgekehrt: »Wir müssen ihn wegen dieser Lehre tadeln, aber aus dem entgegengesetzten Grunde wie Plato und Aristoteles. Was er diesen zu wenig tat, tut er uns zuviel. Es war ein verhängnisvoller Irrtum, das Zweckprinzip und einen besonderen Träger desselben in die Welterklärung einzuführen«[3]).

Ich darf hier bezüglich der verschiedenen Auffassungen auf die Philosophiegeschichte bzw. die entsprechenden Monographien verweisen. Für unsere Zwecke ist jedoch eine kurze Darlegung meiner eigenen Auffassung hinsichtlich der Homöomerien-Lehre notwendig.

Zunächst möchte ich bemerken, daß man die Selbständigkeit dieses Denkers, dessen Lehre meist als ein Novum gekennzeichnet wird, überschätzt hat. Wenn es in Fragment 1 heißt: ὁμοῦ πάντα χρήματα ἦν, ἄπειρα καὶ πλῆθος καὶ σμικρότητα· καὶ γὰρ τὸ σμικρὸν ἄπειρον ἦν, dann haben wir eigentlich das ἄπειρον des Anaximander nur mit dem Unterschied, daß das θεῖον als Prinzip der Bewegung und Gestaltung gänzlich von ihm geschieden ist: εἰ δέ τις τὴν μίξιν τῶν ἁπάντων ὑπολάβοι μίαν εἶναι φύσιν ἀόριστον καὶ κατ' εἶδος καὶ κατὰ μέγεθος[4]); aber es sind auch Züge des pythagoreischen ἄπειρον erkennbar, insbesondere, insofern es nicht das absolut Unendliche des Anaximander bedeutet, sondern mehr das »Unübersehbare«, das »Unermeßliche«, wie es auch Dilthey[5])

---

1) Arist. metaph. 985 a 18—21.

2) Döring, Gesch. d. gr. Philos. S. 231, 28; ähnlich sagt Kinkel, Gesch. d. Philos., S. 199, von der Zweckursache des Anaxagoras: ». . . ein Mißgriff, weil er den Zweck mit der Ursache verkoppelt und zum Ding macht —«.

3) Ganz anders Capelle, Vorsokratiker, Leipzig 1935, S. 253: ». . . es ist und bleibt in der Geschichte des griechischen Denkens . . . ein unsterbliches Verdienst des Anaxagoras, überhaupt zum erstenmal in der Geschichte des menschlichen Denkens, Geist und Materie grundsätzlich unterschieden, die Selbständigkeit des Geistes gegenüber allem Stofflichen auf das nachdrücklichste betont zu haben.« Bez. der verschiedenen Auffassungen der Homöomerien- und Nouslehre selbst vgl. Zeller I⁶, S. 1221 ff. u. Burnet, Anfänge, S. 245.

4) Simpl. phys. 27, 2 (Vors.⁵ 59 A 41, Dox. 478); vgl. Fragment 11.

5) Dilthey, W., Einleitung in die Geisteswissenschaft I, Leipzig 1922. Anaximander nennt ja nicht nur das Stoffliche in seiner Gesamtheit, sondern auch den Nous und den ἀήρ und den αἰθήρ ἄπειρον; mehrere Unendliche nebeneinander sind aber nicht möglich.

übersetzt. Von Zenons »unendlicher Teilbarkeit« rühren seine unendlich kleinen Stoffteilchen her[1]); und wenn er in Fragment 17 sagt: οὐδὲν γὰρ χρῆμα γίνεται οὐδὲ ἀπόλλυται, ἀλλ' ἀπὸ ἐόντων χρημάτων συμμίσγεταί τε καὶ διακρίνεται, so ist es nur die letzte Konsequenz aus der Lehre des Parmenides und des Zenon, daß er über die Vier-Zahl des Empedokles hinaus eine unendliche Zahl von Urstoffen annahm.

Jedes Teilchen, aus dem ein Ding besteht, kann unbegrenzt oft geteilt werden, und doch bleibt die Anzahl der Stoffe, die es enthält, sich gleich[2]); deswegen ὁμοίως τῶι ὅλωι πάντα ἔχουσαν ἐνυπάρχοντα, καὶ οὐδὲ ἄπειρα μόνον ἀλλὰ καὶ ἀπειράκις ἄπειρα. Jedes, wenn auch noch so kleine Teilchen, enthält zu gleichen Teilen unermeßlich viele, es bleibt ὁμοιομερές[3]). Das gilt aber nur für die Zeit, ehe der Nous das Apeiron in Bewegung gesetzt hatte, — nur in diesem bedingten Sinne ist zu verstehen, was Aristoteles sagt: ὁ μὲν γὰρ ('Αναξαγ.) τὰ ὁμοιομερῆ στοιχεῖα τίθησιν οἷον ὀστοῦν καὶ σάρκα καὶ μυελὸν καὶ τῶν ἄλλων, ὧν ἑκάστου συνώνυμον τὸ μέρος ἐστίν[4]) — also für die Zeit, da noch »alle Dinge beisammen waren«[5]) und noch »nicht deutlich erkennbar«.

Wenn wir von dem Grundsatz ausgehen, ὅτων πλεῖστα ἔνι, ταῦτα ἐνδηλότατα ἓν ἕκαστόν ἐστι καὶ ἦν[6]), müssen wir aus Fragment 1 schließen, daß dem θερμόν und ψυχρόν eine größere Bedeutung zukommt: als der Nous das Stoff-μῖγμα in Bewegung setzte, da schieden sich zuerst Luft und Äther (Kälte und Wärme) aus der Vielheit[7]); weiterhin schieden sich vom Dünnen das Dichte, vom Dunklen das Helle, vom Feuchten das Trockene[8]). Die Gegensätze, die bis dahin so innig miteinander vermischt waren, daß sie einerseits als solche unkenntlich und anderer-

---

[1]) Fragment 3: οὔτε γὰρ τοῦ σμικροῦ ἐστι τό γε ἐλάχιστον, ἀλλ' ἔλασσον ἀεί (τὸ γὰρ ἐὸν οὐκ ἔστι τὸ μὴ οὐκ εἶναι) . . .

[2]) Fragm. 3 u. Arist. phys. 203 a 19ff.; Simpl. 460, 4ff. (Vors.[5] 59 A 45).

[3]) Über den Terminus vgl. Arist. metaph. 984 a 14; de gen. II 7; de cael. III 3; Diog. L. II 8; Sext. Emp. adv. math. X 25; Lucret. de rer. nat. I 830 u. 384ff.

[4]) Arist. de gen. et corr. 314 a 18 (Vors.[5] 59 A 46); vgl. Stob. ecl. I 10, 296ff.; Plut., Perikl. C. 4.

[5]) Fragm. 1 und 4.

[6]) Fragm. 12.

[7]) Fragm. 2 u. 12.

[8]) Fragm. 12.

seits unwirksam bleiben mußten, werden durch die Tätigkeit des Nous frei und können nun ihrerseits schaffend oder leidend in Wirksamkeit treten. Die Scheidung ist aber keine vollständige; auch nach der Trennung gilt πᾶν ἐν παντί. 'Παντάπασι δὲ οὐδὲν ἀποκρίνεται οὐδὲ διακρίνεται ἕτερον ἀπὸ τοῦ ἑτέρου πλὴν νοῦ'[1]); auch nach der Trennung bleiben die Dinge σπέρματα πάντων; »wovon aber am meisten in einem Dinge enthalten ist, das bewirkt seine Erkennbarkeit und sein So-Sein«.

Deswegen kann sich auch der Mensch von Brot allein ernähren; denn es sind ja alle Stoffe darin enthalten; so erläutert Simplicius[2]): »Wenn ein und dieselbe Nahrung, wie z. B. Brot, zugeführt wird, entstehen viele ungleiche Dinge, wie Fleisch, Knochen, Adern, Sehnen und Nägel, und, wenn es sich so trifft, Gefieder und Hörner«[3]). Das Wesen der Ernährung wird ebendort erklärt: πᾶν ὑπὸ ὁμοίου τρέφεσθαι. Auf gleiche Weise deutet er das Wesen des Wachstums: αὔξεται δὲ τὸ ὅμοιον τῷ ὁμοίῳ[4]).

Die Bedeutung der Wärme als Prinzip der Formung und ihr Übermaß als Ursache von Erkrankungen, die in dieser doppelten Hinsicht auch bei den Hippokratikern — noch mehr allerdings bei den späteren Dogmatikern — eine große Rolle spielt, wird zwar erst seinen Anhängern, vor allem Archelaos, zugeschrieben; aber es ist zu vermuten, daß er auch selbst dieser Ansicht nicht ferngestanden hat[5]).

2. Physiologie

Nach Analogie der Lehren anderer Philosophen dürfen wir auch wohl in der folgenden Stelle über den Schlaf den Einfluß der Wärme bzw. der Verminderung sehen: 'Αναξαγόρας κατὰ κόπον τῆς σωματικῆς ἐνεργείας γίνεσθαι τὸν ὕπνον[6]).

[1]) Ebd.

[2]) Simpl. phys. 460, 4ff.; vgl. Arist. phys. 203 a 19ff.

[3]) Galen. de natur. facult. II 8: »Die Leute, die Homöomerien annehmen, sagen, das Blut sei in der Speise enthalten«.

[4]) Vgl. Anm. 3 und Vors.[5] 59 A 45.

[5]) Bei Censor. de die nat. c 6, 2 Fragm. 27 (Dox. 190) heißt es: »Es gibt auch einige, die glauben, es sei darin eine ätherische Wärme enthalten, die die Bildung der Glieder besorge. So sagen die Anhänger des Anaxagoras«. — Aus Arist. de part. an. IV 677 a 5 geht hervor, daß die Anhänger des Anaxagoras annahmen, »daß die Galle die Ursache der hitzigen Krankheit sei, indem sie das Übermaß in die Lunge, die Adern und die Rippengegend ergieße«.

[6]) Aet. Plac. V 25, 2 Vors.[5] A 103 (Dox. 437).

Die Sinnesempfindungen werden ins Gehirn verlegt und dieses wird — entsprechend seiner Wichtigkeit — im Mutterleibe zuerst gebildet[1]). Bemerkenswert ist, daß er »Entgegengesetztes durch Entgegengesetztes« wahrnehmen läßt: 'Αναξαγόρας δὲ γίνεσθαι μὲν τοῖς ἐναντίοις· τὸ γὰρ ὅμοιον ἀπαθὲς ὑπὸ τοῦ ὁμοίου. καθ' ἑκάστην δ' ἰδίᾳ πειρᾶται διαριθμεῖν[2]). Von der Genauigkeit bei seinen Untersuchungen zeugt folgende interessante Stelle[3]): »Anaxagoras tadelt die Wahrnehmungen als schwach. Er sagt: infolge ihrer Schwäche sind wir nicht imstande, das Wahre zu unterscheiden. Als Beweis ihrer Unzuverlässigkeit führt er die auf ein Mindestmaß (beschränkte) Vertauschung der Farben an. Würden wir zwei Farben nehmen, z. B. schwarz und weiß, und darauf von der einen in die andere tröpfchenweise etwas hineingießen, dann könnte das Sehorgan die sich in engen Grenzen haltenden Veränderungen nicht unterscheiden, obwohl sie in Wirklichkeit (πρὸς τὴν φύσιν) vorhanden sind.

Man hat daraus zu Unrecht gefolgert, daß Anaxagoras Skeptiker gewesen bzw. diese Stelle in dem Sinne gefärbt sei; denn in Fragment 21 a erklärt er in einem Satze, den man auch heute nicht besser formulieren könnte, die Erscheinung (der Dinge) für die Sicht des Unsichtbaren (ὄψις ἀδήλων τὰ φαινόμενα)[4]).

Von einer Embryologie wissen wir nur wenig[5]); der Kopf und das Gehirn -- wie schon oben erwähnt — entwickeln sich zuerst[6]); bezüglich der Entstehung des männlichen oder weiblichen Geschlechts sagt Galen[7]): »Nach Anaxagoras' und Parme-

[1]) Censor. VI 1. Vors.[5] 59 A 108 (Dox. 190).

[2]) Theophrast. de sens. (Dox. 507, 7).

[3]) Sext. VII 90 (Vors.[5] 59 B 21).

[4]) Bez. der Einzelheiten seiner Sinnesphysiologie verweise ich auf Burnet, Anfänge, S. 251 f.; Beare, a. a. O., S. 37ff., 103ff., 167ff., 184ff., 208ff., 256ff.; W. Kranz, a. a. O., S. 128 und W. Jablonski, Arch. f. Gesch. d. Med. 23. Bd., 1930, S. 314ff. Vgl. auch S. 74 Anm. 2 und 3.

[5]) Doch trifft hier wohl Bloch, Nova Acta, Bd. 82, S. 215ff., das Richtige, wenn er schreibt: »Es wäre unstatthaft, die Gesamtleistung der vorhippokratischen Periode in der Embryologie nach wenigen uns noch zugänglichen Fragmenten beurteilen zu wollen.«

[6]) Censor. 1 c. VI.

[7]) Galen. XIX 324 K. (Dox. 420 a 1); cf. Dox. 563, 8 und 191, 6; an der letzten Stelle steht: »Der Same aus der rechten Seite, (der sich) in die rechte Gebärmutter (ergießt), erzeugt männliche, der Same aus der linken Seite, (der sich) in die linke Gebärmutter (ergießt), erzeugt weibliche Wesen.« S. auch Fredrich, Untersuchungen, S. 127, Anm. 1.

nides' Ansicht werden dann männliche Wesen gezeugt, wenn der Same aus der rechten Seite (des Hodens) in die rechte Seite der Gebärmutter und von der linken in die linke Seite fällt. Weibliche Wesen aber dann, wenn dieses Verhältnis des Samenergusses sich ändere«.

Über die Benutzung der anaxagoreischen Lehre in π. διαίτης hat Zeller eingehende Untersuchungen angestellt[1].

---

[1]) Zeller I⁶, S. 871. Vgl. Fredrich, a. a. O., S. 123ff.

DIE ATOMISTIK

I. LEUKIPP UND DEMOKRIT

1. Die Problematik

Den dritten genialen Versuch, die Ontologie der Eleaten der Erklärung der wirklichen Welt dienstbar zu machen, stellt das System des Atomismus[1]) dar. Die Theorien der milesischen Naturphilosophien hatten zwar die Vielheit der Naturdinge auf eine Einheit gebracht, aber sie hatten es nicht vermocht, von ihrem Prinzip des Einen aus die tatsächliche Vielheit zu »erklären«, die Eleaten hatten sie in das Reich des Scheins verwiesen und nur die »Kugel des Seins« für wirklich gehalten, die Atomisten aber machen teils mit Benutzung, teils unter Umkehrung der eleatischen Schlußfolgerungen über das reine Sein gerade die Vielheit und Buntheit der Wirklichkeit zum Objekt der Forschung.

Wahrhaft bewundernswert ist die wissenschaftliche Ökonomie, mit der Leukipp und Demokrit in logischer Deduktion und naturphilosophischer Schau den Unterbau schaffen für ein System der Welterklärung, das in seiner Einheit und Geschlossenheit ein Markstein der Geistesgeschichte geworden ist. Verglichen mit dem stolzen Gebäude moderner Physik, Chemie, Physiologie und Medizin mag es wie ein schlichter Grundriß erscheinen oder wie ein Modell, an dem noch alle feineren Einzelheiten fehlen: sein heuristischer Wert ist unbestritten, ja vielleicht darf man sagen, es ist in

---

[1]) ZurLiteratur vgl. außer der bei Überweg-Prächter, Grundriß[12], zu Leukipp: Howald, E., Leukippos. Festschr. f. K. Joel z. 70. Geburtstag, Basel 1934, S. 159ff.; Luria, S., Zur Leukippfrage in Symbolae Osloenses. Fasc. 15, 16, 1936, S. 19ff.; zu Demokrit: Cataudella, Q., L'Anonymus Jamblichi e Democrito. St. It. Fil. 10, 1932-33, S. 1—22; Solovine, M., Démocrite. Paris 1928; Blumenthal, A. v., Anaxagoras und Demokrit. Festschr. Judeich, S. 13—27; Philippson, R., Platons Kratylos und Demokrit. Phil. Wschr. 49, 1929, S. 923ff.; Wellmann, M., Spuren Demokrits v. Abdera im Corpus Hippocr. Archeion 11, 1929, S. 297ff.; Philippson, R., Zu Demokrits frg. 157 D. Phil. Wschr. 1926, S. 1100ff.; Langerbeck, H., Δόξις ἐπιρυσμίη. Studien zu Demokrits Ethik und Erkennungslehre. Diss. Berlin 1935; Kroll, W., Bolos und Demokritos. Hermes 69, 1934, S. 230ff.; Papadopulos, N., Die Erkenntnislehre des Demokrit. Leipz. 1933.

gewisser Hinsicht nicht einmal wieder erreicht, wenn wir daran denken, wie weit wir noch davon entfernt sind, für die verschiedenen Spezialwissenschaften einen gemeinsamen Ausgangspunkt und eine einheitliche Erklärung zu besitzen.

Die Frage nach der Abhängigkeit beider Philosophen von Früheren wird sehr verschieden beantwortet. Diogenes L., Simplicius, Suidas rechneten sie zu den Eleaten. Aristoteles nennt sie gewöhnlich mit Empedokles und Anaxagoras zusammen, zuweilen aber auch mit den »Physikern« und Eleaten. Heute werden sie vielfach als diejenigen angesehen, die die jonische Naturphilosophie fortgesetzt bzw. zur Vollendung geführt hätten[1]. Schleiermacher[2] und Ritter[3] rechnen sie zu den Sophisten[4]; für Gilbert[5] ist es sicher, daß sie von den ὁμοιομερῆ des Anaxagoras ausgegangen sind, und die Atomistik nur eine Korrektur der anaxagoreischen Lehre ist. Nach Brieger[6] ist das atomistische System eine Reaktion gegen den Dualismus des Anaxagoras. Von den meisten werden außerdem — aber nur sehr sporadische — Berührungspunkte mit der pythagoreischen Lehre gefunden[7].

In Wirklichkeit gibt es wohl kaum einen Philosophen, bei dem man nicht Parallelen, Anregungen und Beziehungen, sei es auch nur solche der Gegensätzlichkeit, zu irgendwelchen Lehren des Atomismus finden könnte. So weist, um nur einige Beispiele auszuführen, die Kosmologie der Atomisten unverkennbar Züge der altjonischen auf, die θραύσματα ἐλάχιστα[8] und die »Homoiomerien«[9] des Anaxagoras solche mit den Atomen, und hinsichtlich des »Leeren« hat schon Th. Gomperz darauf aufmerksam gemacht, daß dieses nicht nur für die Pythagoreer erwiesen ist, sondern schon einer Anschauungs-

[1]) So z. B. Brandis, Gr.-röm. Phil. I, S. 294 und S. 301; ders., Rhein. Mus. III, S. 132 und 144; Reinhold, Gesch. d. Philosoph. I, S. 48 und 53; Tiedemann, Geist d. spekul. Philosophie. I, S. 224f.; nach Überweg-Prächter, Grundriß[12], S. 104, wollten die Atomisten die großen Gegensätze der heraklit. und eleat. Philosophie aussöhnen.

[2]) Gesch. d. Phil., S. 72 und S. 74f.

[3]) Gesch. d. Phil., S. 589ff.

[4]) Diese Behauptung widerlegt Zeller I[6], S. 1166.

[5]) Meteor. Theor., S. 151f.

[6]) Herm. XXXVI, 1901, S. 161ff.; nach Brieger ist der Atomismus eine dreifache Korrektur der Lehre des Anaxagoras (S. 179).

[7]) Stenzel, a. a. O., S. 2266, sieht richtig die Abhängigkeit vom Eleatismus; nachdem er auf dieselbe Verbindung beim späten Plato hingewiesen hat, sagt er: ». . . eine Verbindung, die zu verstehen für die Genesis des Atomismus aus dem Eleatismus, die vielen so verwunderlich scheint, die wichtigste Voraussetzung ist«; und »immerhin« ist der Hervorgang der atomistischen Philosophie aus dem Eleatismus gerade dann im ganzen erklärlich, wenn man mit Aristoteles und Theophrast den Zenon als den eigentlichen Vermittler ansieht«.

[8]) Vgl. hierzu besonders die schon erwähnte ausgezeichnete Untersuchung von W. Kranz, Empedokles und die Atomistik. Hermes 47, 1912, S. 18ff.

[9]) Die Ausdrücke selbst wohl beide erst später.

weise altmythischer Lehren entspricht und gerade durch die Tatsache, daß Parmenides es leugnete, aufs sicherste bezeugt wird[1]). Dennoch glaube ich, daß die Beziehungen, besonders die zu den gleichzeitigen Denkern, z. T. nur scheinbare sind. Die Gemeinsamkeit der Problematik bietet einen hinreichenden Erklärungsgrund für die Ähnlichkeit der Lösungsversuche. Aber selbst da, wo wir Beziehungen zu Früheren unzweifelhaft festzustellen vermögen, sind die neuen Theorien sowohl des Empedokles, als des Anaxagoras, als auch des Leukipp und Demokrit ihren Autoren so eigentümlich, daß wir sie in der Geschichte der Philosophie nicht zu den Synkretisten zu rechnen pflegen, sondern ihnen eine durchaus eigene Stellung geben.

Von Anaxagoras führten wir oben den Ausspruch an: »Denn wie sollte aus Nicht-Haar Haar entstehen können und Fleisch aus Nicht-Fleisch?« Für ihn war das eine rhetorische Frage und die Begründung der Homöomerienlehre, für Leukipp aber waren diese oder ähnliche Fragen die Problemstellung, die ihn nach der Lösung erst forschen ließ. Wenn im folgenden nun eine kurze Darstellung der Überlegungen gegeben wird, die zu der Lösung dieser Fragen durch Leukipp und Demokrit geführt haben, so kommt es mir vor allem darauf an, zu zeigen, daß die Atomistik nicht ein naturwissenschaftliches, sondern ein naturphilosophisches System ist.

Parmenides hatte seine Philosophie auf den an Umfang reichsten, an Inhalt aber ärmsten Begriff, nämlich den des Seins aufgebaut; aber für ihn war dieser Begriff kein Abstraktum, sondern das Allerrealste; er hatte das »Sein« hypostasiert und ihm die Gestalt einer massiven Kugel gegeben, in der und außerhalb der es für das Nicht-Sein keinen Raum gab. Zenon hatte die Theorie seines Meisters durch den Versuch, die gegenteiligen Ansichten ad absurdum zu führen, stützen wollen[2]); aber gerade dadurch hat er wirklichen Denkern die Aporien der Lehre des Parmenides erst offenkundig gemacht. Vor allem durch seine Frage[3]): »Wenn der Raum etwas ist, worin wird er sein?«, dann durch seine Widerlegung der Annahme von der Vielheit der Dinge[4]) und durch seine »Beweise« der Unmöglichkeit der Bewegung[5]). Sein »Schüler«

[1]) Griech. Denker I, S. 147 und Anm. 1 und 2.

[2]) Vgl. Plat., Parmenides 128 B (Vors.[5] 29 A 12).

[3]) Arist. Phys. IV 3, 210 b 22 ff. (Vors[5] 29 A 24).

[4]) Plat. Parm. 127 D—E; Arist. Phys. VI 5, 250 a 19 ff. (Vors.[5] 29 A 29); Arist. Simpl. Phys. 97, 13 ff. (Vors.[5] 29 A 21); 140, 34 (Vors.[5] 29 B 1); 140, 27 ff. (Vors.[5] 29 B 3).

[5]) Arist. Phys. VI 9, 239 b 9 ff. (Vors.[5] 29 A 25—28); Arist. Simpl. Phys. 1019, 32 ff. Diog. L. IX 72 (Vors.[5] 29 B 4).

Leukipp zog jedenfalls die entgegengesetzten Folgerungen wie die von seinem Lehrer gewollten. Wie Leukipp, zunächst noch ganz auf dem Boden des Eleatismus stehend, zu seinem Begriff des »Atoms« und des »Leeren« kommt, hat uns Aristoteles überliefert: »Methodisch und logisch am richtigsten haben Leukipp und Demokrit über das All Erörterungen angestellt, indem sie ein naturgemäßes Prinzip setzten. Einige unter den Alten glaubten nämlich, das Seiende sei notwendig eins und unbeweglich, das Leere aber sei ein Nichtseiendes; wenn es aber kein Leeres gebe, könne keine Bewegung stattfinden, und es könne auch keine Vielheit der Dinge geben, wenn kein leerer Raum zwischen ihnen wäre ... deswegen müsse man auch die Bewegung verneinen ... Leukipp aber glaubte, eine Theorie zu haben, die mit der Wirklichkeit zu vereinigen ist und Werden und Vergehen, Bewegung und Mannigfaltigkeit nicht aufhebe[1]).« Dann beschreibt er, wie Leukipp die Schlußfolgerung der Eleaten umdreht: auch dieser erklärt ohne das Leere die Bewegung für undenkbar, schließt dann aber: also gibt es das Leere ebenso wie das Seiende: »Das eigentlich Seiendes aber sei ein ganz volles Seiendes, aber als ein solches nicht Eins, sondern unendlich Vieles; nur sei ein jedes Einzelne wegen seiner Kleinheit unsichtbar; diese Körperchen bewegten sich im Leeren ... und verursachten durch ihr Zusammentreten das Werden, durch ihr Auseinandergehen das Vergehen, das Tun und Leiden aber durch ihre (innige) Berührung ...«[2]). Von den übrigen Berichten führe ich hier noch den aus Theophrast[3]) an: »Leukipp ..., der sich in der Philosophie dem Parmenides anschloß, ist in der Frage nach dem Seienden nicht denselben Weg gegangen wie Parmenides und Xenophanes, sondern anscheinend den entgegengesetzten. Jene ließen nämlich das All eins und unbewegt und ungeworden und begrenzt sein und erlaubten nicht, das Nichtsein zu suchen. Dieser nahm als unbegrenzt viele und ewig bewegte Elemente die Atome an und erklärte ihre Gestaltung für endlos an Zahl, weil kein Grund vorhanden war, warum sie eher von der einen als von der anderen Art sein

[1]) Arist. de gen. et corr. 324 b 35 (Vors.[5] 67 A 7).

[2]) Ebd. 325 a 23; vgl. Arist. de cael. 275 b 29; 300 b 8; Diog. L. IX 30ff., Hippol. Ref. I 12 (Dox. 564); Simpl. Phys. 28. 4 (Dox. 483); Herm. irr. ph. 12 (Dox. 654).

[3]) Phys. Opin. fr. 8 (Dox. 483, 11 = Vors.[5] 67 A 8).

sollten, und weil er sah, daß unaufhörliches Werden und Wechseln in den Dingen war. Er glaubte ferner, daß τὸ ὂν um nichts mehr sei als das μὴ ὂν und in gleicher Weise beides Ursache sei für die gewordenen Dinge. Das Wesen der Atome aber setzte er als ναστὴ καὶ πλήρης und nannte es das Seiende, das ins Leere getragen werde, welches er das Nichtseiende nannte; von diesem aber sagt er, daß es nicht weniger existiere als das Seiende«. Das ὂν in diesen und den anderen Berichten ist weder ein Abstraktum, noch ein »Stoff«, noch ein irgendeinem Ding immanentes oder ein relatives Sein, sondern das absolute »Sein« des Parmenides. Deswegen sind auch die Atome keine »corpuscula minima naturae«, keine »monades physicae«, keine »conception chimique« oder »Fiktionen«, sondern — so unvollziehbar für uns der Gedanke sein mag — die in unendlich viele »Seinspartikelchen« zerspaltene »Kugel des Seins« des Parmenides; sie waren körperlich wie diese, aber sie waren keine Körper.

2. Die Atome und das Leere

Bezeichnend sind die Eigenschaften, die den Atomen gegeben werden. Keine einzige ist empirisch; nur auf dem Wege naturphilosophischer Überlegungen konnten sie gewonnen werden: die Atome sind πλῆρες wie die Seinskugel des Parmenides; wie diese sind sie ungeworden, einheitlich, stetig, unteilbar, unveränderlich, unaffizierbar und deswegen unvergänglich; wenn sie als στερεά bezeichnet werden, so ist das nur konsequent, da in ihnen kein »Leeres« ist; ebenso folgerichtig erhalten sie die Eigenschaften einer bestimmten (durch die Sinne nicht wahrnehmbaren) Größe und Gestalt[1]). Daß ihnen auch entsprechend dem eleatischen Seinsbegriff die νόησις eigentümlich war, überliefert keine Quelle, möchte mir aber nicht unmöglich scheinen. Eine Bestimmung ist aber dem eleatischen Sein diametral entgegengesetzt: die Atome sind nicht in »ewiger Ruhe«, sondern in sehr schneller, ursprünglicher Bewegung[2]).

[1]) Arist. metaph. 985 b 4 (Vors.[5] 67 A 6). Nach Arist. 188 a 23 sind sie winkelig, gerade oder kugelig; nach Cicero Ac. pr. II 37, 121 (Vors.[5] 68 A 80) sind sie teils glatt, teils rauh, rund oder winkelig, gebogen, gekrümmt oder mit Haken versehen.

[2]) Arist. de coel. III 2, 300 b 8; Metaph. XII 6, 1071 b 31. Phys. II 4, 196 a 24; 331, 16; Hippol. Ref. I, 13; Cic. Fin. I 6, 17; Galen. I 418 K. u. ö.

Die Frage der Ursache dieser Bewegung ist eigentlich schon seit Aristoteles kontrovers[1]). Zeller verteidigt mit umfangreichem Material »den Fall im leeren Raum«, Brieger-Liepmann und mit ihnen die meisten Neueren nehmen eine doppelte Bewegung der Atome an, nämlich eine Urbewegung in wesentlich horizontaler Richtung und einen kosmischen Wirbel, der durch ihr Aufeinanderprallen verursacht wurde. Nestle weist gegenüber dem großen Beweismaterial, das beide Parteien anführen zu können glauben, sehr richtig darauf hin, daß beide Theorien tatsächlich nur erschlossen sind[2]). Darum mag die Aufstellung einer eigenen Variation der alten Ansichten erlaubt sein, ohne daß das die Gefahr mit sich brächte, gewissen νεωτερίζοντες zugerechnet zu werden. Es ist jedoch zuerst die Frage nach der Eigenart des κενόν zu erledigen.

Das κενόν ist nicht mehr, wie bei Alkmaion und Empedokles die πόροι, ein »mit Luft erfülltes Leeres«, sondern ein absolut Leeres[3]); nur als solches kann es dem absolut »Vollen« gegenübergesetzt werden; die Luft aber besteht selber aus Seinspartikelchen bestimmter Gestaltung. Aristoteles bezeugt die Richtigkeit dieser Überlegung durch einen Versuch, die Annahme Leukipps und Demokrits als falsch darzutun[4]). Dasselbe ergibt sich aber auch aus der Aufzählung der empirischen Beobachtungen[5]); über die

[1]) Zur Frage vgl. Zeller I[6], S. 1076—1097; dazu zusammenfassend Nestle, ebd., S. 1098—99; vgl. auch Brieger, Die Urbewegung der Atome bei Leukipp und Demokrit, Halle 1884; ders., Die Urbewegung der demokritischen Atome, Philol. LXIII, 1904, S. 584ff.; Liepmann, Die Mechanik der Leukipp-Demokritischen Atome, Berlin 1885; Lortzing, Jahresb. über die Fortschr. d. kl. Altertumswissenschaft 116, 1903, S. 136ff.; vgl. auch W. Capelle, Vorsokratiker, S. 287ff.

[2]) a. a. O. S. 1099; vgl. auch die Anm. 1 dortselbst.

[3]) Gegen Chiapelli, der (Rendic. dell'Acc. dei Lincei 1890, S. 380) annimmt, daß das κενόν des Leukipp im Gegensatz zu dem absoluten Leeren des Demokrit das Lufthaltige der Pythagoreer gewesen sei, sprechen Arist. phys. 313 a 31 (Vors.[5] 67 A 19), Arist. metaph. 985 b 4 (Vors.[5] 67 A 6), Simpl. phys. 28, 13 (Vors.[5] 67 A 8), Dox. 483.

[4]) Z. B. Phys. IV 6 und 7. Aristoteles nahm das Leere als einen Ort an, an welchem nichts ist; »im Orte aber ist Ausdehnung eines tastbaren Körpers«; Raum ohne Körper gab es für Aristoteles weder actu noch potentia.

[5]) Phys. IV 6 214 a 27ff. Fässer nehmen den Wein mitsamt den Schläuchen auf, Luft läßt sich zusammenpressen, »als ob der verdichtete Körper in das in ihm befindliche Leere zusammenginge« und »das Zunehmen geschieht mittels des Leeren«.

der Stagirite berichtet; besonders interessant ist die vierte der angeführten: ein Gefäß mit Asche nimmt dieselbe Quantität Wasser in sich auf, wie wenn es leer wäre. Damit sollte nicht etwa bewiesen werden, daß die Asche porös sei, sondern daß das scheinbar dichte Wasser zwischen den einzelnen Atomen, aus denen es besteht, Zwischenräume hat, die die Asche aufzunehmen vermögen. Dieses Experiment ist deswegen so interessant, weil die vielfachen Besprechungen, die es gefunden hat, ebensosehr die Wirklichkeitsferne der betreffenden Autoren zeigt, wie das Experiment selbst die Wirklichkeitsverbundenheit der Naturphilosophen dartut. Der Beweisgang, mit dem Leukipp oder Demokrit[1]) anscheinend die Gegner ad absurdum führen wollte, ist logisch einwandfrei: Das Volle kann nichts in sich aufnehmen. Wenn es aber etwas in sich aufnehmen würde, dann würden zwei Dinge in ein und demselben Ort sein; das aber ist unmöglich; denn dann wird auch das Kleinste das Größte in sich aufnehmen, da eine unterscheidende Grenze, von welcher an es nicht mehr aufnehmen würde, sich nicht bestimmen läßt«[2]).

Dieses »Leere« bildet zusammen mit den Seinspartikelchen das ἅμα aller zukünftigen Dinge, die unbegrenzte (ἄπειρον im Gegensatz zur inkonsequenten Kugelform als Grenze des »Seins« des Parmenides, die schon Zenon und Melissos aufgegeben hatten), alle Formen zeugende Masse (πανσπερμία τῶν σχημάτων)[3]). Dieses »Leere« verursacht auch die Bewegung. Es ist zunächst seiner ganzen Genesis nach die conditio sine qua non für die Bewegung[4]); aber es ist zugleich mehr: wir wissen, daß die Vorstellung des horror vacui, durch die man sich gewisse Tatsachen (z. B. die Funktion des Wasserhebers) zu er-

---

[1]) Aus den Ausführungen des Aristoteles geht nicht hervor, ob die Atomisten oder etwa Melissos gemeint ist. Wahrscheinlich ist es ursprünglich ein Gedankengang der Eleaten, den sich Leukipp und Demokrit zu eigen gemacht haben.

[2]) Phys. IV 6 213 b 5ff.; vgl. hierzu z. B. Th. Gomperz, Griech. Denker, S. 290ff., der den Gedankengang zu einer wertlosen Tautologie stempeln und als Urteilserschleichung entwerten möchte. Ähnlich urteilt er über das Aschenexperiment (S. 292). Vgl. auch A. Dyroff, Demokritstudien. Leipzig 1899, S. 172 u. a.

[3]) Phys. III 4 203 b 21.

[4]) Wie z. B. auch Goedeckemeyer, Epikurs Verhältnis zu Demokrit in der Naturphilosophie, S. 98ff. sagt.

klären suchte, sehr alt ist; Empedokles[1]) und Anaxagoras[2]) scheinen sie gekannt zu haben und demnach auch Demokrit. In der Beschreibung der Klepsydra des Empedokles wird von der Luft gesagt, daß sie von außen nach innen strebe und daß, wenn die Öffnung frei gegeben wird, das Wasser auslaufe und »die Luft hineinstürze (πνεύματος ἐμπίπτοντος . . .)«; vergleichen wir damit die Ausdrucksweise des Diogenes Laertius, wo er über die Bewegung der Atome spricht: »Die Welten werden (dadurch) gebildet, wenn sich die Körper (Atome) in den leeren Raum hineinstürzen (σωμάτων εἰς τὸ κενὸν ἐμπιπτόντων)«[3]). Ich sehe hier nicht nur eine sprachliche Ähnlichkeit[4]), sondern auch einen Sachzusammenhang. Das ἐμπίπτειν braucht so wenig wie die entsprechenden Ausdrücke bei Hippolytos[5]) ein Fallen in senkrechter Richtung zu bedeuten, wie Zeller und Kinkel[6]) annehmen. Mit dieser Erklärung entfallen die von Zeller und anderen empfundenen Schwierigkeiten bezüglich der Richtung der Urbewegung. Mit den Neueren — zuletzt W. Capelle — nehme ich an, daß die Richtung erst sekundär durch den bei Diogenes Laertius[7]) u. a. erwähnten Zusammenprall der Atome bedingt war. Außerdem ist aber wegen seiner Bedeutung für die wahrscheinlichen physiologischen Theorien der Atomisten noch ein Drittes hervorzuheben: bei der Wirbelbewegung der Atome tritt eine Aussonderung ein, und »das Gleiche geht zum Gleichen«, wie Diogenes Laertius[8]) berichtet; dasselbe wird in Fragment 164 Demokrit ausgedrückt: ». . . es ordnen sich beim Wirbeln des Siebes[9]) gesondert Linsen zu Linsen, Gerstenkörner zu Gerstenkörnern und Weizenkörner zu Weizenkörnern, hier dagegen (nämlich bei den Steinen in der Brandung) werden beim Wogenschlag die länglichen Steine an denselben Ort wie die länglichen gestoßen, die runden

[1]) S. Vors.[5] 31 B 100.

[2]) Vors.[5] 59 A 114.

[3]) IX 30; vgl. Hippol. I 12.

[4]) Aristoteles spricht allerdings immer von einem Fallen ἐν τῷ κενῷ, aber das braucht nicht unbedingt Widerlegung zu bedeuten.

[5]) I, 12: ὅταν εἰς μέγα κενὸν (wie Zeller verbessert) . . . ἀθροισθῇ πολλὰ σώματα καὶ συῤῥυῇ κτλ.

[6]) Gesch. d. Philos. I, S. 217.

[7]) IX 31.

[8]) Ebd.

[9]) Scil. »auf dem Siebe«, nicht »beim Durchsieben«, wie einige Autoren angenommen haben.

zu den runden, als ob die in den Dingen liegende Ähnlichkeit eine gewisse Vereinigungskraft auf sie ausübe«[1]).

Wenn ich hier für einen Augenblick zum Physiologischen abschweifen darf, so möchte ich sagen: mit dieser Anschauung ist eine zwar in der Begründung verschiedene, im Effekt aber gleiche Theorie der Verdauung, der Ernährung und des Wachsens gegeben, wie auch etwa bei Empedokles und Anaxagoras. In der aufgenommenen Nahrung tritt durch die fortdauernde Atombewegung eine Sonderung der Atome ein, und diese ordnen sich gemäß dem Prinzip der Ähnlichkeit den schon im Körper — in den Muskeln, in den Knochen usw. — befindlichen Atomen zu. Gleichzeitig wird auf diese Weise erklärt, warum die über das Maß hinausgehende Aufnahme von Atomkomplexen einer bestimmten Art (z. B. solche, die durch ihre Formation das Saure ausmachen) krankmachend wirken muß. Ob und wie weit diese Theorie bekannten Anschauungen der Ärzte, vor allem den Autoren der hippokratischen Schriften tatsächlich zugrunde lag, ist nicht festzustellen, da diese die Grundlagen ihrer Theorien oft nicht ausdrücklich darlegen, noch viel weniger aber Namen nennen.

Ich sehe aber in dem Bericht des Diogenes und dem angeführten Fragment noch mehr. Es ist da von einer, den Atomisten allerdings unerklärbaren Kraft, die Rede, und es ist mir nicht zweifelhaft, daß diese zusammen mit den Tendenzen, die die Urbewegung erzeugen bzw. in ihrer Richtung verändern — abgesehen von den Kräften und Tendenzen, die erst nach der Zusammenballung der Atome wirksam werden — das ausmachen, was Leukipp und Demokrit als die Gesetzmäßigkeit (ἀνάγκη) alles Geschehens bezeichnet haben. Cicero hat Leukipp und Demokrit den Vorwurf gemacht, sie hätten Himmel und Erde ohne den »Zwang einer Natur« und nur durch ein rein »zufälliges Zusammentreffen« entstehen lassen: »ista enim flagitia Democriti, sive etiam ante Leucippi, esse corpuscula quaedam levia, alia aspera, rutunda alia, partim autem angulata vel hamata, curvata quaedam et quasi adunca, ex iis effectum esse caelum atque terram nulla cogente natura, sed concursu quodam fortuito«[2]). Schon Zeller hat demgegenüber treffend bemerkt[3]): ». . . soll . . . dieser Ausdruck (alles sei zufällig entstanden) ein Geschehen ohne natürliche Ursache bezeichnen, so sind die Atomiker so weit entfernt von jener Behauptung, daß sie vielmehr umgekehrt ausdrücklich er-

[1]) Dahin gehört auch τὸ ὅμοιον ὑπὸ τοῦ ὁμοίου κινεῖσθαι καὶ φέρεσθαι τὰ συγγενῆ πρὸς ἄλληλα (Simpl. phys. 28, 20, Vors.[5] 68 A 38).

[2]) de deor. nat. I 24, 66 (Vors.[5] 67 A 11); weitere Stellen bei Zeller I[6], S. 1078, 3.

[3]) Zeller I[6], S. 1079.

klären, nichts in der Welt geschehe zufällig, sondern alles erfolge mit Notwendigkeit und aus bestimmten Gründen.« Es kann kein Zweifel sein, daß die Lehre, von der Cicero spricht und auch schon die Atomistik des Epikur, nicht mehr die des Leukipp und Demokrit ist, und daß deswegen Zeugnisse über die Lehren der letzteren nur mit äußerster Vorsicht gebraucht werden dürfen, wenn die Möglichkeit besteht, daß sie im Sinne der ersteren gefärbt sind[1]).

3. Ätiologie und Teleologie

Sowohl die Theorien des Epikur als die des Lucretius Carus sind weltanschaulich beeinflußt. Sie lehnen bewußt jede »Zweckhaftigkeit« ab und nehmen nur Kausalitätsverhältnisse im Ablauf alles Geschehens an. Ich möchte annehmen, daß man mit Unrecht auch Leukipp und Demokrit diese Anschauungsweise zugeschrieben hat. Gewiß, auch die Betrachtungsweise der letzteren ist vielfach eine rein ätiologische — so ist das Spinnennetz ein Ausscheidungsüberschuß, dessen sich die Spinnen entledigen[2]), die Zähne fallen aus, weil sie vorzeitig entstehen[3]), aber die vielfach geäußerte Meinung, daß sie aus der wissenschaftlichen Betrachtung die Teleologie verbannt habe[4]), entbehrt jeder Begründung; und wenn Zeller von Demokrit sagt: »... indem er den Erfolg nicht auf ein zufälliges Zusammentreffen der Umstände, sondern auf die Natur als Einheit zurückführt ..., kommt er der von ihm verschmähten Teleologie so nahe, als dies innerhalb seines Standpunktes möglich war ...«[5]), so ist das wohl richtig; nur für die

[1]) Das gilt z. B. auch bez. der Lehre von der Schwere der Atome, die erst durch Epikur eingeführt wurde und durch die Zeller sich zwar nicht täuschen, aber allzusehr beeinflussen ließ; vgl. dazu Nestle in Zeller I[6], S. 1099 u. besonders Burnet, Anfänge, S. 311ff.

[2]) Ps. Arist. IX 39, 623 a 30 (Vors.[5] 68 A 150). — Betr. Unechtheit des IX. Buches vgl. Paul Bolchert, Aristoteles' Erdkunde von Asien und Libien. Berlin 1908, S. 68ff.; Diels, Hermes XXII, S. 438, 2, sowie Zeller II, 2[4], S. 940f. (hier irrtümlich als X. Buch bezeichnet).

[3]) Arist. de part. an. 788 b 9—14: οὐ γὰρ ἐπὶ πάντων σκεψάμενος καθόλου λέγει τὴν αἰτίαν. φησὶ γὰρ ἐκπίπτειν μὲν διὰ πρὸ ὥρας γίνεσθαι τοῖς ζῴοις. Andere Stellen Aelian. anim. nat. XII 16—20.

[4]) Lange, Gesch. d. Materialismus, S. 13; Goedeckemeyer, Epikurs Verhältnis zu Demokrit in der Naturphilosophie. Straßburg 1897; Gomperz, Griech. Denker, S. 303.

[5]) Zeller I[6], S. 1141.

»verschmähte« Teleologie gibt es weder in den Fragmenten, noch in doxographischen Nachrichten irgendein Zeugnis[1]).

Daß im atomistischen Lehrsystem die ätiologische Erklärungsweise die finale keineswegs ausschloß, ergibt sich, abgesehen von gewissen ethischen Aussprüchen, aus einer ganzen Reihe von Stellen: bei Philo[2]) wird von einem nicht näher Genannten die Gebärmutter die Werkstätte der Natur (φύσεως ἐργαστήριον) genannt, und Zeller hält es nicht für unwahrscheinlich, daß dieser Unbekannte Demokrit sei. Nach Plutarch[3]) wächst im Mutterleib zuerst der Nabel als Ankertau gegen Schwanken und Abirren[4]), eine unverkennbare Analogie zur Bildung des Makrokosmos; aus Aristoteles geht hervor, daß Demokrit annahm, das Junge bleibe in der Gebärmutter, damit (!) seine Teile nach den Teilen der Mutter geformt würden[5]). In Fragment 164 und öfter spricht Demokrit von einer gewissen Tendenz, die den Atomen inhärent sei und sie zu homogenen und unter Umständen zu organischen Verbindungen zusammenbringe: die Möglichkeit, zu einer neuen Verbindung zusammenzukommen, liegt in der immerwährenden Bewegung der Atome, das Gesetz (die ἀνάγκη), das die Bewegung lenkt, ist: Gleiches strebt zu Gleichem, bzw. Entgegengesetztes zu ineinander Passendem; Demokrit hat also offenbar das gekannt, was Aristoteles das οὗ ἕνεκα, die Finalursache genannt hat. Dasselbe besagt auch das einzige schon einmal angeführte Fragment, das uns aus dem Schrifttum Leukipps[6]) erhalten ist: »Kein Ding entsteht planlos (μάτην), sondern alles nach Überlegung und unter Notwendigkeit«; dieses μάτην bedeutet gemäß den uns bekannten Parallelstellen soviel wie »in den Tag«, »ins Blaue hinein«, also »ohne Zweck«, aber nicht »ohne Grund«. Diese Bedeutung wird noch verstärkt durch das ἀλλὰ πάντα ἐκ λόγου.

Durch diese Feststellung erhalten auch Leukipp[7]) und Demokrit wieder die ihnen zustehende Einordnung in die natürliche Abfolge historischer Entwicklung, sie rücken wieder näher heran nicht nur an die Eleaten, deren Schüler sie genannt werden, sondern auch an die Pythagoreer und die alten Ionier. Bezüglich der letzteren hat schon W. Capelle[8]) gesehen, daß auf Leukipp (hinsichtlich der Frage der ursprünglichen Bewegung) »offenbar

---

1) Ähnlich schreibt er S. 1080: »Sie konnten die Naturerscheinungen allerdings nicht aus Zweckbegriffen erklären; die Naturnotwendigkeit war ihnen blindwirkende Kraft.«

2) De aet. m. c. 12 S. 243, 13 Bern = S. 21, 10 Cumont.

3) de am. prol. 3.

4) πεῖσμα καὶ κλῆμα für die gewordene und zukünftige Frucht.

5) De gen. an. 740 a 35.

6) Aet. I 25, 4 (Vors.[5] 67 B 2).

7) Bez. der »Leukippischen Frage« s. W. Capelle, Philol. Wschr. 46, 1922, Sp. 1081 ff. und Vorsokratiker, S. 283; Diels zuletzt in Vors.[5] I S. VI ff.; Kranz in Vors.[5] II S. 72 Anm. bringt weitere Literatur.

8) Vorsokratiker, S. 289; vgl. auch Diels, 35. Phil.-Vers. 97, 7.

die Erinnerung an die Grundanschauung seiner großen milesischen Geistesahnen« eingewirkt hat; bezüglich der ersteren aber glaubt Burnet erwiesen zu haben, daß »soweit es sich um seine allgemeine Theorie der physikalischen Beschaffenheit der Welt handelt, . . . sie vollkommen aus eleatischen und pythagoreischen Quellen hergeleitet war«[1]). Daß aber Aristoteles von Leukipp und Demokrit sagt, auch sie hätten »in einer bestimmten Art alles Seiende Zahl sein und aus Zahlen bestehen lassen«[2]) und weiter, daß beide Philosophen die unsichtbaren Atome — sonderbar genug — auch ἰδέαι[3]), σχήματα[4]) und φύσεις[5]) genannt haben, ist sowohl hinsichtlich der hier behandelten Frage als auch für die Geschichte der Philosophie überhaupt sicher nicht von geringer Bedeutung. Hier mag nur erwähnt sein, daß so auch für uns noch erkennbar wird, wie Leukipp und Demokrit die Atome, die »die dunkle Erkenntnis« durch Gesicht, Gehör, Geruch, Geschmack, Getast, nicht erfassen kann, mit Hilfe »des feineren Erkenntnisorgans«[6]) plastisch zu sehen vermochten.

Auf die Untersuchung der kosmologischen Ansichten, die das am deutlichsten erkennen lassen, muß ich hier leider bis auf einige Einzelfragen verzichten. Die Frage, ob die Atomisten außer dem »Leeren« und dem »Seienden« auch die »Elemente« Feuer, Wasser, Luft, Erde kannten, kann nur dahin beantwortet werden, daß sie wohl diese Vorstellungen hatten, und zwar wie die Jonier und wahrscheinlich auch die Pythagoreer als Zwischenglieder zwischen der πανσπερμία der Dinge und den Dingen selbst, nicht aber als Urstoffe[7]), wie Empedokles. Über die Natur dieser sekundären Elemente sagt Aristoteles[8]) nur kurz, sie schrieben dem Feuer die Gestalt der Kugel zu (pythagoreischer Gedanke? Oder weil dadurch die Beweglichkeit des Feuers am leichtesten erklärt wird, genau wie bei der Seele, die sie aus den gleichen Atomen bestehen ließen?), Luft und Wasser und die übrigen Elemente unterschieden sie nur durch Größe und Kleinheit der Atome. Ausführlicher berichtet Diogenes Laertius[9]).

4. Die Atomkomplexe

Die Dinge der Wirklichkeit nun bestehen aus Atomkomplexen, d. h. aus Atomen, die entweder infolge der Gleichartigkeit der Gestalt zur Verbindung drängen oder durch die Eigenart ihrer

---

[1]) Anfänge, S. 318.
[2]) De Cael. III 4 303 a 8 (Vors.[5] 67 A 15).
[3]) Sext. Math. VII I137 (Vors.[5] 68 B 6) u. ö.
[4]) Arist. Phys. III 203 a 21 u. ö. [5]) Fragment 168.
[6]) Fragm. 11. [7]) Vgl. Aet. I 4, 2.
[8]) De coel. III 4 303 a 16. [9]) IX 31.

Formgestaltung bei ihrer Bewegung ins »Leere« sich ineinander verhakt, »verfilzt« haben. Sie sind verschieden nach der Lage, der Stellung und der Art der Atome[1]), die zusammengekommen sind. Sie ändern sich, wenn die Lage und Stellung der Atome wechseln, sie wachsen, wenn neue hinzutreten, sie nehmen ab, wenn sich Atome aus der Verbindung trennen[2]). Die Atomkomplexe erst vermögen Sinnesempfindungen hervorzurufen, wozu die Atome nicht etwa wegen ihrer Kleinheit, sondern wegen ihrer Qualitätslosigkeit nicht imstande waren.

Die Geschmäcke führt er (Demokrit) auf Atome zurück[3]). Ein Komplex von scharf zugespitzten Atomen z. B. erzeugt scharfen, nicht zu kleine runde Atome den süßen Geschmack usw.[4]). Ähnlich ist es bei der Farbe. An und für sich sind die Atome farblos[5]). »Daher leugnet Demokrit die Wirklichkeit der Farbe, denn der Eindruck einer Farbe entsteht infolge der Lage der Atome«[6]). So berichtet auch Aetius: »Die Atome seien (an und für sich) qualitätslos. Dagegen seien die Gebilde aus diesem (dem Vollen und Leeren) farbig durch Anordnung, Gestalt und Lage«[7]). Nach Aristoteles ist die weiße Farbe glatt, die schwarze rauh[8]). Also nur die Zusammenballung der Atome hat Qualität. »Denn was in Masse zusammen auftritt, das habe in einem jeden das Überge-

---

[1]) Arist. Metaph. 985 b 4 veranschaulicht das Gesagte (ob mit eigenen Worten oder denen Demokrits, bleibt ungewiß): »So unterscheidet sich A von N durch die Gestalt, AN von NA durch die Ordnung, Ƶ (alte Form des Z) von H durch die Lage«. Vgl. dazu Diels, Elementum, S. 13f. Joel, Gesch. d. ant. Philos., S. 602, sieht in dieser Veranschaulichung den Ursprung der Bezeichnung Element, das ja Buchstabe bedeutet, und will sie mit Diels, a.a.O., S. 14, auf Demokrit selbst zurückführen.

[2]) Arist. de gen. et corr. 315 b 16 (Vors.[5] 67 A 2); 327 a 16 (Vors.[5] 68 A 38); metaph. 985 b 4 (Vors.[5] 67 A 6).

[3]) Arist. de sens. 442 b 11 ff. (Vors.[5] 68 A 126).

[4]) Theophrast. de caus. plant. VI 1, 6 (Vors.[5] 68 A 129); vgl. Theophrast phys. opin. frg. 8 (Dox. 483, 11 f.): »Demokrit, der jedem einzelnen Geschmack eine bestimmte Form zuschreibt, läßt den süßen durch runde und mittelgroße (Atome) verursacht werden; den zusammenziehenden durch große, rauhe, vieleckige, nicht runde Atome; den scharfen entsprechend seinem Namen aus scharfkantigen, eckigen, gekrümmten, feinen, nicht runden Atomen; den ätzenden aus runden, feinen und eckigen und gekrümmten Atomen; den salzigen aus eckigen, mittelgroßen, schiefen und gleichschenkeligen Atomen; den bitteren aus runden und glatten, die Schiefe und geringe Größe hätten; den fetten Geschmack aus runden, feinen, kleinen (Atomen).« (Übersetzung nach Capelle, Vorsokratiker, S. 434.)

[5]) Aet. I 15, 11 (Vors.[5] 68 A 124); vgl. Vors.[5] II 265, 2.

[6]) Arist. gen. et corr. I 2 316 a 1 ff. (Vors.[5] 68 A 123).

[7]) Aet. I 15, 8 (Dox. 314 b 1 ff.).

[8]) Arist. de sens. IV 442 b 11 ff. (Vors.[5] 68 A 126).

wicht. Das aber in die Weite Verstreute sei nicht wahrnehmbar«[1]). Aus diesen wenigen Beispielen ergibt sich, daß Demokrit die subjektiven Empfindungsqualitäten einzig und allein zurückführt auf Gestalt, Lage und Anordnung der Atome, die selbst qualitätslos sind. Bei Theophrast heißt es: »Von dem anderen Wahrnehmbaren gebe es keine Wirklichkeit . . ., weder vom Kalten noch vom Warmen, sondern die veränderte Form bewirke auch die Veränderung in uns . . .«[2]). Die Sinnesempfindungen sind also nach ihm rein subjektiv, daher ihr relativ geringer Wert für die Wahrheitserkenntnis[3]): νόμωι χροιή, νόμωι γλυκύ, νόμωι πικρόν, ἐτεῆι δ' ἄτομα καὶ κενόν[4]). Man darf diese Sätze, die uns an Lehrsätze der modernen Physik erinnern, dennoch nicht als Vorläufer dieser betrachten, wie es vielfach geschieht[5]). Aber sie vermögen uns einen tiefen Einblick zu geben in die Methode der Deduktion des ganzen Systems aus Axiom und Erfahrung.

5. Gesundheit, Krankheit, Heilung

Wir wissen von der Gesundheits- und Krankheitslehre des Leukipp und Demokrit, von denen der letztere sicher Arzt war, recht wenig[6]). Jedenfalls ergibt das Gesamtbild der Fragmente

---

[1]) Theophr. de sens. § 63 (Vors.[5] 68 A 135); Dox. 517, 7ff.

[2]) Ebd.

[3]) Ein Beweis sei die Tatsache, daß nicht allen Lebewesen alles dasselbe scheine, sondern das, was uns süß, erscheine anderen bitter, anderen scharf, anderen ätzend und wieder anderen zusammenziehend.

[4]) Galen. de medic. empir. (Vors.[5] 68 B 125). Vgl. Deichgräber, Griech. Empir.-Schule, Berlin 1930, S. 102; s. auch Frg. 117.

[5]) Vgl. Haas, A. E., Der Geist des Hellenentums in der modernen Physik. Leipzig 1914, S. 30; s. auch Gomperz, Griech. Denker, I, S. 283ff.

[6]) Wenn wir Diog. L. IX 46 (Vors.[5] 68 A 33) trauen dürfen, hat Demokrit folgende Bücher geschrieben: περὶ ἀνθρώπου φύσιος ἢ περὶ σαρκός δεύτερον (cf. Hipp. ed. K. III. p. 823), περὶ διαίτης, Über das Fieber, Von den Ursachen der Krankheiten, Aphorismen (Oribas. prooem. comm. in Hippocrat. aphorism.) und περὶ λοιμῶν ἢ λοιμικῶν κακῶν (A. Gellius, N. A. IV 13; vgl. Schleiermacher, Reden und Abhandlungen. Berlin 1835, S. 293ff.). Außerdem berichtet Plinius (lib. XXVIII c. 8, dessen Echtheit nach dem Vorgang von A. Gellius, N. A. X 12, jedoch bezweifelt wird), daß er ein eigenes Buch über die Anatomie des Chamäleon und Caelius Aurelianus (chron. IV 1 — er selbst scheint die Auffassung durch unseren Philosophen nicht für sicher zu halten; vgl. auch Fuchs, Anecd. med. gr., Rhein. Mus. XLIX, 1894, S. 557f.), daß er angeblich ein Werk über die Elephantiasis verfaßt habe (diese habe er durch das Eindringen zähen Schleimes in die Haut bzw. als Thrombose erklärt(?), und weiter die Ursache der Blutzersetzung besprochen und verordnet, die Kranken zur Ader zu lassen und die Abkochung eines gewissen Krautes zu verabreichen). Diese, und anscheinend eine Reihe von Schriften ähnlicher Art, sind für uns verloren. Man mag nun ihre Echtheit bzw. die Echtheit der uns aus ihnen erhaltenen Bruchstücke bezweifeln — die Tatsache, daß sie ihm zugeschrieben

und Doxographen unbestreitbar: es sind in der organischen Natur, im Μικρὸς διάκοσμος[1]), dieselben Atome in derselben Verflechtung und Verknüpfung, dieselben morphologischen Spielregeln, dieselben Kräfte des Auseinander- und Zusammentretens[2]) wirksam wie im Makrokosmos. Besonders das ὅμοια πρὸς τὰ ὅμοια ist dabei von Wichtigkeit, denn aus ihm erklärt sich, wie schon dargelegt, die Lehre vom Werden, vom Wachsen, von der Ernährung, der Atmung und vor allem der Sinneswahrnehmung. Der Same ist schon ein Komplex von Atomen, sowohl den rein somatischen als auch psychischen; denn »Demokrit glaubt«, sagt Galen, »der Same fließe aus der Ganzheit des Körpers und den wichtigsten Teilen z. B. den fleischigen, den Knochen und Muskeln«[3]) so, wie bei den Sinneswahrnehmungen von den Wahrnehmungsobjekten die εἴδωλα sich loslösen und dem Subjekt der Wahrnehmung körperhaft zuströmen[4]). Die Annahme der Störung des

werden, ist auf jeden Fall ein wertvoller Fingerzeig für seine tatsächliche Lehre; mit Nachdruck möchte ich aber auch an dieser Stelle wieder darauf hinweisen, daß man das so wichtige Moment der inneren Beweiskraft nicht hinter das Philologische stellen darf. Für mich ist es sicher, daß die meisten der ihm zugeschriebenen Lehrmeinungen sich nicht nur zwanglos in sein System einfügen lassen, sondern sich folgerichtig aus ihm ergeben. Das wichtigste Mittel, die in der Überlieferung fehlenden Zusammenhänge aufzuspüren, liegt in dem Satze: καὶ ὥσπερ ἐν τῶι παντὶ ὁρῶμεν τὰ μὲν μόνως ἄρχοντα οἷον τὰ θεῖα, . . . τὸν αὐτὸν τρόπον καὶ ἐν τῶι ἀνθρώπωι μικρῶι κόσμωι ὄντι κατὰ τὸν Δημόκριτον ταῦτα θεωροῦνται (David. Prol. 38, 14 Busse (Vors.[5] 68 B 34); vielleicht geht überhaupt der Ausdruck μικρὸς κόσμος auf den Wortbildner Demokrit zurück).

[1]) Der von Joel, Gesch. d. ant. Philos., S. 617, geäußerten Vermutung bez. der Schrift Μικρὸς διάκοσμος, daß dieses Buch sich auf den Menschen beziehe, muß man wohl zustimmen.

[2]) Sext. adv. math. VII 116 (Vors.[5] 68 B 164).

[3]) Gal. XIX 322 K.; vgl. Aet. V, 3, 6: ἀφ' ὅλων τῶν σωμάτων . . . σπέρμα εἶναι vgl. auch Gal. XIX 449 K.: »Demokrit und Hippokrates meinen, der Same werde aus dem ganzen Körper ausgeschieden; Demokrit äußert sich: ἄνθρωποι εἷς ἔσται καὶ ἄνθρωπος πάντες«; vgl. Arist. gen. an. 721 b 11; 746 a 6; Pseudo-Philop. de gen. an. 81 b; Censorin. d. d. nat. 5, 2.

[4]) Darum steht auch die andere nur dem Leukipp zugeschriebene Meinung, Samen sei ein (lebendiger) Leib (Gal. XIX 322 K., Dox. 640, 17) nicht mit der ersten im Widerspruch. Der Grund für die Annahme, daß auch das weibliche Geschlecht Samen erzeuge (Plut. Plac. V 5, 1, Aet. V 5, 1, Dox. 418 a 5, Galen. XIX 322 K.), ergibt sich von selbst. Ebenso, daß das Geschlecht des Kindes abhängig ist von dem Übergewicht des männlichen bzw. des weiblichen Samens (Arist. de gen. an. 764 a 6; vgl. Gal. XIX 324 K. Bedeutung des Übergewichtes!).

Kräftespiels durch Superfötation[1]) in dem sich bildenden neuen Mikrokosmos und der dadurch hervorgerufenen Mißbildungen des Fötus ist nur folgerichtig. Auf eine doppelte Weise erhalten die Atomkomplexe des Sperma im Mutterleib (wie auch der vollendete Organismus) die Zuführung neuer Atommassen: durch die Nahrung und durch die Atmung; durch letztere werden vor allem die »glatten«, »runden« = vollkommenen Feuer- bzw. Seelenatome als Prinzip des Lebens und des Denkens zugeführt.

Die wahrscheinliche Lehre von der Ernährung wurde schon oben berührt. Es ist aber auch noch eine andere Erklärung möglich. In einer Stelle seiner Physik[2]), die sich allerdings auf das Wachsen bezieht, sagt Aristoteles: ἔτι δὲ καὶ ἡ αὔξησις δοκεῖ πᾶσι γίγνεσθαι διὰ κενοῦ· τὴν μὲν γὰρ τροφὴν σῶμα εἶναι, δύο δὲ σώματα ἀδύνατον ἅμα εἶναι. Demnach würde es das Leere sein, welches bei der Ernährung die Hauptrolle spielt: wie in der Kosmogonie die Seinspartikel »sich ins Leere stürzen«, so die einzelnen Atome aus der Nahrung in das Leere des Körpergewebes[3]).

Die Seele als die belebende Kraft besteht aus den beweglichsten Atomen, nämlich den feinen, glatten und runden Seinspartikeln des Feuers[4]). Als Prinzip der Belebung ist sie durch den ganzen Leib verbreitet und jeweils zwischen zwei Körperatome eingebettet[5]). Ihr teilweises Entweichen bewirkt eine geringere Beweglichkeit des Körpers und bedeutet Schlaf[6]), ihr völliges Entweichen ist

---

[1]) Arist. de gen. an. 769 b 30 (Vors.[5] 68 A 136).

[2]) Arist. phys. 213 b 18.

[3]) In diesem Zusammenhang glaube ich auch eine Stelle aus Aelianus anführen zu müssen. Zum Verständnis muß aber zuvor ein Satz aus der Kosmogonie nachgetragen werden. Nach der Lehre des Demokrit sind die Atome von gleicher Wesenheit; aber die daraus hervorgehenden Gebilde sind in Dichte, Härte, Festigkeit, Zartheit usw. abhängig von der Art der Verknüpfung der Einzelatome bzw. den Zwischenräumen, die trotz des Aneinandergelagertseins zwischen ihnen verbleiben. Nach Aelian nun hat Demokrit das schnellere Wachstum des Geweihes der Hirsche zurückgeführt auf die Zartheit des Geweihes und seiner Adern (Aelian. H. N. XII 18, Vors.[5] 68 A 153). Zart bedeutet, daß sich große Zwischenräume zwischen den Atomen befinden. Vgl. Theophrast. Dox. 516.

[4]) »Demokrit sagt, die Seele sei ein feuriges Gemisch aus Dingen, die man (nur) durch den Verstand erkennen könne, und ihre ἰδέαι seien die der Kugel, ihre δύναμις die des Feuers« Aet. Plac. IV 3, 5 (Dox. 388 a 2).

[5]) Lukrez. III 342. S. emp. dogm. I 439.

[6]) Pseudo-Plut. de plac. phil. IV, 8, deutlicher V, 25 (Abnahme: ἐκκρίσει . . . πλεί-

gleich Erstarrung des Körpers, gleich Tod (oder Scheintod)[1]). Die ſeurigen Seelenatome sind in einer doppelten Gefahr: entweder infolge ihrer Beweglichkeit und der Fähigkeit, alles zu durchdringen[2]), aus dem Körper zu entweichen oder der δύναμις, die der Kälte des Periechon innewohnt[3]), zu erliegen. Beides verhindert die Atmung[4]). Umgekehrt ist »fortwährendes Schlafen (Schläfrigkeit) tagsüber ein Anzeichen für Störung des Körpers oder Verdrießlichkeit, Trägheit oder Unerzogenheit der Seele«[5]).

Über die atomistische Auffassung von »Gesundheit«, »Krankheit« und »Heilung« sind uns, wie schon erwähnt, keine direkten Nach-

---

ονι τῆς εἰσκρίσεως; vgl. Gal. hist. phil. XIX p. 340 (nur für Leukipp); s. a. Diels (Dox. 213)); die Stelle bei Plutarch lautet (ich übersetze wie Capelle, Vorsokratiker, S. 305, nach einer Vermutung Zellers I[6], 1119, 2): Leukipp sagt, der Schlaf (ὕπνον ergänzt Diels, Vors.[5] 67 A 34 nach Bernadakis) entstehe, wenn die Ausscheidung der feinen Atome größer sei als das Eindringen der Seelenwärme (ψυχικὸν θερμόν = Feuer-Seelen-Atome aus der Luft); ihr massenhaftes Ausscheiden (bedeute) den Tod . . .«. Vgl. hierzu Capelle, a. a. O., S. 306, Anm. 1.

1) S. Schluß der vorigen Anmerkung.

2) Dox. Proll.: »Democritus spiritum insertum atomis hac facilitate motus ut corpus illi omne sit pervium.«

3) Philop. de an. 15 A.

4) Arist. de respir. 471 b 30 (Vors.[5] 68 A 106): »Demokrit behauptet, daß die Einatmung für die Atmenden eine gewisse Folge hat. Er sagt nämlich, sie verhindere, daß die Seele (aus dem Leibe) herausgedrängt werde . . . Er behauptet aber, die Seele und das Warme seien dasselbe, nämlich die kugelförmigen Urkörper. Wenn nun diese von der umgebenden (Luft), die sie herausdrängen will, zusammengedrängt werden, dann kommt ihnen die Einatmung zu Hilfe. Denn in der Luft befindet sich eine große Anzahl von solchen Atomen, die er Geist und Seele nennt. Wenn nun der Mensch einatmet und (damit) die Luft (in seinen Körper) eintritt, kämen diese Atome mit dieser zusammen in den menschlichen Körper hinein und hinderten, indem sie der Verdrängung entgegenwirkten, die in den Lebewesen wohnende Seele zu entweichen. Daher beruhe auf der Ein- und Ausatmung Leben und Sterben . . . Denn der Tod sei das Entweichen solcher Atome aus dem Körper infolge ihrer Herausdrängung durch die umgebende Luft.« — In de an. 403 schreibt Aristoteles: »Demokrit erklärt die Seele für eine Art Feuer und Warmes. Denn von den unzähligen »Formen« oder Atomen (nennt er die kugelförmigen Feuer und Seele, ähnlich wie die sogenannten »Schabsel«, die in den Strahlen, die durch die Fenster dringen, sichtbar werden . . .). Daher sei auch die Atmung von entscheidender Bedeutung für das Leben . . . Und ⟨Menschen und Tiere⟩ lebten, solange sie dies tun könnten.« (Übers. n. Capelle, S. 304 und 424). Vgl. a. Arist. de an. 404 a 1 ff., Simpl. de an. 264 ff., Tert. de an. 41 (68 A 136).

5) Fragm. 212.

richten erhalten; doch gibt es wichtige Hinweise: erstens aus der Lehre über die Atmung. Wenn es die Atmung ist, die dem Menschen die notwendigen Feuer-Seele-Atome als Prinzipien der Bewegung und des Lebens zuführt, dann sind mittelbar, aber notwendig, zwei Voraussetzungen für den Gesundheitszustand des Menschen gegeben: einmal die Luft, die eine mehr oder weniger große Anzahl solcher Atome mit sich trägt, und dann die jeweilige Struktur des menschlichen Leibes[1]), die die Aufnahmefähigkeit[2]) zu erhöhen oder herabzusetzen vermag. Zweitens aus seiner Theorie von den sinnlichen Wahrnehmungen: Plutarch[3]), Cicero[4]) und Theophrast sprechen von den demokriteischen ἀπόρροιαι; es sind dies, wie schon gesagt, die körperhaften Abbilder (εἴδωλα) der Körper, die aus den verschiedensten Atomen, wie die Körper selbst, bestehen und sich dauernd von den Gegenständen ablösen[5]); diese abgelösten εἴδωλα werden von den Lebewesen aufgenommen, und zwar sowohl durch die ganze Körperoberfläche[6]) als insbesondere durch die spezifischen Sinnesorgane[7]). Der Eindruck ist aber nun nicht nur verschieden nach den Atomkomplexen selbst, sondern hängt auch ab von der körperlichen Beschaffenheit dessen, der ihn empfängt: das Sehen kommt durch Einmischung (Eindringen) von Bildern zustande[8]). Das innere Auge nimmt die εἴδωλα am besten auf, wenn sein Inneres möglichst »gängig« und ohne festes und hartes Fleisch und außerdem frei von dichter und fester Flüssigkeit ist und die Adern in den Augen geradlinig und rein sind.

[1]) Vgl. das in Arist. de cael. 309a 1ff. (Vors.[5] 68 A 60) und in Theophr. de sens. § 61 (Vors.[5] 68 A 135) über Festigkeit und Schwere der Körper Gesagte; vgl. auch Theophr. de sens. § 61ff. Dox. 516f.).

[2]) Diese ist nach Alter, Geschlecht und bei den Einzelnen zu verschiedenen Zeiten verschieden.

[3]) Plut. quaest. conv. 8, 10, 2.

[4]) Cic. epp. 15, 1.

[5]) Vgl. die Auffassung mit den κέρματα des Empedokles in dessen Fragment 101.

[6]) Der ganze Körper nimmt die εἴδωλα oder δείκηλα auf, die Sinne sind nur die besonders brauchbaren Instrumente (Arist. de sens. c. 4).

[7]) Darum sind die Sinneseindrücke wahr und tatsächlich erkenntnisvermittelnd, weil ihnen ein objektiver Vorgang, das Aufnehmen von Atomkomplexen von bestimmter Zusammensetzung und Gestaltung zugrunde liegt (ἐτεῇ), falsch (bzw. nur νόμῳ), weil die Sinne nur einen jeweils verschiedenen Eindruck erzeugen (süß, sauer usw.). Vgl. Fragm. 6, 7, 8, 9, 10, 97, 117, 125.

[8]) Arist. de sens. c. 2; vgl. Plut. de Plac. phil. IV 13: der ganze Körper nimmt die εἴδωλα auf.

Ähnlich ist es bezüglich des Hörens: »Die Luft, in das Leere (!) eindringend, verursacht im Innern eine Bewegung, nur daß sie an allen Stellen des Körpers einströmt, am meisten und stärksten aber durch die Ohren, weil sie da durch das meiste Leere hindurchgeht und am wenigsten gehemmt wird ... man hört am schärfsten, wenn die Ohrmuschel fest ist, die Adern aber leer und möglichst rein sind und gut durch den übrigen Körper durchleiten ... und das Gehirn wohl gemischt (εὔκρατος) und seine Umgebung möglichst trocken ist; denn dann geht der Ton ungebrochen ein, da er durch viel Leeres und Reines und durch eine gute Leitung (εὔτρητον) hindurchgeht«[1]).

Aus diesen Gedankengängen heraus finden mehrere Theorien der Hippokratiker, aber auch der Ärzte vor und nach ihnen, über den Einfluß des πνεῦμα und der περισσώματα, die man bisher einfach als apodiktische Aussprüche aufzunehmen pflegte[2]), die Möglichkeit ihrer Deutung.

Wertvoll scheint mir vor allem folgende Stelle bei Theophrast[3]): »Über die Tätigkeit des Denkens, die auf Grund dieser sinnenhaften Erkenntnis erfolgt, sagt er folgendes: sie geschehe, wenn die Psyche eine harmonische Mischung habe; wenn sie aber überwarm oder überkalt sei, »verwechsele« sie; deswegen sprächen die Alten richtig von einem ἀλλοφρονεῖν; dadurch sei es offenbar, daß er das Denken von der Mischung des Körpers abhängig macht, was bei ihm nur erwartungsgemäß und folgerichtig ist, da er die Seele körperlich sein läßt.« Demnach sind es sowohl bei der Atmung als bei den Sinneswahrnehmungen immer dieselben zwei Faktoren, die die subjektiven und objektiven Veränderungen des Körpers hervorrufen: die einwirkenden Atomkomplexe des περιέχον, nach Gestalt und Zusammensetzung verschieden, und die Eigenart des Atomaufbaues im menschlichen Körper; bei letzterem Moment ist von Wichtigkeit vor allem, ob das κενόν zwischen den Einzelatomen groß genug ist, um die Atome aus der Umwelt aufzusaugen bzw. ihnen die Möglichkeit der Bewegung und Fähigkeit der Einwirkung zu geben. Beides wird nämlich verhindert durch Ansammlung von Feuchtigkeit, wie oben beim Auge und beim Ohr

---

[1]) Theophrast. de sens. § 55 (s. Dox. S. 513 u. 516ff.).

[2]) bzw. die man bisher, und zwar oft in sehr gezwungener Weise nur auf Alkmaion, Empedokles und Diogenes zurückführte.

[3]) § 58 (Dox. 515).

deutlich gesagt, oder durch ein Übermaß der Nahrung und andere Ursachen, die aus den ethischen Aussprüchen des Demokrit entnommen werden können. Damit haben wir aber seine wahrscheinliche Theorie von Gesundheit und Krankheit und, insofern die angegebenen Faktoren beeinflußbar sind, auch die der Heilung.

Auch die auf den ersten Blick etwas sonderbar erscheinende und von Theophrast scharf kritisierte Theorie der Geschmacksempfindungen ist unter diesem Gesichtspunkt nicht wertlos. Auch die χυλοί werden den verschiedenen Atomformen zugeschrieben[1]); damit legt Demokrit aber den χυλοί, auch wenn sie subjektiv verschieden erscheinen mögen, objektive Qualität bei[2]) und gibt damit auch die Möglichkeit der Einwirkung der zugeführten Stoffe auf die schon im Körper enthaltenen[3]), um diese entsprechend ihrem Übermaß oder Mangel zu vermindern oder zu vermehren.

6. Harmonie als τέλος (Erhaltung der εὐθυμία durch δίαιτα des Leibes und der Seele)

Übrigens ermöglicht — wie bei Pythagoras — auch die Ethik[4]) Demokrits wertvolle Rückschlüsse auf die medizinischen Ansichten der Atomisten, die uns wegen des Verlustes ihrer 'Ιατρικά und wegen des Fehlens von doxographischen Nachrichten sonst nicht mehr zugänglich sind.

---

[1]) Theophrast. de sens. §§ 64ff.

[2]) wie Theophrast. § 70 in seiner Kritik sehr gut sagt: ». . . wenn auch nicht durch dieselben Ursachen allen die Empfindungen des Süßen und Bitteren bewirkt werden, so erscheint doch die Natur des Bitteren und Süßen allen als dieselbe, was er auch selbst zu bezeugen scheint; denn wie wäre das, was uns bitter ist, andern süß und herbe, wenn diese nicht eine ὡρισμένη φύσις hätten.«

[3]) Die φύσεις der zum Körper gehörenden Stoffmassen, nach denen zu fragen die meisten der Hippokratiker für die Voraussetzung aller Heilkunst halten.

[4]) Ein Wort übrigens, das mir bei ihm gar nicht am Platze dünkt. Man spricht zwar immer davon, und wie bei Pythagoras, so wird auch hier die alte Streitfrage verhandelt, ob seine Ethik ein System und auf welche Voraussetzungen sie gegründet sei. Alle nur möglichen Charakteristiken hat man ihr je nach dem eigenen Standpunkt — genau wie bei der Beurteilung seiner Philosophie — gegeben: reiner Idealismus, krassester Materialismus, Utilitarismus, Altruismus, Hedonismus, Egoismus und kynische Askese. Anderen wieder erscheinen die Nachrichten so widerspruchsvoll, daß ihnen nur noch das Verdächtigen der Fragmente selbst als Ausweg erscheint. Ich brauche hier auf die verschiedenen Kontroversen nicht einzugehen, aber ich glaube, die Frage ist

Wie bei den Pythagoreern ist der Ausgangspunkt der Überlegungen ein doppelter: 1. bedeutet harmonisches Ausgeglichensein ebensowohl Gesundheit als auch das Ziel alles ethischen Handelns; 2. der Mensch hat es selbst in der Hand, beides zu erreichen: »Gesundheit fordern in ihren Gebeten die Menschen von den Göttern; daß sie aber selbst darüber die Macht in sich haben, wissen sie nicht«[1]).

---

nicht unberechtigt, ob nicht unsere Gelehrten mit allzu großem Fleiße bei den alten Philosophen Dinge suchen, an die diese gar nicht gedacht haben, und daß man dann erst zufrieden ist, wenn man sie in einem System moderner Definitionen untergebracht hat (vgl. Einleitung). Demokrit war Philosoph und Arzt, und als solcher hat er wie jeder gute Arzt mehr Wert gelegt auf die δίαιτα (d. h. auf die Vorschriften für die Lebenshaltung, auf das »régime«, wie Littré dasselbe Wort bei Hippokrates übersetzt) als auf Medikamente, wie es auch Pythagoras getan hat, mit dessen philosophischer und ärztlicher Denkweise er so große Ähnlichkeit hat. Ob diese Sprüche nun später von anderen als χρυσαῖ γνῶμαι (ich bin übrigens der Meinung, daß die meisten von Lucas Holstenius, Rom 1638, unter »Demokrates« gesammelten χρυσαῖ γνῶμαι unserm Demokrit angehören) zusammengestellt worden sind, oder ob sie als Ratschläge in seinen medizinischen Schriften standen, oder ob er sie selbst in einem »Buch der Aphorismen«, das er ja geschrieben haben soll, herausgab, ist für uns hier völlig gleich. Demokrit war aber auch Mensch, und zwar einer, den man wegen seines goldenen, immer lachenden Optimismus mit dem Beinamen ὁ γελασῖνος der Nachwelt gekennzeichnet hat. Ob darin nicht z. B. auch die Erklärung liegt für den so viel umstrittenen Ausspruch, der zu soviel falschen Ausdeutungen Anlaß gab: man solle lieber Kinder adoptieren, als selber Vater werden? Ob nicht unsere Gelehrsamkeit allzusehr die Alten nach dem Gerippe beurteilt, das wir in Gestalt der Fragmente überkommen haben, anstatt den lebendigen Menschen von Fleisch und Blut zu sehen und sich in sein lebendiges Denken hineinzufühlen, um mit ihm zu urteilen, wie ihm damals die Welt erscheinen mußte? Hier könnte man auch die Geschichte anführen, die uns Julian (Epist. 201 B—C = Vors.[5] 68 A 20) von dem »lachenden Philosophen« erzählt: danach verspricht Demokrit dem König Darius, ihn über den Tod seiner Gemahlin zu trösten; er werde sie ihm wieder ins Leben zurückrufen, wenn er seine Bedingung erfüllt haben würde: er müsse auf ihr Grab die Namen von drei Menschen schreiben, die noch nie ein Leid erfahren hätten. Zeller bemüht sich nachzuweisen, wie unvereinbar der Unsterblichkeitsglaube mit seinem Standpunkt sei und macht die Geschichte zu einer »artigen Fabel« (I[6] S. 1118a2). Und doch liegt die Tendenz der Erzählung so klar in der Fortsetzung der Nachricht die Zeller nicht bringt: als der König trotz eifrigen Suchenlassens die drei Menschen, die nie ein Leid gehabt hatten, nicht finden konnte, da habe Demokrit gelacht und gefragt, mit welchem Recht er dann der einzige Mensch sein sollte, dem kein Leid widerfahre?

[1]) Fragm. 234 (Übersetzung dieses und der folgenden Fragmente nach Diels); vgl. Fragm. 43, 62, 66, 68.

Die Harmonie als τέλος wird näher bestimmt durch die Synonyma: εὐθυμία[1]), ἡδονή, εὐεστώ καὶ ἁρμονία, εὐδαιμονία, συμμετρία, ἀταραξία[2]), als ἀθαυμαστία[3]) und ἀθαμβία[4]). Der Weg, sie zu erreichen, stimmt mit dem pythagoreischen: »Die Waage nicht überschreiten« überein und lautet hier, das richtige Maß innehalten: »Wem das innere Wesen wohlgeordnet ist, dem ist auch das Leben in Ordnung (ὁ βίος συντέτακται)«[5]). »Überschreitet man das richtige Maß, so kann das Angenehmste zum Unangenehmsten werden«[6]). »Wer mäßig im Essen ist, hat niemals eine verkürzte Nachtruhe«[7]). »Schön ist überall das Gleichmaß (τὸ ἴσον), Übermaß und Mangel (ὑπερβολή τε καὶ ἔλλειψις, ein im Corpus Hippocraticum immer wiederkehrender Begriff) scheint mir nicht«[8]).

Ausdruck der erlangten Harmonie und zugleich Kennzeichen dessen, was zuträglich sein wird, ist die »Wohlgemutheit«, das seelische Wohlbefinden[9]). »Denn Lust und Unlust ist die Grenze (οὖρος) = Bestimmung (des Zuträglichen und Abträglichen)[10]). Deshalb konnte er seine δίαιτα auch in Aussprüche fassen wic folgende: »Wohlgemutheit erlangen die Menschen durch Maßhalten in der Lust und Harmonie des Lebens ... Hältst Du Dich nämlich an diese Erkenntnis, so wirst du wohlgemut leben ...«[11]).

Der innere Grund aber für die Erhaltung der Harmonie durch die Lebenseinflüsse, denen man sich aussetzt, liegt wieder in seiner Theorie von den Atomen: wie bei den Sinneswahrnehmungen, so sind es auch bei allen körperlichen und seelischen Erlebnissen,

---

1) εὐθυμίαν τὸ κράτιστον εἶναι Epiphan. adv. haer. III 2, 9.

2) Stob. II 7, 3, p. 52, 13 W.

3) Strabo I, p. 61 C (Vors.[5] 68 A 168); »Nicht-Erstaunen«, vgl. Fragm. 216 »Weisheit, die sich nicht verblüffen läßt, ist alles wert.«

4) Cic. fin. V 23 (Vors.[5] 68 A 169: »Ruhe der Seele«; ebd. 87 (Vors.[5] 68 A 169) »ein Gemütszustand der Seele, frei von Angst und Schrecken.«

5) Fragm. 61.

6) Fragm. 233.

7) Fragm. 209.

8) Fragm. 102; vgl. Fr. 3, 57, 70, 102, 198, 210, 211, 222, 223, 283, 284.

9) Dieser Begriff unterscheidet die δίαιτα des Demokrit sowohl von der der Pythagoreer, bei denen die Harmonie das Resultat abstrakter Überlegungen war, als von der des Epikur, der das Wohlbefinden nur Ausdruck des körperlichen Empfindens sein läßt; m. vgl. a. π. ἀρχ. ἰητρ. c. 9 (I 590 L).

10) Fragm. 4.

11) Fragm. 191; vgl. Fragm. 3 und 174.

also auch bei den medizinisch zu wertenden Vorgängen der Nahrungsaufnahme, des Einflusses der Jahreszeiten, des Klimas usw., abgelöste Atomkomplexe, die auf den Organismus eindringen und je nach ihrer Beschaffenheit dessen harmonisches Ausgeglichensein fördern (besonders durch Zuführung der lebenspendenden und formenden Feuer-Seelenatome in Gestalt des Guten und Schönen) oder stören. Letzteres geschieht wie bei den Pythagoreern und Heraklit durch Übermaß und Nachgeben gegenüber der Leidenschaft. »Die Gier nach mehr verliert das Vorhandene und gleicht darin dem Hunde des Äsop«[1]. Deswegen fordert die Erhaltung der Harmonie das Unterdrücken der ὀρέξεις[2], und weil der Kampf nicht leicht ist[3], Mannhaftigkeit[4], die zu erwerben Ziel der Selbsterziehung und Kindererziehung ist.

Wie mit leuchtenden Lettern stehen über aller pythagoreischen Leibes- und Seelendiät die Begriffe: Harmonie und Symmetrie: »Auf alles gefaßt sein« war die erstrebte Grundstimmung der Psyche, die Gymnastik des Leibes und der Seele das Mittel, sie zu erlangen; als der große Frevel galt den Pythagoreern die Überschreitung des richtigen Maßes. Die Kunst der Beherrschung der ὀρέξεις war ihnen das Mittel, die Überschreitung des Maßes zu vermeiden, die Erkenntnis des Wahren und Guten der Beweggrund, es zu erstreben. Und das Ziel ihrer Heilkunst war, wie wir sahen, dasselbe wie das ihres philosophischen Strebens. Bei Demokrit nun können wir dem Sinne nach dieselben Sätze, wie sie die Pythagoreer lehrten, der Reihe nach belegen, sowohl was das Objekt des philosophischen Denkens und der Lebenshaltung angeht als auch die Mittel es zu erreichen; deshalb ist der Schluß nicht unberechtigt, daß auch die atomistische Heilkunst in wesentlichen Zügen mit der pythagoreischen übereinstimmt[5].

---

[1]) Fragm. 222.

[2]) Fragm. 71, 72, 74, 88, 207, 214, 235, 236, 245.

[3]) Fragm. 236.

[4]) ἀνδραγαθία (Fragm. 2a); vgl. Fragm. 213 u. 214; daher auch aus demselben Grunde wie bei den Pythagoreern, nämlich zwecks Gewinnung einer Psyche, die in Glück und Unglück fähig ist, das harmonische Gleichmaß zu bewahren, die Forderung nach Gymnastik: freiwillig übernommene Mühen gestalten das Ertragen der unfreiwilligen leichter (Fragm. 240); vgl. Fr. 157, 179, 182, 243; die εὐθυμία des Demokrit bedeutet demnach ganz etwas anderes, als was wir durch ἡδονή auszudrücken pflegen. Joel weist darauf hin, daß in εὐθυμία der θυμός durchklingt.

[5]) Ein äußeres Zeugnis für die Ähnlichkeit seiner medizinischen Ansichten

Der Anonymus Londinensis[1]) hat unsere Kenntnis von der Nosologie Demokrits nicht erweitert. Er bestätigt nur die Richtigkeit einer Erzählung, von der wir sonst — abgesehen von einem Hinweis des Caelius Aurelianus[2]) — nur durch Diogenes Laertius[3]) Kenntnis hatten, nämlich, daß Demokrit, als er schon im Sterben lag, seiner Schwester zuliebe sein Leben um mehrere Tage verlängert habe, indem er den heißen Dunst frischgebackenen Brotes einatmete. Es ist nicht ausgeschlossen, daß Demokrit tatsächlich eine solche Anordnung getroffen hat, da er gemäß seiner Seelen- bzw. Atmungstheorie annehmen mußte, daß auf diese Weise die εἴσκρισις τοῦ ψυχικοῦ θερμοῦ erleichtert bzw. dessen ἔκκρισις erschwert werde.

Man hat versucht[4]), in der zeitgenössischen ärztlichen Literatur, besonders bei den Hippokratikern, Auswirkungen der atomistischen Lehre und, wenn möglich, aus diesen Fragmente der verlorenen Schrift Demokrits περὶ ἀνθρώπου φύσιος ἢ περὶ σαρκός β! wiederzufinden. Ich halte diese Versuche, ganz abgesehen von der Unsicherheit, die den Resultaten notwendigerweise anhaftet, für verfehlt: nicht auf etwaige Einzelheiten, die zufällig überkommen sind, kommt es an, sondern vielmehr auf den Geist und auf die Impulse, die sie in ihrer neuen Art der Schau der wissenschaftlichen Weiterforschung übermittelte. Und da glaube ich allerdings, daß das System des Leukipp und Demokrit mit seiner idealen Vereinigung von naturphilosophischer Betrachtungsweise und empirischer Forschung[5]) entwicklungsgeschichtlich gesehen von einer Fruchtbarkeit gewesen ist, die wir wohl nie mehr richtig werden ermessen können[6]). Vor allem scheint mir das, viel mehr, als bisher

mit den pythagoreischen gibt uns A. Gellius (noct. ad. IV 13, 2 Vors.[5] 68 B 3 300, 7), Demokrit lehre, daß plurimis morbidis medicinae fuisse incentiones tibiarum.

[1]) 37, 35.

[2]) Acut. morb. II 37 (Vors.[5] 68 A 28).

[3]) Diog. L. IX 43.

[4]) Vgl. z. B. B. t. Brink, Philologus VIII, 414ff.

[5]) Bez. dieser haben wir ein prachtvolles Zeugnis in Ammian. Marcell. XXVIII 4: ut discissarum pecudum exta rimari cum anatomicis Democritum putes, docentem, quibus modis posteritas mederi doloribus possit internis.

[6]) Daran trägt wohl vor allem die Feindschaft Platons gegen Demokrit, dessen Namen er nie nennt, und dessen Bücher er angeblich vernichten ließ, die Schuld, so daß sicher manche ideengeschichtliche Zusammenhänge für uns Heutige verschleiert worden sind.

angenommen wurde, für das Gebiet der Medizin zu gelten. Nicht ohne Grund haben die Alten, die den Dingen doch näherstanden, Hippokrates und Demokrit miteinander Freundschaft schließen lassen. Was Demokrit seinem Freunde geben konnte, war die philosophische »Schau der Dinge« — in dem früher besprochenen Sinne — und die Akribie der Forschung, die auch die kleinsten Einzelheiten in den Gegebenheiten der Umwelt beachtete und dem Gesamtgebäude einzufügen suchte.

Wir wissen, mit welcher Ehrfurcht Demokrit vom menschlichen Körper gedacht hat[1]), wir können es noch nachempfinden, wie er, der überall hinter der δόξα des nur νόμῳ Benannten das ἐτεῇ Seiende suchte, von den vielen ungelösten Rätseln im Mikrokosmos Mensch getrieben wurde, »den Gesamtbau des Leibes in seiner Entwicklung, seiner Struktur bis zum feinsten Adersystem[2]), seiner Lebensfunktion in Pulsschlag[3]) und Atem kennen zu lernen«[4]), und daß, wie Gomperz fein bemerkt[5]), Demokrits heißes Sehnen einem Mikroskop galt von idealer Leistungsfähigkeit, um den den Sinnen verborgenen geheimnisvollen Bewegungen der Atome nachzuspüren, die die Wunderwelt des menschlichen Leibes aufbauen.

---

[1]) Vgl. W. Fronmüller, Demokrit, seine Homerstudien und Ansichten. Diss. Erlangen 1901, S. 55f.

[2]) von dem er mehrmals spricht (z. B. Fragm. 135 und in seiner Sinnesphysiologie: Theophrast de sens. § 49f.

[3]) Daß er die φλεβοπαλία genau untersuchte, ergibt sich aus Erotian. p. 90, 18 B. (Vors.[5] 68B 120).

[4]) Joel, Gesch. d. ant. Philos., S. 616. A. — Untersuchungen anatomischen Charakters wird auch er nur an Tieren gemacht haben.

[5]) Griech. Denker, I, S. 300.

SYNKRETISMUS IN PHILOSOPHIE UND MEDIZIN

1. Charakteristik (Methodologische und sachliche Auswirkung dieser Periode auf die zeitgenössische Medizin)

Mit dem Siege der Griechen bei Salamis auf Kypros beginnt eine Periode der abendländischen Wissenschaft, die zwar zeitlich nur wenige Jahrzehnte umfaßt, inhaltlich aber in mehr als einer Beziehung eine der reichsten ist, die wir kennen. Philosophiegeschichtlich gesehen stellt sie den Spätherbst einer mit der zweiten Hälfte des 5. Jahrhunderts zu Ende gehenden Entwicklung dar, der zwar noch eine bunte Blütenlese von Epigonen und Eklektikern hervorbrachte, aber originale Denker zu reifen nicht mehr die Kraft hatte; medizinhistorisch gesehen sollten jedoch diese Jahre, die unter anderem den großen Hippokrates als Knaben und reifenden Mann sahen, von höchster Bedeutung werden. Was die großartigen Konzeptionen und Forschungsergebnisse der alten Naturphilosophen neben anderen Wissenschaften auch der Medizin übermitteln konnten, wurde nun wirklich die Hypothesis, die Grundlage, auf der man weiterbaute, wenn auch die Arbeitshypothesen im einzelnen vielfach wechselten.

Im Hinblick auf die Problemstellung dieser Arbeit ist ein dreifaches Charakteristikum der in Frage kommenden Zeit herauszustellen[1]: erstens die Methode. Die »Alten« hatten keine methodologischen Probleme. Wohl gingen auch sie, wie die vorhergehenden Untersuchungen eindeutig nachgewiesen haben, von der Erfahrung aus; auch ihnen wurden all die Erscheinungen, die man bis zu ihrer

[1]) Ich muß an dieser Stelle darauf verzichten, die Hintergründe zu zeichnen, vor denen sich die neue Entwicklung des wissenschaftlichen Denkens abgespielt hat, obschon der in den letzten Jahrzehnten immer öfter aufgestellte Grundsatz sicher zu Recht besteht, daß diese Zeit, im Auftreten der Sophisten und in den Tragödien des »tragischen Menschen« Euripides ebenso deutlichen Ausdruck findet wie in den Spottversen eines Aristophanes und der absoluten Skepsis der jüngeren Herakliteer. — Gute Gesamtdarstellungen, die auch die inneren Zusammenhänge berücksichtigen: W. Jaeger, Paideia; K. Joel, Gesch. d. antik. Philos.

Zeit mythologisch gedeutet oder resigniert hingenommen hatte, zum Problem, und sie mögen, mehr als die dürftigen Berichte und die von stolzer Selbstsicherheit getragenen Fragmente ahnen lassen, in scharfsinnigen Überlegungen mit den Problemen gerungen haben, ehe sie wie Propheten ihres eigenen Geistes in der Menschheit erstmalig gedachte Gedanken zum Ausdruck brachten und dem Abendlande Begriffe und Vorstellungen schenkten, die Jahrtausende lang in Philosophie und Medizin Bedeutung behielten. Die alten Denker haben, stehend auf der schmalen Basis der noch allzu kärglichen persönlichen Einzelerfahrung von der Außenwelt, in genialer Naivität sich mit den physikalischen und physiologischen Problemen befaßt und Bestimmungen getroffen über Begriffe, die wir heute als die allgemeinsten, abstraktesten und schwierigsten zu bezeichnen pflegen; wenn sie aber, aufsteigend von Einzeltatsachen zu Allgemein-»Begriffen« und von diesen wieder ausgehend die Einzelerscheinungen in ihrer Gesamtheit zu erklären versuchen, so ist das nur scheinbar ein Vorgehen, das etwa unserer »Induktion« und »Deduktion« entspricht: die »Alten« kannten überhaupt keine Methode, weil für sie der eigentliche Anlaß aller Methodologie, nämlich Unsicherheit und Zweifel[1]), nicht gegeben war.

Die neuen politischen Verhältnisse nach den Perserkriegen ließen weiteste Kreise mit den Theorien der großen Denker — von denen Anaxagoras, Demokrit und Empedokles noch in unsere Zeit herabreichen — aber auch mit der Tatsache bekannt werden, daß die Lösungsversuche der gemeinsamen Probleme miteinander in schärfstem Widerspruch standen. Dabei boten Naturphilosophie und theoretische Medizin das gleiche Bild. Die Vermittlungsversuche, die Verteidigung alter Anschauungen und das Aufstellen neuer Theorien, brauchten und brachten das Neue, das bewußte und überlegende Abwägen der Grundlagen, von denen man auszugehen und des Weges, den man einzuschlagen

[1]) Man vgl. nur Aussprüche des Heraklit (Frag. 1 u. ö.), des Parmenides, des Empedokles (z. B. Frg. 8: ἄλλο δέ τοι ἐρέω, Frg. 17: διπλ' ἐρέω usw.) mit den zahlreichen οὐκ οἶδα σαφέως, οὐ μὴν σάφα οἶδα und ἴσως etwa in den »Epidemien«; andererseits aber gibt es genug Aussprüche, die auch in der neuen Zeitperiode von der absoluten Selbstsicherheit der Autoren zeugen; das mag zum Teil begründet sein in dem stärker werdenden Individualismus und Solipsismus, ist aber gleichzeitig ein Beweis dafür, daß die »neue Zeit« doch nicht so scharf von der vorhergehenden abgegrenzt werden darf, wie das vielfach geschieht.

hatte, mit anderen Worten: die Methode: »Im Anfang jeder Überlegung muß, wie mir scheint, ein unbestreitbares Prinzip (unbestreitbarer Ausgangspunkt) stehen . . .«[1]), beginnt der Apolloniate Diogenes seine Darlegungen. Sein oft gebrauchtes ἐμοὶ δὲ δοκεῖ zeugt von dem neuen Geiste. Ausdrücke wie καὶ τοῦτο εὔδηλον, unvollständige, aber echte Schlüsse und Anführungen von Beweispunkten zeigen seinen Willen zur Methode[2]). Ausgehend von Erfahrungstatsachen, wie sie jeder macht, kommt er in logischen Überlegungen zu seinem »unbestreitbaren« Grundprinzip, daß »alle seienden Dinge dasselbe sind« und nur Abänderungen ein und desselben Urstoffes darstellen, nämlich der Luft. Überraschenderweise aber und ganz unvermittelt gibt dann der Apolloniate der Luft Prädikate, die diese zu einem im früher dargelegten Sinne metaphysischen Prinzip machen und seine ganze Lehre trotz allem als echt naturphilosophisch erscheinen lassen.

Die gleichzeitige bzw. nur wenig jüngere wissenschaftliche Medizin bietet, wie schon gesagt, formell und inhaltlich das getreue Spiegelbild. Ausgang von einer »gesicherten Grundlage«, ἱστορίη in ihrer Doppelbedeutung als Erforschung (besonders durch Anschauung und Betrachtung) und als beschreibende Darlegung und der Versuch zur kausalen Verknüpfung der gefundenen Einzelheiten sind die durchgängige Signatur. Der Verfasser von π. σαρκῶν leitet seine Darlegungen ein: »Notwendigerweise — dieses Wort, das besonders im Corpus Hippocraticum überaus häufig gefunden wird, ist schon typisch — hat einer, der die folgende Darstellung der ärztlichen Kunst geben will, seinen Ansichten ein allgemein anerkanntes Prinzip zugrunde zu legen«[3]). In π. διαίτης werden dem Aufbau der Grundgedanken mehrere Kapitel gewidmet, und selbst der Verfasser der Schrift »Die alte Heilkunst« beweist mit seinen Bemerkungen über das Grundprinzip, daß er der Zeit nicht allzufern stehen kann, in der die Methode als etwas Neues zur Diskussion stand. Von höchstem Interesse sind die gelegentlichen methodologischen Bemerkungen in den »Volkskrankheiten«, unter

---

[1]) Vors.[5] 64 B 1; die Fortsetzung, »die Ausdrucksweise aber einfach und würdig«, zeigt, wie auch bei einzelnen Hippokratikern, die Spitze gegen die Sophisten.

[2]) S. den Abschnitt »Diogenes«.

[3]) V 298 L.; Übers. mit geringen Abweichungen nach Deichgräber, Epidemien, S. 39.

denen VI 3, 12 als κεφάλαιον die folgenden Sätze hinstellt: »Ausgehen muß man von dem Ursprung und Ansatzpunkt (der Krankheit) und auf Grund zahlreicher Überlegungen und bis ins einzelne gehender Erkenntnisse seine Schlüsse ziehen und forschen, ob etwas dem anderen gleich sei, weiter das Ungleiche durchsuchen, ob sich hier nicht (doch) Übereinstimmungen finden, wodurch sich aus dem Ungleichen ein Gleiches ergäbe. Dies dürfte die richtige Methode, so dürfte es möglich sein, das Normgemäße und das der Norm Widersprechende zu finden«[1]). In dieser Formel, zu der man zahlreiche Parallelen nachweisen kann, in denen nur zufällig der eine oder andere Punkt nicht erwähnt ist, finden alle drei angegebenen Hauptpunkte der neuen Methode ihren Ausdruck. Manche Historiker haben aus solchen Formulierungen und vor allem aus der in dieser Zeit stark in den Vordergrund gerückten ἱστορίη allzuschnell die bekannte Schlußfolgerung von dem »Sieg der reinen Empirie über die leeren Spekulationen der Naturphilosophie« gezogen. Der von vorgefaßten Meinungen nicht beeinflußte Historiker aber kann, wie das auch die weiteren Darlegungen zeigen, nur feststellen: die medizinische ἱστορίη dieser Zeit hat zwar eine Fülle von überraschend klaren und genauen Beobachtungen gebracht, und zwar teilweise von Tatsachen, die zu beachten erst die Medizin der Neuzeit wieder als wertvoll gefunden hat; überall aber, wo der Versuch gemacht wurde, beobachtete Einzeltatsachen, Krankheitsursachen und -Verlauf, die Wirkungen von Konstitution, Milieu, Lebensweise, Nahrungsmitteln, Heilmitteln u. ä. in einen Kausalnexus zu bringen, bewegt man sich in Ausdrucksweisen und Vorstellungen, die wir nur als echte Naturphilosophie bezeichnen können. Beispiele bieten Hippokratiker und Nicht-Hippokratiker dieser Zeitperiode: richtig wird beobachtet, daß Nahrungsaufnahme und -Verbrauch durch πόνος einander entsprechen müssen, wenn nicht Krankheiten entstehen sollen; die Begründung aber geht aus einerseits von dem (pythagoreischen) καιρός oder der (alkmaionischen) ἰσονομία, andererseits von dem Gedanken, daß der πόνος neben dem ἐμφυτὸν θερμόν die zur »Überwindung« der Nahrungsmenge nötige Wärme erzeugt[2]); Salzfleisch gilt als weniger nahrhaft, »weil es durch das Salz des ὑγρόν beraubt wird«[3]), das dem θερμόν als Nahrung dient; eine

[1]) VI 616 L.; vgl. VI 572 L.

[2]) VI 566 L. [3]) VI 564, 20 L.

zweite Krankheit bringt die bestehende erste zur Heilung, weil sie gleichsam die für gewöhnlich Genesung bringende ἀπόστασις vertritt; gewisse Krankheiten treten bei zunehmendem Alter oder bei veränderter Lebensweise oder beim Wechsel der örtlichen Verhältnisse nicht mehr auf, weil das Verhältnis des Feuchten und Warmen im Körper sich ändert usw. Aus der Fülle von Beispielen, die man anführen könnte, sollen hier nur drei in abgekürzter Form gebracht werden, weil sie zusammen gesehen in typischer Weise dartun, was der in diesem Buche oft gebrauchte Ausdruck »naturphilosophische Schau« allein bedeuten kann: in π. διαίτης[1]) werden das »Warme«, »Trockene« usw. der wilden Kräuter mit der Zunge festgestellt und aus den so gefundenen Eigenschaften durch »Überlegung« die entsprechenden Folgerungen gezogen; in den »Volkskrankheiten« werden die Krankheitszustände »mit den Augen, mit den Ohren, mit der Nase, mit der Hand und den anderen Sinnen, durch die wir erkennen«, beurteilt[2]); untersucht werden Haare, Farbe und Beschaffenheit der Haut, Adern, Sehnen, Muskeln, Fleisch, Knochen, Mark, Gehirn, die Zeichen aus dem Blut, Eingeweide, die Leibeshöhlen, Galle und die übrigen Säfte[3]), und es wird bezüglich der Ausscheidungen beobachtet, »welche Farbe sie haben, bei wem sie sehr warm, sehr salzig, sehr süß, sehr dünn . . . in bezug auf die wechselnden Zustände, welcher Art sie sind und woher sie kommen«[4]); dann aber finden wir als Ergänzung dieser ἱστορίη den denkwürdigen Aphorismus desselben Verfassers[5]): »Und (dann muß) aus der Einsicht des Geistes heraus die Überlegung (einsetzen), χωρὶς τῶν ὀργάνων καὶ τῶν πρηγμάτων . . . wie (es) die Hausbewahrerin des Hippothoos (vermochte), die allein auf Grund ihrer Einsicht (τῆς γνώμης αὐτῆς καθ' ἑαυτήν[6]) ein (tiefes) Verständnis (ἐπιστήμη) für das Krankheitsgeschehen hatte.«

Die angeführten Beispiele zeigen deutlich die drei Elemente der Untersuchungs- und Forschungsmethode: der wissenschaftlich eingestellte Arzt beobachtet unter Zuhilfenahme aller Sinne, um

---

1) VI 560 L.
2) V 184 L.
3) Ebd.
4) V 346 L.
5) V 348 L.
6) Littré übersetzt: par le seul sens intérieur.

dann, aufbauend auf einer naturphilosophischen Grundlage (Hypothesis i. e. S.), sich ein Gesamtbild zu machen, das ihm gestattet, die Krankheitsvorgänge u. dgl. sich gleichsam plastisch vorzustellen. Vom heutigen Standpunkt aus ist das Urteil Karl Deichgräbers zu verstehen, der zu den Aphorismen in den Epidemien sagt: »Hier haben wir ... nicht ἱστορίη, sondern eine σοφίη, die nicht durch die Methode, sondern eher durch eine bestimmte Denkform gekennzeichnet ist«[1]).

Das zweite Charakteristikum dieser Zeit braucht hier nur kurz angedeutet zu werden. Es ist in der Tatsache zu sehen, daß das Interesse für naturphilosophische und medizin-theoretische Fragen jetzt weitere Kreise erfaßt. Damit ändern sich zwangsläufig Tendenz und Aufgabe der wissenschaftlichen Forschung. Es ist unwahrscheinlich, daß die naturphilosophischen und medizinischen Theorien bis zu dieser Zeit außerhalb der jeweiligen »Schule« irgendeine praktische Bedeutung gewonnen haben. Nunmehr aber gehörte philosophische Bildung zur παιδεία, und wie die theoretische Ausbildung Vorbedingung für die politische Laufbahn wurde, so sah sich auch der Arzt gezwungen, soweit er es nicht schon aus eigenem Interesse getan hatte, zur θεωρία Stellung zu nehmen. Damals entstanden die zahlreichen Schriften und Reden, die nach ihrer ganzen Art theoretisch interessierte Leser und Hörer voraussetzten, deren Stellungnahme beeinflußt werden soll. Die Sophistik ist nicht Ursache, sondern Frucht dieser Zeiterscheinung. Aber sie ist es, die das Forschen mehr von den kosmologischen Problemen weg und hin zu den anthropologischen lenkt: der Mensch wird zum Problem. Durch den immer stärker sich ausprägenden Kritizismus der Sophisten wird in steigendem Maße das Moment der Eristik in die Erörterungen hineingebracht. K. Deichgräber spricht von einer »Zeit der Besinnung ... auf die Frage nach dem Verhältnis von Philosophie und Medizin als Einzelwissenschaft« und kennzeichnet treffend die verschiedenen neu entstehenden Richtungen: »‚Ohne Medizin keine Philosophie' lautet der Schlachtruf der einen Richtung, ‘ohne Philosophie keine Medizin' und ‘Philosophie in der Medizin soweit wie nötig' lautet die vermittelnde Devise der anderen Partei, ...«[2]). Eine der schwerwiegendsten Folgeerscheinungen dieses Kampfes der Meinungen war, da er keiner Richtung

[1]) Deichgräber, Epidemien, S. 57.

[2]) Deichgräber, Hipp. Περὶ σαρκῶν, S. 28f.

den Sieg brachte, ein weitgehender theoretischer und praktischer Eklektizismus und Synkretismus.

Diese Ausdrücke vermögen allerdings das Bild des tatsächlichen Geschehens in der zweiten Hälfte des 5. Jahrhunderts nur sehr unvollkommen wiederzugeben, zumal diese Worte durch die »Eklektiker« der hellenistisch-römischen Periode und durch die »Synkretisten« des 16. Jahrhunderts eine engere Bedeutung erhalten haben. Am deutlichsten zeigt dieses das Beispiel des »Eklektikers« Diogenes von Apollonia: das »Luft«-Prinzip ist der Stofflehre des Anaximenes entnommen, das Prinzip der Intelligenz, das er mit jenem identifiziert, hat ebenso seine Wurzeln im »Logos« des Heraklit wie im »Nous« des Anaxagoras, den er bekämpft, und dessen Teleologie er dennoch schärfer zum Ausdruck bringt als dieser selbst. Neben dieses Moment des »Auswählens« und »Zusammenschweißens« tritt nun aber — und das ist charakteristisch für viele Lehrschriften jener Zeit — das durchaus eigene Neue, das sowohl in sorgfältiger empirischer Forschung als in selbständigen Schlußfolgerungen gewonnen wird. Das gilt vor allem für die neuen medizinischen Theorien, in deren schriftlichen Niederschlägen die ἱστορίη oft so stark hervortritt, daß wir nur an einzelnen Fachausdrücken den naturphilosophischen Unterbau der Gedankengänge des betreffenden Autors zu erkennen vermögen. Dabei macht sich mehr und mehr eine starke Tendenz der Medizin zur Verselbständigung bemerkbar. Das zeigt vor allem der Bedeutungswandel von einzelnen alten naturphilosophischen Begriffsworten zum spezifisch Medizinischen hin und die Neubildung von Begriffen; aber auch diese neuen Begriffe dürfen nicht als »auf rein empirische Weise gewonnen« aufgefaßt werden. Sie sind nur der entwicklungsgeschichtliche Ausdruck der Tatsache, daß nunmehr die Medizin die Vorstellungsweisen der Kosmologie für ihre besonderen Aufgaben zu modifizieren beginnt, ohne aber die gemeinsame philosophische Grundlage aufzugeben.

2. DIOGENES VON APOLLONIA

Die »Vielzahl und Buntheit« der Theorien in der zweiten Hälfte des 5. Jahrhunderts stellen Philologen und Medizinhistoriker und vor allem den Bearbeiter der »hippokratischen Frage« vor Probleme, die vorerst nur zum kleinsten Teil gelöst sind. Im Rahmen unseres mehr allgemeinen Themas ist ein Eingehen auf die vielen Einzelfragen nicht möglich. Im folgenden soll nur der Typ des Epigonen und Eklektikers, Diogenes von Apollonia, behandelt werden und auch dieser nur in der Richtung der bisherigen Untersuchungen.

Wenn auch die Lehre des Apolloniaten im wesentlichen einen Versuch der Vermittlung und des Ausgleichs darstellt, so weisen die Fragmente doch auch das Moment der Differenzierung auf: Fragment 1 soll den Weg der Forschung andeuten, den er gehen will: jeder Überlegung müsse ein unbestreitbares Prinzip zugrunde liegen und die Ausdrucksweise müsse einfach und würdig sein[1]). Fragment 2[2]) scheint mir gegen die vier Elemente des Empedokles, Fragment 3[3]) gegen die mechanistische Welterklärung und Fragment 4 gegen den »Nous« des Anaxagoras gerichtet zu sein. Also eine regelrechte Apologie der alten Ionier, die ihn aber nicht hindert, die ihm gut dünkenden Neuerungen der Späteren seinem eigenen System einzufügen.

Einen gewissen Fortschritt bedeutet die Beachtung des vitalistischen Momentes. Seine Interessen sind vorwiegend anthropologische, gegenüber den fast ausschließlich kosmologischen der alten Ionier. Sein Urprinzip ist dasselbe wie das des Anaximenes, die Luft; aber die Blickrichtung ist eine andere: bei diesem ist der ἀήρ Ausgangspunkt des Werdens, des Seins und der Erkenntnis; des Diogenes Interesse gilt zunächst dem Einzelding, die »Luft« aber ist ihm neben anderem nur ein Erklärungsgrund. Für die Ionier war der Urstoff das Gegebene, für ihn aber das zu suchende Objekt; deswegen auch der Versuch von Beweisen aus Einzeltatsachen. So sagt er dem Sinne nach in Fragment 2: der Urstoff muß Eines sein, weil sonst der Wechsel der Dinge auseinander und ineinander nicht zu erklären wäre; und es muß die Luft sein, denn »alle Menschen und alle anderen Lebewesen leben von dem ἀήρ durch Einatmen, und das ist ihre Seele und ihr Verstand, wie in dieser Schrift einmal klar dargelegt werden wird, und wenn sich dieser lostrennt,

---

[1]) Hier wendet er sich vielleicht gegen die Ausdrucksweise des Heraklit und gegen das unbeweisbare Atom des Leukipp.

[2]) Danach entstehen alle Dinge als Abwandlungen ein und desselben (Urstoffs).

[3]) »Denn es wäre . . . nicht möglich, daß ⟨alles⟩ so verteilt wäre, wie es ⟨tatsächlich⟩ ist, ohne eine Geisteskraft . . .«

dann sterben sie und die Geisteskraft bricht ab«[1]). Ideengeschichtlich ist von Wichtigkeit, daß dieser umgekehrte Weg der Erkenntnis zur Definition bzw. zu neuer Definition des Urstoffs zwang und daß auf diese Weise das teleologische Moment eine ganz neue und viel stärkere Bedeutung erhielt: aus der richtigen Verteilung und Anordnung der Kräfte und Dinge schließt er, daß der Urstoff gleichzeitig das vernunftbegabte Urprinzip ist, das in allem enthalten ist[2]) und daß ὑπὸ τούτου πάντας καὶ κυβερνᾶσθαι καὶ (scil. αὐτὸν) πάντων κρατεῖν. Von hier aus erhält der Begriff φύσις in der Bedeutung »Naturheilkraft« ebenfalls wieder eine neue naturphilosophische Begründung, wenn bei ihm auch der Gebrauch in diesem Sinne — aber vielleicht nur wegen der lückenhaften Überlieferung — nicht nachzuweisen ist.

Wie Anaximenes lehrt er, daß alle Dinge aus der Luft durch Verdichtung und Verdünnung entstehen, und zwar, wie aus sachlichen Gründen hervorgeht und in Diog. L.[3]) und Simplicius bezeugt ist, zuerst das θερμόν und ψυχρόν und dann das ὑγρόν und ξηρόν[4]), wobei nach Analogie anderer Lehren das erste Paar bzw. τὸ θερμόν die treibende δύναμις wäre. Neben diesen δυνάμεις kennt er eine immerwährende, bald geringere bald stärkere Bewegung, die er vielleicht aus der Lehre des Heraklit oder auch schon aus der neuen des Leukipp übernommen haben mag.

Seine Kosmogonie kann ich wegen ihrer Bedeutung in den hippokratischen Schriften nicht ganz unerwähnt lassen: der unendliche Urstoff sondert in Verdichtung und Verdünnung das Schwere nach unten, das Leichte nach oben ab; die Anstöße zu weiteren Scheidungen gehen vom Warmen und Leichten (Luftförmigen) aus, während das Kalte und Dichte Gegenstand der Formung wird. Die Erde bildete wie bei Anaximander zuerst eine weiche Masse, die unter der Einwirkung der Sonnenwärme austrocknete. »Das Meer ist ein Überbleibsel der ersten Feuchtigkeit«[5]). Die Sonne entstand zuerst aus der warmen Luft, die nach

---

[1]) Fragment 4.

[2]) Fragment 5.

[3]) Diog. L. IX 57.

[4]) s. Fragment 5 bzw. die in Fragment 2 genannten Substrate Feuer, Wasser, Erde, Luft.

[5]) Vgl. Arist. meteor. 355 a 32 (Vors.[5] 64 A 9); vgl. auch Vors.[5] A 17; dort auch die übrigen Vergleichsstellen.

oben gegangen war; sie nährt sich auch jetzt noch von den durch ihre Wärme aus der Feuchtigkeit der Erde entwickelten ἀναθυμιάσεις; das Wandeln der Sonne erfolgt zwecks Nahrungsaufnahme. Die ersten Lebewesen entstanden aus der Erde.

Aus seiner Embryologie haben wir nur wenige Berichte, die alle mehr oder weniger den synkretistischen Charakter des ganzen Systems aufweisen: »Einige nehmen an, daß auch der Same des Lebewesens Schaum des Blutes seinem Wesen nach (κατ' οὐσίαν) sei, ὃ δὴ τῆι ἐμφύτωι τοῦ ἄρρενος θέρμηι παρὰ τὰς συμπλοκὰς ἐκταραχθὲν ἐκριπιζόμενον ἐξαφροῦται κἀν ταῖς σπερματίσιν παρατίθεται φλεψίν«[1]). Er vertritt die Ansicht, daß die Kinder nur aus dem Samen des Vaters gezeugt würden[2]), er glaubte ex umore primum carnem fieri, . . . tum ex carne ossa nervosque et ceteras partes enasci[3]). »Die Körper der männlichen (Lebewesen) werden innerhalb von vier Monaten, die der weiblichen innerhalb von fünf Monaten gebildet«[4]). Geboren würden die Kinder ἄψυχα, aber »in Wärme«; daher ziehe die eingeborene Wärme sogleich nach der Geburt das Kalte (die Luft) in die Lungen hinein[5]); die Ernährung des Embryo erfolge durch die Kotyledonen.

Diogenes verknüpft, wie das Leben so auch das Denken und die Wahrnehmungen mit der (inneren, warmen) Luft[6]). Die äußere Luft gelangt durch den Atem in die Lunge[7]) und von dort mit dem Blute

---

1) Clem. Paedag. I 6, 48 (Vors.⁵ 64 A 24). Die Annahme, daß der Same Schaum des Blutes sei, kannten schon die Pythagoreer (Aet. Plac. V 3, 2).

2) Cens. 5, 4 (Vors.⁵ 64 A 27). Dox. 190.

3) Ebd. 6, 1.

4) Ebd. 9, 2 (Vors.⁵ 64 A 26); vgl. hierzu Galen. in epid. VI, comm. II 17 A 1006 K. (Vors.⁵ 64 B 9).

5) Aet. Plac. V 15, 4 (Vors.⁵ 64 A 28). Das ἄψυχον (βρέφος) ist von dem ζῷον ἄπνουν des Empedokles, das W. Jaeger, Diokles v. Karystos, S. 216, mit »lebendes Wesen ohne Atmung« (richtig gegen Wellmann, Fragmente, S. 72) übersetzt, gar nicht so sehr verschieden: in beiden fehlt der Vollständigkeit des Lebensprinzips der Faktor der äußeren Luft, dessen Ergänzung erst nach der Geburt in einem rein kausalmechanisch gedachten Vorgang erfolgt.

6) Gegen Panzerbieter, De Diog. Apoll. vita et script., S. 111f. Vgl. Theophr. de sens. § 39 und Fragment 4. Luft ist ja Teilnahme an dem Wesen, das πολλὰ εἰδός ἐστιν. ὅτι δὲ ὁ ἐντὸς ἀὴρ αἰσθάνεται μικρὸν ὢν μόριον τοῦ θεοῦ, σημεῖον εἶναι . . . (Theophr. de sens. § 42).

7) Daß er die Lungen als Atmungsorgan kannte, was Aristoteles in seiner Beschreibung der Adern (Arist. hist. an. 511 b 30) anscheinend übersehen hat, geht hervor aus Aet. Plac. V 15, 4 (Vors.⁵ 64 A 28).

durch den ganzen Körper[1]) und insbesondere zum Gehirn[2]). Eigenartig, aber wohl begründet in seiner Gesamtauffassung der menschlichen Konstitution erscheint die Ansicht, daß wir nur vermittels der reinen und trockenen Luft denken[3]). »Deshalb dächten wir auch im Schlaf, in der Trunkenheit und bei gefülltem Magen schlechter«[4]). Daß aber die Feuchtigkeit den Verstand vermindert, dafür sei Beweis, daß die anderen Lebewesen geringere Denkfähigkeit haben; denn sie atmen die Luft (in der Nähe) des Erdbodens und nähmen feuchtere Nahrung ein«[5]). Vögel und Fische haben geringere Denkfähigkeit, weil das dichtere Fleisch die eingeatmete Luft hindere, durch den ganzen Körper zu gehen. »Daß die Kinder unverständig wären, habe denselben Grund; sie hätten zuviel Feuchtigkeit, so daß die Luft nicht durch den ganzen Körper hindurchginge«[6]). »Und das sei auch der Grund des Vergessens; denn wenn die Luft nicht durch den ganzen Körper ginge, könne man die Sache nicht fassen«[7]). Die, wenigstens indirekte, Behandlung der psychischen Symptome des Gedächtnisses und des Vergessens erhebt ihn über seine Vorgänger, war aber wohl durch die ethischen und erkenntnistheoretischen Untersuchungen der zeitgenössischen Philosophie mit bedingt. Daß er das Gehirn als Zentralorgan des Denkens aufgefaßt hat und gar, daß er damit sich fortschrittlicher gezeigt habe als der spätere Aristoteles, darf man ihm nicht als besonderes Verdienst anrechnen: einmal war ihm darin Alkmaion Vorgänger gewesen, und dann ist es auch nicht einmal ganz richtig, ihm diese Ansicht zuzusprechen; denn nicht das Gehirn selbst war Organ des Denkens, sondern die Luft um das Gehirn herum bzw. im Gehirn[8]) und neben dieser auch die im ganzen

---

[1]) Simpl. phys. 153, 13ff. (Vors.[5] 64 B 6).

[2]) Das scheint hervorzugehen aus Theophrast de sens. § 39 (Vors.[5] 64 A 19); vgl. Siebeck, Gesch. d. Psych., I_1 S. 115f.

[3]) Theophr. de sens. § 44 (Vors.[5] 64 A 19). Vgl. Herakl. Frg. 118: »Trockene Seele, weiseste und beste«.

[4]) Ebd.; bei der Trunkenheit und Überfüllung des Magens ist die Flüssigkeitsmenge im ganzen vergrößert, beim Schlaf hat sich die Luft auf den Brustraum zurückgezogen, so daß in Gehirn und Extremitäten das Feuchte überwiegt. (Aet. 24, 3; Vors.[5] 64 A 19). Man denkt sofort an Heraklit!

[5]) Theophr. de sens. § 44 (Vors.[5] 64 A 19).

[6]) Theophr. de sens. § 45. [7]) Theophr. de sens. § 45.

[8]) Theophr. de sens. § 39; übrigens eine Bestätigung der oben vertretenen Ansicht über die naturphilosophische Grundlage der Sinnesphysiologie des Alkmaion.

Körper befindliche. Beare sagt mit Recht[1]): »It is not, however, hard for Theophrastus to show that the psychology of Diogenes, like that of Empedocles, provides no ultimate discriminant between sensory and other processes, but tends rather to merge psychology in physicis.« So entsteht z. B. Geruchsempfindung dadurch, daß die eingeatmete Luft in das Gehirn dringt und sich mit der dort vorhandenen vermischt[2]). Bedingung für das Zustandekommen einer Geruchsempfindung ist, daß die Luft um das Gehirn herum der eingeatmeten symmetrisch ist. Denn nur dann ist eine Mischung möglich. Je enger und feiner der Gang ist, durch den die Luft hindurchgeht, desto schärfer ist die Geruchswahrnehmung[3]). So ist es auch beim Hören: »Wenn die Luft im Kopf durch die Stimme angeschlagen und bewegt wird . . . (findet das Hören statt)«[4]). Ähnlich Theophrast: »Wenn die Luft in den Ohren, welche durch den äußeren Eindruck bewegt wird, solch eine Bewegung zum Gehirn bringt, findet das Hören statt[5]«). ». . . es hören aber die am schärfsten, deren Adern zart sind, wie das für die Wahrnehmung überhaupt nötig ist«[6]).

Auch beim Sehen finden wir eine ähnliche Begründung. »Das Sehen (kommt zustande), wenn sich die Dinge auf dem Augapfel spiegeln; dieser bewirkt dann durch die Vermischung mit der inneren Luft die Wahrnehmung«[7]). »Es sehen aber am schärfsten die (Lebewesen), die die feinste Luft und die feinsten Adern haben, wie bei den anderen (Sinnen), und deren Augen am meisten leuchten«[8]). Aus der letzteren Bemerkung scheint hervorzugehen, daß bei ihm das Feuer eine ähnliche Bedeutung hat, wie in der pythagoreischen Lehre und insbesondere bei Alkmaion. Auch des letzteren Lehre von den Poren hat er übernommen. Die πόροι, oder, wie er sagt, φλέβες, sind auch bei ihm Verbindungskanäle, durch die die äußere »geformte« Luft als Objekt und die innere als

---

[1]) Beare, a. a. O., S. 210.

[2]) Theophr. de sens. § 41 (Vors.[5] 64 A 19).

[3]) Theophr. de sens. § 41.

[4]) Aet. Plac. IV 16, 3 (Vors.[5] 64 A 21); Dox. 406 a 25.

[5]) Die Bemerkung von Beare, a. a. O., S. 105, die diese Nachricht als durch Theophrast stark gefärbt bezeichnet, entbehrt der Berechtigung.

[6]) Theophr. de sens. § 40 u. 41.

[7]) Ebd.

[8]) Theophr. de sens. § 42.

Subjekt der Wahrnehmung[1]) miteinander in Verbindung treten. Für das Sehen führt er selbst den Beweis: »Wenn es eine Entzündung der Adern gibt, findet keine Vermischung mit der inneren Luft statt und kein Sehen, obwohl gleichzeitig die Spiegelung vorhanden ist«[2]).

Bezüglich seiner Lehre vom Geschmack gibt uns Aetius[3]) folgende Darstellung: »Diogenes sagt, die Geschmäcke würden unterschieden durch den lockeren Aufbau der Zunge, ihre Weichheit und deswegen, weil die Adern, die vom Körper zu ihr hinlaufen, sich vereinigen, und weil die Säfte so geartet seien, daß sie zu den Organen der Empfindung hingezogen würden und zum ἡγεμονικόν wie von einem Schwamme her.« Der Geschmack ist ja wie auch die Farbe nur eine der vielen Abstufungen der verschiedenen Zustände der Luft[4]). »Der Geschmack aber werde durch die Zunge bewirkt infolge ihrer Feinheit und Zartheit«[5]).

Wahrnehmen, so könnte man zusammenfassend kurz sagen, ist also bei ihm nichts anderes als die Kommunikation der inneren und äußeren Luft, vermittelt durch die Adern, und Denken das Erfassen von Wahrheitsinhalten ohne Vermittlung der Sinneswerkzeuge. Subjekt beider Funktionen ist die Luft in uns, das »beweise der Umstand, daß wir oft, wenn wir unser Denken auf etwas anderes richten, weder sehen noch hören können«[6]).

Bezüglich seiner Nosologie haben wir nur zwei direkte Zeugnisse, nämlich bei Theophrast und Galen[7]). Ich glaube aber, daß auch hier die Theorie der Sinneswahrnehmungen, zusammen mit seinen naturphilosophischen Bemerkungen über die Bedeutung der

---

[1]) Vgl. das αἰσθητήριον bei Aristoteles de gen. an. II 6, 743 b 35; de an. II 9 421 a 11.

[2]) Theophr. de sens. § 40.

[3]) Aet. IV 18, 2 (Dox. 407 a 15); Galen XIX 310 K.; Diels, a. a. O. (ebenso Vors.[5] 64 A 22), schreibt διαχεῖσθαι, Kühn διακεῖσθαι.

[4]) Fragment 5. Zu Hedone = Geschmack s. Panzerbieter, a. a. O., S. 460; Schaubach, a. a. O., S. 86; Beare, a. a. O., S. 169; vgl. auch Arist. de an. 414 b 13; Dox. 407 a 15 und 510, 22. Beare, a. a. O., S. 169 bemerkt hierzu: »Der Gebrauch des stoischen Begriffes Hegemonikon zeigt uns, wie weit wir von den aktuellen Worten des Diogenes entfernt sind . . .«; wenn er darin aber einen Grund sieht, »auch die Substanz dieser Information mit Mißtrauen zu betrachten«, so geschieht das zu Unrecht.

[5]) Theophr. de sens. § 40; s. auch § 42.

[6]) Theophr. de sens. § 42.

[7]) Galen. 19 495 K. und Theophr. de sens. § 43.

Luft, überraschende Einblicke in seine Lehre von Gesundheit und Krankheit zu geben vermag.

Die Sinnesphysiologie des Diogenes zeigt uns, daß nach ihm die Adern die Vermittler zwischen der äußeren und inneren Luft sind, und daß die Güte der Vermittlung von zwei Voraussetzungen abhängig ist: erstens hinsichtlich der Adern; diese müssen »zart und fein« sein; zweitens hinsichtlich der äußeren Luft; sie muß der inneren (nach Temperatur und in ihrem Grad der Feuchtigkeit) symmetrisch sein. Die Gründe für diese Forderungen sind klar: je feiner die Adern, desto größer die Aufnahmefähigkeit des Organismus für die Luft, desto schneller die εὔροια des πνεῦμα[1]) und desto leichter die Möglichkeit der Verbindung zwischen der inneren und äußeren; letztere ist auch dann um so größer, je mehr die äußere Luft der inneren »angepaßt« ist, und, so können wir hinzufügen, je wärmer und trockener beide Luftarten sind. Aus der sonstigen Lehre des Apolloniaten aber wissen wir, daß die Luft (besonders die trockene und warme) gleichzeitig das lebenspendende Agens bedeutet. Das ist am deutlichsten mit dem Satze gesagt: »Wenn aber alles Luftartige aus den Adern schwindet, tritt der Tod ein«[2]). Diesen Satz dürfen wir in Analogie zu andern derartigen Aussprüchen unbedenklich erweitern: Verminderung des Luftartigen im Körper (z. B. durch Behinderung der Kommunikation infolge von Entzündung der Adern) oder in einzelnen Körperteilen bedeutet Krankheit.

Diese Überlegung findet eine direkte Bestätigung durch die folgende Notiz bei Theophrast[3]): Lust und Traurigkeit entstehe auf folgende Weise: wenn sich viel Luft mit dem Blute mische und es leicht mache, indem sie (einerseits) κατὰ φύσιν (d. h. wohl »in normalem Zustande«) und (andererseits) durch den ganzen Körper gehe, so entstehe Lust; wenn sie aber in einem anomalen Zustande (d. h. zu kalt oder zu warm oder zu feucht oder zu trocken) sei, und sie sich nicht mische, indem das Blut koaguliere und dicker werde, Schmerz. Dasselbe sei aber der Fall bezüglich der Unerschrockenheit, der Gesundheit und des Entgegengesetzten«[4]).

[1]) Über die Bedeutung von εὔροια, εὔπνοος usw. für Gesundheit und Krankheit s. die vorbildliche Untersuchung von W. Jaeger, Diokles von Karystos. Berlin 1938, S. 215ff.

[2]) Aet. V 24, 3 (Dox. 436 a 1 ff.); Vors.[5] 64 A 29.

[3]) § 43 (Dox. 511).

[4]) Auch andere Hinweise ergeben auf Grund dieser gewonnenen Einsicht

Schädigung der Gesundheit tritt, so können wir weiter schließen, auf zweierlei Weise ein: erstens, wenn die zugeführte Luft dem Körper nicht symmetrisch ist, sei es der Menge, der Temperatur oder dem Feuchtigkeitsgrade nach[1]); zweitens wenn die Zirkulation der Luft durch den Körper bzw. die Mischung der äußeren Luft mit der inneren durch Entzündung der Adern gestört ist[2]).

Das sind aber die wichtigsten Grundlehren der ärztlichen Theoretiker, die die περισσώματα und die das πνεῦμα zur Ursache von

---

Parallelen, z. B. daß die Feuchtigkeit den Geist vermindert (weswegen die anderen Lebewesen, die Tiere, die die Luft näher am Boden einatmen, schlechter denken könnten, wie er sagt; vgl. hier auch Aet. V 20, 5 (Dox. 432 a 23, Vors.[5] 64 A 30): »Diogenes sagt, die Lebewesen hätten zwar teil am geistigen Prinzip und der Luft, aber da die einen infolge der Dichte, andere infolge des Übermaßes an Feuchtigkeit (ὑγρασία) weder Gedanken noch Sinnesempfindungen hätten, verhielte es sich so mit ihnen, wie mit den Wahnsinnigen, bei denen das ἡγεμονικόν auf Abwege geraten ist«); den Ausdruck ὑγρασία vermutet Schleiermacher, Sämtl. Werke, Abt. III, Bd. 2, S. 164, als dem Diogenes eigentümlich; vgl. auch die Stelle über den Schlaf bei Aet. V 24, 3 (Dox. 436 a 1, Vors.[5] 64 A 29), die mit der hippokratischen Auffassung übereinstimmt: »Diogenes von Apollonia sagt, wenn das Blut, den ganzen Körper durchströmend, die Adern fülle, die aber in diesen befindliche Luft gegen die Brust und den darunter liegenden Magen stieße, dann entstände Schlaf und der Thorax werde wärmer. Wenn aber alles Luftartige aus den Adern schwindet, trete der Tod ein«. Luft ist als beschleunigendes Agens auch charakterisiert durch die Notiz, die ebenfalls Theophrast überliefert: bei den Vögeln τὸ πνεῦμα οὐ διιέναι διὰ παντός, ἀλλὰ ἑστάναι περὶ τὴν κοιλίαν. διὸ τὴν μὲν τροφὴν ταχὺ πέττειν.

[1]) Für das erstere haben wir zwar auch nur eine mittelbare, aber doch sehr klare Bezeugung: Aristoteles sagt in der Lehre über das Atmen der Fische (de respir. 471 a 2ff.): »Wenn (die Fische) das Wasser durch die Kiemen ausgestoßen haben, ziehen sie mittels des Leeren in ihrem Maule aus dem Wasser, das sich um das Maul herum befindet, Luft ein, als wenn in dem Wasser Luft enthalten sei . . .; dann fragt er: »Aus welchem Grunde sterben sie denn in der Luft und erscheinen wie etwas, was erstickt wird, obschon sie doch dabei (tatsächlich) einatmen? Mangel an Nahrung kann nicht schuld sein«; dann fährt er fort: »Der Grund, den Diogenes angibt, ist albern; er behauptet nämlich, daß sie in der (freien) Luft allzuviel Luft einzögen, im Wasser aber nur so viel, als ihnen angemessen sei (ἐν δὲ τῷ ὕδατι μέτριον) und deswegen stürben sie.«

[2]) Beispiele bieten die oben genannten Theorien von der Sinneswahrnehmung, besonders die Stelle über das Sehen: ἐὰν γὰρ φλεγμασία γένηται τῶν φλεβῶν, οὐ μίγνυσθαι τῷ ἐντὸς οὐδ' ὁρᾶν ὁμοίως τῆς ἐμφάσεως οὔσης (Theophrast § 40). Eine Verhinderung der Zirkulation geschieht z. B. πλεονασμῷ τῆς ὑγρασίας, wie sie durch ein Übermaß von Speise und Trank und durch Entzündung zustandekommt: ἐὰν γὰρ φλεγμασία γένηται τῶν φλεβῶν, οὐ μίγνυσθαι τῷ ἐντός.

Krankheit machen. Diogenes war zwar nicht ihr Schöpfer, aber ich vermute, daß gerade er es war, der sie zum Allgemeingut eines Großteils der damaligen Ärztewelt gemacht hat. Ob er auch die dritte Art der theoretischen Krankheitsätiologie, nämlich die von der Vorherrschaft eines der Säfte, vertreten hat, ist mir zweifelhaft geblieben. Galen schreibt nämlich in seinem Werk über die Säfte[1]: »Aus der Farbe erkennt man gleichermaßen die Oberherrschaft der Flüssigkeit und der Krankheit; diese Diagnose ist aber ebenso genau wie die bedeutendsten (auf anderem Wege gewonnenen), und sie ist von Diogenes und den Weisen seiner Zeit wie ein prophetischer Ausspruch geschätzt worden; denn über die Farben haben jene Männer sich in vielen Worten verbreitet und nach deren Unterschieden auch die Krankheiten eingeteilt; (sie hätten unterschieden) ἐρυθρόχρους, αἱματώδεις, πυρρόχρους, nämlich, wenn der bittere Saft und μελανόχρους, wenn der schwarze vorherrsche, und λευκόχρους die Schleimigen. Die Krankheiten, die bei ihnen auftreten, nennen sie (entsprechend) ἐρυθρόχροα, πυρρόχροα, μελανόχροα und λευκόχροα usw.« Man könnte diese Stelle auf einen Späteren (vielleicht aus der Zeit des Stoikers Diogenes?) deuten, wenn nicht Theophrast[2]) gewissermaßen den Diogenes von Apollonia als ihren Vertreter signifizierte: »Am feinsten unterscheide die Zunge einen angenehmen Geschmack, denn sie sei am zartesten und dünn und alle Adern endigten in ihr; deswegen zeigten sich bei den Kranken auf ihr die meisten Symptome; ebenso verrieten die Farben auch bei den anderen Lebewesen (die Krankheiten); denn wieviel und welcher Art (Krankheiten) sie hätten, soviel zeigten sie an.«

Dennoch bleiben Gründe genug, die einen Zweifel an der Zuerkennung rechtfertigten; ob weitere Untersuchungen ein endgültiges Ergebnis zeitigen werden, ist sehr ungewiß. Für die Abhängigkeit der Hippokratiker[3]) von den früheren Philosophen ergäben sich gegebenenfalls ganz neue Gesichtspunkte.

---

[1]) Galen. XIX 495 K., Vors.[5] 64 A 29 a (wahrscheinlich unecht).

[2]) de sens. § 43 (zu Diogenes v. Apollonia).

[3]) Über diese Abhängigkeit, die zu untersuchen ich mir hier nicht zur Aufgabe gestellt habe, schrieben Petersen, Hippocr. scripta, Hamburg 1838, S. 30ff., Weygoldt, Arch. f. Gesch. d. Philos. I S. 161ff., dessen Arbeit aber durch seine unkritische Stellungnahme stark entwertet wird, Fredrich, Hippokratische Untersuchungen, S. 132 u. ö., sowie Krause in seiner oben angegebenen völlig wertlosen Darstellung u. a.; Zeller I[6], S. 361 Anm. 1 läßt refe-

Wir können es wohl als sicher annehmen, daß Diogenes, der sich über die »Ernährung der Sonne« seine Gedanken machte, auch das zu seiner Zeit aktuelle Thema der Ernährung des Menschen behandelt hat. Die Quellen sagen allerdings nichts darüber. So können also auch, wie gleich betont sei, die folgenden Ausführungen nur hypothetische Bedeutung haben. Wenn ich den Versuch machen möchte, einiges aus der Lehre des Diogenes von der Ernährung aus seinen übrigen Theorien abzuleiten, dann nur deshalb, weil damit eventuell ein Beitrag gegeben ist zur Lösung eines Rätsels, das uns Menon-Hippokrates[1]) aufgibt. Dort werden nämlich zunächst die φῦσαι, ähnlich wie in π. φυσῶν, als die Erzeugnisse eines unvollständigen Verdauungsprozesses beschrieben; dann kommen Ausdrücke, die ebenfalls wie in π. φυσῶν das Pneuma als das wichtigste im menschlichen Organismus bezeichnen. Verbunden ist damit eine Theorie über Gesundheit und Krankheit, die der oben gekennzeichneten Lehre des Diogenes äußerst ähnlich ist. Bedeutungsvoll ist vor allem der Vergleich des Menschen mit den στρατιῶται[2]). Zum Schluß aber kommt dann

---

rierend Π. φυσῶν, Π. ἱερῆς νούσου, Π. φύσιος παιδίου und Π. σαρκῶν durch Diogenes beeinflußt sein (vgl. auch Diels, Hermes 28, 1893, S. 429). Am sorgfältigsten hat Willerding die Beziehungen aufzudecken versucht (Studia hippocratica. Göttingen 1914) und zugleich die Belegstellen gebracht; nach ihm besteht Übereinstimmung der Lehren zwischen περὶ σαρκῶν VIII 584 L. c. 1 und Vors.[5] 64 B 1; VIII 592 L. c. 6 und Vors.[5] 64 A 18; VIII 592, 594 L. c. 6 und Vors.[5] 64 A 25, 17; VIII 600 L. c. 13 und Vors.[5] 64 A 19; π. φυσῶν VI 94 L. c. 3 und Vors.[5] 64 B 5; VI 94 L. c. 3 und Vors.[5] 64 A 9; VI 94 L. c. 3 und Vors.[5] 64 A 16 a; VI 94 L. c. 3 und Vors.[5] 64 A 34; VI 108 L. c. 12 und Vors.[5] 64 A 31; VI 96 L. c. 4, 5 und Vors.[5] 64 A 31; VI 114 sowie π. ἀέρ. ὑδ. τόπ. II 32 L. und Vors.[5] 64 A 17 und 18; VI 106 L. c. 10 und Vors.[5] 64 A 18, 33; π. ἀέρ. ὑδ. τόπ. 44, 4; 39, 17; 40, 19; 42, 18; 45, 5; 52, 3; 38, 24 Kw. und Vors.[5] 64 A 17, 18; 44, 13 Kw. und Vors.[5] 64 A 33; 44, 22 Kw. und Theophr. hist. plant. III 1, 4 (ed. Fr. Wimmer); 39, 21 Kw. sowie II 24 L. c. 6, ferner π. ἱερ. νούσου (ohne Stellenangabe) und Vors.[5] 64 A 17, 18; 45, 17 Kw. und Aristoph. nub. 365—380; 37 Kw. und Vors.[5] 64 A 29 a. π. ἀέρ. ὑδ. τόπ.—π. ἱερῆς νούσου bez. der Luft und Vors.[5] 64 B 4; π. ἱερῆς νούσου c. 4, 7 Kw. und Vors.[5] 64 A 20 B 6; c. 16 p. 390, 14 Kw. und Vors.[5] 6[4] A 19; π. ἀέρ. ὑδ. τόπ. c. 8; ferner p. 35, 14; 49, 19 und 36 Kw. sowie π. ἱερῆς νούσου 390, 21, sowie c. 10, 5, 16, 14 und Vors.[5] 64 A 19, 33 sowie Aristoph. 233; nur teilweise Übereinstimmungen: π. φυσῶν VI 96 L. c. 4 und Vors.[5] 64 B 4; π. ἱερῆς νούσου c. 16 Kw. und Vors.[5] 64 A 19; p. 37 4 c. 14, 17, 16 Kw. und Vors.[5] 64 A 20 B VI A 19.

1) Über die Glaubwürdigkeit zuletzt Deichgräber, Epidemien, S. 158f.

2) Was wieder sehr gut zu Diogenes paßt; vgl. auch Aristophanes »Wolken« v. 234.

die überraschende Bemerkung: »Gemäß der Verschiedenheit (der Menge) der φῦσαι werden die Krankheiten bewirkt ἐὰν μὲν γὰρ πολλαὶ ὦσι, νοσάζουσιν· ἐὰν δὲ ἐλάχισται, πάλιν νόσους ἐπιφέρουσι[1]).

Die Lösung der damit gegebenen Schwierigkeit ist bisher noch nicht gefunden, wenn nicht etwa Pohlenz recht hat, der hier eine Verfälschung, zwar nicht durch Menon selbst, aber durch den Doxographen sieht. Es wurde schon mehrmals auf die Ansicht der alten Naturphilosophen hingewiesen, daß durch die Wirkung der Sonnenwärme »das Leichteste und Feinste« der Feuchtigkeit auf der Erde ausgeschieden und als ἀτμίς oder ἀναθυμίασις[2]) emporgehoben wird. Schon im Kapitel Anaximander wurde gezeigt, daß diese ἀτμίς für Demokrit, Diogenes u. a. für die Sonne »Nahrung« bedeutet, und daß das »Leichteste und Feinste« der Nahrung oder das »Süße« bei Philosophen und Ärzten eine wichtige Rolle spielt. Der gewöhnliche Ausdruck für den Vorgang, der das »Süßwerden« des Wassers, der Früchte, der Speisen usw. bewirkt, ist die Pepsis[3]); damit ist die Verbindung mit der Lehre von der Verdauung bzw. Ernährung gegeben, und es scheint mir, daß das zum spezifisch medizinischen Kunstausdruck gewordene »Pepsis« in diesen Vorstellungen seinen Ursprung hat: die durch die eingeborene Wärme hervorgerufene Kochung bewirkte die Umwandlung (bei Empedokles σῆψις) der Speisen, d. h. ihr »Süßwerden« und damit ihre Aufnahmefähigkeit in den Körper. Die

---

1) An. Lond. VI 35; vgl. zu dieser Stelle Deichgräber, Epidemien, S. 155 und M. Pohlenz, Hippokrates, S. 66ff.

2) Soweit ich sehe, haben diese Begriffe in der medizinhistorischen Literatur kaum Beachtung gefunden; mir erscheint jedoch ihre richtige Auffassung in den verschiedenen Bedeutungen die Voraussetzung der Erklärung wichtiger medizinischer Begriffe zu sein; am klarsten spricht darüber Aristoteles, der damit offenbar nur alte Vorstellungen zur Darstellung bringt; vgl. Meteor. 341 b 6; 340 b 25; 358 a 21; 359 b 28; 360 a 18 u. ö.

3) Aristoteles braucht dieses Wort z. B. beim reifenden Samen, beim dickwerdenden Honig usw., z. B. hist. an. V 118. Bei den Hippokratikern bewirkt die πέψις die Umwandlung des jauchigen Eiters in weißen, dichten, bei den Flußkrankheiten unter Fiebererscheinungen das Süß- und Dickwerden der scharfen und bitteren Säfte: so verwandelte Ausscheidungen aus Wunden, aus der Nase und im Urin zeigen die beginnende Heilung an und werden zu einem wichtigen Mittel der Prognose. Bei Aristoteles und den Hippokratikern (besonders aber bei dem späteren Diokles) wird durch die Hitze beim Kochen und Braten die Wandlung des Bitteren, Scharfen und Unreinen, überhaupt die Assimilierung an den Körper, vorbereitet.

weitere Kochung aber schied das »Leichteste und Feinste« aus der schon aufgenommenen Nahrung aus und diente den wichtigsten Funktionen des Organismus[1]). Ja, wir dürfen unbedenklich noch weiter gehen und sagen: dieses »Leichteste und Feinste« diente der ψυχή zur Ergänzung (»Seele«, »Geist« waren keine abstracta, sondern eben nur »Feinste« des Stoffes!); es wurde faktisch zur »Lebenskraft«. Setzen wir nun ἀναθυμίασις = φῦσα, dann ist der Ring geschlossen. Ausdrücke wie μέλανος αἵματος φυσήματα (Ausdünstungen aus dem schwarzen Blut geschlachteter Kühe bei Eurip. Iph. Aul. 1114) u. a. ergeben wenigstens, daß sprachliche Gründe uns nicht davon abzuhalten brauchen, besonders wenn wir daran denken, daß das Medizinische sich bei fortschreitender Entwicklung eine eigene Sprache schuf.

Eine Bestätigung dieser Ansichten für Diogenes scheint mir in einer Stelle bei Galen zu finden zu sein: »Das, sagt Diogenes, was den Menschen zu freiwilligen Bewegungen bewegt, ist gleichsam eine ψυχική ἀναθυμίασις; jede ἀναθυμίασις aber wird aus der Nahrung bewirkt. Folglich ist das zu willkürlichen Bewegungen Bewegende und das uns Nährende ein und dasselbe«[2]). Für die Assimilation könnte noch eine andere Stelle herangezogen werden. Alexander überliefert uns eine Erklärung über die Anziehung des Eisens durch den Magnetstein: »Er behauptet: alles Anziehbare gibt eine gewisse Feuchtigkeit ab, wie es seiner Eigenart entspricht . . . der Stein dagegen . . . nimmt die Feuchtigkeit aus der umgebenden Luft (also die ἀναθυμίασις aus dem Eisen) . . . er nimmt das ihm Verwandte an und nimmt es in sich auf. Das Nichtverwandte stößt er ab . . .« Mit dieser Erklärung der φῦσα als ἀναθυμίασις aus der Nahrung (oder dem Blute[3]) wäre nicht nur das Rätsel, das uns Menon-Hippokrates aufgibt, gelöst, sondern es wären auch viele andere Stellen, vor allem aus den hippokratischen Schriften, dem Verständnis nahegebracht. Ich betone aber noch einmal, daß wir etwas Genaues nicht wissen und die hier aufgestellte Ansicht nur hypothetisch gewertet werden kann.

---

[1]) Man denke an die Bezeichnung des Samens als luftartig und zugleich an seine Erzeugung aus dem »Feinsten und Reinsten« der Nahrung.

[2]) Galen. V 282 K.

[3]) Man vgl. z. B. π. φυσῶν VI 102 L.

DAS CORPUS HIPPOCRATICUM

Moderne Geisteswissenschaft hat das Wort vom »objektiven Geist« geprägt und sie meint damit das Gestalt gewordene Denken und Fühlen einer Kulturepoche. Medizinhistorisch gesehen ist das Corpus Hippocraticum der »objektive Geist« des ausgehenden fünften Jahrhunderts. Es ist der Niederschlag dessen, was die großen und kleinen Philosophen, Physiologen und Ärzte der vorhellenistischen Zeitperiode gedacht, erfühlt und beobachtet haben. Es gibt uns noch heute Nachricht von dem leidenschaftlichen Suchen nach Antwort auf Fragen, die die Menschen immer bewegt haben und immer bewegen werden. Es berichtet uns von Widerstreit und Kampf. Es berichtet von Ärzten, die tief durchdrungen waren von ihrem Beruf, denen die Sophistik[1]), in die die Philosophie vor und um Sokrates vielfach ausartete, des Ernstes ihrer Fragen unwürdig und für die praktische Arbeit am Krankenbett unfruchtbar erschien und die sie deswegen mit gar nicht sanften Worten ablehnten, und zwar alle Philosophie. Wie sie meinten! Weil die Medizin eigene, ihr gemäße Wege der Forschung habe[2]); dabei waren sie sich gar nicht bewußt, wie fast jeder ihrer Sätze auf naturphilosophischen Gedankengängen fußt. So fest ist die medizinische Theorie damaliger Zeit in der Philosophie verwurzelt, daß die Verfasser der »philosophiefeindlichen« Bücher dasjenige als rein medizinisch ansehen, was wir heute als echte Naturphilosophie bezeichnen müssen.

Wie in der Einleitung gesagt wurde, will diese Arbeit — soweit das möglich ist — jedes Werturteil vermeiden. Aber wegen der Bedeutung, die — bei dem in den letzten Jahrhunderten immer mehr gewachsenen Interesse an medizin-historischen Problemen — der Frage nach dem Werte der im Corpus Hippocraticum niedergelegten Ansichten zukommt, möchte ich hier eine Ausnahme

---

1) Sophistik als technischer Ausdruck, nicht als geschichtliche Erscheinung.

2) π. ἀ. ἰητρ. I 572 L.: Ἰητρικῇ δὲ πάντα πάλαι ὑπάρχει, καὶ ἀρχὴ καὶ ὁδὸς εὑρημένη, καθ' ἣν καὶ τὰ εὑρημένα πολλά τε καὶ καλῶς ἔχοντα εὕρηται ἐν πολλῷ χρόνῳ, καὶ τὰ λοιπὰ εὑρεθήσεται, ἤν τις ἱκανός τε ἐὼν καὶ τὰ εὑρημένα εἰδὼς ἐκ τουτέων ὁρμώμενος ζητέῃ.

machen: praktisch wissenschaftlich gesehen ist vieles unbrauchbar; vieles muß man ablehnen, über manches lächeln; und dennoch, wer als Arzt diese Werke in ihrer Gesamtheit liest und auf sich wirken läßt, der fühlt, wie er innerlich reicher wird, wie er mit ganz anderen Augen den Kranken sieht, wie er mit stärkerem inneren Drängen, mit gesteigertem Gefühl der Verantwortung, aber auch mit dem Gefühl der größeren Sicherheit, alles überschauen zu können, und mit einem Empfinden größerer Sieghaftigkeit und Bescheidenheit zugleich an das Krankenbett tritt. Bescheidenheit deswegen, weil er weiß, daß er nur der Adjutor der »Physis« ist und Sieghaftigkeit, weil er eben in diesem Bewußtsein den inneren Drang und die Fähigkeit wachsen fühlt, Wege zu erspüren, auf denen er der Natur zu Hilfe kommen kann. Das sind Erfahrungen, die jeder macht, der von echt ärztlichem Ethos die Zeit und die innere Kraft findet, sich mit dem Corpus Hippocraticum zu beschäftigen, trotz der lückenhaften und vielfach strittigen Überlieferung[1]), in der wir die Texte überkommen haben und trotz der doch immer unzureichenden Übersetzungen, in denen der Nichtphilologe die schwierige Sprache aufzunehmen sich gezwungen sieht.

---

[1]) Bei dieser Gelegenheit kann ich nicht umhin, auf einen Übelstand aufmerksam zu machen, nämlich die allgemein übliche willkürliche Zitationsweise. In Philologenkreisen herrscht die Auffassung, daß die Littré-Ausgabe der hippokratischen Werke trotz offenkundiger Mängel noch immer die beste sei, und es wäre deswegen doch nur folgerichtig und für die Forschungsarbeit sicher ersprießlicher, einstweilen nach Littré zu zitieren und etwaige Abweichungen, die dem jeweiligen Bearbeiter in dieser oder jener Frage vertrauenswürdiger scheinen, im textkritischen Apparat unterzubringen, wenigstens solange, bis das mit Mühe und Fleiß herausgegebene Corpus Hippocraticum im Corpus medicorum Graecorum eine einwandfreie Textgestaltung bringt. Das ist bisher wirklich nicht der Fall. Sigerist urteilt in The Johns Hopkins Univ. 2, 1934, S. 194f.: »It was to be the last word in Hippocratic »Text-Kritik«, but it met with general disapproval among philologists. One important manuscript had not been consulted. The emendating hand, the genial approach required of the editor of such a text, were missed. Heiberg was a brilliant scholar who did splendid work in the field of Greek science and medicine. But he was old and sick while he worked on Hippocrates. He died soon after the publication of the book. The volume was a failure. There are rumours that it will be destroyed and redone. God only knows when the Corpus will produce its Hippocrates.« So hoch man Heiberg auf Grund seiner unvergänglichen Verdienste um die Geschichte der griech. Wissenschaft (insbesondere der Astronomie und der Mathematik) auch schätzen muß, ist doch dieses Urteil (wenn auch ziemlich lieblos formuliert) im ganzen richtig.

1. Definition und Bedeutung des Hippokratismus

Worin liegt nun die Größe des Hippokratismus? Nicht in seiner Empirie, wie es das 19. Jahrhundert wollte; »Empirie« als Charakteristikum war wirklich ein schlechtes Prädikat für eine Schriftensammlung, die — wenige Teile ausgenommen — fast in jedem begründenden Satz Begriffe gebraucht, die nur naturphilolophisch zu verstehen sind[1]). Hippokratismus ist weder mit Empirie noch Ätiologie noch Teleologie gekennzeichnet, auch nicht mit Natur-

[1]) Es ist wirklich nicht leicht zu begreifen, wie man z. B. die χυμοί und δυνάμεις in π. ἀ. ἰητρ. als auf spezifisch empiristischer Grundlage beruhend darstellen konnte, wie u. a. Th. Gomperz noch versuchte, wenn auch gerade das berühmte 20. Kapitel dieser Schrift, in dem scheinbar reine Empirie im Gegensatz zu allen »Hypothesen« gefordert ist, zu der Annahme verleiten kann, daß hier alle Naturphilosophie abgelehnt werde. S. darüber auch Wellmann, Arch. f. Gesch. d. Med. 23, 1930, S. 299ff., Pohlenz, De prisca medicina, Herm. XLIII, 4 S. 396ff., Bier, Hippokrat. Studien, Quell. u. Stud. z. Gesch. d. Naturw. u. d. Med., 3. Bd. 1933, S. 22; während Wellmann und Pohlenz u. a. betonen, daß der Verfasser gegen die naturphilosophische »Spekulation« protestiert, aber doch nicht umhin können, die Bedeutung der Philosophie auch in diesem Buche in etwas anzuerkennen (so Pohlenz, a. a. O., S. 404ff.), hat Bier das Richtige gesehen, wenn er sagt, daß hier nicht gegen die Naturphilosophie als solche opponiert sei, sondern nur gegen eine bestimmte, einen Stoff als Grundprinzip setzende Richtung der Naturphilosophie (s. a. Fredrich, Untersuchungen, S. 14). Die Hippokratiker hatten ihre Naturphilosophie, wie auch die mit naturphilosophischen Vorstellungen gefüllte Schrift π. ἀρχαίης ἰητρικῆς deutlich macht. Diese scheint übrigens, wie aus anderem hervorgeht, pythagoreisch orientiert zu sein (s. Capelle, Herm. 1922, 57. Bd. 2, S. 257; Palm, Studien zur hippokrat. Schrift περὶ διαίτης S. 112f.; Senn, Über Herkunft u. Stil der Beschreibungen von Experimenten im Corp. Hipp., Arch. f. Gesch. d. Med. 1929, Bd. 22 H. 3, S. 217ff., der auch die Abhängigkeit der Experimente von den Pythagoreern nachweist; auf den Einfluß des Pythagoreers Alkmaion in π. ἀ. ἰητρ. macht auch Wellmann aufmerksam im Arch. f. Gesch. d. Med. 23, 1930 S. 301; vgl. auch Sprengel, Versuch einer pragmat. Gesch. d. Arzneikde., S. 357).

Andere sehen seine Bedeutung in der Überwindung der Teleologie, die doch im hippokratischen Begriff von der Physis, der Naturheilkraft und in vielen Einzelbeispielen zum Ausdruck kommt. Windelband, Lehrbuch d. Gesch. d. Philos. 9. u. 10. Aufl., S. 54, sieht in Hippokrates den Reformator, der die Medizin von der Überwucherung durch die ätiologischen Theorien befreit habe »und der ärztlichen Kunst ihren alten Charakter im Gegensatz zur wissenschaftlichen Doktrin zurückgab.« Man kann wohl mit einem gewissen Recht sagen, daß alle Urteile, die über ein Werk gefällt werden können, tatsächlich über das Corpus Hippocraticum gefällt worden sind. Darin mag eine Ursache zu finden sein, daß viele Ärzte es ablehnen, sich in die philologischen Streitigkeiten einzumischen.

philosophie oder Wissenschaft oder »Kunst«, wie Much[1]) es will. Denn er umfaßt all dieses zugleich.

Es ist nicht falsch, zu sagen, der Hippokratiker ging von der Erfahrung aus, wohl aber, er ging nur von der Erfahrung aus[2]):

[1]) Much, H., Hippokrates der Große, Stuttg. 1926.

[2]) So urteilten mit wenigen Ausnahmen alle Historiker der Neuzeit, z. B. Magister, R., Hippocratis doctrina aphorismi, leges, judicia. Paris 1613, S. 8; Fontani, G., De veritate Hippocraticae medicinae. Lugd. 1657; Ettmüller, M. E., Progr. diligentiam Hippocratis continuandam esse. Lips. 1719; sogar, wenigstens teilweise, Sprengel, a. a. O., S. 553, ebenso Gomperz, Th., Griech. Denker, 1. Bd., IV. Aufl. Berlin u. Lpz. 1922; ders., die Apologie der Heilkunst. 2. Aufl. Lpz. 1910; Haeser, H., Lehrbuch d. Gesch. d. Med., 1. Bd., 3. Aufl., Jena 1875; Windelband, a. a. O.; Döring, Gesch. d. griech. Philos.; Magnus, Kritik d. med. Erkenntnis. Abh. z. Gesch. d. Med. X. 1904, S. 8—13; Brown, W., Philosophie in Hippokrates. Med. Rec. 139, 1934. S. 667.

»Hippokrates der Empiriker«, »der Überwinder der Naturphilosophie mit seinem ständigen Hinweis auf die unvoreingenommene Beobachtung«, »der vornehmlich ausgeht von der Erfahrung am Krankenbett«, das ist der Tenor der Urteile, mit denen insbesondere das 19. Jahrhundert, aber auch noch die spätere Zeit, vielfach das Wesen des Hippokratismus kennzeichnet.

Darüber, wie das Altertum über die Frage urteilte, habe ich nur eine Stelle bei Galen gefunden, die wohl — wenn dieser auch kein in jeder Beziehung zuverlässiger Gewährsmann ist — doch bisher zu wenig Beachtung gefunden hat: »Erkennen wirst du die Unverschämtheit der empiristischen Ärzte, die wagen, den Hippokrates einen Empiriker zu nennen. Denn er war zwar der »empirischste« aller derer von der Arzneikunst, da er auch auf den Versuch den größten Wert legte und alles durch ihn prüfte, aber unter Anwendung zahlreicher Überlegungen, um ganz zum Ziel zu gelangen« (Galen. comm. 3 in libr. de artic. pag. 616 XVIII A 525 K.).

Von den positiven Urteilen der Neuzeit nenne ich H. F. Link, Über die Theorien in den hippokratischen Schriften. Abh. d. Kgl. Akad. d. Wiss., Berlin 1818, S. 225: »Wie lernen wir nun den Hippokrates aus dieser Stelle kennen? Als den bloßen Empiriker, der im Prognostikon oder in den Aphorismen Zeichen auf Zeichen häuft, ohne Bestimmung der verschiedenen Zustände, ohne Rückblick auf Ursachen, ohne Spur von irgendeinem System? Wahrlich nicht. Ein Verfahren, wie es in diesem und anderen als ächt anerkannten Schriften herrscht, ist nach Platon nicht mehr als eines Blinden Wanderung. Vielmehr hören wir in Platon's Nachricht von einem Denker, der Spekulation liebt, wie sie grade die neuen Kritiker dem großen Arzte absprechen möchten.«

Erst in den letzten Jahren haben sich die Stimmen gemehrt, die anerkennen, daß den Ausführungen in den verschiedensten Schriften des Corpus Hippocraticum echte naturphilosophische Überlegungen zugrunde liegen, so vor allem Bier; vgl. seine Darlegungen in M. m. W. 1930, Nr. 49, S. 2112, S. 2193; 1931 Nr. 9, S. 355, S. 408; Quell. u. Stud. z. Gesch. d. Naturw. u. d. Med. 1933, S. 1—28; vgl. auch Temkin, O., Die Krankheitsauffassung, S. 327—352 und Der syst. Zusammenhang, S. 9—43 u. a.

naturphilosophische Überlegungen sind für die Formung und Gestaltung seines Systems von eben derselben Wichtigkeit gewesen[1]). Empirie und Spekulation aber standen beide und immer im Dienste des großen Zieles aller Medizin: zu heilen. Die Einheit dieses Zieles macht den Hippokratismus trotz aller inneren Widersprüche zu einem System; und der naturphilosophische Faktor in ihm macht es trotz seines oft rein fiktiven Charakters zu einem wissenschaftlichen; denn diese Fiktionen wurden für lange Zeit die Arbeitshypothesen der Medizin; und wenn die weiteren Untersuchungen — auf Grund dieser Hypothesen angestellt — deren Unhaltbarkeit erwiesen, so ist das eine Erscheinung, die die Medizin mit allen echten Wissenschaften in ihrem Werden gemeinsam hat.

2. Empirie und Spekulation

Es ist nicht schwer, im Corpus Hippocraticum Stellen zu finden, die anscheinend den Beweis bringen, daß man die Wissenschaftlichkeit der Medizin bewußt abgelehnt habe. Es gibt tatsächlich Bemerkungen, die etwa sagen: die Heilkunst ist eine Fähigkeit, die man hat oder nicht hat; aber immer ist dann gleichzeitig auch ausgedrückt, daß derjenige, der diese Fähigkeit besitzt, sie weiter ausbilden und zur höchsten Vollendung bringen kann, wenn er sich bemüht, durch (naturphilosophische) Überlegungen und unermüdliche empirische Forschung[2]) in der Natur und am Krankenbett in

[1]) Vergleiche dazu Deichgräber, Hipp. Περὶ σαρκῶν, S. 27ff.; ders., Die Stellung des griechischen Arztes zur Natur. Gött. Akad. Reden Nr. 6, 1938, S. 13—32; Palm, Studien zur hippokratischen Schrift περὶ διαίτης, S. 99ff.; Diels, Hippokratische Forschungen I. Hermes 45, S. 125—150; II. III. Hermes 46, S. 261—285; IV. Hermes 48, S. 378—407; V. Hermes 53, S. 57—87 (S. 75 weist er bei Besprechung des falschen 19. Briefes auf die echten naturphilosophischen Ansichten der Hippokratiker hin); Nestle, W., Hippocratica. Hermes 73, 1938, S. 1—38.

[2]) Auf das »Zugleich von Naturphilosophie und Empirie« nicht nur in der Schule von Kos, sondern auch in der von Knidos, überhaupt in der antiken Medizin weist auch J. Ilberg, Die Ärzteschule von Knidos, Ber. über die Verhandl. d. Sächs. Akad. d. Wiss. zu Leipz., Phil.-hist. Kl., 76. Bd., 1924, 3. Heft, S. 14ff. hin. — Bez. der »Spekulation« in der Naturphilosophie verweise ich wieder auf die Ausführungen in der Einleitung zu dieser Arbeit. Man vgl. auch die Arbeiten von W. Capelle, Auf Spuren alter Φυσικοί. Herm. 45, 1910, S. 321ff.; Senn, Über Herkunft und Stil der Beschreibungen von Experimenten im Corp. Hipp. Arch. f. Gesch. d. Med. Bd. 22, 3. H. 1929, S. 248; Temkin, Der syst. Zusammenhang, S. 9—43 (S. 12 erklärt Temkin

das Wesen des Makrokosmos, des Mikrokosmos und in den Kausalnexus der funktionellen Störungen Einblick zu gewinnen.

3. Hippokratische Medizin als Kunst

Die Kennzeichnung der hippokratischen Medizin als »Kunst« wird zunächst der besonderen Bedeutung des dafür im Corpus selbst angewandten Wortes τέχνη nicht gerecht; und wer — wie Hans Much[1]) — mit dieser Bezeichnung der Medizin überhaupt und der hippokratischen im besonderen alle Gesetzmäßigkeit und deswegen alle Wissenschaftlichkeit absprechen will, verkennt auch das Wesen der »Kunst« selbst. Alle Kunst ist sowohl in Gestaltung als auch in Schau an Gesetz und Gesetzmäßigkeiten gebunden.

In einem doppelten Sinne jedoch darf die hippokratische Medizin Kunst genannt werden: Kunst wird geboren aus der höchsten Kraft menschlichen Geistes, der Fähigkeit zu transzendentaler Schau[2]);

---

die Verbindung von Empirie und naturphilosophischer Spekulation als eine notwendige Erscheinung aus der Tatsache, »daß die einzige Hilfswissenschaft, die dem damaligen Mediziner zu Gebote stand, eben die Naturphilosophie war, daß es keine Physik und Chemie im heutigen Sinne um 400 v. Chr. gab und daß er sich deshalb der Naturphilosophie bedienen mußte, um überhaupt wissenschaftliche Medizin an Stelle eines bloßen unübersehbaren Konglomerates empirischer Tatsachen setzen zu können«). Bemerkenswerte einschlägige Ausführungen s. a. bei Conradi, Bemerkungen über die medizinischen Grundsätze der koischen und knidischen Schule. Abh. d. Kgl. Gesellsch. d. Wiss. zu Göttingen, 7. Bd. 1856/57, S. 131ff., dessen Charakterisierung der »Knidier« gegenüber den »Koern« aber — obwohl sie lange Zeit Allgemeingut war — heute nicht mehr aufrechterhalten werden kann.

[1]) a. a. O., S. 12: »Möglich, daß es einmal eine Medizin als Wissenschaft gibt. Aber bis zu diesem Tage hat es noch keine gegeben und gibt es noch keine«, sagt er in seiner überall kritisierenden und im Grunde dennoch durchaus unkritischen Art. Vgl. hierzu Temkin, Der syst. Zusammenhang, S. 40; zum vorliegenden Problem bemerkt er sehr richtig, daß die knidischen Bücher nur ein anderer Versuch sind, die Wissenschaft der Medizin auszubauen; seiner Begründung kann man allerdings ebensowenig zustimmen wie seiner Folgerung; vgl. auch H. E. Sigerist, Antike Heilkunde, München 1929, S. 10.

[2]) Es ist wohl unmöglich, für »Kunst« eine eindeutige Definition zu finden; hier ist sie gedacht als das Vermögen, das dem Künstler eigen ist, die Idee zu schauen, wo der Nicht-Künstler nur Funktionen sieht oder, auf andere Gebiete angewandt, das »Auseinander« zu erkennen, wo andere nur das »Nacheinander« sehen; im Zusammenhang mit dieser Arbeit hat sie noch die besondere Bedeutung: naturphilosophische Schau des Wesens, das unter den Erscheinungen der Dinge verborgen liegt bzw. auf antikes medizinisches Denken angewandt: Schau der Ganzheit des Menschen in seinem Aufbau, seinem Leben und seinem Krank-

sie berücksichtigt auch die feinsten Einzelheiten, aber sie sieht hinter diesen die Idee, mag sie nun schon verwirklicht sein oder nicht. Ein Lionardo da Vinci wäre auch dann noch der große Künstler gewesen, wenn er unglücklicherweise ohne Hände geboren wäre. Eben weil er die Fähigkeit besaß, in den Gegebenheiten des Lebens, die tausend anderen auch begegnen, die Idee zu sehen. Und diese Fähigkeit hat der Künstler mit dem Philosophen gemeinsam. Warum sahen Thales im Wasser und Anaximenes in der Luft den einen Urstoff, aus dem alles wurde, so wie etwa moderne Chemiker ihn im Wasserstoff bzw. in den Elektronen sehen? — Die Erfahrung, die sie übrigens mit den anderen Erdbewohnern gemeinsam hatten, gab ihnen doch wenig genug Anlaß zu dieser Annahme. Sie vermochten es eben, in der Mannigfaltigkeit das allen Gemeinsame, in der Vielheit die Einheit zu »sehen«. Warum war Hippokrates der »große Arzt«? Nicht, weil er Knochenbrüche und diverse Krankheiten mit mehr oder weniger gutem Erfolge behandelte und Bücher darüber schrieb, sondern weil er zugleich Philosoph war und mit der ihm eigenen Fähigkeit das Wirken der Natur und ihr Spiel der Kräfte gleichsam körperlich wirklich wahrzunehmen vermochte.

Hippokrates und seine Mitarbeiter haben ihre Theorien von der Harmonie, deren Störung und Wiederherstellung am Kranken-

---

Sein. Diese Art der Auffassung von »Kunst« bei den Hippokratikern gibt die einzige Möglichkeit, einige der wesentlichen und grundlegenden Aussprüche zu verstehen oder richtiger, nachzuempfinden.

Übrigens brachte die neuere Zeit immer öfter Abhandlungen, die nach all den großen Erfolgen auf den Sondergebieten der Medizin wieder die Ganzheitsschau des Menschen fordern und zwar oft mit Berufung auf Hippokrates. So sagt z. B. Ernst Edens: »Auch die einheitliche Verbindung aller Lebensvorgänge im Menschen wird vom Vater der Heilkunde gelehrt, wenn er sagt: »Alles im Organismus ist ein einziges Zusammenströmen, ein einziges Verbundensein, ein einziges harmonisches Zusammenwirken. Alles ist gerichtet auf die Ganzheit, jedes Teilchen im einzelnen auf das andere abgestimmt, — alles ist zum gemeinsamen Wirken da« (περὶ τροφῆς XXIII).« (Über die Behandlung von Krankheiten und Kranken, Klin. Wschr., 10. Jg. Nr. 31, 1931, S. 1460f.).

In anderer Beziehung berührt Temkin diese Fragen in Die Krankheitsauffassung, S. 337 u. 338; ebenso Conradi, a. a. O., S. 132ff. Diese Auffassung von Krank-Sein setzt in der Tat auch bei dem behandelnden Arzt eine Meisterschaft des Könnens voraus, die durchaus dem des plastisch gestaltenden Künstlers verwandt ist und wie bei diesem aus einer Art innerer Schau der Idee erwächst. In engem Zusammenhang steht daher auch die Bewahrung der Gesundheit durch die Diätetik mit der Kunst.

bett verifiziert und die vielfältigen Erfahrungen in Schriften niedergelegt; aber er wäre auch dann ein Großer, wenn ihm das aus irgendeinem Grunde nicht möglich gewesen wäre. Das gilt wie von ihm ebenso von den Männern, von deren Spekulationen seine Gedankengänge befruchtet wurden. Wir kennen sie vielfach zwar nur als Philosophen, aber sie sind dennoch wirkliche Förderer der medizinischen Wissenschaft, weil sie die Erkenntnisse, die sie bei ihrer Durchforschung des Makrokosmos gewonnen hatten, in wahrhaft künstlerischer Schau auch auf den Mikrokosmos Mensch angewandt haben.

Eine Kunst darf die hippokratische Medizin auch deswegen genannt werden, weil sie eine »Fertigkeit« ist, und zwar, so müssen wir im Sinne der Hippokratiker sagen, die Fertigkeit des Arztes, unter Verwertung der gemachten Erfahrungen, die naturphilosophischen Erkenntnisse so anzuwenden, daß er im Einzelfalle in Prognose und Therapie das Richtige trifft.

Dennoch ist die Definition der hippokratischen Heilkunde als »Kunst« zu eng; sie würde einerseits den Einfluß der zeitgenössischen und früheren Philosophie auf das methodologische und sachliche Moment in ihr übersehen, andererseits aber den Hippokratismus als Entwicklungsfaktor in der Geschichte der Gesamtmedizin unterbewerten[1]).

Tatsächlich ist die hippokratische Medizin aufs stärkste eingebaut in die Philosophie ihrer Zeit, und zwar so sehr, daß man sie ein echtes Spiegelbild der am Ausgang einer alten und am Anfang einer neuen Periode stattfindenden Kämpfe der philosophischen Systeme nennen darf; aber gerade diese enge Verknüpfung mit dem Geistesgeschichtlichen hat sie auch teilnehmen lassen an dessen Früchten. *Darum ist aber auch die Kenntnis des allgemeinen ideengeschichtlichen Entwicklungsganges der damaligen Zeit die unbedingte*

[1]) Über den methodologischen Einfluß der Naturphilosophie beziehungsweise philosophischer Gedankengänge überhaupt s. Magnus, a. a. O., S. 17; Krayl, K., Württ. Med. Korrespondenzbl. 1932, S. 259 über Contraria und Similia und S. 459 über die Diagnose; Chauvet, Philosophie des médecins grecs, Paris 1885, S. 60ff.; Senn, Verh. d. Schweizer. Naturforschergesellsch. 114, 1933, S. 437f.; Temkin, Der system. Zusammenhang. S. 11; derselbe, Studien zum »Sinn«-Begriff in der Medizin, Kyklos Bd. 2, S. 22ff.; Capelle, Vorsokratiker, S. 262ff.; Deichgräber, Hipp. Περὶ σαρκῶν, S. 26ff.; derselbe, Epidemien, S. 111 und S. 150ff.; Pohlenz, De prisca medicina, S. 404ff.; Gomperz, Griech. Denker, I S. 229; Bier, a. a. O. S. 22ff.

Voraussetzung für das Verständnis des medizinischen Denkens der gleichen Periode.

Die entgegenstehende Annahme von der Selbständigkeit der medizinischen Entwicklung in Unabhängigkeit vor allem von der Philosophie findet immer weniger Vertreter. Es sind, seit Fredrich den Anstoß gab, Untersuchungen angestellt worden, die sich fast nur darin erschöpften, unter Benutzung des ganzen Rüstzeugs philologischer Ausbildung, Beziehungen und Abhängigkeiten des einen vom anderen festzustellen. Die »hippokratische Frage« erhielt geradezu den Sinn, Beeinflussung oder gar wörtliche Benutzung zeitgenössischer oder früherer Philosophen durch die Verfasser von hippokratischen Schriften aufzuspüren und höchstens noch die Abfassungszeit einzelner Werke festzulegen. Hier möge eine grundsätzliche Bemerkung ihren Platz finden, die in anderer Form schon öfter ihren Ausdruck gefunden hat: die Höherwertung der Forschungsarbeiten auf antikem Boden, die sich in der heutigen Medizin erfreulicherweise zeigt, fordert wegen der Eigenart der zu erforschenden Tatsachen die selbstlose Zusammenarbeit der Philologen und Mediziner[1]), die frei von jeder Prestigefrage bleiben muß. Aufgabe des Arztes wird es dabei sein, sich in die Denkweise der Hippokratiker einzufühlen und die Quelle, aus der so viele grundsätzliche Überlegungen, die ewigen Wert haben, stammen, auch für die Jetztzeit wieder zu erschließen.

Die Denkweise der Hippokratiker ist nicht in moderne Begriffe

[1]) Im Schlußkapitel seiner Epidemien gibt Karl Deichgräber Richtlinien, die von dem Autor, der einmal die Geschichte der koischen Ärzteschule schreiben wird, unbedingt beachtet werden müssen und sagt u. a. S. 172: »Diese Geschichte zu schreiben wird aber nur dann möglich sein, wenn der moderne Arzt dem Philologen zu Hilfe kommt. Der Philologe kann sehen, wie sich eine Lehre entwickelt, er kann die innere Logik des Systems aufzeigen, er kann Methode und Theorie entwickeln, nur eins versteht er nicht, was die Voraussetzung für die historische und absolute Wertung der antiken Medizin ist, er weiß nicht, was hier richtig, was falsch gesehen und gedeutet wurde. Die einst von den antiken Ärzten beobachteten, jetzt vom modernen Arzt zu rekonstruierenden biologischen Vorgänge, die die Entstehung und Entwicklung einer Theorie bestimmt haben, bleiben ihm verborgen. An dieser Stelle muß der Mediziner einsetzen.« — Aber auch der Weg, den Diels, Neue Jahrb. f. d. klass. Altertum, 1907, S. 704, vorschlägt, ist als Fortschritt zu begrüßen; er meint, es sei »für den Philologen viel leichter, sich die antiken Fachkenntnisse in der . . . Medizin usw. zu erwerben« als umgekehrt (?). »Nicht also bloß«, sagt er weiter, »aus Interesse für die Sprache, den Dialekt, den Stil der antiken Ärzte, sondern auch gerade für ihren Inhalt interessieren wir Philologen uns für die alten Ärzte. Haben doch ihre Schriften die innigsten Beziehungen zu den gleichzeitigen Strömungen der Philosophie und der ganzen Kultur, deren totale Erfassung das Ziel der klassischen Philologie ist.« — Arbeiten wie K. Deichgräbers Epidemien und π. σαρκῶν oder H. Dillers »Die Überlieferung der Hippokrat. Schr. π. ἀέρων usw. wird der Medizinhistoriker immer mit einem aufrichtigen Gefühl anerkennender Dankbarkeit zur Hand nehmen.

zu fassen, so wenig wie die der antiken Philosophen. Um ein Beispiel zu geben: man zog auch damals aus Erfahrungen Rückschlüsse; nach unserer Auffassung ist das ein Denkakt, der eigentlich nur möglich ist auf Grund des Kausalgesetzes; und doch können wir mit Bestimmtheit sagen, daß niemand unter den Vorsokratikern an die Formulierung eines solchen[1]) gedacht hat. Nichts wäre aber falscher, als daraus nun schließen zu wollen, daß ihr Denken in ungenauen und verschwommenen Begriffsbildungen sich vollzog, ein Urteil, das in ständig wechselnder Einkleidung immer wieder gefällt wird[2]).

Wir gebrauchen seit einiger Zeit wieder den Begriff des Ganzheitsdenkens. Dieses ganzheitliche Denken ist eins der charakteristischsten Merkmale aller Schriften des Corpus Hippocraticum und tief begründet in der naturphilosophischen Schau. Das Wissen darum ist geradezu der Schlüssel zu seinem Verständnis. Der Hippokratiker wendet seine Aufmerksamkeit in echter Empirie den Erscheinungen zu; aber in allem sucht er das ὑποκείμενον; er sieht das Einzelwesen, aber im Hintergrund den großen Kosmos, der durch dieselben Kräfte geschaffen und von denselben Gesetzen beherrscht wird. Er sieht den Menschen wachsen und darin dasselbe kosmische Gesetz wirksam, wie in den wachsenden Bäumen. Überall in der Natur sieht er das lebendige, lebenspendende, bildende

---

[1]) Die »Ananke« der früheren Philosophen ist — wenn sie auch ohne Zweifel ein »Ahnen der alles beherrschenden Kausalität« beweist — doch immer noch mehr »Schicksalsfügung« (Εἱμαρμένη) und Fragment 2 des Leukipp ist, wie oben dargelegt, teleologisch zu fassen.

[2]) Wir haben im Corpus Hippocraticum Stellen, die ein eindrucksvolles Zeugnis davon geben, mit welcher Akribie alle nur möglichen Faktoren der Krankheitsbildung in die Untersuchung einbezogen wurden, Stellen, die es unbegreiflich erscheinen lassen, daß das Wort von der »Unwissenschaftlichkeit« der hippokratischen Medizin zustande kam. So sagt der Verfasser der Epidemien II 668—670 L.: Τὰ δὲ περὶ τὰ νουσήματα, ἐξ ὧν διαγιγνώσκομεν, μαθόντες ἐκ τῆς κοινῆς φύσιος ἁπάντων, καὶ τῆς ἰδίης ἑκάστου· ἐκ τοῦ νουσήματος· ἐκ τοῦ νοσέοντος· ἐκ τῶν προσφερομένων· ἐκ τοῦ προσφέροντος, ἐπὶ τὸ ῥᾶον γὰρ καὶ χαλεπώτερον ἐκ τούτου· ἐκ τῆς καταστάσιος ὅλης, καὶ κατὰ μέρεα τῶν οὐρανίων καὶ χώρης ἑκάστης· ἐκ τοῦ ἔθεος· ἐκ τῆς διαίτης· ἐκ τῶν ἐπιτηδευμάτων· ἐκ τῆς ἡλικίης ἑκάστου· λόγοισι· τρόποισι· σιγῇ· διανοήμασιν· ὕπνοισιν· οὐχ ὕπνοισιν· ἐνυπνίοισιν οἵοισι καὶ ὅτε · τιλμοῖσι· κνησμοῖσι· δακρύοισιν· ἐκ τῶν παροξυσμῶν· διαχωρήμασιν· οὔροισι· πτυάλοισιν· ἐμέτοισι· καὶ ὅσαι ἐξ οἵων ἐς οἷα διαδοχαὶ νουσημάτων, καὶ ἀποστάσιες ἐπὶ τὸ ὀλέθριον καὶ κρίσιμον· ἱδρώς· ψύξις· ῥῖγος· βήξ· πταρμοί· λυγμοί· πνεύματα· ἐρεύξιες· φῦσαι· σιγώδεες, ψοφώδεες· αἱμοῤῥαγίαι, αἱμοῤῥοΐδες· ἐκ τούτων καὶ ὅσα διὰ τούτων σκεπτέον.

Feuer, aber er sieht es auch zur zerstörenden Kraft werden, wenn die andere Kraft, die es zügelte, versagt; im Kosmos wie im Menschen sieht er dieselben Urelemente mit ihren Kräften und Qualitäten tätig, sieht ihr Sichvermischen und Sichtrennen unter der Übergewalt der Vorherrschaft einer Kraft, die mit oder ohne Schuld des Menschen zu verderbenbringender Wirksamkeit kam[1]).

Das Mechanistische und rein Quantitative der übersteigerten und damit zur Karikatur gewordenen Form des Pythagoreismus zu Beginn des vierten Jahrhunderts lehnt der hippokratische Arzt ab. Aber seine Vorstellungen vom καιρός, vom μέτρον von der συμμετρία und dem ἁρμόττειν übernimmt er[2]). Und die Anwendung

[1]) Als typisch hippokratisch ist das ganzheitliche Denken von Platon im Phaidros 270 C überliefert; s. zu dieser Stelle Fredrich, Untersuchungen, S. 4; Palm, Studien, S. 102f.; Edelstein, Problemata H. 4, S. 130; Capelle, Herm. 57, S. 247ff.; Deichgräber, Epidemien, S. 150f.; Pohlenz, Herm. 53, S. 404ff. und sein gerade erschienenes Werk: Hippokrates und die Begründung der wissenschaftlichen Medizin. Berlin 1938, S. 74ff. — Die Stelle wird von Capelle dahin verstanden, daß man nach Hippokrates in der Heilkunde die Verbundenheit des menschlichen Körpers mit der Natur des ganzen Weltalls beachten müsse. Als solche wird die Ganzheit vor allem aufgefaßt in den Epidemien, in π. ἀέρων, in π. διαίτης u. a.; Edelstein glaubte das ἄνευ τῆς τοῦ ὅλου φύσεως unter Berufung auf Platon Charm. 156 A ff. (der gute Arzt wird immer mit Rücksicht auf den Zustand des ganzen Körpers behandeln) auf das Ganze der Seele beziehen zu müssen. Deichgräber und Pohlenz nehmen es als »Natur des Weltganzen«. Eine weitere Auffassung — von Palm dargelegt und im Gegensatz zu Edelstein nicht nur als Methode, sondern als System des Hippokrates verstanden — geht dahin, daß es nicht nur auf das »Weltganze« ankommt, sondern ebensosehr auf die verschiedenen Teile des einzelnen Körpers selbst. Es ist demnach in Hinsicht auf die Ganzheit erstens festzustellen, ob ein Ding einfach oder vielfach ist, welche Wirkungen es auszuüben vermag, welche Wirkungsweise den einzelnen Teilen als solchen und aufeinander zukommt und in welchen Beziehungen sie zueinander stehen (in diesem Sinne scheint Platon in dem einschlägigen Fall das Prinzip übernommen und auf die Untersuchung der Seele angewandt zu haben; vgl. auch die Methode des Verfassers von π. ἀρχαίης ἰητρικῆς); zweitens aber ist dasselbe zu fragen hinsichtlich der Beziehung des Einzelmenschen zum Makrokosmos. — Über die Kontroverse Littré-Gomperz einerseits und Pohlenz, De prisca medicina, andererseits bez. des Verhältnisses der platonischen Phaidrosstelle zu einer der überlieferten hippokrat. Schriften s. Capelle, Hermes 57, 1922, Bd. 2, S. 247ff.

[2]) In den Anmerkungen oben wiesen wir schon auf einige Autoren hin, die pythagoreisches Gedankengut im Corpus Hippocrat. sehen. Hinsichtlich der Ganzheit macht Capelle, Hermes 57, S. 257, darauf aufmerksam, daß dieses Prinzip schon pythagoreisches Gedankengut war; Hippokrates hat es nach Capelle besonders auf die Medizin angewandt. — Über die auch schon von

des Gedankens der ἁρμονία bzw. ἰσονομία auf das Spiel der Kräfte im Lebendigen bringt er zur höchsten Vollendung.

4. Begriffe des κατὰ φύσιν und παρὰ φύσιν. Das »Kranksein«

In allen Schriften der Hippokratiker trifft man auf ätiologische Fragestellungen[1]), aber das Teleologische ist ihnen genau so wichtig. Das Wesen der Teleologie finden wir an keiner Stelle etwa im platonischen Sinne definiert; aber unausgesprochen liegt fast allen Überlegungen der Gedanke zugrunde: die Natur hat aus sich oder von einem anderen in sie hineingelegt das Streben, das Schöne, das Gute (= das Bestmögliche) zu verwirklichen. Von hier aus ist auch der Begriff der Physis[2]) ausgeprägt: κατὰ φύσιν ist, was zur Erhaltung der Harmonie beiträgt, παρὰ φύσιν[3]), was

---

Alkmaion vertretene Auffassung von Gesundheit und Krankheit und deren Einwirkungen auf die in einigen hippokratischen Schriften vertretenen Anschauungen s. Temkin, Der syst. Zusammenhang, S. 20ff. Über Krankheit und Gesundheit s. auch Deichgräber, Epidemien, S. 55 und S. 109. Über εἴδη usw. s. Palm, Studien, S. 103ff. und S. 109.

[1]) Auf das Suchen der hinter den Symptomen liegenden und erfaßbaren Ursachen bei den Hippokratikern weist schon Galen math. med. lib. I p. 36 hin; vgl. Conradi, Abhdlg. d. Kgl. Gesellsch. d. Wiss. zu Göttingen, 7. Bd. 1856/57, S. 146. Hinsichtlich der Witterungseinflüsse als Ursachen der Krankheiten s. Deichgräber, Epidemien, S. 125; bez. der Säfte als Ursachen der Krankheiten s. Temkin, Der syst. Zusammenhang, S. 21ff. und S. 34f.

[2]) Über die Bedeutung der Physis im Corpus Hippocraticum vgl. die einschlägigen Ausführungen in der neuerlichen Zusammenfassung des Hippokratischen Gedankengutes bei W. Haberling, Die Grundgedanken des Hippokrates. Ztschr. f. ärztl. Fortbildung, 34. Jg., Nr. 6, 1937, S. 175f.; Bier, Hippokr. Studien, S. 8ff. (er glaubt, eine Unterscheidung machen zu müssen zwischen φύσις als Naturheilkraft und φύσις als Norm der naturgemäßen, richtigen Lage der Körperteile und ihrer Wiederherstellung bei chirurgischen Eingriffen; das ist indessen nicht notwendig: der hippokratische Begriff der Natur umfaßt beides in gleichem Maße, und es liegt eben nur eine zweiseitige Anwendung des gleichen Prinzips vor); Nestle, Hippocratica. Hermes 73, S. 1ff.; Deichgräber, Die Stellung d. griech. Arztes zur Natur. Gött. Akad. Reden 6, S. 13ff. (der den Physis-Begriff aus dem Begriff des Werdens bei den verschiedenen Naturphilosophen entwickelt); zum Physis-Begriff im allgemeinen neuerdings H. Diller, Neue Jahrb. f. Antike u. dtsch. Bildung, 1939, H. 6, S. 241 bis 257.

[3]) Vgl. dazu Bier, Quell. u. Stud. z. Gesch. d. Naturw. u. Med., 3. Bd., 1933, S. 9f., der hier genauer auf die therapeutischen Begriffe von κατὰ φύσιν und παρὰ φύσιν eingeht.

das Zusammenspiel der Kräfte stört. Gestörte Harmonie bedeutet zerstörte Zusammenfügungen, bedeutet medizinisch gesehen: Krankheit.

Ausgangspunkt der Störungen sind entweder der Kosmos oder der Mensch selbst. In jedem Lebewesen liegt die Kraft zu ihrer Überwindung (Naturheilkraft)[1]. Aufgabe des Arztes ist es, der Natur in ihren Bestrebungen zu Hilfe zu kommen, vor allem durch Abstellung der Störungen. Die δίαιτα ist die Anordnung einer Lebensweise, die es dem Gesunden unter Berücksichtigung der kosmischen, beruflichen usw. Einflüsse ermöglicht, die Harmonie des Kräftespiels zu erhalten und dem Kranken, sie wiederherzustellen[2]. Dazu gehört nicht so sehr Kenntnis der Symptome und ein empirisches Ausprobieren dessen, was die Symptome beeinflußt (obschon das alles durchaus nicht vernachlässigt wird), sondern mehr noch Erkenntnis der Physis des jeweiligen Kranken und der Gründe, die seine augenblickliche κατάστασις herbeigeführt haben, und die Kunst (τέχνη) besteht einerseits in der intuitiven Erfassung dessen, was im Kranken an Störungen vor sich geht, und andererseits dessen, was zu deren Beseitigung beitragen könnte.

Die Auffassung der Bedeutung eines Fiebers, eines Geschwüres, eines Schmerzes ist im Corpus nicht einheitlich; aber eigentlich herrscht doch immer der Gedanke vor, daß diese Erscheinungen nicht wirklich Krankheit, sondern vielmehr deren Phänomen oder Symbol sind (vor allem in den koischen Schriften ist mit einer einzigen Ausnahme überhaupt nicht von »Krankheit«, sondern vom »Krank-Sein« des Menschen die Rede). »Krankheit« ist in beiden Schulen als Zeichen einer Störung der Harmonie, sehr oft aber als Ergebnis eines Heilungsbestrebens der Natur (Teleologie)

---

[1]) Vgl. Bier, Hippokrat. Studien, S. 8ff.; Baumann, Historische Betrachtungen über die vis medicatrix naturae. Janus 40, 1936, S. 51. Baumann betont, daß die Hippokratiker nicht eine besondere Naturheilkraft neben der allgemeinen Natur annehmen, sondern daß die Naturheilkraft eine der Nebenäußerungen der Gesetzmäßigkeit der Natur überhaupt ist, ähnlich Neuburger, Die Lehre von der Heilkraft der Natur im Wandel der Zeiten. Stuttgart 1926 (S. 21 weist er auf den Einfluß des ganzheitlichen Denkens auf die neuere Medizin hin); Deichgräber, Epidemien, S. 51, S. 141 u. ö.

[2]) Über die therapeutische Bedeutung der Diätetik und ihre Verbindung mit dem Begriff der Physis und der Konstitution sowie über die naturphilosophischen Grundlagen von π. διαίτης insbesondere s. auch Palm, Studien, S. 99ff.

definiert, immer begründet in einer natürlichen Ursache, die es zu erforschen gilt[1]).

Dabei gilt die Erfahrung als äußerst wertvoll: Jahreszeit, Diätfehler usw. haben ihre ihnen eigentümlichen Krankheiten. Wesentlich aber für die Erkenntnis der Eigenart des Hippokratismus ist: er begnügt sich nicht mit der Diagnose der Symptome, des Zustandes, er stellt nicht einfach fest, welche Veränderung die Krankheit hervorgerufen hat und hervorrufen wird, nein, er sieht sie in intuitiver Schau, wenigstens ist das sein Ideal. Und wenn der eine von ihnen die φῦσαι, der andere die στοιχεῖα, wieder andere die δυνάμεις oder die χυμοί als Ursache von Gesundheit und Krankheit faßt, so meinen sie doch alle ein und dasselbe. All diese Dinge sind, wenn man einmal hier diesen Ausdruck gebrauchen darf, das Gestalt gewordene, gleichsam das sinnenhaft faßbare Substrat gerade dessen, was die rein kausal-mechanische Erklärungsweise gar nicht mehr sucht. Der Hippokratiker schafft sich hier die Möglichkeit, das der äußeren Erscheinung des Fiebers Zugrundeliegende seiner Erkenntnis in einer Weise zugänglich zu machen, daß er es »sehen«, »riechen«, »fühlen«, »schmecken« kann[2]). Hiermit ist vielleicht am tiefsten die Eigenart aller voraristotelischen Naturphilosophie gekennzeichnet, die wir ebenso vergeblich mit unseren modernen Begriffen einzufangen versuchen, wie auch etwa die der indischen Upanišads.

5. Die Elementenlehre in den verschiedenen Schriften. Bedeutung der δυνάμεις

Es würde nun den Rahmen dieser Untersuchung sprengen, wenn wir in gleicher Weise wie die früheren philosophischen Systeme die einzelnen Werke des Corpus Hippocraticum bearbeiten wollten. Im ursprünglichen Plan lag es, im einzelnen aufzuweisen, wie die verschiedenen Schriften jeweils in den verschiedenen Richtungen der

---

[1]) Dieses Forschen nach natürlichen Ursachen trennt bekanntlich die Medizin zur Zeit des Hippokrates von der Tempelmedizin. Kennzeichnend dafür ist der Satz, daß alle Krankheiten gleich göttlich seien, nicht nur die sogenannte heilige Krankheit usw.; s. darüber Diller, Wanderarzt und Aitiologe. Philologus 1934, S. 56ff.; Baumann, Janus 29, 1925, S. 11.

[2]) Man denke nur an die Untersuchungsmethoden, in denen die sinnenhafte Wahrnehmung (z. B. Farbe, Geruch, Geschmack des Schweißes und der Ausscheidungen) eine so wichtige Rolle spielt; vgl. S. 160 dieser Untersuchung.

Naturphilosophie verwurzelt sind, bzw. wie ihre Verfasser in eklektizistischer Weise die herrschenden naturphilosophischen Anschauungen mit den spezifisch medizinischen verbanden. Das ganze Corpus erscheint ja wie ein Sammelbecken, in das die mannigfaltigsten philosophischen und medizinischen Strömungen einmünden, und das in der Entwicklung der antiken Medizin Höhepunkt und in gewissem Sinne Abschluß zugleich bildet. Das Stoffgebiet erwies sich sehr bald als so gewaltig und die naturphilosophischen Beziehungen zur Medizin so zahlreich, daß ich mich entschließen mußte, dieses Material in Einzeluntersuchungen herauszugeben. Im folgenden möchte ich nur in kurzen Zügen darlegen, wie die Hauptgrundsätze und Erkenntnisse, die als Ergebnis des Zusammenwirkens zwischen Medizin und Philosophie deutlich gemacht wurden, nicht aus dem Corpus Hippocraticum weggedacht werden können, ohne ihm seine Eigenart zu nehmen. Bei dieser Untersuchung lassen wir ganz unberücksichtigt die rein spekulativen Philosopheme und Sophismen, die mit den medizinischen Darlegungen in keinem innerlichen Zusammenhang stehen. Es handelt sich bei ihnen aber zumeist gerade um solche philosophische, richtiger gesagt, sophistische Spekulationen, gegen die sich etwa der Verfasser von π. ἀρχ. ἰητρ. mit Recht zu wehren sucht und die in ihrer Übertreibung der Spekulation den beginnenden Verfall vor dem Entstehen einer neuen philosophischen Richtung andeuten. Deswegen sollen hier nur einige wenige Begriffe, die aber für die ganze Auffassung wesentlich und zugleich geeignet sind, die naturphilosophische Grundlegung aller dafür in Betracht kommenden Schriften darzutun, besprochen werden.

Über die Art und Zahl der Elemente, die ihren Lehren zugrunde liegen, sprechen nur einige Schriften ausführlicher. Bei den meisten müssen sie aus gelegentlichen Äußerungen erschlossen werden. Demgemäß sind auch die Antworten auf die Frage, welche Elementenlehre die einzelnen Verfasser vertreten haben, verschieden. Galen, der selbst die Vier-Säfte-Lehre vertrat, sieht natürlich in allen hippokratischen Schriften, d. h. in solchen, die er dafür hält, die gleiche Theorie. Er macht deren Vorkommen geradezu zum Kriterium für die Echtheit einer Schrift, weil er offenbar an dem großen Koer einen Gewährsmann seiner Lehre haben wollte: »Auch Hippokrates verachtet, indem er sein Augenmerk auf die Elemente[1]) der Menschennatur richtet, die einen (der Elemente), da sie die einfachsten und ursprünglichen in bezug auf die sinnliche Wahrnehmung sind (nämlich warm, kalt usw.), die anderen, die tatsächlich und ihrem Wesen nach Elemente sind (die vier Säfte), untersucht er«[2]). Im folgenden versteigt sich Galen zu der Behauptung: »In diesem Falle hat augenscheinlich Hippokrates zu allererst die Elemente der Natur des Seienden ausfindig gemacht und sie zu allererst hinreichend aufgezeigt«[3]), um dann fortzufahren: »Ich werde nun versuchen, aufzuweisen, aus welchen Motiven Hippokrates glaubt, wahrheitsgemäßer sei die Ansicht, die vier Säfte seien der Stoff für die Entstehung des Menschen«[4]). Im selben Buche sagt er dann unter deutlichem Hinweis auf π. φύσιος ἀνθρ.: »Aber Hippokrates sagt noch natürlicher als auch diese, daß für unsere Körper aus den vier Säften das Entstehen und das Wachsen und die Ernährung kommt, da er erstens sieht, daß die Mannigfaltigkeit des Aussehens der Körper bei den Gesunden sehr groß ist, die wohl nicht zustande kommen würde, wenn der Elementarsaft ein einziger wäre; zweitens sieht er, daß die Naturen der Glieder sich so sehr unterscheiden, daß sie selbstverständlich weder sofort zu Anfang aus einer einzigen Substanz geworden (sein können), noch durch die Aufnahme einer einzigen Art von Nährstoffen gewachsen sind«[5]); und ebenso: »In Billigung der allgemein anerkannten Tatsache, . . . legt Hippokrates dar, daß die vier Säfte zu jedem Zeitpunkt des Lebens im Körper des Menschen enthalten sind, daß es kein Lebensalter gebe, keine Jahreszeit, keine Körpernatur, in der sie nicht samt und sonders sind«[6]). Aus der folgenden äußerst interessanten Stelle geht hervor, daß Galen annahm, daß Hippokrates sehr wohl die üblichen vier Elemente Feuer, Erde, Wasser, Luft kannte, daß diese aber auf dem Umweg über die niederen Lebewesen in Blut und Schleim und schwarze und gelbe Galle sich verwandelten, aus denen der Mensch bestehe: »Er sagte, wir beständen aus ihnen, noch nicht forschend, aus welchem Grunde jedes einzelne von ihnen ein eigentümliches Ver-

---

[1]) Hier im allgemeinen Sinne.
[2]) Galen. I 414 K.
[3]) Galen. I 487 K.
[4]) Galen. I 494 K.
[5]) Galen. I 506 K.
[6]) Galen. V 128 K.

mögen habe, das wir deutlich in ihnen vorhanden sehen. Platon erforschte auch dies und lehrte, daß alle erzeugbaren und zerstörbaren Körper sich aus ihnen (nämlich aus Erde, Feuer, Wasser, Luft, von denen vorher die Rede war) verdichtet hätten, und beide sprechen sogar von derselben Art, auf die sich unsere Körper aus den Elementen bilden, indem sie behaupten, daß die Lebewesen erzeugt würden, freilich nicht dadurch, daß Erde nach vorhergehender Benetzung durch Wasser sich in der Sonne erwärme, sondern durch ziemlich viele dazwischenliegende Veränderungen[1]). Denn die Entstehung der Pflanzen kommt aus den vier Elementen, ebenso wie die aus ihnen sich bildenden Früchte und Samen. Dies alles sei Nahrung für die Schafe und Schweine, die Ziegen und Rinder, sowie für die übrigen Lebewesen, die Kräuter oder Früchte von Bäumen oder Äste oder Wurzeln essen. Für die Menschen aber sind die Lebewesen selbst Nahrungsstoffe. Und in ihnen wird aus diesen Blut, Schleim und die zweifachen Gallenarten erzeugt. Am meisten Blut, weswegen es in den Adern ausschließlich zutage tritt. Wenig von jedem einzelnen der übrigen; dieses selbst ist das Blut, aus dem wir gleichsam als unserem Wesen entstehen; dieses besteht zwar aus den vier Säften, wurde aber wegen seiner Haupteigenschaft so genannt. Denn daraus werden wir, solange wir in der Gebärmutter getragen werden, erzeugt, und daraus erhalten wir die erste Bildung, darauf, wenn die Einzelglieder daraus gebildet worden sind, die Gliederung, das Wachsen und die Vollendung. Nach der Geburt werden wir zuerst mit Milch ernährt, wir, die wir unsere Entstehung dem Blut verdanken, danach durch die Nahrungsmittel, aus denen wieder Blut, Schleim, schwarze und gelbe Galle erzeugt werden«[2]). Galen schreibt dann auch — soweit wir sehen, mit Recht — dem Hippokrates als Erstem die Lehre von der eigentlichen Krasis zu, durch die jeweils ganz Neues entstehe.

Die Jonier kannten — mit Ausnahme vielleicht des Anaximander — nur das Übergehen des einen Elementes in das andere, Empedokles und Demokrit nur das Sichvermischen der an sich unwandelbaren Elemententeilchen miteinander: »Daß auch Hippokrates in dieser Weise zu Erkenntnissen gelangte und dabei noch früher als Aristoteles war, ist von uns in anderen

[1]) Polemik gegen die einfacheren Theorien der älteren Naturphilosophen.

[2]) Galen. V 671 sq. K. Die Übersetzung ist mit Absicht so wörtlich wie möglich gehalten, um nicht mit der Beseitigung der Eigentümlichkeiten ihrer Ausdrucksweise fremde Gedanken hineinzutragen.

Schriften aufgezeigt worden. Denn als erster von allen Ärzten und Philosophen, die wir kennen, unternahm es dieser, darzutun, daß die Zahl sämtlicher aufeinander wirkender Qualitäten, durch deren Veranlassung alles, was Entstehen und Vergehen annimmt, entsteht und vergeht, vier sei. Und wahrlich auch die Tatsache, daß sie sich vollständig durcheinandermischen (κεράννυσθαι), erkannte Hippokrates von allen, die wir kennen, als erster«[1]). »Denn als erster von denen, die wir kennen, tat Hippokrates kund, daß die Elemente sich mischten (κεράννυσθαι), wie auch kurz vorher gezeigt wurde. Und durch die Krasis unterscheidet er sich von Empedokles. Denn auch jener sagt, daß wir aus denselben Elementen, aus denen wir nach Hippokrates' Behauptung entstanden sind, wurden und ebenso alle übrigen Körper rings um die Erde; allerdings nicht, indem sich diese Elemente durcheinandermischten (κεράννυσθαι), sondern indem sie nach Art kleiner Teilchen nebeneinander lägen«[2]). Eine nach meiner Ansicht zu wenig beachtete Stelle bei Galen zeigt übrigens, daß er richtig gesehen hat, wie neben den στοιχεῖα die δυνάμεις in den hippokratischen Büchern ihre Bedeutung bewahren: »ταύτην δ'οὖν αὐτὴν τὴν οὐσίαν ὀνομάζει τὸ ἓν καὶ τὸ πᾶν. ἀληθὴς δὲ οὐδ' οὗτος ὁ λόγος ἐστὶν ... denn nicht ist ein gewisses »Eine« allein ... ἀρχή, wie Melissos angenommen hat, sondern neben ihm gibt es vier Qualitäten: die Extreme Kälte, Trockenheit, Wärme, Feuchtigkeit. Diese sind keine στοιχεῖα der übrigen Körper, wie auch der Natur des Menschen, sondern ἀρχαί. Dieses also wurde bei den Alten durcheinander geworfen«[3]), »Hippokrates nennt sie (die Elemente) nach den Qualitäten warm, kalt, feucht, trocken, nicht die zwischen den Extremen liegenden, sondern die Extreme selbst, nämlich Feuer, Erde, Wasser, Luft«[4]). Alle hier von Galen angeführten Stellen beziehen sich auf vermeintliche oder wirkliche Vier-Säftelehren des Hippokrates.

Andere Richtungen exzerpierten in ähnlicher Weise aus dem Corpus Hippocraticum, was ihnen in ihr System paßte. Eine systematische Überschau über die allgemeine Elemententheorie ist erst in der Neuzeit versucht worden[5]). Im 18. Jahrhundert machte Gruner[6]) mit seiner Censura librorum Hippocraticorum einen Anfang. Doch war das Ziel seiner Untersuchung mehr die Echtheitsfrage. Im Jahre 1815 versuchte Link durch Vergleichung der verschiedenen pathologisch-physiologischen Theorien auf die verschiedenen Verfasser zu schließen und stellte dabei nach den zugrunde liegenden Elemententheorien sechs Klassen auf[7]). Petersen[8]) kritisiert sein in mehr

[1]) Gal. II 5 K.

[2]) Gal. XV 49 K.; vgl. Kap. Empedokles.

[3]) Gal. XV 30 K.

[4]) Gal. XV 103 K.

[5]) Als solche, die wahrscheinlich schon im Altertum einen derartigen Versuch unternommen haben, kämen in Betracht: Mnemon aus Pamphylien, Menon — der verkürzte und überdies verstümmelte Auszug im An. Lond. braucht nicht das Gegenteil zu beweisen — Artemidoros Kapiton und Dioskurides und mit größerer Wahrscheinlichkeit die Alexandriner (Gal. VI 442, XVII A 795 und XV 110, XV 21 K.).

[6]) Gruner, Censura librorum Hippocraticorum. Vratisl. 1772.

[7]) Zur ersten Klasse gehören nach ihm die Schriften, in denen Galle und

als einer Beziehung unzulängliches Schema und gibt eine neue Einteilung[1]). Die Einteilung der Schriften von Littré in elf Klassen berücksichtigt die Elementenlehre nicht.

Phlegma als wesentliche Bestandteile des Körpers galten; er rechnete dazu: 'Επιδημιῶν α' καὶ γ', Προγνωστικόν, Προῤῥητικόν α' καὶ β', Κωακαὶ προγνώσιες, 'Αφορισμοί, π. διαίτης ὀξέων, π. ἀέρων, ὑδάτων, τόπων; zur zweiten Klasse rechnete er die Bücher mit der Theorie von den vier Grundeigenschaften warm, kalt, feucht, trocken, denen Blut, gelbe Galle, schwarze Galle und Phlegma entsprachen (»warm und feucht war das Blut, warm und trocken die gelbe Galle, kalt und trocken die schwarze Galle, kalt und feucht das Phlegma«); es gehörten dazu: π. φύσιος ἀνθρώπου, π. γονῆς, π. φύσιος παιδίου, π. διαίτης außer dem ersten Buch, π. τροφῆς, π. παθῶν, π. τῶν ἐντὸς παθῶν, π. νούσων, π. γυναικείων, π. φύσιος γυναικείης, π. ἱερῆς νούσου, π. αἱμοῤῥοΐδων, π. παρθενίων, π. ὄψιος, π. ἑλκῶν, π. συρίγγων; zur dritten Klasse ein einziges Buch, π. ἀρχ. ἰητρ., mit der Theorie von den abgeleiteten Eigenschaften des Bitteren, Süßen, Herben, Schalen; zur vierten Klasse die Schrift π. σαρκῶν und den ersten Teil des Buches π. διαίτης mit der Theorie vom Feuer als dem allgemeinwirkenden Faktor; zur fünften Klasse die Schriften π. φυσῶν und π. ὀστέων φύσιος mit der Theorie vom Pneuma und zur sechsten Klasse π. τόπων τῶν κατ' ἄνθρωπον und π. ἀδένων mit der Theorie von den Flüssen, die sich deutlich auf die Lehre von den vier Grundeigenschaften beziehen. — Es ist interessant und wirft ein Licht auf das Verhältnis des Arztes zur Naturwissenschaft im Beginn des 19. Jahrhunderts, was Link, S. 239, hierzu bemerkt: »Es (die Theorie von den Flüssen) ist die natürlichste medizinische Theorie, welche noch immer unter dem Volke herrscht und darunter herrschen wird, denn es ist die Sprache der Empfindung. Vielleicht ist auch die Theorie so unrichtig nicht und kann eine wissenschaftliche Deutung erlangen, wenn die galvanische Versetzung mit der gehörigen Umsicht und Vorsicht auf den organischen Körper angewendet seyn wird.«

[8]) Petersen, Chr., Hippocratis nomine quae circumferuntur srcipta ad temporum rationes disposita, pars prior. Hamburg 1839.

[1]) Und zwar in Werke, denen die Theorie von den allgemeinen Elementen zugrunde liegt: 1. die Luft περὶ φυσῶν, 2. Feuer π. σαρκῶν, π. ἑπταμήνου, π. ὀκταμήνου, π. ἐπικυήσιος, π. ὀδοντοφυΐης, 3. Pneuma und Liquor π. φύσιος παιδίου, 4. Feuer und Wasser π. διαίτης α'—γ' und in Werke, denen die Theorie von den Elementen des menschlichen Organismus zugrunde liege: 1. Galle und Phlegma 'Επιδημιῶν α' καὶ γ', π. ἱερῆς νούσου, π. νούσων α', π. παθῶν, π. διαίτης ὀξέων, Προγνωστικόν, Προῤῥητικά β', 'Αφορισμοί, π. ἀέρων ὑδάτων, τόπων, π. ἐνυπνίων, π. μανίης, π. αἱμοῤῥοΐδων, π. συρίγγων, π. διαίτης ὑγιεινῆς, 2. gelbe und schwarze Galle, Phlegma und Blut: π. φύσιος ἀνθρώπου, π. χυμῶν, π. ὀστέων φύσιος, π. καρδίης, π. ἀνατομῆς, π. ἀδένων, π. ὄψιος, π. τροφῆς, π. ὑγρῶν χρήσιος, π. τῶν ἐντὸς παθῶν, 'Επιδημιῶν β', δ'—ȝ'. π. νούσων β', γ'· Γυναικείων α', β'· π. γυναικείης φύσιος, π. παρθενίων, π. ἀφόρων, π. ἑλκῶν, π. κρισίων, π. κρισίμων, 3. Galle, Wasser, Phlegma, Blut: π. νούσων δ', π. γονῆς 4. π. ἀρχαίης ἰητρικῆς mit der Theorie von den entgegengesetzten Elementen in unbegrenzter Zahl. In einer dritten Abteilung bringt er dann die Schriften, die auf der Lehre von den krankhaften Säften beruhen

In neuester Zeit galten die Untersuchungen durchweg einzelnen Büchern ohne Versuch einer Zusammenschau. Eine beschränkte Übersicht, die hauptsächlich die Säftelehre berücksichtigt, gibt Fredrich in seinen hippokratischen Untersuchungen.

Die wichtigsten Stellen, die eine Einteilung der hippokratischen Schriften nach dem Gesichtspunkt der verschiedenen Theorien über die Elemente[2]) des menschlichen Körpers wirklich oder aber auch nur scheinbar rechtfertigen, sind folgende: von den vier Elementen im gewöhnlichen Sinne (Feuer, Wasser, Erde, Luft) sprechen περὶ σαρκῶν VIII 584, 9 L., π. ὀκταμήνου VII 456, 11 L.; von Blut, Schleim, gelber und schwarzer Galle π. φύσιος ἀνθρώπου VI 38, 19 L.; 40, 16 L.; 42, 19 L.; 48, 20 L.; von Blut, Schleim, Wasser und Galle π. γονῆς VII 470, 1 L.; 474, 7 L.; 484, 16 L.; π. νούσων τὸ τέταρτον VII 542, 6 L.; 556, 7 L.; 562, 7 L.; von Warmem, Kaltem, Feuchtem, Trockenem π. διαίτης VI 512, 11 L.; 512, 13 L.; π. φύσ. ἀνθρώπου VI 38, 10 L.; von Warmem und Kaltem als δυνάμεις: π. διαίτης VI 474, 8 L.; π. ἑβδομάδων VIII 647, 25 L.; von Wasser und Feuer π. διαίτης VI 472, 12 L.; 496, 20 L.; 506, 14 L.; 514, 3 L.; 514, 9 L.; 516, 7 L.; 518, 2, 10, 20 L.; 520, 17 L.; nur von Luft π. φυσῶν VI 92, 22 L.; 94, 10 L.; 94, 21 L.; 96, 1, 12 L.; 114, 16 L.; π. ἱερῆς νούσου VI 368, 1 L.; 390, 12, 16 L.; π. διαίτης VI 530, 18 L.; nur von Feuer π. τέχνης VI 24, 10 L.; von Feuchtem und Warmem π. σαρκῶν VIII 596, 6 L., π. διαίτης VI 510, 24 L.; von Feuer und Luft π. σαρκῶν VIII 592, 1 L.; von den zahlenmäßig unbestimmten Enantiosen bitter, sauer, salzig, herbe π. ἀρχαίης ἰητρικῆς I 602, 8, 9 L.; von der Wärme allein π. ἑβδομάδων VIII 644, 4 L.; 672, 25 L.; ἀφορισμοί IV 466, 8 L.

An dieser Zusammenstellung fällt uns auf, daß es erstens im Verhältnis zum Umfang des ganzen Corpus nur sehr wenige Stellen gibt, die über die Elementenlehre der Hippokratiker Auskunft geben, während diese bei den Philosophen, deren Lehre wir besprochen haben, scheinbar ganz im Vordergrund stand; das

(Fließen von Galle und Phlegma als Ursache der Krankheit). Dazu gehören Προῤῥητικόν α', Κωακαὶ προγνώσιες, π. τόπων τῶν κατ' ἄνθρωπον.

[2]) S. auch zur Literatur über die Elementenlehre Galen. de Plac. Hipp. et Plat. rec. Iw. Müller, Lpz. 1874 und Hornstein, S., Untersuchungen zum hippokrat. Corpus. Primitiae Czernovicienses 1911, S. 54—82 (der Verfasser sucht auf Grund der Stellung des Autors zur Säftelehre die Autorenschaft festzulegen).

braucht aber noch nicht notwendig zu dem Schluß zu führen, daß diese tatsächlich vernachlässigt worden sei; denn es war die Eigenart der aristotelischen Berichterstattung und noch mehr die der späteren Kommentatoren, sich gerade mit der Elementenlehre der früheren Philosophen zu beschäftigen, während die eigentliche Lehre etwas vernachlässigt wurde und so unserer Kenntnis verloren ging. Aber wir sehen zweitens, daß die meisten der genannten Elemente etwas spezifisch Medizinisches, ich möchte sagen, Hippokratisches sind, für die wir unter den uns bekannten Philosophen keinen Namen als deren Erfinder angeben könnten; diese Feststellung ist aber wieder in mehrfacher Hinsicht für uns bedeutungsvoll; wir erkennen daraus, daß die Hippokratiker sich der naturphilosophischen Überlegungen zwar bedienten, aber ihnen ein durchaus medizinisches Gepräge gaben, und zwar einzelne Verfasser so stark, daß sie erklärten, man dürfe nicht den menschlichen Körper vom Makrokosmos aus zu verstehen suchen, sondern umgekehrt die Welt vom Organismus des Lebewesens aus.

Diese Umkehrung des Verhältnisses ist übrigens der Beweis, daß man trotz allem durchaus auf naturphilosophischem Boden blieb, aber sie erklärt auch die Tatsache, daß manche Kommentatoren eine philosophiefeindliche Stellungnahme aus den Werken des Corpus herauslesen konnten.

Unsere Aufstellung zeigt uns drittens, daß die meist nur gelegentlich ätiologischer oder therapeutischer Darlegungen stattfindende Erwähnung einzelner Stoffe (z. B. Schleim oder Galle als materia peccans) keine Rückschlüsse auf die sonstige Elementenlehre des betreffenden Verfassers zulassen und viertens, daß einzelne Bücher ihren Ausführungen sogar verschiedene Elemente zugrunde legen, ohne daß wir imstande sind, mit Sicherheit festzustellen, ob das auf Interpolation oder auf andere Gründe zurückzuführen ist.

Aus alledem ergibt sich, daß alle Schlüsse, die man hinsichtlich der Verfasserfrage oder der Abhängigkeit von einem bestimmten philosophischen oder medizinischen System aus der »Elementen«-Lehre allein zieht, zumindest als hypothetisch gelten müssen. Wichtig erscheint mir jedoch, auf eine doppelte Frage hinzuweisen, der man bisher wohl zu wenig Aufmerksamkeit geschenkt hat, deren Resultat aber wahrscheinlich Anschauungen umstoßen würde, die man bisher für unbedingt sicher gehalten hat: es ist die Frage einmal, ob und wo die in den einzelnen Schriften erwähnten Vorstellungen vom Kalten, Warmen, Bitteren, von Blut, Schleim, Galle usw. naturphilosophisch oder medizinisch — und wenn letzteres, dann von wann ab so — zu verstehen sind, und zweitens, ob diese Qualitäten und Säfte als Grundstoffe und Grundkräfte, die den Körper konstituieren, verstanden wurden, oder aber als Produkte, sei es der natürlichen Lebensvorgänge des Körpers, sei es der durch äußere oder innere Vorgänge hervorgerufenen Krankheitszustände. An dieser Stelle sei hierzu ganz allgemein gesagt: als berechtigt und im Sinne unserer Auffassung von der naturphilosophischen Grundlegung der hippokratischen Schriften darf man annehmen, daß die Hippokratiker der damals ganz allgemeinen Ansicht, daß das All aus den vier Elementen Feuer, Erde, Wasser, Luft bestehe, gefolgt sind[1]), sei es im empedokleischen Sinne[2]) mit der Auffassung dieser vier Elemente als Urstoffe und in relativer Gleichwertigkeit, sei es als abgeleitete Elemente[3]). Auch das — zeitlich nicht näher bestimmbare Aufkommen der Vier-Säftelehre[4]) — bewirkte darin keinen Unterschied. Den Beweis sehe ich vor allem in der überragenden Bedeutung, die alle Verfasser den δυνάμεις des ξηρόν und ὑγρόν, des θερμόν und ψυχρόν, teils als konstitutive Faktoren, teils als konstitutionsändernde, zuschrieben[5]). Ähnlich sagt auch Gilbert[6]): »Gehen wir auch hier

---

[1]) Temkin, Der syst. Zusammenhang, S. 22, weist darauf hin, daß die Säftelehre zwar die Anforderungen der Medizin besser erfülle als die allgemeine Elementenlehre der Philosophen, aber deshalb dieser nicht widerspreche: ». . . daß sie sich aus den angeführten Gründen für die Medizin als autonome Wissenschaft besser empfiehlt als die von der Philosophie gelieferten damals gangbaren anderen Theorien, ohne diesen jedoch zu widersprechen, da sie deren Prinzipien, z. B. die Qualitätenlehre, implicite enthält.« S. auch bei Sprengel, a. a. O., S. 358, den Unterschied von στοιχεῖα und ἀρχαί.

[2]) Auf den Einfluß des Empedokles überhaupt kommen u. a. zu sprechen Palm, a. a. O., S. 108f.; Ilberg, Die Ärzteschule von Knidos, S. 14ff.,; Senn, Über Herkunft und Stil usw., S. 269; Diller, Die Überlieferung der hippokrat. Schriften π. ἀέρ. ὑδ. τόπ., S. 182, macht darauf aufmerksam, daß das Wort ἀήρ auch schon bei Empedokles (und Demokrit) im weiteren Sinne als Klima gebraucht sei.

[3]) Nur der Verfasser von π. ἀρχαίης ἰητρικῆς scheint im pythagoreisch-alkmaionischen Sinne die abgeleiteten Qualitäten als Enantiosen zur Grundlage seiner Theorie gemacht und der Verfasser von π. διαίτης im engen Anschluß an die herakliteische Lehre eine eigene Theorie aufgestellt zu haben.

[4]) Spaet, F., Wien. Klin. Rundschau, 11. Jg. 1897, S. 773.

[5]) S. auch Deichgräber, a. a. O., S. 55, S. 108, S. 112, S. 162.

[6]) Meteor. Theor., S. 350.

von der Frage aus, aus welchen Stoffen der Körper sich zusammensetzt, so kann es wieder als die allgemeine und selbstverständliche Lehre bezeichnet werden, daß es die vier Elemente Erde, Wasser, Luft, Feuer sind, welche das σῶμα aufbauen.« — Aber er geht zu weit, wenn er dann fortfährt: ». . . theoretisch ist es die empedokleische Gleichheit aller Grundstoffe, von der die Verfasser der verschiedenen Schriften ausgehen.« Der Beweis aus der Zeit, wie er ihn führen will, läßt wohl einen allgemeinen, niemals aber diesen speziellen Rückschluß zu. Vollends abwegig aber ist es, wenn er an anderer Stelle[1]) sagt: »Der Verfasser von π. ἀρχ. ἰητρ. bezeugt es, daß alle Ärzte von dieser Voraussetzung der vier Grundqualitäten ausgehen.« In der angeführten Belegstelle heißt es[2]): »Wieviele es auch unternommen haben, über die Heilkunst zu reden oder zu schreiben, sie (alle) gehen offenbar in vielen ihrer Aufstellungen fehl, wenn sie als Grundlage ihres Gedankenganges ein »Warmes« oder ein »Kaltes« oder ein »Feuchtes« oder ein »Trockenes« oder, was sie sonst immer wollen, nehmen und kurzerhand ein oder zwei von diesen (Dingen) — und zwar für alle dasselbe — als Ursache für Krankheit und Tod der Menschen angeben.« Es ist hier weder von allen Ärzten die Rede, noch davon, daß sie von vier Grundqualitäten ausgehen. Aus dem Text geht mit aller Deutlichkeit hervor, daß sich der Verfasser nur gegen die wendet, die bloß einen oder zwei Grundstoffe annehmen[3]). Dasselbe gilt für den Verfasser von π. φύσ. ἀνθρ.; dort heißt es[4]): »Von den Ärzten nun behaupten einige, der Mensch bestehe nur aus Blut, . . . diese stellen alle die gleiche Überlegung an: es sei ein gewisses Eine — das jeder von ihnen mit beliebigem Namen benennt —, und dieses eine Seiende werde unter der Einwirkung des Kalten und Warmen hinsichtlich seiner Gestaltung und Wirkungskraft (τὴν ἰδέην καὶ τὴν δύναμιν) verändert und werde süß und bitter und weiß und schwarz und allerlei anderes. Mir aber scheint sich das keineswegs so zu verhalten.« Auch hier wendet sich der Verfasser gegen die »Einzelstofftheoretiker«; das ergibt sich auch

[1]) Ebd. S. 252.

[2]) I 570, 1 L.

[3]) S. das Referat meines Vortrages: Die philosophische Begründung der hippokrat. Medizin, geh. am 4. April 1938, in d. Rhein. Gesellsch. f. Gesch. d. Med. in Düsseldorf, Münch. med. Wschr. Nr. 30, 1938, S. 1172.

[4]) VI 34 L.

aus der Fortsetzung seiner Erörterung[1]): »Denn vieles ist im (menschlichen) Körper, was Krankheiten verursacht, sooft (Stoffe) durch gegenseitige Einwirkung naturwidrig erhitzt oder abgekühlt oder trocken oder feucht werden«, und besonders aus dem folgenden Satz[2]): »Der menschliche Leib hat in sich Blut und Schleim und gelbe und schwarze Galle, und diese (Säfte) bedingen seine Leibesbeschaffenheit und durch diese ist er krank und gesund.« Hier behauptet er ausdrücklich die aus seiner naturphilosophisch-medizinischen Anschauung begründete Vierzahl der (spezifisch-medizinischen) Elemente der späthippokratischen Zeit, die er überdies in dem Satze VI 42, 5 L. zu den vier Grundqualitäten in Beziehung bringt. Diese aus den beiden Büchern π. ἀρχ. ἰητρ. und π. φύσ. ἀνθρ. angeführten Stellen, die noch beliebig vermehrt werden könnten, beweisen, daß die Verfasser nicht etwa gegen die Naturphilosophie Stellung nehmen, sondern nur gegen eine von der eigenen abweichende Richtung; sie sind nicht nur kein Beweis für eine Ablehnung philosophischer Theorien, wie man vielfach wollte, sondern können geradezu als klassische Zeugnisse für die naturphilosophische Einstellung der beiden Verfasser herangezogen werden.

6. Der hippokratische Begriff der Gesundheit

Der hippokratische Begriff der »Gesundheit« hat in der Literatur eine mehr als stiefmütterliche Behandlung gefunden. Und doch ist dieser für das Verständnis der nosologischen und therapeutischen Lehren im Corpus Hippocraticum von ausschlaggebender Bedeutung. Selbst größere Werke begnügen sich mit der Feststellung: Harmonie und Symmetrie der Grundstoffe bzw. die Eukrasie der Säfte bedeuten Gesundheit, Disharmonie bzw. Dyskrasie Krankheit. — Die Bedeutung der Harmonie, Symmetrie, Eukrasie, auf die wir auch oben schon und im Kapitel Pythagoras hingewiesen haben, ist darin ganz richtig hervorgehoben. Aber zweierlei wird vernachlässigt, einmal die weitgehende Differenzierung, die der Gesundheitsbegriff und damit auch der der Krankheit je nach den verschiedenen Nuancierungen der Lehre von den Grundstoffen erfahren hat, und zum anderen die Einbeziehung des Menschen selbst in die Vielheit der Faktoren, deren Sichtung von der feinen,

[1]) VI 36 L.

[2]) VI 38-40 L.; vgl. auch VI 34 und VI 38, 2—5 L.

durch naturphilosophische Überlegungen noch gesteigerten Beobachtungsfähigkeit Zeugnis gibt. Der Hippokratiker sieht den Einzelmenschen in ein Netz von Bezogenheiten eingespannt und mit tausend Fäden mit der Umwelt verknüpft. Er berücksichtigt die Physis der Einzelelemente, die das Einzelwesen konstituieren, und ihre spezifischen Kräfte, die Physis der Nahrung, die er zu sich nimmt, des Wassers, das er trinkt, der Luft, die er atmet, die Physis der tellurischen und der uranischen Einflüsse[1]), die Physis der Jahreszeiten mit ihren Unregelmäßigkeiten und ihren an den einzelnen Orten verschiedenen Auswirkungen oder, anders ausgedrückt, er sieht die Wirksamkeit der die äußere Natur ordnenden und konstituierenden Prinzipien und ihrer δυνάμεις; er berücksichtigt die individuellen Gegebenheiten, das Geschlecht, das Alter, die verschiedenen Wirkungen der gymnastischen Übungen, insbesondere das Verhältnis von Arbeit und Erholung, Nahrungsaufnahme und Verbrauch[2]). Bewußt gedacht, vielleicht auch nur noch dunkel gefühlt, lag all seinen Überlegungen die ordnende oder bildende Kraft der Physis-Gegebenheit »Mensch« zugrunde: alle aktiven und passiven Einflüsse, welche von der genannten Gegebenheit ausgehen oder erlitten werden, bilden in ihrer Gegensätzlichkeit, wenn sie κατὰ φύσιν vor sich gehen, die Harmonie, gleich Vollkommenheit der Physis, gleich Gesundheit; wenn sie παρὰ φύσιν vor sich gehen, Störung, Disharmonie, Dyskrasie, Mißbildung, Krankheit. Gegensätze sind notwendig, sie erst ermöglichen das Dritte, die Harmonie. Auch der Wechsel der entgegengesetzten Einwirkungen ist notwendig[3]), aber er ist nur κατὰ φύσιν, wenn er sich in harmonischen Übergängen vollzieht. Alle plötzlichen und abrupt eintretenden Wirkungen sind naturwidrig (παρὰ φύσιν): τὴν δὲ αὔξησιν καὶ ἡμερότητα παρέχει πλεῖστον ἁπάντων, ὁκοταν μηδὲν ῇ ἐπικρατέον βιαίως, ἀλλὰ παντὸς ἰσομοιρίη δυναστεύῃ[3]). Die einzelnen Stellen, die über den Gesundheitsbegriff sprechen, bringen natürlich nicht diese

---

[1]) S. die Besprechung der Kapitel 1—11 von π. ἀ. ὑ. τ. in Diller, Wanderarzt u. Aitiologe, S. 2—26; ferner Deichgräber, Epidemien, S. 110ff.

[2]) Über die Gymnastik, Arbeit und Nahrung s. Deichgräber, Epedemien, S. 55.

[3]) Vgl. auch Krayl, Württ. Med. Korr.-Bl. 1932, S. 259, über die therapeutische Bedeutung des Entgegengesetzten.

[4]) II 54, 1 L.

Häufung der Begriffsbestimmungen, einige finden sich nur in den mehr allgemeinen Ausführungen, wieder andere in den Ausführungen über Krankheit und Heilung[1]).

Im folgenden seien die wichtigsten Stellen, aus denen der Begriff der Gesundheit hervorgeht, angeführt. Von der Symmetrie der Urelemente als Grundstoffe (bzw. richtiger ihrem Verhältnis zueinander) spricht nur das Buch π. διαίτης[2]): »Mit der sogenannten Verständigkeit und Unverständigkeit der Seele verhält es sich folgendermaßen: wenn das Feuchteste des Feuers und das Trockenste des Wassers im Körper sich mischen, (so entsteht) der beste Verstand deswegen, weil das Feuer vom Wasser das Feuchte, das Feuchte aber vom Feuer das Trockene hat . . . Die Seele, die aus diesen (Grundstoffen) gemischt ist, hat die größte Vernünftigkeit und das stärkste Gedächtnis. Wenn durch eine (etwa) angewandte Behandlung einer von diesen (Grundstoffen) vermehrt oder vermindert wird, so wird daraus das Allerunvernünftigste.« — Die φρόνησις ψυχῆς bedeutet gemäß der Ganzheitsauffassung nicht nur Vernunft der Seele, sondern auch Gesundheit des Leibes. Ebenso deutlich geht das aus der folgenden Stelle[3]) mit der dem Verfasser eigentümlichen Nuancierung der Grundelemente hervor: »Wenn das Feuchteste des Wassers und das Dünnste des Feuers im Menschen zur Mischung kommen, bewirken sie den besten körperlichen Gesundheitszustand« und dem an pythagoreische Lehre (Philolaos) anklingenden Satz[4]): »Wenn (einzelne Grundstoffe) ihren Platz wechseln, und es sich trifft, daß sie die richtige Harmonie erhalten (welche drei Akkorde hat: die Quarte, die Quinte und die Oktave), so leben sie und wachsen durch dieselben (Kräfte) wie auch vorher.« — Andere Stellen zeigen den Begriff der weniger vollkommenen Gesundheit und deren Verbesserungsmöglichkeit[5]). Wenn z. B. das Wasser im

---

1) Über die Diagnose bei den Hippokratikern vgl. Krayl, a. a. O., S. 459; schon Conradi, Abhdlg. d. Kgl. Gesellsch. d. Wiss. 1857, S. 136, wendet sich gegen die Meinung Houdarts, daß die Hippokratiker sich nur mit der Prognostik beschäftigt hätten, die Knidier dagegen mit der Diagnostik. Conradi bemerkt richtig: »Die Prognostik setzt doch wohl auch die Diagnostik (im weiteren Sinne) voraus.« — Vgl. hierzu auch H. E. Sigerist, Antike Heilkunde. München 1929, S. 10ff.

2) VI 512, 20 L.

3) VI 506, 14 L.

4) VI 482, 5 L.

5) VI 518, 10 L.

Körper von geringerer Wirkungskraft ist, dann kann die Konstitution durch Enthalten von Speisen, insbesondere von Getränken, verbessert werden; ähnlich VI 510, 13 L., 510, 16 L., 514, 7 L., 516, 7 L., 532, 13 L., 522, 17 L. Die zuletzt angegebenen Stellen sind zugleich Charakterisierungen des Konstitutionstyps.

Die Theorie von der Symmetrie der δυνάμεις (teils als »Kräfte«, teils als »Qualitäten« des Warmen, Kalten usw. zu verstehen) als Grundlage des Werdens und Vergehens, der Gesundheit und Krankheit der Lebewesen durchzieht einen Großteil der Schriften des Corpus. Besonders interessant sind in dieser Beziehung die Ausführungen der kleinen Schrift »Über das Werden des Kindes«.

Die Geringschätzung dieser Schrift, die nicht selten nur als »abschreckendes Musterbeispiel übelster Spekulation« angeführt wird, muß vom medizinhistorischen Standpunkt aus als ungerechtfertigt bezeichnet werden: die Abhandlung (von Littré richtig als Fortsetzung von π. γονῆς mit dieser Schrift verbunden) bringt eine Fülle von Beispielen echter, wirklichkeitsnaher Naturbeobachtung und die Versuche zu ihrer theoretischen Deutung unter einheitlichem Gesichtspunkt, mit anderen Worten, sie zeigt — deutlicher als eine Reihe von Schriften des Corpus, die auf eine ausführliche Darlegung der grundlegenden Erörterungen verzichten — die ganze Eigenart des naturphilosophisch begründeten medizin-theoretischen Denkens und Forschens. Die z. T. recht primitiv anmutenden Begründungen — die den Arzt aber nicht hinderten, vieles zu sehen und der Nachwelt ein reiches Beobachtungsmaterial zu hinterlassen—, die (verständliche) Unrichtigkeit mancher Beobachtungen und die Unzulänglichkeit der (erst sehr viel später völlig) aufgegebenen Fiktionen der Kräfte des »Warmen« usw., können die Bedeutung der ganzen Periode als fruchtbare Zwischenstufe in der Entwicklung der wissenschaftlichen Medizin nicht mindern.

Nachdem der Verfasser auf Grund einer vermeintlich richtigen Beobachtung den Satz aufgestellt hat, daß auf dem Baum eine »zweifache Wärme« oder eine »zweifache Kälte« (nämlich von oben und unten) nicht einwirken dürfe, wenn er gesund bleiben soll[1]), führt er (in umgekehrtem Analogieschluß) das Beispiel des Menschen an, der die durch Aufnahme erhitzender Speisen entstandene Wärme durch Zuführung von Kälte (durch ein »kaltes« Getränk) wieder ausgleichen muß. Von der Symmetrie zwischen Nahrungsaufnahme und Verbrauch zwischen Erholung und Arbeit spricht ausführlich der Verfasser von π. διαίτης in den oben angeführten Stellen VI 468, 18 L. und indirekt der Verfasser von π. ἀρχ. ἰητρ. I 588, 8 L. und der Verfasser von π. διαίτης III. Buch, VI 606, 5 L.

[1]) VII 526, 8 L.

Ganz anderer Art sind die Begriffe von Gesundheit (und Krankheit) in den Schriften, in denen die »Flüsse« einerseits und die äußere oder innere Luft oder beide zusammen andererseits die wichtigste Rolle spielen. Bei der ersten Klasse findet sich nirgendwo eine positive Definition der Gesundheit. Letztere muß aus den Äußerungen über Krankheit und Heilung entnommen werden und ist gleich dem Fehlen der »Flüsse« bzw. deren Ursachen (περισσώματα und zu starke Einwirkung von Wärme und Kälte und äußere Gewalt). Bei der zweiten Klasse ist entsprechend dem bei der Elementenlehre Gesagten die εὔροια des πνεῦμα von größter Wichtigkeit, und zwar wieder in doppelter Hinsicht: erstens ist die äußere Luft weder zu kalt noch zu warm und geht die εἰσπνοή und ἐκπνοή durch Mund Nase und Haut in ungehinderter Weise vor sich und sind die inneren Durchgänge (φλέβες[1]) und πόροι) für die Luft gangbar, so daß die Auffrischung der »eingeborenen Wärme« in rhythmischem Flusse erfolgen kann, dann ist der Mensch gesund. Wenn zweitens die innere warme Luft ungehindert durch den Körper gehen, bzw. ausdünsten kann, oder wenn andererseits keine (schädlichen) φῦσαι aus den περισσώματα entstehen, so ist der Mensch gesund: »Das Pneuma bleibt ja das Notwendigste und Wichtigste unter (den Stoffen) in uns, da gemäß seinem guten Durchfluß Gesundheit entsteht, durch seinen schlechten Durchfluß aber Krankheit«[2]). (τὸ γ(ὰρ) πνεῦμ(α) ἀναγκαιότατον καὶ κυριώτατον ἀπολείπει τ(ῶν) ἐν ἡμῖν, ἐπειδή γε παρὰ τὴν τούτου εὔροιαν ὑγίεια γί(νεται), παρὰ δὲ τὴν δύσροιαν νόσοι.) Mit diesem Gedanken aus dem An. Lond. stimmt u. a. überein, was der Verfasser von π. τροφῆς c. 28[3]) sagt: »Der Zustand des Aufgelockertseins des Körpers für die Durchatmung bedeutet Gesundheit . . .« (ἀραιότης σώματος ἐς διαπνοὴν . . . ὑγιεινόν) und ebd.: »Die gut durchatmeten (διαπνεόμενοι καλῶς) Menschen sind zarter und gesünder und erholen sich schnell.« Die weiteren Einzelheiten ergeben sich auch hierfür nur negativ aus den Krankheitsbeschreibungen.

---

[1]) VI 368, 1 L.: »Durch diese Adern nehmen wir auch den größeren Teil der Luft in uns hinein (ἐσαγόμεθα); denn diese bedingen das Atemholen unseres Leibes, indem sie die Luft an sich ziehen und sie leiten sie (wie Kanäle) längs den Äderchen zum übrigen Teil des Körpers: sie frischen (ihn) auf und entlassen die (Luft) wieder.«

[2]) An. Lond. VI, 13. Zu dieser Stelle zuletzt Deichgräber, Epidemien, S. 154. [3]) IX 108, 8 L.

7. Nosologie

Die Begriffe von Gesundheit und Krankheit könnte man fast Korrelate nennen. Eine Eigentümlichkeit der Nosologie im Corpus ist es, daß die Krankheit fast immer mit ihren Ursachen beschrieben wird, und das ist für die tiefere Erkenntnis der Denkweise des Hippokratikers ein wertvoller Hinweis[1]); er sieht mehr das Kranksein als die Krankheit und er sieht es mehr in seiner Ganzheit. Krankheit (wir behalten diesen allgemeineren Ausdruck für das an und für sich richtigere »Krank-Sein« bei) als Störung der Symmetrie der δυνάμεις finden wir im folgenden: »Schmerz entsteht sowohl durch das »Kalte« als auch durch das »Warme«, und zwar sowohl durch das »Allzuviel« als auch durch das »Zuwenig« (des einen von beiden) . . . und durch alles, was den natürlichen Zustand ändert oder zerstört, entstehen Schmerzen.«[2]) Vom Mißverhältnis der Säfte sagt Polybos[3]): »(Der Mensch) ist am gesündesten, wenn diese (die Säfte) gegeneinander sowohl der Wirkungskraft als der Menge nach das rechte Verhältnis haben, krank aber, wenn einer von ihnen weniger oder reichlicher vertreten ist.« An dieser Stelle ist von vier Säften die Rede. — Von der Dyskrasie der Stoffe im allgemeinen unter Einbeziehung des Momentes der »Schärfe« als Ursache der Krankheiten spricht der Verfasser der Schrift »Die alte Heilkunst«. Nach Darstellung einer Reihe von Krankheitsbildern faßt er zusammen: »Man muß also ohne Zweifel diese (Schärfen) für die Ursache einer jeden (dieser Krankheiten)

---

1) Von einschlägigen Abhandlungen erwähne ich: Sticker, G., Die Pathologie des Hippokrates, Janus 26, 1922, S. 101 ff.; Hirschberg, J., Vorlesungen über hippokrat. Heilkde., Lpz. 1922; Temkin, Die Krankheitsauffassung, S. 330ff.; Schlichting, Th., H., De grondgedachten van Hippocrates. Bijdr. Gesch. Geneesk. 16. 1936, S. 133—140; W. Ebstein kommt in seiner Abhandlung: Zur Geschichte der Entwicklung des Krankheitsbegriffes, Riv. di Scienza, Anno II, Vol. 3, 1908, S. 67, über die üblichen Darstellungen von den »vier Grundeigenschaften, deren jeder eine der Körperflüssigkeiten entsprach« und von der richtigen und falschen Mischung der Humores nicht hinaus.

2) VI 334, 1; vgl. 208, 12 L., 202, 21 L., 624, 5 L., 626, 7 L., 628, 6 L., 630, 14 L., 632, 23 L., 388, 3 L., I 602, 9 L., 606, 19 L., 602, 18 L., 614, 10 L., 616, 11 L.

3) VI 40, 4 L.; vgl. An. Lond. XIX, 2—18; VI 36, 1 L., 66, 13 L., 224, 18 L., 208, 7 L., 236, 12 L., 18 L., 142, 13 L., 142, 17 L., 178, 15 L., 188, 14 L., 194, 19 L., 196, 9 L., 196, 22 L., 202, 13 L.; I 614, 10 L., 616, 4 L., 616, 11 L.; VII 58, 2 L., 14, 14 L., VII 272, 17 L.; IX 102, 12 L.

halten, da sie durch deren Vorhandensein notwendig entstehen, durch deren Umschlagen in eine andere Mischung aber aufhören [1])«. Man sieht hier übrigens wieder deutlich die naturphilosophisch begründete Form theoretischer Betrachtung; ebenso, wenn er direkt anschließend die Entstehung der Krankheiten, die nur durch die Auswirkung von Wärme und Kälte verursacht sind, durch das Umschlagenlassen ins Gegenteil beseitigen will. — Über die Störung der Symmetrie durch äußere Einflüsse (der klimatischen Verhältnisse, des Trinkwassers — deutlicher Anklang an die früher besprochenen Theorien über die »Aufdünstung« des »Feinsten und Süßesten« —, der Atmungsluft usw.) und die Verschiedenheit der Wirkung, je nach der (durch die verschiedenen »Elemente« bedingten) Konstitutionen, auf die sie treffen, spricht das ganze Buch π. ἀέρων, ὑδάτων, τόπων [2]). Von der Störung der Symmetrie durch innerkörperliche Vorgänge heißt es im ersten Buch »Über die Krankheiten«: »Wenn Galle und Schleim erhitzt werden, erhitzt sich von ihnen aus auch der ganze Leib, und ein solcher Vorgang heißt Fieber« [3]). Die Ursachen für dieses Erhitztwerden selbst aber sind wieder teils innere teils äußere: Speisen und Getränke, Überanstrengungen und Verwundungen und die »zu stark erwärmende Hitze und die zu stark kühlende Kälte«. — Von Störung durch Mißverhältnisse zwischen Nahrungsaufnahme und Verbrauch hören wir im Aphorismus II 17: »Wofern in naturwidriger Weise zuviel Nahrung (in den Körper) hineingeht, verursacht dieses Krankheit« [4]) und im Aphorismus II 51: »Alles »Viel« ist der Natur feindlich« [5]). Hierhin gehören auch noch zum großen Teil die im folgenden angeführten »Überschußkrankheiten« infolge von überschüssigen oder verdorbenen Säften: »Es entstehen aber diese Leiden (Verdauungsstörungen) — insofern sie auf Grund des Trinkens oder Schmausens entstehen —, wenn die Speisen und Getränke reichlicher als in gewohnter Weise in den Leib kommen

[1]) I 616, 1 L.

[2]) Vgl. außerdem VI 54, 6 L., 52, 11 L.; V 494, 1 L., 494, 4 L.; VI 208, 10 L., 208, 13 L., 158, 18 L., 188, 9 L., 188, 14 L., 192, 11 L., 510, 2 L., 510, 10 L., 532, 13 L., 534, 8 L., 534, 12 L.; II 18, 22 L. 24, 10 L., 24, 17 L.; IV 474, 8 L., 484, 9 L., 486 L., 492, 3 L.; VII 252, 6 L.

[3]) VI 188, 7 L.; vgl. VI 188, 14 L., 192, 11 L., 36, 1 L., 52, 11 L., 54, 6 L., 208, 10 L., 208, 13 L.; VII 86 ,5 L.; VI 636, 7 L.; IV 484, 9 L.; IX 102, 12 L.

[4]) IV 474, 8 L.; vgl. IV 484, 9 L.; I 590, 18 L, 588, 11 L.; VI 472, 2 L.

[5]) IV 484, 9 L.

und der Körper in außergewöhnlicher Weise erhitzt wird und Galle und Schleim in Bewegung setzt«[1]).

Damit hängen aufs innigste die »Flußkrankheiten« zusammen: »Diese Krankheit (Gelenkentzündung) entsteht durch Galle und Schleim, wenn sich diese, in Bewegung geraten, auf die Gelenke werfen«[2]). In einigen Stellen wird die Ursache für die Flußkrankheiten näher definiert als »innere Hitze oder Kälte«: »Die Lunge zieht infolge einer Erhitzung aus dem Körper Schleim (= das entgegengesetzte »Kalte«) in sich hinein, und vor allem aus dem Kopf; wenn aber der Kopf erhitzt wird, (zieht dieser Schleim) aus dem Körper (an)«[3]) und als »äußere Hitze und Kälte«, wenn dieselbe Schrift als eine der Ursachen von inneren Vereiterungen »die Luft (zu warme oder zu kalte), die sich mit der eingeborenen Wärme vermischt«, angibt[4]).

In den Schriften, in denen der Luft eine besondere Bedeutung zugemessen wird, ist auch das »Kranksein« in entsprechender Weise modifiziert, und zwar finden wir Stellen, in denen die Luft erstens infolge ihrer veränderten Quantität und Qualität (»Daß alle Lebewesen mit der Luft in einer gewichtigen Verbindung stehen, ist erklärt; die wichtigste Folgerung daraus ist mittelbar keine andere als die, daß die Krankheiten in der Hauptsache von dorther kommen: wenn die Luft in zu großer oder geringer Menge oder zu stark verdichtet in den Körper hineinkommt«)[5]), zweitens indirekt infolge gestörter perspiratio (»Sobald die Adern (des Gehirns) durch den Schleim von der Luft abgeschlossen sind und (sie) keine

---

[1]) VI 240, 1 L.; vgl. VI 222, 2 L., 222, 8 L., 228, 11 L., 230, 17 L., 228, 6 L., 234, 7 L., 234, 23 L., 240, 1 L., 240, 10 L., 236, 12 L., 158, 13 L., 158, 18 L., 172, 24 L., 176, 7 L.; I 594, 7 L.; II 660, 1 L.; VII 8, 19 L., 14, 11 L.; VI 608, 4 L.; IV 566, 7 L.; VII 178, 19 L., 220, 19 L., 232, 8 L., 240, 10 L., 242, 23 L., 270, 7 L., 494, 8 L.

[2]) VI 242, 12 L.; vgl. VIII 564, 16 L., 564, 22 L.; VI 276, 19 L., 212, 3 L., 218, 8 L., 218, 21 L., 220, 5 L., 222, 19 L., 236, 5 L., 242, 12 L.; VII 18, 14 L., 18, 19 L., 18, 3 L., 174, 19 L., 178, 21 L., 180, 6 L., 182, 22 L., 188, 26 L., 192, 8 L., 192, 19 L., 204, 17 L., 206, 9 L., 210, 7 L., 214, 18 L., 218, 7 L., 226, 23 L., 236, 8 L., 264, 5 L., 266, 19 L., 284, 8 L., 288, 13 L., 292, 1 L., 372, 4 L., 374, 13 L., 378, 16 L., 386, 7 L., 388, 3 L., 388, 12 L., 436, 1 L., 556, 5 L., 460, 10 L.; VIII 54, 1 L.

[3]) VI 160, 16 L.; vgl. VI 290, 21 L., 296 L.; VII 232, 8 L., 244, 6 L., 248, 14 L., 250, 15 L., 252, 6 L., 252, 17 L., 260, 7 L., 260, 22 L.

[4]) VI 158, 18 L.

[5]) VI 96, 12 L.

Luft mehr aufnehmen, versetzen sie den Menschen in den Zustand der Sprach- und Besinnungslosigkeit«)[1]) oder drittens als »falsche Winde« (verdorbene oder überschüssige φῦσαι), entstanden aus übermäßiger oder ungeeigneter Nahrungszufuhr (»ich will dir nun jetzt das Fieber erklären, das durch untaugliche Lebensweise (διὰ πονηρὴν δίαιταν) entsteht: untauglich ist die Lebensweise, wenn ich dem Körper mehr Speisen, seien es feuchte, seien es trockene, zuführe, als er vertragen kann . . . wenn nun der Körper mit Speisen überfüllt ist, wird auch die Überfüllung mit Luft stärker, wenn die Speisen (länger) verweilen . . . ist aber der Unterleib (durch sie?) verstopft (ἐμφραχθείσης δὲ τῆς κάτω κοιλίης), dann durchwandern die »Winde« (= die mit den Speisen aufgenommene Luft mit der Qualität des »Kalten«) den ganzen Leib, und wo sie auf die besonders blutreichen Stellen des Körpers stoßen, kühlen sie (diese) ab«)[2]) und viertens infolge von durch Miasmen verunreinigter äußerer Luft (die das »epidemische Fieber« erzeugt)[3]) zur Krankheitsursache wird.

8. »Heilung«

Aufbauend auf den Begriff von Gesundheit und Krankheit ist in folgerichtiger Konsequenz der Begriff der Heilung entwickelt. Heilung bedeutet kurz gesagt Wiederherstellung der Harmonie der Grundstoffe, Wiederherstellung der Symmetrie zwischen Nahrungsaufnahme und Lebensweise, Abänderung der Umwelteinflüsse durch Ortswechsel, Beseitigung der Überschüsse, Ableitung der Flüsse, um das ungehinderte Durchgehen des Lebenselementes wieder zu ermöglichen. Bei alledem finden die verschiedensten Einflüsse, die des Geschlechtes, des Lebensalters, der Jahreszeiten, weitgehende Berücksichtigung. Der Begriff Heilung durch Entgegengesetztes[4]) spielt dabei die wichtigste Rolle: »Die Behandlung muß entgegengesetzt dem Anlaß der Krankheit durchgeführt werden . . . und zwar durch Veränderung der Lebensweise . . .; man muß die Behandlung unter Berücksichtigung der »Natur« des

[1]) VI 372, 22 L.; vgl. VI 240, 22 L., 368, 4 L.

[2]) VI 98, 15 L.; vgl. IX 108, 9 L.; VI 608, 4 L., 104, 5 L., 372, 22 L., 394, 9 L.

[3]) VI 98, 2 L.; vgl. VI 96, 15 L.

[4]) S. auch Krayl, Contraria und similia, S. 259 u. S. 459; Fredrich, Untersuchungen, S. 18.

Menschen (hier wohl = Verhältnis der »Kräfte« zueinander), dem Alter, dem Aussehen, der Jahreszeit und der Art der Krankheit gestalten, bald durch Wegnehmen, bald durch Zusetzen . . .«[1]). Aufschlußreich ist in dieser Beziehung vor allem das Buch »Über die Leiden«. In c. 39 sagt der Verfasser: »Von den Speisen und Getränken, deren sich die Menschen in ihrer Lebensweise in gesunden Tagen bedienen, sollen ihnen — soweit sie zur Hand sind — (auch) in den Tagen der Krankheit (diejenigen) gereicht werden, die Wärme und Kälte und Feuchtigkeit und Trockenheit bereiten; d. h. (solche, die) aus Kaltem Warmes, aus Warmem Nichtwarmes, Trockenes aus Nichttrockenem und das Übrige in gleicher Weise (bereiten).«[2]) Ziel ist immer die »Wiederherstellung der Symmetrie« der δυνάμεις — auch da, wo z. B., wie in περὶ παθῶν, nur von zwei Säften die Rede ist, so auch in den folgenden Stellen: VI 252, 3 L., 260, 11 L., 252, 8 L., 268, 22 L.[3]). Entsprechend sind auch die angegebenen Heilmittel.

In den bis jetzt angegebenen Stellen erfolgte die Heilung als Wiederherstellung der Harmonie teils spontan, teils durch entsprechende Behandlung. Bei der Wiederherstellung der Symmetrie zwischen Nahrungsaufnahme und Lebensweise kam hauptsächlich letztere in Betracht. Deswegen ist es »notwendig, überdies auch das folgende zu wissen: sooft eine Überfülle (eines Stoffes) Krankheiten erzeugt, heilt Entleerung; alle Krankheiten aber, die durch Leere (Mangel einer »Qualität«) entstehen, heilt Anfüllung, die durch körperliche Anstrengung entstehen, heilt Erholung, die durch Untätigkeit erzeugt werden, heilt Anstrengung; oder um das Ganze zu erfahren: der Arzt muß den (verschiedenen) Zuständen, Krankheiten . . . in entgegengesetzter Weise gegenübertreten«[4]). Die Lehre über die Beseitigung der Überschüsse

---

1) VI 54, 7 L.; vgl. VI 52, 8 L.: Τὸ δὲ ξύμπαν γνῶναι, δεῖ τὸν ἰητρὸν ἐναντίον ἵστασθαι τοῖσι καθεστεῶσι καὶ νουσήμασι καὶ εἴδεσι καὶ ὥρῃσι καὶ ἡλικίῃσι, καὶ τὰ ξυντείνοντα λύειν, καὶ τὰ λελυμένα ξυντείνειν· οὕτω γὰρ ἂν μάλιστα τὸ κάμνον ἀναπαύοιτο, ἥ τε ἴησις τοῦτό μοι δοκέει εἶναι.

2) VI 248, 16 L. Die Übersetzung von Littré wird dem Text nicht gerecht.

3) S. auch VI 54, 11 L., 328, 17 L., 218, 16 L., 248, 16 L., 252, 3 L., 252, 8 L., 260, 11 L.; I 616, 17 L., 618, 1 L., 24, 10 L.; IX 388, 4 L.; VII 126, 15 L., 22, 24 L., 16, 18 L.; VI 78, 11 L., 82, 2 L., 594, 18 L., 624, 21 L., 626, 14 L., 628, 11 L., 634, 5 L., 636, 10 L.; V 284, 3 L.

4) VI 52, 4 L.; vgl. VI 54, 8 L.; I 598, 16 L.; VI 24 10 L, 74, 14 L., 74, 19 L. 78, 3 L., 592, 4 L., 606, 5 L., 610, 14 L.; V 292, 4 L., 344, 12 L., 316, 3 L.;

und Ableitung der Flüsse nimmt den weitaus größten Raum ein. Auch hier ist die ableitende Behandlung von großer Wichtigkeit; die größte Bedeutung aber hat die Lehre von der durch die Physis spontan bewirkten Beseitigung der Überschüsse: »Solche, bei denen aus einer Entzündung um die Lunge herum Abscheidungen zu den Ohren oder nach unten hin entstehen — und die, die auseitern bzw. Fisteln bilden — bleiben am Leben«[1]).

Eine Zusammenfassung der zahlreichen einschlägigen Beobachtungen bringt c. 10 der »Krisen«: »Notwendig tritt die Krise beim Fieber ein, wenn die (überschüssige) Wärme weicht . . . durch den ausgeschiedenen Harn, den Stuhl, einen Blutfluß aus der Nase, durch große Urinmengen, heftigen Durchfall, einen Schweißausbruch und beim Weibe durch den Monatsfluß«[2]). Darum soll der Arzt »selbst (solche) Ausscheidungen hervorrufen, wenn sie nicht (von selbst) entstehen, die entstandenen auf den rechten Weg leiten, soll es begrüßen, wenn sie in der richtigen Menge und auf dem richtigen Weg abgehen . . . soll hemmen, was unnütz fließt . . .«, wie es im sechsten Buch der »Epidemien« heißt[3]). Zahlreiche Notizen zeigen übrigens, daß man auch die Schädlichkeit von Aus- und Abflüssen sah; fast alle Stellen aber bezeugen, daß die naturphilosophischen Überlegungen die Empirie nicht hemmten, sondern förderten, und gerade die hier niedergelegten Erfahrungen sind es, die in der wissenschaftlichen Medizin wie in der Volksheilkunde sich am längsten erhielten und die auch dem Arzt von heute noch das Corpus lesenswert machen.

IV 476, 6 L.; VI 92, 3 L.; die letzte Stelle ist geradezu eine Zusammenfassung: »Wenn jemand die Ursache der Krankheit kennt, so vermag er auch wohl das dem Körper Zuträgliche anzubringen, da er aus dem Entgegengesetzten die Hilfsmittel kennt; denn diese Heilweise ist am meisten naturgemäß; so ist der Hunger eine Krankheit . . . was ist nun das Heilmittel für den Hunger? Was den Hunger stillt; das aber ist Nahrung. Durch letztere aber ist jene heilbar; ebenso stillt den Durst das Trinken: die Anfüllung heilt also die Entleerung, die Entleerung aber Anfüllung, die Ruhe (heilt) Anstrengung. Um es zusammenfassend zu sagen: das Entgegengesetzte ist das Heilmittel für das Entgegengesetzte; denn Heilkunst ist Hinzusetzen und Entziehen: nämlich Entziehen des Überschüssigen und Hinzufügen des Mangelnden; wer dies auf vollkommenste Weise tut, ist der beste Arzt.«

[1]) V 668, 14 L.; vgl. VI 226, 22 L., 230, 2 L., 232, 21 L., 236, 12 L., 240, 5 L.; 246, 8 L.; I 598, 16 L.; II 314, 8 L., 396, 7 L., 450, 9 L., 456, 1 L., 464, 8 L., 642, 4 L., 642, 12 L.; V 76, 18 L., 78, 11 L., 708, 3 L., 730, 7 L., 730, 13 L., 732, 9 L., 598, 11 L., 660, 10 L., 660, 18 L., 662, 1 L., 664, 10 L., 666, 10 L., 666, 22 L., 666, 23 L., 668, 4 L., 670, 6 L., 678, 11 L., 684, 17 L., 686, 3 L., 690, 6 L., 702, 17 L.; VII 24, 12 L., 30, 23 L. , 12, 4 L., 18, 22 L., 24, 22 L., 30, 3 L., 168, 7 L., 196, 10 L., 284, 7 L., 294, 5 L.; IX 28, 19 L., 36, 11 L., 60, 14 L., 68, 19 L.; IV 566, 2 L., 566, 5 L., 566, 9 L., 566, 11 L., 566, 13 L., 566, 17 L., 568, 7 L., 568, 14 L., 572, 3 L., 572, 10 L., 594, 1 L., 594, 8 L.

[2]) IX 278, 20 L.

[3]) V 282, 5 L.

Der Begriff der Heilung durch Gleiches kommt nur ganz selten vor, so: ἐργάσασθαι τὸ ὅμοιον, οἷον ὀδύνη ὀδύνην παύει[1]). Daß deswegen aber nicht eine grundsätzlich andere Auffassung des Verfassers bezüglich der Heilweise herausgelesen werden darf, geht sofort aus der Fortsetzung des Satzes hervor. Dasselbe gilt für den Verfasser von π. ἱερῆς νούσου[2]). Eine eigene Stellung nimmt der Begriff der Heilung durch Reifung (πέψις) ein: »Die völlige Reife des Urins, der langsam gereift ist, führt, wenn sie zur Zeit der Entscheidung erfolgte, die Beendigung der Krankheit herbei«[3]). Auch der Verfasser von π. ἀρχ. ἰητρ. kennt den Pepsis-Begriff[4]). Besonders aufschlußreich für die naturphilosophische Einstellung des Verfassers von π. ἀρχ. ἰητρ. ist übrigens auch der folgende Satz: »Das Reifen, Umwandeln, Dünn- und Dickwerden zur (gesunden) Form von Säften geschieht auf viele und mannigfache Arten. Daher auch die große Bedeutung der »Krisen« und der Zahl der Krankheitstage in solchen Dingen«[5]), in der er nicht nur dem Begriff der Pepsis, sondern auch dem der πύκνωσις und μάνωσις und auch den Krisen und dem ἀριθμός der Krankheitstage große Bedeutung zumißt.

9. »Naturheilkraft«

Zum Schluß noch ein Wort zum Begriff der Naturheilkraft im Corpus Hippocraticum. Lange Zeit ist er infolge der mechanistisch-materialistischen Einstellung der Erklärer gänzlich übersehen worden. Begrifflich genauer definiert wird er freilich nie und ist meist nur unter dem Namen φύσις dargestellt, die im ganzen Corpus sieben deutlich unterscheidbare Bedeutungen hat[6]). Aber ihr Walten ist überall sichtbar. Zahlreiche Stellen sprechen offensichtlich von der heilenden Natur[7]), der der Arzt nur Helfer sein kann;

---

1) V 276, 10 L.

2) VI 394, 15 L.; vgl. VI 396, 3 L.

3) IX 280, 27 L.; vgl. IX 288, 20 L.; II 632, 12 L.; VI 172, 24 L.; I 612, 19 L., 616, 4 L., 618, 5 L., 618, 15 L.; II 632, 12 L., 642, 4 L.

4) I 616, 4 L. und 616, 14 L.; man vgl. auch 612, 19 L.

5) I 618, 15 L.

6) s. Bier, Hippokratische Studien, Quell. u. Stud. z. Gesch. d. Naturw. u. d. Med., 3. Bd., 1933, passim.

7) Am schönsten ausgedrückt in der schon erwähnten Stelle Epidd. VI 5, 1 (V 314, 5 L.), die K. Deichgräber, Epidemien, zum Ausgangspunkt seiner Untersuchungen macht. Treffend zieht er S. 51, S. 141 u. ö. die Konsequenzen

unverhältnismäßig oft liegt sie, vielleicht dem Verfasser ganz unbewußt, den therapeutischen Ausführungen zugrunde, und zwar als zufällige und finale Zweckmäßigkeit. Der Begriff des κατὰ φύσιν und παρὰ φύσιν und die hippokratische δίαιτα wäre ohne sie sinnlos. Man kann fast behaupten: die Teleologie im Corpus Hippocraticum ist nicht weit entfernt von dem aristotelischen ἡ φύσις οὐδὲν μάτην ποιεῖ: Fieber, Diarrhöen, Katarrhe, Blutungen aus Mund, Nase und Gebärmutter, Geschwüre, Hämorrhoiden sind, besonders »wenn sie von selbst auftreten«, dem Hippokratiker Beweis, daß die Natur Mittel und Wege zu finden weiß, verdorbene Säfte unschädlich zu machen oder die durch Mißbrauch der Natur seitens des Menschen oder durch äußere Einflüsse gestörte Harmonie wiederherzustellen[1]).

Die aus dieser Anschauung für die Tätigkeit des Arztes zu ziehenden Konsequenzen ergeben sich von selbst: er ist der adiutor der Natur und seine τέχνη besteht im Erkennen, Vorhersehen,

---

des Verfassers für die Tätigkeit des Arztes aus dieser Anschauung. Von anderen nenne ich Bier, Hippokrat. Studien, S. 9; Deichgräber, Die Stellung des griechischen Arztes zur Natur. Gött. Akad. Reden, Nr. 6, 1938, S. 13ff.; Nestle, W., Hippocratica. Hermes 73, 1938, S. 3ff.; vgl. auch Palm, Studien, S. 101f. Über die Förderung der Heilbestrebungen der Natur durch die Therapie schrieb u. a. D. W. Triller, Exercitat. med. ad illustrandum ambiguum quendam et obscurum Hippocratis locum ex libro praeceptorum de probi medici officio in conservanda potius quam immutanda natura. Viteberg 1772; ders. De aptissima medicinae definitione ab Hippocrate sapienter proposita. Viteberg 1788; über die Apostasis: Jo. Pancr. Brunonis, Remorae ac impedimenta purgationis usw. Altdorf 1672—1674. Zur weiteren Literatur s. Literaturverzeichnis.

[1]) Vgl. IX 102, 16 L., 112, 3 L.; V 484, 13 L.; VI 308 L.; I 612, 3 L.; IX 234, 11 L., 236, 1 L., 252, 6 L., 266, 2 L., 260, 16 L.; II 314, 8 L., 402, 7 L., 464, 8 L., 508, 1 L., 512, 1 L., 516, 11 L.; VI 472, 11 L., 478, 11 L., 490, 10 L.; II 630, 4 L.; V 76, 1 L.; V 688, 18 L.; 688, 20 L.; VII 14, 14 L., 16, 18 L., 12, 14 L.; VI 610, 1 L., 616, 17 L.; der größere Teil der einschlägigen Stellen ist wegen der Gleichartigkeit des Inhaltes schon im Abschnitt »Heilung« aufgeführt. Zur Ergänzung können noch vor allem die »Epidemien« herangezogen werden. Eine Stelle aus dem 16. Kapitel der »Alten Heilkunst« sei hier noch angeführt, weil sie trotz der geringen Bedeutung, die dieses Kapitel dem Warmen und Kalten zubilligt, beweist, wie wenig die Sonderstellung berechtigt ist, die dem Autor hinsichtlich seiner »Freiheit von jeder Naturphilosophie« oft zugewiesen wird: ἐν δὲ δὴ τουτέῳ τῷ καιρῷ, ὅταν τὸ ψυχρὸν ἐπιγένηται καί τι λυπήσῃ τὸν ἄνθρωπον, διὰ ταχέος πρῶτον δι' αὐτὸ τοῦτο πάρεστιν τὸ θερμὸν αὐτόθεν ἐκ τοῦ ἀνθρώπου, οὐδεμιῆς βοηθείης οὐδὲ παρασκευῆς δεόμενον· καὶ ταῦτα καὶ ἐν ὑγιαίνουσι τοῖσιν ἀνθρώποισιν ἀπεργάζεται καὶ ἐν κάμνουσιν (I 608, 3 L).

Helfen. Objekt der Erkenntnis ist ganz allgemein alles, was mit der Physis des Menschen zusammenhängt und die Möglichkeiten der Beeinflussung ihrer Strebekräfte durch gewollte und ungewollte Einflüsse, in einem bestimmten Fall von »Kranksein« aber die dem Patienten eigentümliche Physis, seine augenblickliche κατάστασις, die Umstände, die seinen Zustand herbeigeführt haben und die individuellen Strebekräfte des Körpers und Geistes zur Wiederherstellung der Physis. Vor allem muß er versuchen zu erkennen, in welcher Form und an welchen Stellen des Körpers die Apostasis des Krankheitsstoffes (des krankmachenden Saftes, der überproportionierten δύναμις, des schädlichen Pneumas usw., je nach der naturphilosophischen Grundanschauung des betreffenden Arztes) sich vollziehen will. Das letztere leitet schon über zur »Prognose«, die also bei den Hippokratikern einen reicheren Inhalt hat als beim heutigen Arzte. Seine Hilfe kann nur darin bestehen, die Strebekräfte der Natur durch solche Maßnahmen zu unterstützen, die ihm von seiner naturphilosophischen Schau aus geeignet erscheinen müssen.

»Mit diesen Forderungen und Theorien«, so möchte ich mutatis mutandis eine Stelle aus K. Deichgräbers Epidemien zitieren, »gehörte Hippokrates[1]) . . . zu den Ärzten, die es ablehnen, ihre Kunst auf Routine zu gründen, und die, wie Platon sagt, τοῦ φιλοσοφεῖν ἐγγὺς χρῶνται τοῖς λόγοις und als solche περὶ φύσεως πάσης ἐπανίασι τῆς τῶν σωμάτων[2]). Aristoteles würde Hippokrates zu den Ärzten rechnen, die λέγουσί τι περὶ φύσεως καὶ τὰς ἀρχὰς ἐκεῖθεν ἀξιοῦσι λαμβάνειν«[3]).

---

[1]) Hier als Sammelbegriff.

[2]) Plat. Legg. IX 857 B C.

[3]) Arist de respir. 480 b 28.

PLATON

1. Charakteristik des platonischen Denkens

Platons Stellung in der Entwicklung der Geisteswissenschaften ist nicht auf eine kurze Formel zu bringen. Nicht nur wegen der Verschiedenheit der Systeme, die ihn beeinflußt haben, wie schon die Alten wußten[1]), oder wegen der Verschiedenheit seiner Philosophie in den einzelnen Entwicklungsstufen, die man seit etwa einem Jahrhundert zu unterscheiden gelernt hat, sondern wegen der Eigenart dessen, was er unter »Wissen«, unter »Denken« und vor allem unter der »tiefsten und letzten Weisheit« versteht, von der er selbst gesagt hat[2]), sie könne weder gelehrt noch gar schriftlich niedergelegt, sondern nur in unmittelbarer Erleuchtung erlebt werden. Daher auch die Schwierigkeiten und die abweichenden Auslegungen der »Dialoge«, die für ihn selbst, wie er einmal sagt, nur ein »schönes Spiel« waren[3]). Für ihn gilt mehr als für alle anderen, daß sein naturphilosophisches Denken Schau — »Schaunis« sagt W. Jaeger[4]) — war und am wenigsten in moderne Begriffe gepreßt werden darf[5]).

Wenn wir es richtig verstehen wollen, können wir sagen: Platon bedeutet in mehr als einer Beziehung Vollendung und — in gewissem Sinne — Abschluß der antiken griechischen Naturphilosophie[6]). Aus allen hat er geschöpft[7]), aber er war nichts weniger

---

[1]) Diog. L. III 8: »Er schuf eine Verbindung herakliteischer, pythagoreischer und sokratischer Weisheit.«

[2]) Ep. VII 341 C.

[3]) Phaidr. 276 E.

[4]) Jaeger, Aristoteles. Berlin 1923, S. 10.

[5]) Die dieser Arbeit gestellte Aufgabe verbietet das Eingehen auf die einzigartige Bedeutung Platons als Philosophen im allgemeinen. Ich verweise hier auf die allerdings in wichtigen Punkten von der modernen Platon-Kritik überholten Ausführungen bei Zeller II[5], S. 389ff. und deren Ergänzung durch E. Hoffmann, ebd., S. 1051ff.; s. ferner Bonitz, H., Platon. Studien, 3. Aufl. Berlin 1886; Apelt, O., Platon. Aufsätze. Leipzig 1912; v. Wilamowitz, Platon II[2], S. 324—429; das in seiner Art wertvolle Buch von W. Pater, Plato und der Platonismus, übers. von Hans Hecht. Jena 1904; Windelband, W., Zu Plat. Phaidon, S. 287—297.

[6]) Platons Stellung in der Geistesgeschichte als Philosoph i. e. Sinne des Wortes wird damit nicht berührt.

[7]) Über die Beziehungen der Naturphilosophie Platons zum Pythagoreismus

als ein Eklektiker[1]). Schon die Sprache seiner Dialoge verrät den attischen Griechen und den Dichter, der er immer geblieben ist, auch nachdem er, angeblich auf des Sokrates' Anregung hin, seine Verse dem Feuer überantwortet hatte. Wie seine Vorgänger kannte er den Eros, aber er war ihm nicht der rohe, blinde Trieb, wie in den Kosmogonien oder wie bei Empedokles, sondern das bewußte Sich-Sehnen nach den ewigen Ideen[2]); auch er suchte das Sichere, Gewisse, das βέβαιον, das als Beharrendes allem Wandel zugrunde liegt, aber fand es nicht in der Hyle, überhaupt nicht in der Welt des Materiellen, sondern dort, »wo die reinen Formen wohnen« (nämlich ἐν οὐρανίῳ τόπῳ)[3]). Er verachtet durchaus nicht die sinnenhafte Erkenntnis, aber er bedauert die, denen es nicht gelingt, trotz »des großen Eifers im Suchen nach dem Gefilde der Wahrheit« sich »als zu schwach erweisen und nichts erschauen«; in echt dichterischer Sprache beschreibt er im Phaidros[4]) die Wagenfahrt der Seele, die, »gestört von ihren Rossen (= Triebe zum Erdhaften, Sinnenhaften), mühsam das Seiende betrachtet«, d. h. wenn sie zu »den Besten gehört«; die meisten Teilnehmer an dieser Fahrt »unter der Oberfläche erlahmen durch die Schuld der Lenker, werden an den Flügeln beschädigt und treten wieder ab, ohne der Wesensschau teilhaftig geworden zu sein; und dann begnügen sie sich mit dem Futter der Welt des Scheins«. Die wahre οὐσία ist unsichtbar und auch sonst den Sinnen unzugänglich (ἀόρατον τε καὶ ἄλλως ἀναίσθητον); nur die Denkkraft vermag sie ἐπισκοπεῖν

---

s. die wertvollen Ausführungen bei Erich Frank, Platon u. d. sog. Pythagoreer. Halle 1923, S. 93.

1) W. Pater, Plato und der Platonismus, Jena 1904, nennt das Gedankengebäude Platons ein »Lagerhaus aller physikalischen Theorien«, ein »Palimpsest«, eine »gewirkte Tapete, deren Fäden schon einmal verwertet wurden«; »es gleicht dem animalischen Körper selbst, von dem jedes Stäubchen schon einmal gelebt hat« (S. 5). Vgl. auch Dox. (Simpl. phys. f. 6 v. 20—25) 484, 19—485, 5: »Theophrastus allerdings sagt, nachdem er von den übrigen vorher berichtet hat: »Auf sie folgte Platon; zufolge seiner Ansicht und Fähigkeit steht er an früherer Stelle, zufolge der Zeit an späterer. Sehr viel beschäftigte er sich mit der ersten Philosophie (πρώτη φιλοσοφία), doch widmete er sich auch den Erscheinungen (τὰ φαινόμενα). Er nahm nämlich die Naturforschung in Angriff.«

2) D. h. nach der μέθεξις mit den ewigen Ideen; von der μέθεξις spricht z. B. Parmenides 132 D: καὶ ἡ μέθεξις αὔτη τοῖς ἄλλοις γίγνεσθαι τῶν εἰδῶν οὐκ ἄλλη τις ἢ εἰκασθῆναι αὐτοῖς.

3) Vgl. hierzu besonders Phaidros 246—248.

4) Tim. 52 A.

= »durch Untersuchung« oder »durch Betrachtung« zu finden[1]). »Das farb- und gestaltlose und unberührbare Sein, das (allein) wirklich ist, wird nur vom Geist[2]), dem Steuermann der Seele, erschaut« (μόνῳ θεατῇ νῷ)[3]). Dieses »Erschauen« wird immer wieder und im bewußten Gegensatz zum »Sehen«, »Wahrnehmen« da gebraucht, wo es sich um die Erkenntnis des wirklichen Wesens der Dinge bzw. der Ursache oder des Zweckes eines Geschehens handelt[4]). Deswegen auch die merkwürdige Erscheinung, daß gerade das »Unsichtbare« mit »ἰδέα« wiedergegeben wird. Diese Tatsache charakterisiert am tiefsten Platons Denken.

Es kann hier nicht meine Aufgabe sein, neue Gesichtspunkte zur Platon-Kritik zu bringen oder einen weiteren Versuch zu machen, die noch immer strittigen Fragen seiner Ideenlehre zu beantworten; aber ich glaube, sagen zu müssen, daß dieser Platon in manchem noch wesentlich »naturphilosophisch« in dem in der Einleitung gekennzeichneten Sinne über die Wesensgründe gedacht oder vielmehr sie »erschaut« hat. Diese Feststellung ist notwendig, weil ohne solche Erkenntnis Platons medizinische Theorien, die mit naiv-kindlichen Darstellungen Gedanken von größter Wichtigkeit vereinigen, unverständlich bleiben müssen: was er an medizinischen Lehren bringt, ist weder eine Geschichte des bis dahin Erreichten, noch eine Summe von Erfahrungen am Krankenbett, noch eine Synthese von überlieferten Erkenntnissen, sondern vielmehr die Schau ihres unwandelbaren Sinnes.

Es wird niemandem einfallen, die Richtigkeit mancher Einzelausführungen seiner Physiologie, die sich übrigens durchweg nicht von den allgemeinen medizinischen Anschauungen seiner Zeit unterscheiden, verteidigen zu wollen: wer sie aber als »läppische Redereien eines kindlichen Gemütes« bezeichnet, der sollte sich

---

[1]) Tim. 52 A.

[2]) Diogenes von Sinope macht sich einmal über Platon lustig, als dieser von seinen Ideen sprach: »Ich meinerseits, Platon, sehe wohl einen Tisch und einen Becher, aber eine Tischheit und Becherheit nun und nimmer mehr«; darauf antwortet ihm Platon: »Freilich, denn Augen, mit denen man Becher und Tisch sieht, hast du, aber den Verstand, mit dem man Tischheit und Becherheit erschaut, hast du nicht« (Diog. L. VI 53).

[3]) Phaidr. 247 C.

[4]) Einmal braucht Sokrates-Platon den Ausdruck »Sehergabe« (ὡς δή τοι μαντικόν γέ τι καὶ ἡ ψυχή (Phaidr. 242 C)) in wesentlich gleicher Bedeutung (nicht etwa im mystischen Sinne!).

lieber mit allem anderen befassen, aber nicht mit historischen Forschungen. Ganz anders ist es, wenn Pater von einem gewissen »animistischen Instinkte« in Platons Denken spricht[1]): gerade diese Kraft war es ja, die die alten Denker zu einer »Schau« der Dinge fähig machte und zugleich zu einer Einheit der Auffassung, wie es von den Späteren nur ganz selten einer vermochte. Pater bemerkt übrigens selbst weiter, »daß die platonische »Ideenlehre« nicht so sehr eine Lehre als eine Art und Weise ist, gewisse Elemente des Geistes zu Gegenständen des Ausdrucks und des Gefühls zu machen«.

Das Ziel, das Platon sich gesteckt hatte, war, für alle Tatsachen und Erscheinungen die »Hypothesis« zu finden, die Grundlage, auf der jedes in der Erfahrung gegebene Phänomen seine Erklärung finden sollte; es war das ἀνυπόθετον der unmittelbaren Einsicht; der Weg dazu war derselbe, den uns Aristoteles von Sokrates bezeugt, nämlich induktive Beweisführung und universale Definitionen oder, wie Platon sagt, συναγωγή καὶ διαίρεσις; wichtiger aber als Analyse und Synthese war dabei die wirkliche Grundlegung[2]). Aus Philebos[3]) und aus Parmenides[4]) ergibt sich, daß der Werdegang des Findens der Ideen und Hypothesen durch die Fragen charakterisiert ist: 1. wie kann das Viele zur Einheit gebracht werden, z. B. die Vielheit der Glieder des menschlichen

---

[1]) a. a. O., S. 196; mit Recht macht er u. a. darauf aufmerksam, daß die verschiedenen Funktionen des Geistes — Phantasie, Vernunft und Anschauungskraft — damals »noch keineswegs klar zergliedert und voneinander getrennt waren, sondern daß sie alle gleichmäßig und gleichzeitig an jeder Sinnestätigkeit teilhatten.« Vgl. hierzu die interessante Abhandlung von W. Capelle zur Psychologie des Straton von Lampsakos, R. E. IV A, Sp. 301—310.

[2]) Charakteristisch und leicht verständlich ist, daß diese Ideen als χωρισταί (d. h. losgelöst von den Dingen) angesehen wurden. Die Idee »Mensch«, »Baum« usw. bleibt auch, wenn es keinen Menschen und keinen Baum mehr gibt, wie sie ja auch schon vorher war; folgerichtig wurde dann auch — wie bei den Pythagoreern die Zahl — die Idee nicht nur Formalursache des Seins der Einzeldinge, sondern auch das Mittel ihrer Erkenntnis. Die »Ideen« Platons sind nicht Erzeugnisse des Denkens, sondern das Mittel zur (wahren) Erkenntnis.

[3]) Besonders 14 C — 20 A; hier sagt er vom Jüngling, »der dieses Gesetz als ewiges, untilgbares Bedürfnis zum erstenmal in sich verspürt«, daß er »in wahrem Feuereifer jeden Begriff, jede Annahme, jede geistige Definition in Bewegung setzt (κινεῖ), bald sie umdrehend, um in ihr die Einheit (d. h. ihre »Idee«), bald sie wieder zerlegend, um ihre »Vielheit« zu sehen.

[4]) 129 B ff.

Körpers auf die Einheit »Mensch«? 2. Welche gegenseitige Korrelation besteht zwischen den konkreten Erscheinungen des Einzeldinges? 3. Welche Korrelation besteht zwischen den Gattungs- und Artbegriffen? Mit dieser Fragestellung aber setzte er das Werk seines großen Lehrers fort und legte den Grund zu echt wissenschaftlicher Forschungsmethode. Wie etwa der Mineraloge, der einen Porphyr findet, oder der Zoologe, der ein Insekt untersucht, in seiner Fähigkeit der Einordnung nach genus, species und differentia sein Objekt ganz anders betrachtet als der Laie, der nur das Einzelding und die groben Umrisse seiner Struktur sieht, so macht Platon seine Schüler fähig, über das Einzelding hinaus dessen Zugehörigkeit zu Gattung und Art zu sehen und über den Vergleich mit der »Idee«, d. h. dem Urbild, dem es nachgebildet ist, dessen Mängel und Unvollkommenheiten zu erkennen; es wurde so ein ganz neues, vor zweieinhalb Jahrtausenden ganz unerhörtes Moment in die Wissenschaftsmethodologie hineingebracht, das auch für die medizinische Forschung nicht ohne Bedeutung bleiben konnte.

2. Die Bedeutung der »Mathematik« im System Platons

Die Bedeutung der Mathematik im System Platons ist teils über-, teils unterschätzt worden. Ihre Anwendung geht ohne Zweifel auf die starken Einflüsse seiner pythagoreischen Freunde zurück, aber ihre Beziehung zum platonischen System ist doch eine ganz andere als die des ἀριθμός zum Pythagoreismus: Platon brauchte für sein τρίτον γένος, die Materie — diese war für ihn τοῦ γεγονότος μήτηρ καὶ ὑποδοχή, eine amorphe aber »bildsame Masse«[1]), »die in (ständiger) Bewegung ist und von allem, was in sie eingeht, geformt wird« —, ein erstes ordnendes Prinzip; als solches nahm er die Zahl und die einfachste geometrische Figur, das Dreieck, das durch seine verschiedenen Arten aus der Urmaterie als Vorstufe für das Werden des Einzelwesens die vier Elemente formt.

Aber auch methodologische Erwägungen werden dabei mitgespielt haben. Die Mathematik war gleichsam die andere Seite, von

---

[1]) ἐκμαγεῖον; s. hierzu E. Hoffmann, Die Sprache und die archaische Logik. Tübingen 1925, S. 43; Nestles Stellungnahme dazu in Phil. Wschr. 45, 1925, S. 1155.

der die Lehre von den Ideen und Begriffen ihre Bestätigung und Ausgestaltung erhielt: das Verstehen eines einfachen mathematischen oder geometrischen Verhältnisses war, wie das Schauen der Ideen, Objekt der unmittelbaren Einsicht, ohne das Dazwischentreten des Sinnenhaften; es war in ihm ein Moment des a priori, durch das man auf rein geistigem Gebiet weitgehende Verbindungen schaffen, Hypothesen aufstellen und Beweise führen konnte, die zugleich auch a posteriori durch die Erfahrung bestätigt wurden. Überdies aber wurde dadurch die »Schau der Ideen«, die nach Platon nur wenigen Menschen möglich war, auch anderen weniger Bevorzugten ermöglicht oder wenigstens erklärbar.

3. Teleologie

Vor allem aber trug die »Zahl« in das Weltengebäude des Platon das überall sichtbare Prinzip der »Ordnung« hinein[1]). Nicht nur der »Staat«, sondern auch die Physik, die Physiologie des Menschen, die Ätiologie der Krankheiten verdanken der Zahl wenigstens zum Teil die ihnen eigentümliche Struktur; das Moment der Gesetzmäßigkeit in der Zahl aber forderte wieder die Auffassung des Gesetzmäßigen in der Natur.

Ergänzt wurde sein Prinzip der Ordnung durch die Teleologie, die nach ihm im ganzen Kosmos obwaltet[2]). Aufschlußreich sind in dieser Beziehung die Ausführungen über die Gestaltungsgesetze für die Körperwelt und über die Ausstattung des Menschen mit den für seine Verrichtungen notwendigen Werkzeugen[3]). Zusammenfassend sagt er[4]): »Dies alles gehört zu den συναίτια (die in

[1]) Man vgl. vor allem die in einen Mythos gekleidete Darstellung Tim. 37 E: ». . . als der schaffende Vater das Abbild (!) der ewigen Götter mit Bewegung und Leben erfüllt sah, hatte er Freude, und diese Freude trieb ihn, es dem Urbild noch ähnlicher zu machen . . . zu gleicher Zeit mit der Ordnung des Weltalls schafft er ein gemäß der in den Zahlen liegenden Gesetzmäßigkeit fortschreitendes Abbild der Ewigkeit . . .«.

[2]) Vgl. W. Theiler, Zur Gesch. d. teleol. Naturbetrachtung bis auf Aristoteles, S. 74ff.

[3]) So dienen die Augenlider als natürliche Vorrichtung zur Erzeugung des Schlafes (vgl. Xen. Mem. I 4, 6), das Zwerchfell als διάφραγμα (70 A), das Herz in der Mitte als Knotenpunkt der Adern und Quelle des durch alle Glieder getriebenen Blutes (70 A, vgl Kritias 117), die Lungen als weiche Kissen um das Herz herum, um es vor schädlichen Erregungen und dem Übermaß des Feuers zu bewahren; weitere Einzelheiten 70ff.

[4]) Tim. 46 E.

Tim. 68 E, Phaid. 99 B und Polit. 287 D als ὧν οὐκ ἄνευ charakterisiert sind), deren sich der Gott als Mittel bedient, um dem Werke die denkbar beste Gestalt zu verleihen . . . (darum:) wer an die Herrschaft von Vernunft und Erkenntnis glaubt, der muß zuerst den Ursachen nachforschen, die eine vernunftgemäße Naturordnung möglich machen«; und 68 Ef. sagt er vom Werkmeister, der das beste und schönste schaffen will, »daß er einerseits die den Dingen selbst innewohnenden Kräfte benutzt«, andererseits selbst »die Hinführung zum guten Endzweck alles Werdenden bewerkstelligt«[1]).

Von hier aus ergibt sich, wenn wir an das Medizinische denken, ein Begriff der Physis, speziell der »Naturheilkraft«, der Ähnlichkeit hat mit der bei Heraklit, Pythagoras und insbesondere bei Hippokrates besprochenen Auffassung, wobei die durch die Eigentümlichkeit der Gesamtlehre bedingte Verschiedenheit jedoch unverkennbar zum Ausdruck kommt.

Ähnliches können wir bezüglich der übrigen medizinischen Ansichten Platons feststellen: er steht auf der Höhe wissenschaftlicher Medizin seiner Zeit, aber die naturphilosophischen Gedankengänge haben trotz aller Konvergenz mit denen der großen Arztphilosophen immer die spezifisch platonische Eigenart. Vor allem bietet das Corpus Hippocraticum oft merkwürdige Übereinstimmungen, die zum Teil so frappant sind, daß es schwer ist, mit Sicherheit festzustellen, wer hier der Gebende und wer der Nehmende war. Bezüglich des Wichtigsten aber, nämlich der Methode der Fragestellung, scheint mir aus der bekannten Stelle Phaidr. 270 unzweifelhaft hervorzugehen, daß dem großen Hippokrates hier

---

[1]) Deshalb die Unterscheidung in göttliche und notwendige Ursachen, wovon die notwendigen um der göttlichen willen gesucht werden müssen, »geleitet von der Überlegung, daß es ohne diese unmöglich wäre, das Ziel unseres Strebens rein für sich zu erkennen« (69 A); vgl. hierzu Tim. 33 Aff. (und die Bemerkung Galen. IV 804 K.), wonach aus den Elementen zuerst die Welt erschaffen wurde; sie ist gedacht als lebendes Wesen, das die Keime aller künftigen Organismen in sich trägt; das höhere Prinzip des Kosmos aber ist die Weltseele; E. Frank, a. a. O., S. 107, sagt — unter Heranziehung der Stellen: Phaidr. 246 E, Theait. 176 A, Phil. 30 D, Phaid. 107 D, Phaidr. 252 E, Rep. 500 C, 613 A — sehr richtig: »Das letzte Ziel des Menschenlebens besteht darum für Platon darin, den Kreisläufen der eigenen Seele die ursprüngliche Harmonie, wie sie sich in den Himmelsbewegungen offenbart, wiederzugeben«; aber er irrt, wenn er dann fortfahrend die Welt dem höchsten Gott gleichstellt.

das Prioritätsrecht zuerkannt werden muß. Poschenrieder[1]) der die Abhängigkeiten des Platon von den Schriften des Corpus Hippocraticum untersuchte, hat bei aller Sorgfalt zwei Tatsachen

---

[1]) Die platonischen Dialoge in ihrem Verhältnis zu den hippokratischen Schriften. Landshut 1882; er findet Übereinstimmungen: bez. der vier Grundstoffe bzw. δυνάμεις: 83 c 3 Erm. und VI 40 L. und 42 L.; dementsprechend Wirkung der Arzneien: 84—86 Erm. und VI 42, 44, 46 L.; bez. δυνάμεις in Beziehung zur Jahreszeit: 87 Erm. und VI 46 L.; bez. νεῦρα: 74 D und II 284 L. und 399 L.; bez. Fleisch, Sehnen: 82 D und π. τόπ. τῶν κατ' ἄνθρωπον; bez. Herz als Verknüpfungspunkt der Adern: Tim. 70 A B und π. νούσων VII c 33 L.: (τῷ μὲν αἵματι ἡ καρδίη πηγή ἐστιν); bez. Lunge als Organ der Abkühlung: Tim. 70 C D und IX 186 L. und VIII 538 L.; Tim. 91 A und IX 168 L.; bez. Leber: 71 sq. und I 626 L.; bez. Pathologie: Legg. VII 797 E, Rep. III 404 A B, 556 E, II 380 E, 381 B, Legg. VII 797 E sq. und II 296 L., IV 484 L., 486 L., II 50 L., V 496 L. (die Parallelstellen sprechen in gleichem Maße den Temperaturverhältnissen, dem Trinkwasser, dem plötzlichen Wechsel in Speise und Trank, der Einstellung des Menschen selbst, Einfluß auf die Entstehung der Krankheiten zu); bez. Unterschiede der geistigen Verfassung durch Wechsel der Jahreszeiten: Legg. V 750 D und II 62 und 90 L. — Aus der speziellen Pathologie: Veränderungen nur schädlich, wenn Störung der natürlichen Verhältnisse mit sich bringend: Rep. IV 444 D, 609 E und VI 40 L.; bez. der drei Hauptarten von Krankheiten: I. bei fehlerhaften Bestandteilen der Grundstoffe selbst oder Verlassen des natürlichen Ortes: Tim. 82 A und π. φύσ. ἀνθρ. (VI 40 L.), π. ἀρχ. ἰατρ. (I c 14 L., hier aber die Rede von dem zu stark Wirkenden bzw. demjenigen, was stärker als die menschliche Natur ist, und von der schädlichen Wirkung des Unvermischtseins des Sauren, Salzigen usw.); II. bei widernatürlicher Zersetzung von Blut, Mark, Knochen, Fleisch: Tim. 82 C und π. φύσ. ἀνθρ. c. 2 (IV 36 L., hier steht aber nur, daß der Mensch aus vielfältigen Stoffen bestehe und daß diese Krankheiten verursachen, wenn sie sich gegenseitig unnatürlicherweise erhitzen oder abkühlen, austrocknen oder feucht machen, wie auch in An. Lond. XIX 2—18 für Polybos angegeben); III. bei Verstopfung der Durchgänge in der Lunge für die Luft durch Flüsse: Tim. 84 D und IX 186 L., VIII 590 L., VI 108 L.; ebenso Tim. 84 E und VI 108 L.; Rep. 405 C D und φῦσαι in π. φυσῶν; Flüsse usw. Rep. III 405 D und π. φυσῶν VI 404 L.; bez. hl. Krankheit: Tim. 85 A B gegen Hipp. VI 366 L. (bei Platon Ursache: Schleim und Galle, bei Hippokrates nur Schleim); bez. Fieberarten: Tim. 86 A und π. φύσ. ἀνθρ. VI 32, 66 sqq. L. Bez. Therapie: Legg. XII 962 A, Rep. I 341, Polit. 293 B, Theait. 167 A und π. τόπ. τῶν κατ' ἀνθρ. c. 45 (Umstellung durch Änderung der Lebensweise oder durch Heilmittel); bez. richtiger Anwendung der Heilmittel als Kunst: Phaidr. 258 B, Tim. 89 B und IV 480 L., 502 L., 470 L., 486 L.; bez. Heilung durch Entgegengesetztes: Symp. 186 C D und IV 476 L., VI 52, 54 L.; bez. des Gesundbleibens durch Lebensweise: Rep. I 332 L., Phaidr. 270 B und VI 592 L. — Vgl. auch Aelian. IX 22; Schleiermacher, Sämtl. Werke, 3. Abtg., 3. Bd. S. 286; Littré, Oeuvres compl., I 332 sqq.

unberücksichtigt gelassen, nämlich erstens, daß eine große Anzahl von nosologischen usw. Ansichten schon durch frühere Arztphilosophen aufgestellt und zu Platons und Hippokrates' Zeiten Allgemeingut waren, und zweitens, daß einige der »hippokratischen« Schriften sicher jüngeren Datums sind und die darin vertretenen Anschauungen sowohl von Platon als auch von anderen beeinflußt sein können.

4. Seine medizinischen Ansichten (Der Makrokosmos-Mikrokosmosgedanke. Physiologie. Gesundheit und Krankheit. Therapie)

Der Makrokosmos-Mikrokosmosgedanke, den wir auch schon bei den früheren Philosophen und insbesondere bei den Hippokratikern fanden, erhält durch Platon die tiefste Begründung und konsequenteste Durchführung: die Welt war für ihn ein lebendiges Wesen, ausgestattet mit Leib und Seele, der menschliche Organismus in jeder Beziehung ihr Abbild. Er besteht wie diese aus den vier Elementen: »Was die Natur des Leibes bei allen Lebewesen angeht, so sehen wir (immer) Feuer und Wasser und Luft und irgendwie Erde (daran teilhaben)«[1]). Wie im Kosmos kämpfen Feuer und Wasser miteinander[2]). Das Wasser bewirkt Trägheit (ἡσυχίαν)[3]), das Feuer die Bewegung (κίνησις), beide zusammen die Zersetzung (σήπειν)[4]). Formal- und Finalursache für die große und kleine Welt ist die Idee des vollendet Guten[5]); daraus ergibt sich ohne weiteres die Auffassung,

[1]) Phileb. 16, 29 B; vgl. Tim. 82 A; An. Lond. XIV, 12; Tim. 42 E (42 D spricht von der Aufgabe der jungen Götter bei der Formung des Körpers); An. Lond. XIV, 15 (danach habe Platon unterschieden zwischen σύμφθαρσις, μῖξις und διάκρισις der Elemente und Kräfte); die in letzterem gebrauchten Begriffe von Verschmelzung und Vermischung sind wohl stoisch beeinflußt. Platon selbst lehrt das Übergehen der Elemente ineinander (Ausnahme: die Erde, die nur durch lose Vermengung mit den anderen Stoffen in Verbindung treten kann und immer bald wieder ausgefällt wird).

[2]) Tim. 62 Aff. [3]) Theait. 157 A.

[4]) 157 C; vgl. An. Lond. XV 38ff.

[5]) Vgl. hierzu Ueberweg-Prächter, Grundriß[12], S. 272f. (»sie verleiht . . . den Objekten das Sein«, wenn auch in verschiedenen Stufen); Gomperz, a. a. O., S. 474/75; Brandis, Gesch. d. Griech.-Röm. Philosophie, S. 322ff., macht hier bemerkenswerte Ausführungen, die nach aller Platon-Kritik auch heute noch annehmbar sind; Willmann, a. a. O., S. 409; Zeller II[5], S. 707ff., S. 691 Anm. 2; E. Hoffmann im Anhang zu Zeller II[5], S. 1086ff., S. 1104/1105.

daß man das Wesen irgendeines Dinges, vor allem aber das des menschlichen Körpers nicht verstehen kann, ohne Hinblick auf das Ganze[1]). Gut bemerkt hierzu E. Hoffmann[2]): »Wie die mathematische Physik den Kosmos, obwohl er ein Geschöpf ist und vielleicht ein Ende haben wird (Tim. 38b), wie er einen Anfang gehabt hat, rettet und rechtfertigt kraft des mathematischen πέρας-Begriffes als Gegenstand möglicher Erkenntnis, so rettet und rechtfertigt die Heilkunde, obwohl sie es mit »Werdendem und Vergänglichem zu tun hat und die Aufsicht führt über des Leibes wachsende und sich mindernde Kraft« (Rep. 521e), den Leib durch Einführung des ὅλον-Begriffes als vollendetes Abbild ideeller Wesenheit und als würdiges Gefäß für das innewohnende ἀγαθόν.«

Platon kennt eine doppelte Ganzheitsbeziehung, und zwar sowohl hinsichtlich der Vielheit der Glieder (die den einen Organismus bilden), als auch hinsichtlich des Einzelmenschen und seines Verhältnisses zum Gesamtkosmos; all seine Ansichten über die Lebensfunktionen des menschlichen Organismus sind von dieser Auffassung weitgehend beeinflußt und geben auch den Theorien, die er von anderen übernommen hat, eine neue Begründung. Ein schönes Beispiel für die Ganzheitsbeziehung Mikrokosmos—Makrokosmos finden wir im Staat[3]): nicht nur für die Pflanzen in der Erde, sondern auch für alle Lebewesen auf der Erde entsteht Fruchtbarkeit von Seele und Leib, so oft die περιτροπαὶ ἑκάστοις κύκλων περιτροφὰς συνάπτουσι . . .; es werden hier die »Umschwünge« der Organismen durch die Umläufe der Sphären bestimmt, denn das Weltganze und alle Organismen in ihm sind einem bestimmten Wechsel unterworfen[4]). Zahlreiche Beispiele aus seiner

[1]) Vgl. Phaidr. 270; zum Gedanken s. die einleuchtenden Ausführungen Deichgräbers, Epidemien, S. 151; vgl. auch A. Rehm in Gercke-Norden, Einl. in die Altertumswissensch., 4. Aufl. Bd. 2, S. 26. — Andere Beispiele für die Makro-Mikrokosmosbeziehung: die Fixsterne sind μιμήματα des Alls und deswegen rund (Tim. 40 A), der Kopf des Menschen ist aus demselben Grunde als Kugel gebildet (Tim. 44 D; bez. der Ernährung heißt es Tim. 81 A: ὥσπερ ὑπ' οὐρανοῦ συνεστῶτος ἑκάστου τοῦ ζῴου, τὴν τοῦ παντὸς ἀναγκάζεται μιμεῖσθαι φοράν; s. a. Tim. 88 B, 88 C, 47 C, 90 C u. a. Tim. 69 D nennt die Welt »ein lebendiges Wesen, das alle sterblichen und unsterblichen Wesen in sich schließt«.

[2]) Zeller II^5, S. 1086.

[3]) Rep. VIII 546 A ff.

[4]) Über die nähere Erklärung, insbesondere der mythischen Zahl, s. Zeller II^5, 857 Anm. 1.

Physiologie lassen aufs deutlichste erkennen, wie innig Platon sich die Verbindung der einzelnen Bestandteile unseres Körpers dachte, m. a. W., wie nach ihm die Funktion und überhaupt das Wesen eines jeden Teiles nur unter dem Aspekt der Ganzheit des menschlichen Organismus verstanden werden konnte. Diese Ganzheitsauffassung wird nun zusammen mit der in der »Ideen«-Lehre begründeten Teleologie zum Leitgedanken seiner Biologie, Physiologie, Pathologie und Therapie.

In der Biologie und Physiologie ist es nicht leicht, in einer kurzen Zusammenfassung alles Wesentliche wirklich zu erfassen, da die Ausführungen einmal in den Schriften Platons weit zerstreut liegen und vor allem infolge ihrer Verknüpfung mit ganz anderen Gebieten der platonischen Lehre nur im Zusammenhang mit diesen verstanden werden können, und zum anderen, weil viele Lehren in ein mythologisches oder wenigstens dichterisches Gewand gekleidet sind, das die Grundgedanken (für uns) oft völlig überdeckt. Wir nehmen deswegen im folgenden nur die wichtigsten Stellen und nur so weit sie zum Nachweis des naturphilosophischen Unterbaues dienen können.

Das Leben ist gekennzeichnet als Selbstbewegung im Gegensatz zur Fremdbewegung. Theaitetos[1]) bringt die Begründung: »Wärme und Feuer, das alles andere erzeugt und regiert (ὃ δὴ καὶ τἆλλα γεννᾷ καὶ ἐπιτροπεύει) entstehen aus schneller Bewegung und Reibung«, und zugleich die Folgerung: der (gesunde oder harmonische) Zustand des Körpers wird zerstört durch Nichtstun und Trägheit, durch Gymnastik und Arbeit aber erhalten[2]). Der Körper ist aufgebaut[3]) aus den Grundstoffen, und »er hört keinen Augenblick auf, unterzugehen«[4]). Als Ursache des Lebens erscheint die ψυχή, indem sie die Kraft der Atmung und damit Abkühlung des ἔμφυτον θερμόν gewährt; »verläßt sie den Körper, dann geht dieser zugrunde und stirbt«[5]).

Die Mischung der Elemente in den verschiedenen Gliedern variiert[6]) wahrscheinlich sowohl nach dem Form- als nach dem Zweckprinzip. Das Mark, von Knochen ringsum geschützt, wurde

---

[1]) 153 A.

[2]) Vgl. auch Tim. 88 D, wo die Tätigkeit gepriesen wird als Nachahmung der τιθήνη des Alls.

[3]) Vom Bau des Körpers sprechen Tim. 69 E, 70 E, 71 B, 45 A.

[4]) Phaid. 91 C; Kratylos 399 D.

[5]) Diese Ansicht wird als von anderen herstammend angegeben (οἶμαί τι τοιοῦτον νοεῖν τοὺς τὴν ψυχὴν ὀνομάσαντας . . .) und anscheinend in den folgenden Zeilen wieder verworfen.

[6]) Tim. 73 B.

als wichtigstes Prinzip (nämlich als »Urerzeugungsstoff« für das gesamte sterbliche Geschlecht) zuerst und mit größter Sorgfalt gebildet[1]). Das Fleisch ist eine Verbindung von Wasser, Feuer und Erde, seine Weichheit sollte die Knochen, die es wie ein Kissen umgibt, gegen Verletzungen schützen, die warme Feuchtigkeit in ihm sollte im Sommer durch Ausschwitzen und Verdampfen auf der Haut dem ganzen Körper Abkühlung gewähren, im Winter aber den Frost einigermaßen abhalten[2]); die Sehnen aber sind ein Mittelding aus Fleisch und Knochen, aus denen sie gebildet wurden, und nehmen teil sowohl an der roten Farbe und Weichheit und Biegsamkeit jenes, als an der weißen Farbe und Festigkeit dieser. Die Begründung für diese Annahme ergab sich für Platon aus der gelben Farbe, die er für ein μεταξύ zwischen dem Roten und Weißen hielt[3]).

Die Lehre Platons von der Zeugung der Kinder ist eine lebendige Illustration seiner Denkweise: sie ist naturphilosophisch unterbaut wie die seiner Vorgänger, aber sie bedeutet gegenüber den früheren Anschauungen eine tatsächlich überraschende Verfeinerung. Wir finden in ihr Anschauungen und Grundsätze, die uns wie Lehren aus der modernen Eugenik anmuten. Im »Staat« sagt er unter einem dichterischen Bilde: ». . . die bildende Gottheit hat den unter euch zur Herrschaft Berufenen Gold bei der Geburt beigelegt, den »Helfern« aber Silber, Eisen oder Kupfer . . ., und da ihr nun alle blutsverwandt seid, werdet ihr wohl meist solche Kinder bekommen, die euch ähnlich sind . . .« Erster Grundsatz für den Abschluß der Ehe ist: das Wohl des Staates steht der Befriedigung der eigenen Bedürfnisse voran[4]). Ob eine Ehe dem Staate zum Segen gereichen wird, kann nur unter dem Aspekt der Tüchtigkeit oder Untüchtigkeit der zu erwartenden Kinder beurteilt werden. Höchst interessant und nur von seinem naturphilosophischen Standpunkt aus zu verstehen ist, was Platon dann weiter sagt: »Von Natur fühlt sich ein jeder zu dem hingezogen, was ihm an ähnlichsten ist . . . aber gerade daraus erwächst den Staaten das Unheil, von dem wir unseren Staat verschont sehen

---

[1]) Tim. 74 A.

[2]) Tim. 74 Bff.

[3]) Die Farbenanalogie kommt auch sonst öfter bei Platon vor: so hielt er das Blut deswegen für rot, weil in ihm am meisten vom Feuer sei.

[4]) Legg. 773 A—E.

möchten.« Das zu erstrebende Ziel ist Gleichmäßigkeit und Ausgeglichenheit. »Darum soll der junge Mann, der erkennen muß, daß er allzu hitzig ist, danach streben, daß er der Schwiegersohn besonders ruhiger Eltern werde ...« und umgekehrt. Da die gesetzliche Regelung »viele unwillig machen würde«, sollen die Gesetzgeber durch die Gewalt göttlichen Zuspruchs die Bürger zu überreden suchen, die gegenseitige Ausgleichung der Eigenschaften ihrer Kinder für wichtiger zu erachten, als ...«[1]). Dieser Forderung, daß sich nur Paare von entgegengesetzten Charaktereigenschaften finden sollten, mag formell die »Isonomie« des Alkmaion, inhaltlich aber wohl die herakliteische Ansicht vom »Kampf der Enantiosen« zugrunde liegen, dessen Endzweck die Erzeugung des harmonischen Dritten ist. Interessant und wertvoll für die Erkenntnis der Denkweise Platons sind auch seine Vorschriften bezüglich der »ernsten Feier der Hochzeit«[2]), wo Braut und Bräutigam alle Ursache haben, dafür zu sorgen, daß sie ihres Geistes vollkommen mächtig bleiben, vor allem mit Rücksicht auf die mögliche Frucht der Beiwohnung; denn es soll die Zeugung nicht erfolgen, wenn der Körper, z. B. durch Trunkenheit, gleichsam aus den Fugen geraten ist. Die künftige Frucht aber soll die »ihr zukommende sichere und festgefügte Gestaltung erhalten«; aber auch schon in den Jahren vor der Ehe soll der Mensch alles verhüten, was der Gesundheit schädlich und dem Übermut und Frevel gleichzusetzen ist, »denn mit Notwendigkeit wird das Gepräge des Erzeugers auf Seele und Leib des Kindes übertragen«. Bezüglich der werdenden Mutter gibt er die Vorschrift: τὴν μὲν κυοῦσαν περιπατεῖν[3]); man solle es nicht für lächerlich halten, daß, wie die Menschen überhaupt, gerade die Schwangeren sich befleißigen sollten, der sogenannten mittleren Seelenstimmung zuzustreben, »wie wir sie der Gottheit beilegen«; deshalb »sollten sie sich weder vielen noch ausschweifenden Vergnügungen noch übermäßiger Trauer hingeben«[4]).

[1]) Legg. VI 773 D E; vgl. 721 A—E; 631 D E; Polit. 310 D—311 C und Galen. V 9, 1, 27, 4 CMG: »Auch Platon zeigte es dadurch, daß er sagte, nicht gering sei die Kunst, durch die einer es verstehe, die Männer und Frauen zu einem Paare zusammenzugeben, die eine für die Zeugung übereinstimmende Mischung haben.«

[2]) Legg. VI 775 B ff.

[3]) Legg. VII 789.

[4]) Ebd. 792.

Von feiner Beobachtungsgabe zeugen übrigens die folgenden Stellen über die Gattenliebe: διὰ ταῦτα θεοὶ τὸν τῆς ξυνουσίας ἔρωτα ἐτεκτήναντο, ζῷον τὸ μὲν ἐν ἡμῖν, τὸ δ' ἐν ταῖς γυναιξὶ συστήσαντες ἔμψυχον (Tim. 91) und: κυοῦσι γὰρ πάντες ἄνθρωποι καὶ κατὰ τὸ σῶμα καὶ κατὰ τὴν ψυχήν, καὶ ἐπειδὰν ἔν τινι ἡλικίᾳ γένωνται, τίκτειν ἐπιθυμεῖ ἡμῶν ἡ φύσις . . . ἡ γὰρ ἀνδρὸς καὶ γυναικὸς συνουσία τόκος ἐστίν. ἔστι δὲ τοῦτο θεῖον τὸ πρᾶγμα, καὶ τοῦτο ἐν θνητῷ ὄντι τῷ ζῴῳ ἀθάνατον ἔνεστιν, ἡ κύησις καὶ ἡ γέννησις[1]); die letzten beiden Sätze zeigen schon, wie der ganze Zusammenhang die Beziehung der Menschen (und selbst der Tiere) zur ewigen Idee des Guten (als ein Sich-Sehnen zum Schönen) empfunden wird[2]). Von guter Beobachtung zeugt auch, was Platon im Timaios[3]) sagt: ζῷον ἐπιθυμητικὸν τῆς παιδοποιίας, ὅταν ἄκαρπον παρὰ τὴν ὥραν χρόνον πολὺν γίγνηται, χαλεπῶς ἀγανακτοῦν φέρει, um dann ein zutreffendes Bild der Hysterie zu zeichnen: sie (die μήτρα) schweift überall im Körper umher (»globus hystericus«!), verstopft die Gänge für die Luft(!), drückt den Atem ab, erzeugt Beklemmungen und allerhand Krankheiten.

Die Ansichten Platons über Verdauung, Atmung, Gesundheit, Krankheit usw. bedürfen hier nur kurzer Erwähnung, da sie meist nur die allgemein-medizinischen Ansichten seiner Zeit wiedergeben. Die Lehre von der Verdauung und Atmung sind auf die Lehre vom ἔμφυτον θερμόν gegründet; dieses ist zunächst die Wärme, die als viertes der sog. Elemente den Körper konstituiert[4]); sie bedarf zu ihrer Erhaltung sowohl der Zufuhr der Speisen als auch der Luft (Analogie zum Kohlenfeuer!). Die Luft dringt durch Mund und Nase, aber auch durch die Poren der Haut in den Körper ein. Der Prozeß der Atmung selbst geht als Folge kausaler Wechselwirkung vor sich[5]). Die innere Wärme zersetzt im Verein mit der

[1]) Symposion 206 Cf.

[2]) Vgl. auch ebd. 250 u. ö.

[3]) Tim. 91.

[4]) Tim. 79 D verlegt die größte innere Wärme in das Blut, so daß die Adern »gleichsam eine Feuerquelle im Innern« bilden.

[5]) Ebd. Das Warme strebt (Zug des »Gleichen zum Gleichen«) zu dem ihm eigentlich zukommenden Ort (d. i. das ätherische Feuer); durch diesen Drang setzt es die mehr an der Peripherie befindliche Luft in Umlauf (Ausatmung), und die austretende Wärme kühlt sich ab; währenddessen ist aber die äußere Luft, da es im Innern kein Leeres geben kann, eingeströmt, hat sich erwärmt und macht nun denselben Prozeß durch.

eingedrungenen Luft durch eine Art σῆψις die Speisen[1]), indem das Feuer mit seinen spitzen Molekeln (infolge der kleinen spitzen Dreiecksgrundform) zwischen die Molekel der Nahrung fährt, sie dadurch zersetzt[2]) und zum Schmelzen bringt; die entstandene Flüssigkeit ist »das Blut, dessen rote Farbe auf die Zersetzung durch das Feuer zurückzuführen ist«. Das Blut ist nun die »Nährquelle, durch die das Fleisch und der ganze Körper erhalten wird, indem aus ihm allen Teilen die Flüssigkeit zugeführt wird, mit der sie ihren Substanzverlust (durch Arbeit, Fieber) ersetzen. Das Zu- und Abströmen vollzieht sich in derselben Ordnung, wie die Bewegung aller Dinge in der ganzen Welt sich vollzieht; »denn einerseits lösen die uns von außen umgebenden Stoffe unsern Körper in immerwährender Tätigkeit auf . . . andererseits sind die Bestandteile des Blutes . . . gezwungen, die Bewegung des Alls nachzuahmen«[3]).

Die Vorstellungen von »Gesundheit« und »Krankheit« fußen auf der Lehre von den στοιχεῖα, den δυνάμεις und deren Symmetrie, dem Leib—Seele-Verhältnis wie bei Pythagoras und der Makro-

[1]) Über die Organe der Verdauung spricht Tim. 70 D ff. und 72 E—73 A; an der letzten Stelle wird die untere Bauchhöhle (ἡ κάτω κοιλία = der Teil unter dem διάφραγμα) Behälter zwecks Aufnahme der überschüssigen Speisen und Getränke genannt; ebenfalls teleologisch ist die Erklärung der Windungen der Eingeweide: damit die Nahrung ihren Weg nicht so schnell hindurchfindet und dadurch im Körper wieder das Bedürfnis nach neuer Nahrungsaufnahme erzeugt, und die Menschen durch die unersättliche Gier nicht unfähig würden, entgegen der göttlichen Stimme in uns, der Philosophie und den Musen zu dienen. Über die Verdauung s. 78 B ff. und 80 D; vgl. übrigens auch Tim. 80 C, wo auch Platon außer dem Blitz und der Strömung des Wassers die Anziehung durch Bernstein und Magnet offenbar zum Prozeß der Atmung und Verdauung in Beziehung bringt (wie wir es bei Diogenes aufzuzeigen versucht hatten). Bemerkenswert ist der Fortschritt der platonischen Anschauung gegenüber den früheren. Wichtig ist vor allem der Satz: ». . . daß alle Körper, die sich auflösen oder zusammenschließen, ihren Platz ändern (dies erklärt auch gewisse Anschauungen über krankhafte Vorgänge bei der Rückzersetzung des Fleisches usw.), weil jeder einzelne dem ihm naturgemäß zukommenden Platz zustrebt.« Bezeichnend für die echt wissenschaftliche Tendenz in seinen Untersuchungen ist die Bemerkung: der Forscher, der den Namen wirklich verdiene, werde die auffälligen Erscheinungen (gemeint ist die Anziehungskraft des Bernsteins), die ihm zuerst wie ein Wunder vorkommen, auf natürliche Weise zu erklären wissen.

[2]) Die πέψις wird als Verwesung charakterisiert in Tim. 65 A. (ὑπὸ σηπεδόνος); 66 D (σηπομένων); 74 D (ζύμωμα); s. a. Phaidon 96 B, wo Empedokles als Vertreter dieser Ansicht gemeint ist.

[3]) Tim. 80 E ff.

kosmos—Mikrokosmos-Beziehung, wobei aber Ausgestaltung und Begründung durch die platonische Ideenlehre eine gewisse Differenzierung erfuhren: »Gesundheit bringen« bedeutet: die (Gegebenheiten) im Körper in den naturgemäßen Zustand gegenseitiger Herrschaft und Abhängigkeit voneinander versetzen (τὰ ἐν τῷ σώματι κατὰ φύσιν καθιστάναι κρατεῖν τε καὶ κρατεῖσθαι ὑπ' ἀλλήλων, Krankheit aber παρὰ φύσιν ἄρχειν) [1]), m. a. W.: das rechte Verhältnis zwischen den herrschenden und beherrschten Elementen macht die Gesundheit aus, eine Definition, die stark an die alkmaionische erinnert. Im »Philebos« ist von einem »festen Zahlenverhältnis« die Rede, welches bewirkt, daß die Gegensätze nicht mehr feindlich gegeneinander stehen, sondern zwischen ihnen sich Symmetrie und Einklang finden [2]). Auch hier macht sich wieder die Leib—Seele-Beziehung bemerkbar: »Bezüglich Gesundheit und Krankheit wie auch Tugend und Laster ist keine Symmetrie und keine Disharmonie folgenschwerer, als die, welche zwischen Seele und Körper besteht [3]). An der schon erwähnten Stelle im »Staat« wird »Gesundheit der Seele« wie bei den Pythagoreern, der Schönheit und dem Wohlverhalten der Seele gleichgesetzt, Krankheit aber der Häßlichkeit und Schwäche und jenes als Tugend, dieses als Schlechtigkeit gekennzeichnet [4]). Im »Sophisten« wird eine ähnliche Auffassung vertreten [5]).

Als Ursachen der Krankheit [6]) gibt der Timaios an: »Da der Leib aus vier Elementen zusammengesetzt ist, wird jedes Zuviel und Zuwenig παρὰ φύσιν und jede Vertauschung des natürlichen Platzes . . . und das Aufnehmen von etwas nicht »Passendem« —

---

1) Rep. IV 444 D.

2) 25 Ef., wonach die rechte »Mischung von Kälte und Hitze bewirkt, daß das Übermaß und Unbestimmte schwindet und an dessen Stelle das Maßvolle und das im richtigen Verhältnis Stehende trifft«. Hier ist, wie auch an vielen anderen Stellen, pythagoreisches, alkmaionisches, herakliteisches und empedokleisches Gedankengut verwertet und unter neuem Aspekt zur Einheit verbunden.

3) Tim. 87 D.

4) Rep. IV 444 D E: Ἀρετὴ μὲν ἄρα, ὡς ἔοικεν, ὑγίειά τέ τις ἂν εἴη καὶ κάλλος καὶ εὐεξία ψυχῆς, κακία δὲ τε καὶ αἶσχος καὶ ἀσθένεια.

5) Soph. 228; hier wird die Krankheit als Aufstand (στάσις) bezeichnet und als Zwietracht (ἡ τοῦ φύσει ȥυγγενοῦς ἔκ τινος διαφθορᾶς διαφορά).

6) νόσος bedeutet bei Platon im allgemeinen die bestimmte Krankheit, νόσημα den krankhaften Zustand, ἀσθένεια (z. B. Tim. 17 A) die Unpäßlichkeit; νόσος ist oft der sittlichen Verderbnis gleichgesetzt (z. B. Soph. 228, Rep. 444, Legg. X 906).

man beachte die Doppelbedeutung (physiologischer und ethischer Sinn) von πρέπειν — und dgl. Ursache zu innerem Aufruhr und zur Krankheit[1]). Veranlassung zur Auslösung einer schon länger bestehenden Ursache sind Ausschweifung in Speise und Trank und in venere[2]). Insbesondere sind die Köche die διάκονοι καὶ παρασκευασταὶ ἐπιθυμιῶν, sie füllen die Menschen an (indem sie durch die Zubereitung die Gier anregen) und überliefern so das vorher gesunde Fleisch dem Verderben[3]). Die schlechte Beschaffenheit von Lebensmitteln aber (εἴτε παλαιότης εἴτε σαπρότης εἴτε ἡτισοῦν οὖσα) führt nicht zwangsläufig Krankheit und Untergang herbei, sondern nur dann, wenn in dem Körper, wohin sie gelangen, eine krankhafte Umsetzung stattfindet, und »wir sagen dann, daß der Körper durch seine eigene schlechte Beschaffenheit, die eine Krankheit ist, zugrunde gegangen sei«[4]). »Ein schon kränklicher Leib bedarf nur einer geringen äußeren Veranlassung πρὸς τὸ κάμνειν«[5]).

Eine zweite Ursache krankhafter Veränderungen entsteht durch die παρὰ φύσιν erfolgenden Einflüsse auf die natürlichen Gebilde zweiter Ordnung[6]): es erfolgt dann möglicherweise die Umkehr des Vorgangs der Neubildung[7]): »In dem Falle nämlich, daß das Fleisch sich auflöst (Auszehrung?) und das Zersetzungsprodukt in umgekehrter Ordnung in die Adern entsendet, entsteht in den Adern durch die Verbindung mit der Lebensluft eine Menge von verschiedenen Blutarten, buntgemustert durch die mannigfaltigen Arten der Farben und des Bitteren und überdies durch die (verschiedenen) Qualitäten des Sauren und Salzigen mit allerlei Arten von Galle, Blutwasser und Schleim«[8]). Die Rückverwandlung wird verursacht durch schädliche Einwirkungen von Hitze und Luft. Je nach der Intensität dieser Einwirkung unterscheiden sich die verschiedenen Zersetzungsprodukte als helle oder dunkle χολή, als

---

1) Tim. 82 A.

2) Protagoras 353.

3) Gorgias 499, 518; Rep. I 373, III 404; Symp. 176.

4) Rep. X 609 E.

5) Rep. VIII 557.

6) Das ist Fleisch, Knochen, Sehnen, die aus den sog. Elementen zusammengesetzt sind (41 B).

7) Normalerweise entsteht nach Platon aus dem ἰχώρ Fleisch, nun aber aus dem Fleisch ἰχώρ.

8) Tim. 82 E ff.; vgl. auch An. Lond. XVII 25 ff.

ὀξύ und λευκὸν φλέγμα, wobei das ὀξύ eine salzige und scharfe Flüssigkeit, mehr durch die Einwirkung der Wärme erzeugt, letzteres als ein mehr durch die Einwirkung der Luft entstandenes Produkt gedacht war. »Solange nur oberflächliche Teile des Körpers von dieser Zersetzung betroffen werden, hat das Leiden nur halbe Macht und es steht baldige Wiederherstellung in Aussicht«[1]). Erkranken aber die eigentlichen Grundlagen, d. i. die »Substanz, die das Fleisch mit den Knochen verbindet«, dann geht die Zersetzung weiter und steigert den krankhaften Zustand. »Wenn aber die Substanz des Markes (selbst) infolge irgendeines Mangels oder übermäßigen Zuflusses erkrankt, dann kommt es zu den schwersten und vor allem tödlichen Krankheiten; dann wird der Körper, ohne sich wehren zu können, seinem ganzen natürlichen Gefüge nach in eine rückläufige Bewegung gebracht«[2]).

Die dritte Art von Krankheiten entsteht ἐκ πνεύματος, d. h. richtiger durch Verstopfung der »Durchgänge« im Körper, die die Respiration bzw. Perspiration stört: »Wenn nämlich die Lunge, die (dazu) geschaffene Verteilerin der Luft an den Leib, durch Flüsse verstopft, dieser keine freien und reinen Durchgänge bietet, dann dringt sie an einigen Stellen nicht, an anderen im Übermaße ein«; dadurch aber geraten die Teile, die keine Abkühlung erfahren, durch zu große Hitze in Zersetzung; durch ihren gewaltsamen Durchbruch durch die Adern treten die mit Schweiß verbundenen Krankheiten auf. Auch die Zersetzung des Fleisches kann Luft erzeugen und dieselben schmerzhaften Krankheiten, vor allem aber Tetanus (Spannungen) und Krämpfe, hervorrufen[3]). Interessant ist in diesem Zusammenhang seine Ansicht über die Funktion der Milz; sie ist der »Wischer« für die Sauberhaltung der Leber; ist sie mit Giftstoffen angefüllt, dann schwillt sie an, hat sie diese verarbeitet, dann kehrt sie zum normalen Zustand zurück. — Diese Ausführungen Platons sind übrigens für den Medizinhistoriker noch in

[1]) Das weiße Phlegma bewirkt auf der Haut Ausschläge und Entzündungen; wenn es mit der Galle zum Kopf steigt, verwirrt es die Sinne (und ruft die heilige Krankheit hervor). Der scharfe Schleim (Galle?) erregt Flüsse und diese bewirken Anschwellungen nach außen oder innere Krankheiten, wenn diese nicht durch Schweiß oder Stuhl ausgeschieden werden; vgl. An. Lond. XVII 44. Galle ist übrigens nach Platon Zersetzungsprodukt des Fleisches oder aber alten Blutes (Tim. 85 D; vgl. 83 A).

[2]) 84 B.

[3]) Tim. 84 E.

anderer Beziehung von höchster Wichtigkeit. Die Untersuchungen über die Frage der Chronologie der Dialoge sind zwar noch immer nicht abgeschlossen[1]), aber gerade hinsichtlich des Timaios, dem obige Stellen entnommen sind, wissen wir mit Bestimmtheit, daß er zu den Schriften der Altersjahre gehört. Damit haben wir aber für die wichtigen Theorien der Pneuma- und Flußlehre, die uns in den Schriften der Hippokratiker und in den Berichten des An. Lond. entgegentreten, einen sicheren terminus ante quem.

Eine vierte Ursache von Krankheiten ergibt sich aus der schon erwähnten Anschauung Platons über das Leib—Seele-Verhältnis, die übrigens auch den Hippokratikern schon bekannt war. Jeder seelische Schmerz wird Ursache auch für ein körperliches Leiden und umgekehrt: eine Verletzung des Fingers z. B. empfindet der ganze Organismus, der Körper und die Seele; »das Ganze fühlt zugleich mit dem leidenden Glied den Schmerz; und mit allen anderen (Gliedern) beim Menschen ist es genau so«[2]). Den Zusammenhang Leib—Seele zeigt u. a. auch die feine Beobachtung[3]), daß die Welt der Kranken eine andere sei, als die Welt der Gesunden: Empfinden, Vorstellen und Wünschen erscheinen weitgehend beeinflußt[4]).

---

1) Vgl. z. B. die noch andauernde Kontroverse über die Chronologie des »Phaidros«, dessen Stellung entscheidend zu sein scheint; s. die Rez. von Kraemer über die Untersuchung von Kesters, Philol. Wschr. 1932, S. 1465ff.

2) Rep. V 462 C D; auch hier im Zusammenhang der Stelle die Analogie: Glieder — Mensch, Bürger — Staat. 3) Theait. 157.

4) Der Bericht des An. Lond. über Platon hat durch Verkürzung und Schematisierung an Wert verloren. Galen, dem dieselben platonischen Texte wie uns vorlagen, bringt teils Bestätigung, teils Erweiterung. Bemerkenswertere Stellen sind: über Gesundheit und Krankheit XV 285 K: »Platon sagt dasselbe bez. Überfluß und Mangel als Krankheitsursachen . . . Wenn wir uns nun naturgemäß verhalten, d. h. wenn diese (die Elemente) dem Maß entsprechend ineinander gemischt sind, dann sind wir gesund; krank dagegen, wenn sich eins der Elemente entfernt oder Überhand gewinnt oder zu einem anderen Platz hinüberwechselt. Und es ist klar, daß das Überhandnehmen wie das Abnehmen die gute Mischung zerstört«; vgl. V 451 K. ff.: nachdem er gesagt hat, daß die Schönheit des Körpers sämtlichen Philosophen und Ärzten zufolge in der Symmetrie der Glieder, Gesundheit aber in der Symmetrie aller Bestandteile bestehe, fährt er fort: »Platon tat nämlich kund, daß der Aufstand (vgl. Sophist. 228) der Seelenteilchen gegeneinander Seelenkrankheit, ihre stürmischen unmäßigen Bewegungen, d. h. ἐνέργεια καθ' ὁρμήν Häßlichkeit, ebenso die Übereinstimmung und Symmetrie der Seelenteilchen zueinander Gesundheit, die Symmetrie der Bewegungen Schönheit seien . . .«. S. a. Gal. XVIII A 260ff. K. u. XV 346 K., wo er Platon die Säftetheorie zuschreibt (ebenso XIX 457 K.; V 683 K.).

Therapie bedeutet bei Platon bezeichnenderweise jede Art von liebevoller Pflege; die spezielle Bedeutung ergibt der schon im Abschnitt »Gesundheit« erwähnte Ausspruch: Gesundheit bringen heißt: die (Stoffe) im Körper in den naturgemäßen Zustand gegenseitiger Herrschaft und Abhängigkeit versetzen[1]). Den Eryximachos läßt er im Symposion[2]) sagen, daß Heilen nichts anderes sei als die Förderung des Strebens der Natur zur Wiederherstellung der Harmonie. Für die »Natur als Heilerin« findet sich eine Stelle im Timaios[3]): ». . . auch das Heilmittel für diese ist gefährlich; denn vor allem sind es ja doch hinzukommende Fieberzustände, die dem Leiden Einhalt gebieten«.

Die Heilkunde ist ὑγιεινοῦ ἐπιστήμη, also das Wissen um den gesunden Menschen. Dieser Satz erscheint — wie bei Hippokrates — als das A und ω der Medizin Platons, er ist der Schlüssel fast all seiner Aussprüche, die auf die Heilkunde Bezug haben: als Ausgangspunkt und Grundlage all seiner dieses Thema berührenden Überlegungen muß die Idee des vollkommenen, in seinen Anlagen harmonischen Menschen angesehen werden; diese »Idee« in ihrer Vollendung und Schönheit zu »schauen«, heißt philosophieren[4]), ihr möglichst nahezukommen, ist Ziel aller »philosophischen «Menschen[5]); der Arzt aber bemüht sich, durch seine δίαιτα — in der weitesten Bedeutung des Wortes — die dazu nötigen Anweisungen zu geben und — bei einer durch innere oder äußere Einflüsse eingetretenen Störung — den im früheren Leben schon erreichten Zustand der Harmonie wiederherzustellen.

Deswegen ist — wie schon bei Pythagoras und später bei Hippokrates — die erste Aufgabe des Arztes Förderung der Gesund-

---

[1]) Rep. IV 444 D; vgl. Phileb. 25.

[2]) 186.

[3]) Tim. 84 E.

[4]) Das i. u. a. in Rep. VII 521 C: »Es wäre dieses (nämlich das Emporführen eines Menschen zum Licht) sicher nicht das Umwenden einer Scherbe, ἀλλὰ ψυχῆς περιαγωγὴ ἐκ νυκτερινῆς τινος ἡμέρας εἰς ἀληθινὴν der Aufweg zum wahrhaft Seienden, den wir in Wahrheit »Philosophie« nennen wollen.«

[5]) Jeder soll den Umläufen des Alls, die dem Göttlichen in uns verwandt sind, folgen und »durch Erforschung der Harmonien und Umläufe des Alls den Umläufen in unserem Haupte, die bei der Gestaltung schon Schaden erlitten haben, ihre richtige Gestaltung geben, und so das Betrachtende dem Betrachteten gemäß der ursprünglichen Natur angleichen, um so mit dem Leben gekrönt zu werden, das den Menschen von den Göttern als das beste für die Jetztzeit und die folgenden Zeiten gezeigt worden ist.«

heit[1]); deswegen auch die oben besprochenen Vorschriften für die Hochzeiten und die Graviden; deshalb die — Körper und Seele der Kinder betreffenden — Erziehungsvorschriften und die Richtlinien für die Selbsterziehung der Erwachsenen und bestimmte gesetzliche Maßnahmen[2]). »Die γυμναστική (hier wohl »alles, was die Bildung und Formung des Menschen betrifft«) hat es mit Werdendem und Vergänglichem zu tun; denn sie überwacht des Menschen Wachsen und Sterben«, sagt Platon im Staat[3]). Alle Ausbildung aber hat so zu erfolgen, daß alle Seelenteile und ihre Regionen »mit ihren Bewegungen im rechten Verhältnis zueinander bleiben«[4]). Deswegen ist es »die eine Pflicht, zu sorgen, daß einem jeden Teil die ihm zukommende Nahrung und Bewegung werde«[5]): »Die Seele soll nicht ohne den Körper und der Körper nicht ohne die Seele bewegt werden, damit beide, ihre Rechte verteidigend, ins Gleichgewicht und zur Gesundheit gelangen«[6]). In demselben Kapitel des Timaios gibt er eine Begründung dieser Forderung, die mit dem hippokratischen »was nicht gebraucht wird, verfällt« große

---

[1]) D. h. im spezifisch platonischen Sinne = Harmonie des Körpers und der Seele und deren Teile untereinander und mit »den Umläufen des Alls«; vgl. Tim. 88 C ff. und 90 C.

[2]) Nur die Erziehung ist richtig, die Leib und Seele so schön und trefflich (d. i. zugleich wahrhaft gesund!) zu gestalten vermag, wie nur möglich (Legg. VII 788; vgl. 643 D ff.); der schönste Körper aber wird erzielt, wenn er von frühester Jugend an zum richtigen Wachstum kommt (ebd.). Pl. fordert auch für das Kleinkind schon Vermeidung der Schäden, die durch Nichtverbrauch von Nahrung entstehen: darum schon frühzeitige Gymnastik (»vom Mutterleibe an«); die Grundstimmung der Seele soll eine heitere sein; aber keine Verweichlichung, denn diese macht übellaunig und deswegen mißgestaltet. Daher auch für die Knaben und Mädchen vom sechsten Jahre an Ausbildung im Gebrauch der Waffen und zwar beidhändig, damit nicht die natürliche Gleichwertigkeit der Glieder verkehrt werde, und wir in bezug auf die Hände gleichsam hinkende Geschöpfe würden (794 D ff.). Am vollständigsten ist die Stelle im Tim. 89 und 90: »Was das sterbliche Lebewesen als Ganzes und seinen leiblichen Teil angeht und die Frage, wie man durch richtige Selbstleitung ein möglichst vernunftgemäßes Leben sichern könne, so mag das Gesagte genügen. Der Teil aber, der die Aufgabe hat, den Körper zu lenken, muß ... möglichst früh mit der Fähigkeit ausgerüstet werden, seiner Führerstellung auf das Schönste und Beste zu genügen.«

[3]) VII 521 E.

[4]) Ausgeführt in Tim. 89 D ff.

[5]) 90 C; s. a. 88 C.

[6]) Tim. 88 D; vgl. auch Legg. V 728 E.

Ähnlichkeit hat: da der Mensch den Einwirkungen der beiden Triebe in ihm (des seelischen und leiblichen), der umgebenden Elementarkräfte und dessen, was er in sich aufnimmt, ausgesetzt ist, würde er, wenn er sich in Ruhe ihnen preisgäbe, überwältigt und vernichtet werden; »wer dagegen dem Beispiel der Ernährerin und Amme des Weltalls (= der Materie, der »natürlichen Aufnahmestätte aller Körper«) folgt und den Körper niemals der Trägheit[1]) überläßt . . ., sondern sich in naturgemäßer Weise zur Wehr setzt . . ., der wird es nicht dazu kommen lassen, daß feindliche Elemente sich zusammenballen und im Körper Kämpfe und Krankheiten hervorrufen, sondern es erreichen, daß Befreundetes mit Befreundetem sich vereine[2]), und er wird (so) der Gesundheit zur Herrschaft verhelfen.

So sind auch bei Platon die meist nur gelegentlichen Äußerungen über die Tätigkeit des Arztes, Heilung und Heilmittel nur die notwendigen Konsequenzen aus dieser auf das Lebendige angewandten »Ideen«-Lehre. — Die Untersuchung hat sich auf »das Ganze« zu erstrecken, d. h. einmal auf das Ganze des Körpers, dann auf die Leib — Seele-Ganzheit und auf die Mikro — Makrokosmosbeziehung[3]). Ebenso die Behandlung. Im »Charmides« sagt Sokrates zu seinem Schüler: ». . . wie du auch schon von den guten Ärzten gehört hast, daß, wenn jemand zu ihnen kommt, der Schmerzen an den Augen hat, sie wohl sagen, daß es ihnen unmöglich sei, die Augen allein zu heilen, sondern es sei notwendig, zugleich auch den Kopf zu behandeln, wenn die Augen gesund werden sollen; und es verrate hinwieder eine große Torheit, zu glauben, daß man den Kopf für sich allein behandeln könne, ohne den ganzen Leib; aus dieser Überlegung heraus wenden sie sich

[1]) D. h. im weitesten Sinne: wer z. B. sich der Gier überläßt, ohne sich gegen sie zu wehren, ist trotz aller Aktivität träge.

[2]) Was bei Empedokles Auswirkung der blinden Kräfte der φιλία war, ist bei Platon Auswirkung eines bewußten Strebens (des ἔρως) nach der »Idee«. Wie bei Pythagoras ist daher die Medizin mit der Ethik verquickt, weil das Ziel beider dasselbe ist. Es können deswegen auch hier aus den ethischen Vorschriften Rückschlüsse auf medizinische Ansichten gemacht werden.

[3]) Sokrates-Platon bringt im »Protagoras« ein Beispiel für die Methode der Wahrheitsfindung: »Wenn jemand bei einem Menschen aus dessen Äußerem auf den Gesundheitszustand schließen wollte . . . würde er nicht, wenn er nur dessen Gesicht und Hände sähe, sagen: Ἴθι δή μοι ἀποκαλύψας καὶ τὰ στήθη καὶ τὸ μετάφρενον ἐπίδειξον, ἵνα ἐπισκέψωμαι σαφέστερον. Vgl. Phaidros 270.

durch Anordnung einer (bestimmten) Lebensweise (διαίταις) dem ganzen Körper zu und versuchen, im Verein mit dem Ganzen den Teil zu behandeln und zu heilen (μετὰ τοῦ ὅλου τὸ μέρος ἐπιχειροῦσιν θεραπεύειν τε καὶ ἰᾶσθαι)«[1]. »... so solle man auch den Leib nicht ohne die Seele (zu behandeln versuchen); denn der Grund dafür, daß den griechischen Ärzten die große Mehrzahl der krankhaften Zustände entgehe, sei der, daß sie das Ganze vernachlässigten (ὅτι τοῦ ὅλου ἀμελοῖεν), worauf man aber seine Sorgfalt richten müsse, da es unmöglich sei, daß der Teil gesund sei, wenn das Ganze krank ist«[2].

Als Mittel für die Heilung steht der ganzen Auffassung gemäß die δίαιτα des Körpers und vor allem die der Seele an erster Stelle. Keines der übrigen Heilmittel kann helfen, wenn nicht die Ursache des krankhaften Zustandes beseitigt ist: im »Staat« spricht Platon von »Leuten, die unpäßlich sind, aber wegen ihrer Zügellosigkeit von ihrer schädlichen Lebensweise nicht abgehen wollen«, und er erklärt dann weiter mit beißender Ironie: »Sie beschäftigen sich doch (recht) sinnreich: sie lassen sich bearzten und erzielen doch nichts anderes, als daß sie ihre Krankheitszustände nur noch verschiedenartiger[3] und größer machen; und dabei glauben sie immer, wenn jemand ein Heilmittel empfiehlt, davon gesund zu werden ... Ist es nicht reizend von ihnen, für den allergrößten Feind zu halten den, der die Wahrheit sagt, nämlich daß, ehe sie nicht aufhören, sich zu berauschen, sich (mit Speisen) vollzustopfen, der Aphrodite zu dienen und zu faulenzen, weder Arznei, noch Brennen, noch Schneiden, noch Zureden (gemeint sind die suggestiven Heilgesänge oder -Sprüche), noch Amulette, noch sonst etwas von diesen Dingen ihnen helfen werden«[4], ein Ausspruch, der es auch heute noch wert wäre, über der Türe des Arztsprechzimmers aufgehängt zu werden.

[1] Charmid. 156 B C.

[2] Ebd. 156 E. Diese Worte sind zwar einem thrakischen Arzt und Schüler des Königs Zamolxis in den Mund gelegt; aber ich nehme mit Lichtenstädt, Platons Lehren auf dem Gebiete der Naturforschung u. d. Heilkd., S. 147, an, daß sie die Ansicht Platons ausdrücken. Vgl. auch Tim. 87 E ff.: wenn die Seele stärker ist als der Leib und von überwiegend zornigem Wesen, so erzeugt sie von innen her Krankheiten ... und täuscht die meisten sogenannten (d. h. die nicht »philosophischen«) Ärzte, die die Ursache nicht in der Seele, sondern allein im Körper suchen.

[3] ποικιλώτερα; vielleicht ist der Sinn sogar »noch kunstreicher«.

[4] Rep. IV 426 A B.

Vorbedingung der Heilung ist deswegen vor allem die Katharsis = die Entfernung des »Schlechten«[1]) aus Körper und Seele[2]) durch Gymnastik und Heilkunst[3]); »denn«, so führt er im »Sophisten« als Begründung an, »nicht eher kann wohl der Leib (des Kranken) die ihm vorgesetzte Nahrung aufnehmen, bis einer die entgegenstehenden Hindernisse beseitigt habe«[4]).

Den Heilmitteln selbst schrieb er folgerichtig wie Hippokrates nur relative Wirkung zu[5]); genannt werden als solche außer der zweckentsprechenden Änderung der Lebensweise und der Gymnastik noch: die Früchte der Obstbäume[6]), Musik und die ἐπῳδαί[7]).

---

[1]) Rep. 567 C: οἱ ἰατροὶ ... τὸ χείριστον ἀφαιροῦντες λείπουσι τὸ βέλτιστον.

[2]) Kratyl. 405 Bff.

[3]) Sophist. 227; Kratyl. 405 B führt an: »Reinigungen der ärztlichen und der Seher-Kunst, »Räucherungen«, »Bäder«, »Lösungen« und »Abwaschungen«.

[4]) Sophist. 230; vgl. Gorgias 504 E: »Was nützt es denn, einem kranken und elenden Körper vielerlei Speisen zu reichen und die süßesten (= die nährkräftigsten) Getränke oder sonst irgend etwas (Heilmittel) ...«. Auch das ist wieder eine echt hippokratische Anschauung mit naturphilos. Begründung, wie auch die folgende: nämlich, daß man durch zur Unzeit angewandte und aufreizende Arzneien aus einer kleinen Krankheit große und viele zu erzeugen sich hüten müsse; denn auch die Krankheiten entwickeln sich in Analogie der lebenden Geschöpfe und haben wie diese bestimmte Lebensperioden zu durchlaufen (Tim. 89 Bf.). Bei der Inangriffnahme der Behandlung ist das unmittelbare Ziel der Ärzte, wieder Wohlgestaltung und Ordnung zu schaffen, denn ohne diese ist der Körper unbrauchbar (Gorg. 504 A B); dabei darf der Arzt dem Patienten nicht »wie ein Diener nach dem Munde reden« (Gorg. 521 A), sondern er wird im allgemeinen verbieten, sich mit dem anzufüllen, was er begehrt« (Gorg. 505 A B); deshalb wird er in Widerstreit stehen mit den ὀψοποιοί (Gorg. 521 E u. ö.).

[5]) Was Protagoras (333 Eff.) von den Tieren und Bäumen sagt, soll, wie aus der weiteren Rede hervorgeht, auch für den Menschen gelten.

[6]) Kritias 115 B. Die Früchte sind hier allerdings nur erwähnt als »Reizmittel des gesättigten Magens«, welche dem »Abgekämpften« als Nachtisch willkommen sind. Daß Platon noch andere Heilmittel kannte, wenn er sie auch leider nicht näher bezeichnet, geht hervor aus seiner Bemerkung im 2. Buche der »Gesetze« (259), wonach Kranke wie Kinder behandelt werden, indem man diesen die zukommenden Stoffe mit einer süßen Beimischung gibt, und aus Kratylos (394), wonach die Arzneien der Ärzte durch Farben und Geruch oft so verändert erscheinen, daß nur der Arzt sie — unbeirrt von den Zusätzen — als solche erkennen kann. In Theaitet. 149 reichen die Hebammen den Gebärenden »Arzneien« dar, die die Wehen beliebig anregen oder mildern. Nach Lysis 219 gilt der Wein als Gegenmittel gegen Vergiftung durch den sog. Schierlingstrank; erforderlich seien 3 Kotylen.

[7]) So Charmid. 155, wo Sokrates die Wirkung der ἐπῳδή bespricht, und

Was unter den letzteren zu verstehen ist, geht aus den Darlegungen Platons nicht mit Sicherheit hervor. Möglicherweise handelt es sich um Zaubersprüche, die ähnlich wie die von Platon ebenfalls erwähnten Amulette wirken sollten; vielleicht aber auch um echte Suggestion, die ja auch den Hippokratikern schon bekannt war; vielleicht aber auch um Gesänge, wie die Pythagoreer sie anwandten, um durch die verschiedenen Harmonien die entsprechenden seelischen Umstimmungen zu bewirken.

Über den Arzt, seine Persönlichkeit und Tätigkeit finden wir nicht wenige Aussprüche. Die Heilkunde vernunftgemäß auszuüben vermag nur der Arzt, »der die Natur des Ganzen kennt«[1]; die Richtlinien für die Forschungsweise des weisen Arztes können wir den Ausführungen im Phaidros entnehmen, die jeder »hinsichtlich dessen, in dem wir selbst Könner (τεχνικοί) werden wollen« kennen muß, wie Hippokrates und die Vernunft behaupten[2]. Er muß nämlich über die Natur eines jeden Dinges Betrachtungen anstellen, ob es etwas Einfaches oder Mehrgestaltiges ist; »ist es etwas Einfaches«, dann muß er forschen, »welche Möglichkeit in ihm steckt, (auf etwas anderes) einzuwirken oder Einwirkungen zu erfahren; wenn es aber viele εἴδη hat, so sind diese aufzuzählen und dann (wieder) bei jeder einzelnen zu fragen . . . wodurch sie Einwirkungen übt oder erfährt, von welcher Art diese sind, und woher sie kommen.« Diese Meinung begründet Platon mit Aussprüchen, die auf manche Stellen bei den Hippokratikern ein helles Licht werfen: »Wenn einer aus irgend einem Buche darüber (nämlich über die Heilkunst) einmal (vorlesen) hörte oder zufällig Arzneien in die Hand bekam, glaubt er ein Arzt zu sein; und doch versteht er nichts von der Kunst«[3]. Nicht jeder, der es vermag, durch seine Mittel »auf den Leib zu wirken, daß er — nach Belieben — heiß wird oder kalt«, oder der »Erbrechen erzeugen kann oder Durchfall oder sonst noch vieles derart«, ist ein Arzt; denn er kennt erst die

Theaitet. 149, wonach die Hebammen bei der Geburt Gesänge anstimmen. In Euthyd. 249 Ef. spricht Platon von der eigentlichen »Kunst« der ἐπῳδαί im Gegensatze zu der »Besprechungskunst« der Sophisten (vgl. Gorgias 454 Ef.). Diese zeigt nämlich ihre Zaubermacht bei der »Behandlung von Schlangen, Spinnen, Skorpionen und Krankheiten«; vgl. Rep. IX. 591 C D.

[1]) Das geht auch hervor aus der oben angeführten Stelle bei Charm. 155f. und in bezug auf die Behandlung der Ohren aus Laches 190 A.

[2]) 270 C—E.

[3]) Phaidr. 268 C.

Voraussetzungen der Heilkunst, aber nicht die Heilkunst (τὰ πρὸ ἰατρικῆς, ἀλλ' οὐ τὰ ἰατρικά)[1]). Deswegen muß die Medizin als wirkliche Kunst das Wissen um das Höchste erstreben, m. a. W. der echte Arzt muß Philosoph sein; »denn alle die Erhabenen unter den Kunstgattungen bedürfen überdies (= außer dem Fachwissen) ἀδολεσχίας καὶ μετεωρολογίας φύσεως πέρι[2]). Im Philebos erklärt er bei der Untersuchung, ob die χειροτεχνικαί an der ἐπιστήμη teilnehmen[3]): Οἷον πασῶν που τεχνῶν ἄν τις ἀριθμητικὴν χωρίζῃ καὶ μετρητικὴν καὶ στατικήν, ὡς ἔπος εἰπεῖν φαῦλον τὸ καταλειπόμενον ἑκάστης ἂν γίγνοιτο. Denn nach Vollziehung der Loslösung dieser Wissenschaften von der »Kunst« würde nur noch übrig bleiben »ein Erraten (εἰκάζειν) und das Üben der Sinne durch Empirie und häufigen Gebrauch, wodurch man sich eine gewisse Treffsicherheit aneigne . . ., eine gewisse körperliche Fähigkeit, welche viele (fälschlicherweise) Kunst nennen«[4]); und »wie in der Musik eine große Unzuverlässigkeit herrscht, wenn man das Maß der schwingenden Saite nicht durch (sicheres) Abmessen (οὐ μέτρῳ, ἀλλὰ μελέτης στοχασμῷ), sondern durch bloße Übung und mehr mit einem glücklichen Griff zu treffen sucht, so ist es auch bei der Heilkunst«[5]); denn »es gibt eben für Menschen keine bessere Gehilfin als die Einsicht«[6]). Je nachdem, ob sich die Ärzte der

---

[1]) 268 A B und 269 A.

[2]) Phaidr. 270 A. Diels liest ἀδολεσχίας φύσεως πέρι καὶ μετεωρολογίας (Sitzgsber. Berlin Ak. 1910. S. 1141, 1); das Wort ἀδολεσχίας zeigt, daß die gebrauchten Worte von anderen in ironischer Weise angewendet worden waren, um die philosophische Spekulation als unnütze Schwätzerei herabzusetzen. Vgl. auch Parmen. 135 D; außerdem Kratyl. 401 B u. Polit. 299 B.

[3]) Phileb. 55 D. [4]) Ebd. 55 Ef.

[5]) Ebd. 56 A und B; als »Kunst« wird die Medizin sehr oft bezeichnet und zwar fast immer im gleichen Sinn wie er von mir in den Ausführungen über das Corpus Hippocraticum charakterisiert wurde.

[6]) Über die verschiedenen Bedeutungen von ἐπιστήμη, νόησις (im engeren und weiteren Sinne) und διάνοια und deren Beziehungen zur mathematischen Erkenntnis muß ich hier auf die Philosophiegeschichte verweisen. Soviel wird aus den oben angeführten Stellen klar: Gegenstand der ἐπιστήμη ist die Welt der Idee, das »immer Seiende«, das durch unmittelbares Erfassen oder wenigstens nach Analogie der mathematischen Einsichten erkannt werden kann, mit anderen Worten, Platon verlangt vom »weisen Arzte«, daß er ein Wissen habe um die Idee und um das, was dem Menschen notwendig ist, um zur Teilnahme an ihrem Sein zu gelangen; es geht ihm um den letzten und tiefsten Sinn der Heilkunst, den der Arzt suchen und erkennen muß; man vgl. vor allem die Ausführungen im Dialog »Theaitet«.

ἐπιστήμη bedienen oder nicht, nennt er sie Freie oder Sklaven; die letzteren, mögen sie nach der gesellschaftlichen Ordnung Freie oder Sklaven sein, erwerben ihre Technik nur aus der Anweisung anderer und »aus dem, was sie sehen«, also durch Empirie, nicht aus dem Wesen der Sache[1]). Deshalb möchte auch Kriton[2]) lieber »mit einem weisen Arzt in der Krankheit die Gefahr bestehen«; »denn«, sagt Sokrates-Platon, »die Weisheit läßt allenthalben die Menschen ihr Ziel erreichen; und selten wird die Weisheit fehlgehen, sondern notwendig richtig und glücklich handeln, denn sonst würde sie nicht Weisheit sein«.

In den gelegentlichen Äußerungen Platons über Heilkunst und Arzt wird oft der Grund zu einem doppelten Vorwurf gefunden: seine »Medizin« sei rein »spekulativ« und verachte die Erfahrung, und: er schätze die ärztliche Tätigkeit nur gering ein. Der letzte Vorwurf findet seine Erledigung in Aussprüchen, die von höchster Ehrfurcht und Hochachtung vor diesem Stande zeugen: von einer Gottheit wurde die Medizin unter den ersten und schönsten Gaben der Menschheit vermittelt[3]); ihr Sinn ist das »Gute«[4];) was der Demiurg für das ὅλον des Makrokosmos, ist der Arzt für die Nachbildung ihrer ideellen Wesenheit, den Menschen.

Auch der Erfahrung legt er hohe Bedeutung bei: am Krankenbett wird man zum guten Arzt[5]); denn »Erfahrung macht unser Leben fortschreiten gemäß der 'Kunst'«[6]). Darum sind die die besten Ärzte, »welche die meisten Gesunden und die meisten Kranken behandelt haben«[7]), und zwar »von Jugend an«[8]); sogar

[1]) Legg. IV 720; in Legg. 857 Cf. kommt er auf diesen Vergleich zurück und spricht von den unphilosophischen Ärzten, die ihren Beruf rein erfahrungsmäßig, ohne überlegende Betrachtung ausüben, während der wirkliche Arzt den tieferen Grund der Krankheit und die körperlichen Erscheinungen in ihrem Wesen zu erforschen sucht.

[2]) In »Euthydemos« 280 A.

[3]) Tim. 24.

[4]) Euthydem. 291 ff.; vgl. Gorg. 448; wenn Platon von Ärzten verächtliche Worte braucht, dann sind damit entweder solche gemeint, die νοσοτροφία betreiben oder »sogenannte« Ärzte, die rein handwerksmäßig ihren Beruf ausüben, oder die »Sophisten«, deren »Zureden« er — ebenso wie Hippokrates — bekämpft; vgl. Gorg. 465 C; Theait. 167; Gorg. 459; 464 A; 467 C; 470 D; 490 B; 500; 512; Euthyd. 291; Prot. 213; Phaidr. 248; 270; Rep. III 406 A—C.

[5]) Prot. 345 A.

[6]) Gorg. 448 C.

[7]) Rep. III 408 Cf.

[8]) Ebd. 408 Df.; vgl. Legg. 857; Symp. 217.

Hebammen sollen nur solche Frauen werden können, die schon das reifere Alter erlangt und die selbst geboren haben, »da die menschliche Natur zu schwach ist, um ohne eigene Erfahrung eine »Kunst« zu erlangen«[1]). Diese Aussprüche haben um so größere Bedeutung, wenn wir sehen, daß der ganze Zusammenhang, in dem sie stehen, ausschließt, daß hier τέχνη etwa nur als Fertigkeit aufgefaßt werden könnte.

Solche Sätze und überhaupt die vorliegenden Darlegungen verlangen wenigstens ein kurzes Schlußwort. Der Rahmen der gestellten Aufgabe zwang schon an und für sich zur Beschränkung; darüber hinaus aber wurde die Auswahl der Stellen mit bewußter Einseitigkeit vorgenommen, weil ich mit E. Hoffmann[2]) der Meinung bin, daß die Aufhellung von Platons Beziehungen zur Medizin berufen zu sein scheint, »wichtige Aufschlüsse über ein Motiv des Platonismus zu liefern, das allzulange übersehen worden ist.«

Th. Gomperz beginnt seine Darlegungen über den Timaios und Kritias mit den Worten: »Ein historischer Roman und ein physikalisches Märchen«[3]); der Inhalt sei »rätselvoll« und über die Naturtheorien Platons zu berichten sei eine wenig erfreuliche Aufgabe. »Steht doch ihre Fruchtbarkeit im umgekehrten Verhältnis zu ihrer Dunkelheit.« Abgesehen von dem Fehler, dessen Gomperz sich auch in seinen sonstigen Darstellungen mehrmals schuldig macht, nämlich den Wert von Theorien der Alten am Stande heutigen Wissens zu messen, hat er recht, und er greift mit den angeführten Worten eine Frage auf, die nicht nur für Historiker, sondern vor allem für Platon selbst von höchster Wichtigkeit gewesen ist. Die Rätselhaftigkeit des Timaios beruht nämlich nicht auf der Einkleidung in die Form des dichterischen Mythos, sondern auf der Frage, wie ist es möglich, daß die metaphysische Ideenwelt, die allein Wirklichkeit haben soll, mit der »Welt des Nichtseins«, womit Platon unsere Welt bezeichnet, in Harmonie gebracht werden kann. Die Hypothese, nach der Platon in Parallele zu setzen sei mit Parmenides, der ja auch die Welt des (wahren) Seins von unserer Welt des Scheins unterschied und sich mit dieser nur beschäftigte, um den geltenden Meinungen ebenfalls gerecht

1) Theait. 149 Bf.
2) Zeller II⁵, S. 1070.
3) Griechische Denker II, S. 475.

zu werden, hat zwar auf die Beziehungen zwischen parmenideischem und platonischem Denken schärfer aufmerksam gemacht, entbehrt aber jeder tatsächlichen Begründung in den Dialogen sowohl als auch in der Doxographie des Aristoteles [1]). Die Untersuchungen der Marburger Schule versuchten die Lösung von dem ihnen eigenen Standpunkt. Cohen und die von ihm beeinflußten Autoren substituierten der platonischen »Ideen«-Lehre ihren eigenen Idealismus und haben vielleicht am meisten dazu beigetragen, das Bild Platons zu verfälschen. Andere haben die offenbaren Widersprüche im »System« durch das Moment des »Nacheinander« zu erklären versucht. Nun kann man ohne Zweifel eine Entwicklung der spezifisch platonischen »Ideen«-Lehre feststellen.

Im »Euthyphron« ist »Idee« einfach gleich εἶδος, Gestalt und hat weder mit Metaphysik etwas zu tun, noch ist sie ein logischer oder ethischer Begriff. Wohl zeigt der ganze Zusammenhang, in welcher Weise Platon die Definitionsversuche des Sokrates fortsetzte und es wird gleichzeitig klar, wie plastisch-anschaulich das Denken des Dichters Platon auch in der »abstrakten Logik« blieb, m. a. W., wie sehr auch er ein Kind seiner Zeit war, ein Denker, der ebensosehr in der (naturphilosophischen) Vergangenheit wie in der Gegenwart wurzelte. Im Gorgias finden wir unstreitig die Manifestation einer Evolution des εἶδος. Die »Erscheinung« der »Tugend« ist bei Mann und Frau, bei Kind und Greis immer gleich, stellt der Dialog fest, es gibt in allen tugendhaften Handlungen etwas, was ihnen allen gemeinsam ist, und an dem man »die Tugend« erkennt. Hier wird die Idee schon zum (logischen) Begriff. Im Symposion, mit aller Wahrscheinlichkeit in den reifen Mannesjahren geschrieben, wird die Idee dann zum αὐτὸ καθ' αὐτὸ μεθ' αὐτοῦ μονοειδές [2]), gegenüber dem die anderen Dinge nur εἴδωλα sind, die nur insofern wirklich sind, als sie an der ewigen, selbst unveränderlichen Idee teilhaben. Diese Idee ist weder »reine Setzung des Denkens«, wie Natorp will, noch »normativer Gedanke«, wie Lotze sie auffaßt.

Eine Ergänzung der »genetischen Forschung« bedeutete das Aufsuchen von Gedankenelementen früherer Denker. Ich möchte, ohne die Eigenart des platonischen Denkens verkennen zu wollen, sagen, daß man darin noch gar nicht weit genug gegangen ist. Es kann aber nicht genügen, festzustellen, daß Platon das Problem Idee—Materie selbst gesehen und mit ihm gerungen und zur Lösung des Problems die Elemente des Empedokles, die Atome des Demokrit, das »Begrenzende« und »Unbegrenzte« der Pytha-

[1]) Wenn Platon im Timaios und auch sonst öfter hinsichtlich physikalischer und physiologischer Gegebenheiten erklärt, hier nur »glaubhafte Meinungen« geben zu können, so bieten seine erkenntnistheoretischen Ansichten schon als solche hinreichende Begründung.

[2]) Symp. 210 A ff.

goreer und die Zahlentheorie des Philolaos akzeptiert und mit seiner eigenen Lehre von der »Idee« zu einer neuen einheitlichen Lehre verschmolzen habe. Damit wäre das Problem tatsächlich nicht gelöst und Platon bliebe mit dem Makel behaftet, in seiner Philosophie ein »schönes Weib, das in einem Fischschwanz endigt«, geschaffen zu haben.

Meine eigene Anschauung kann ich hier nur kurz andeuten: es ist danach zunächst nicht richtig, zu sagen, der Philosoph sei »erst in späteren Jahren an die Naturforschung herangetreten« und ebenso, er habe die einzelnen Wissenschaften nur Exempels halber angeführt. Selbst die früheren Dialoge lassen erkennen, daß er die Naturphilosophen aus der Zeit vor ihm kannte und ihre Lehren, die zugleich alles umfaßten, was damals an Physik, Physiologie usw. bekannt war, mehr als oberflächlich studiert hatte. Zahlreiche Ausführungen zeigen sogar, daß er diese aufs genaueste kannte; nur der Standpunkt, mit dem er an diese Dinge heranging, war verschieden. In den Jahren bei Sokrates hatte er gelernt, was Definitionen sind, wenn wir diese oft so unbeholfenen Versuche, das Wesen einer Sache näher zu bestimmen, so nennen wollen. Er hatte gesehen, daß die »tatsächlichen« Erscheinungen der Dinge immer nur etwas Akzidentelles sind, Abwandlungen eines ihnen in ihrem Bereiche immer Gemeinsamen, das selbst immer das Gleiche bleibt; dieses letztere wurde der »Begriff«, der es wirklich ermöglichte, die Dinge zu »begreifen«. Von hier ab wird das Problem seiner Weiterentwicklung ein psychologisches, nicht für ihn, wie Gomperz will, sondern für uns. Das »Begreifen« bedeutet für Platon ein Doppeltes: erstens das Erkennen eines Zusammenhanges mit dem Empfinden der Richtigkeit; ich erinnere hier an das, was ich über den Zweck seiner mathematischen Darlegungen gesagt habe, die in seinem Kreise eine so große Rolle spielten und an denen diese Art des Erkennens sich am deutlichsten klarmachen läßt; zweitens bedeutete dieses Begreifen ein »Sehen«. Von dem gewonnenen Begriff aus ist es leicht, in allen Ereignissen und Dingen die nur zufälligen Abwandlungen eben dieses Begriffes zu »sehen« und dem Begriff selber die Dauer zu verleihen, die jene nicht haben. Bei diesem »Sehen« hat Platon alle jene Elemente des naturphilosophischen »Schauens«, die wir in den früheren Darlegungen kennen lernten, angewandt. Von hier aus ist es auch leicht, zu verstehen, wenn er diejenigen verspottet, die in »lächerlichster Weise« Musik betreiben, indem sie »die hörbaren Tonverhältnisse und Töne vergleichen und messen und sich endlos damit abquälen, die Saitenwirbel auf der Folter auszuhorchen[1]). Es mußte notwendig für Platon »höchst lächerlich« sein, Leute zu sehen, die das Zufällige, Veränderliche und Vergängliche zum Gegenstand ihrer Forschung machen wollten und davon bleibende Resultate erhoffen. Ausgangspunkt für die Gewinnung der Begriffe war auch für ihn die Welt der Veränderung, die in ihrer Schönheit und Zweckmäßigkeit die zugrunde liegenden Ideen offenbarte oder »ins Gedächtnis rief«, wie er sich ausdrückte. Aber das weitere Denken, das wirkliche Denken und Wahrheitsfinden konnte sich nur in der Welt vollziehen, »wo die reinen Formen wohnen«, in der meta-physischen. Für den, dem es gelungen war, in diese »höhere Welt«[2]) einzutreten, war es dann leicht, die zufälligen Dinge aus ihrer Idee zu verstehen und die Vorgänge auf dieser Erde als eine Auswirkung der Idee sich vollziehen zu sehen.

Von hier aus erkennen wir nun auch, was Platon unter einem »philosophischen Arzt« und seiner »Kunst« versteht, und wenn er im Phaidros[3]) den Ausspruch des Hippokrates mit dem der von ihm so hoch geschätzten Vernunft gleichsetzt, dann ist das nicht nur eine überaus hohe Ehrung dieses Arztes, sondern ein bisher kaum genug gewürdigtes Zeugnis für die philosophische Grundlegung seiner Weise, zu forschen und zu heilen.

Im »Staat«[4]) findet der Dichter Platon herrliche Worte für die Schönheit »der (Stern-)Bilder am Himmel der sichtbaren Welt«; wenn aber dann der Philosoph Platon davor warnt, in einseitiger Empirie sich im Studium der »Erscheinungen« zu verlieren, so bedeutet das schließlich nur die richtige Würdigung einer Tatsache, die das 18. und 19. Jahrhundert vielfach verkannten: daß nämlich die Medizin das Feld ihrer Tätigkeit auf einem Gebiet hat, auf dem die Gesetze von »Stoff und Kraft« nur bedingte Geltung haben, und auf dem deswegen Experiment und Buchwissen immer hinter der »Kunst« werden zurücktreten müssen.

---

[1]) Rep. VII 531 Af.
[2]) Rep. VII 529 B.
[3]) 270 C.
[4]) Rep. VII 529 C.

ERGEBNISSE

Es werden zwischen philosophisch-synthetischer Darstellungsweise und wissenschafts-historisch-analytischer Einzeluntersuchung wohl immer Spannungen sein. Schon deswegen kann die folgende kurze Zusammenstellung des Neuen, das die vorliegende Untersuchung bringt, nicht Polemik gegen die Wissenschaftler sein, denen der Verfasser zu danken hat.

Ausgangspunkt der vorliegenden Untersuchungen waren die folgenden drei Tatsachen, die unter sich wieder aufs innigste zusammenhängen:

1. jede Zeitperiode der Medizingeschichte hat ihre eigene Denkweise;
2. diese Denkweise ist durchweg, in ausgesprochenem Maße aber in der griechischen Antike, nach Inhalt, Form und Ausdruck von der jeweils herrschenden philosophischen Richtung aufs stärkste mitbestimmt;
3. deswegen ist ein wirkliches Verständnis der Medizin einer bestimmten Zeitperiode — und das gilt wieder vor allem für die griechische Antike — nur möglich, wenn Art und Maß ihrer Durchdringung mit philosophischem Gedankengut erkannt wird.

Nach betonter Herausstellung dieser Gegebenheiten in den »Vorbemerkungen« wurde im folgenden der Versuch gemacht, ein Bild von der Denkweise der antiken Philosophen im einzelnen zu geben und ihre Theorien als Grundlage der medizinischen Anschauungsweise der entsprechenden Periode darzulegen:

Thales, Anaximander und Anaximenes wurden bisher als Nicht-Ärzte in der Medizingeschichte nur sehr nebensächlich behandelt; tatsächlich sind sie, obschon eine medizinische Theorie von ihnen nicht bekannt ist und vielleicht auch wirklich nicht gelehrt wurde, unter die Begründer dieser Medizin als Wissenschaft zu rechnen: ihre Tat bedeutet echte Wissenschaft (S. 32), einmal durch das Ziel: von der Welt und den Dingen in ihr möglichst vollständige Erkenntnis zu erlangen, die Beziehungen zwischen dem

---

[1]) Rep. IX 585 D.

Urgrund, aus dem, durch den und gemäß dem alles wird, und den Einzeldingen und der Einzeldinge untereinander zu finden und aus dieser Beziehung alle Vorgänge zu erklären; dann durch die Methode: das Komplexe in den Dingen und Vorgängen auf das »Eine« zurückzuführen. Die Enantiosen, die in der Welt der Mannigfaltigkeit das Sein der Dinge konstituieren, sind die Ausscheidungen der einen Ursubstanz, und die ewige Bewegung, die ihnen auch nach der Ausscheidung aus dem Unendlichen inhäriert, und ihr wechselseitiger Kampf um die Vorherrschaft stellen den ersten Versuch dar, in nicht mythologischer Weise das »Leben« zu erklären; die Einheitlichkeit der ἀρχή in ihrer Doppelbedeutung als Prinzip und Urgrund der gesamten Welt gebiert schon den Makro-Mikrokosmosgedanken, der in der Folgezeit, insbesondere bei den Hippokratikern, zu so vielen Analogieschlüssen, aber auch wertvollen Beobachtungen Anlaß gab, und der erst in neuerer Zeit wieder in seiner ganzen Fruchtbarkeit erkannt wird.

Das System des Pythagoras und der »alten Pythagoreer« wurde ausführlicher behandelt, als es sonst in einer zusammenfassenden Arbeit üblich ist: es wurde vor allem erwiesen, daß Pythagoras mehr als ein bloßer Ordensstifter oder gar »Scharlatan und Betrüger« war. Es ergab sich, daß die Lehre von der »Zahl« als dem Prinzip der Formung und Ordnung aufs schärfste zu scheiden ist von der Zahlenmystik, der sie oft gleichgesetzt wird; es wurde gezeigt, wie unnötig und überflüssig die Frage nach Räumlichkeit und Unräumlichkeit der Zahl erscheint, wenn man sich in die Denkweise der Pythagoreer selbst hineinversetzt, und ihre Art, die Zahl geometrisch-arithmetisch zu sehen, als ein plastisches Beispiel auffaßt für die Unmittelbarkeit ihrer Vorstellungsweise, ihrer »Schau« der Dinge. Das aristotelische Wort, »der ganze Himmel ist ihnen Harmonie und Zahl«, erhielt dadurch eine ganz neue Deutung. Es wurde wahrscheinlich gemacht, daß für die Weiterentwicklung der wissenschaftlichen Medizin keine Lehre folgenschwerer gewesen ist als gerade diese, die von der Medizingeschichte nahezu ganz vernachlässigt wurde. Sie zeugte nicht nur den Begriff der »Harmonie« und der »Physis«, sondern auch ein neues Axiom: in den Erscheinungen und Vorgängen an den Einzeldingen allgemeingültige und zahlenmäßig erfaßbare[1])

---

[1]) Das war das Neue gegenüber der Erkenntnis Anaximanders, der mehr nur die Tatsache der allgemeinen Gesetzmäßigkeit im Kosmos gesehen hatte;

Gesetze abzuleiten und umgekehrt, aus ihnen diese Erscheinungen und Vorgänge zu verstehen und wenn möglich zu lenken, ein Prinzip, das stets Prinzip aller medizinischen Wissenschaft sein wird. Damit wurde der Pythagoreismus herausgehoben aus der Versenkung, in der ihn moderne Hyperkritik fast ganz hatte verschwinden lassen, und das Bild der genetischen Entwicklung der Ideen für die Wissenschaften im allgemeinen und die Medizin im besonderen ganz neu gestaltet. Bezüglich des rein Medizinischen ergab sich als folgerichtige Konsequenz aus der »Zahl« als dem εἶδος der Dinge die Definition von Gesundheit und Krankheit: ὑγίειαν τὴν τοῦ εἴδους διαμονήν, νόσον δὲ τὴν τούτου φθοράν, ein Satz, der zugleich ein echtes Spiegelbild altpythagoreischen Denkens darstellt. Die Ausführungen über die δίαιτα im weiteren Sinne — als Vorschriften über die Lebenshaltung — und im engeren Sinne — als Diät — berichtigen in doppelter Hinsicht die üblichen Ansichten: δίαιτα ist weder animistische Tabu-Lehre noch der »Orphik entsprungen«, sondern organisch aus der pythagoreischen Gesamtauffassung der Dinge herausgewachsen. Nicht erst der Tarentiner Ikkos, der Selymbrier Herodikos oder gar erst Hippokrates waren ihre Begründer, sondern die alten Pythagoreer (S. 57ff.). Die philologische Kritik mag den einen oder anderen unter den Doxographen als unzuverlässigen Zeugen hinstellen, die große Fülle der Aussprüche, die alle in dieselbe Richtung weisen, stellen, zusammen mit den inneren Gründen, ein überwältigendes Beweismaterial dar.

Als eine Fundquelle für die Erweiterung unserer Kenntnis von den medizinischen Ansichten der Alten erwies sich bei den Pythagorreern — und noch mehr übrigens bei Demokrit, Empedokles und Platon — die »Ethik« (S. 58ff.), die sonst dem Mediziner als Gebiet historischer Forschung ferner liegt und, wenigstens zu diesem Zweck, bisher kaum herangezogen wurde.

Auch Alkmaion wird in ein ganz neues Licht gestellt: er war weder — wie es in der Medizingeschichte immer heißt — der »Vater der Medizin« (das machen schon die Untersuchungen über Pythagoras klar), noch der »Vater der Physiologie« (die Er-

übrigens wurde die Tatsache, daß Pythagoras Anaximander und Anaximenes nicht nur gekannt, sondern auch teilweise in die neue Weltanschauung aufgenommen hat, ausgewertet, um die Möglichkeit darzutun, schon Pythagoras selbst als wirklichen (Natur-)Philosophen zu sehen.

kenntnis des Gehirns als Zentralorgan war nicht das Ergebnis seiner anatomischen Studien, sondern naturphilosophischer Überlegungen, und die angebliche Erkenntnis des Nervensystems beruhte auf irrigen Voraussetzungen), noch der »erste Empiriker«: die Ausführungen über die enge Naturverbundenheit der Naturphilosophen zeigen, wie nichtssagend ihnen gegenüber dieses Wort erscheint. Das berühmte Fragment über seine Gesundheits- und Krankheitslehre wurde zwar nicht der Form, wohl aber dem Inhalt nach als echt alkmaionisch herausgestellt.

Bezüglich des Heraklit konnte nachgewiesen werden, daß er, obschon von ihm eine medizinische Theorie als solche nicht bekannt geworden ist, für die Wissenschaftswerdung der Medizin von nicht zu unterschätzender Bedeutung wurde (in sachlicher Beziehung beeinflußt er die Ausgestaltung der Lehre vom Feuer als dem Prinzip des Lebens und der Bewegung; durch seine Lehre vom Logos als dem Prinzip nicht nur der Erkenntnis, sondern auch des Werdens und des Seins bahnt er schon die teleologische Betrachtungsweise an und gibt — nach den Pythagoreern — eine neue Grundlage für die Aufstellung des »Physis«-Begriffes der Hippokratiker). In lapidaren Sätzen formuliert er Ziel und Weg aller Forschung: nur wer bestrebt ist, vom Unwesentlichen das Wesentliche zu sondern und das allen Dingen gemeinsame σοφόν zu suchen, vermag die Wirklichkeit zu sehen, während die anderen dem Irrtum der »trügerischen Wahrnehmung« verfallen. Damit schuf er — übrigens ohne eigentliche Unterbewertung der Wahrnehmungserkenntnisse — den Primat des Denkens und bestimmte dadurch den Charakter der nächstfolgenden Periode ideengeschichtlicher Entwicklung.

Die Bedeutung des Empedokles für die Medizin in sachlicher Beziehung war auch bisher schon anerkannt; aber er wurde auch in methodologischer Hinsicht von nicht geringer Bedeutung. Er stellte den für die Weiterentwicklung des wissenschaftlichen Forschens unschätzbar wichtigen Grundsatz auf, daß es einen doppelten Weg der Erkenntnis gebe — die Sinne sind Vermittler der Wahrheit, aber nur in der Scheidekraft der Gedanken —, indem man entweder die beobachteten Tatsachen zur Grundlage eines einheitlichen Systems macht oder die Ergebnisse naturphilosophischer Gedankengänge durch genaueste Beobachtung der Außenwelt zu verifizieren sucht.

Auch bei ihm war man bisher bei dem Fehlen von direkten Zeugnissen in der Medizingeschichte bez. seiner Ansichten von Gesundheit, Krankheit, Heilung auf Vermutungen angewiesen. In den Berichten über seine Sinnesphysiologie von Theophrast fanden sich Stellen, die in überraschender Weise das Wesentliche der uns verloren gegangenen Ἰατρικά des Empedokles mit großer Wahrscheinlichkeit wiedergeben. Die darin zum Ausdruck kommenden Ansichten sind keine anderen als die, die wir sonst den Hippokratikern zuzuschreiben gewohnt sind, und zwar mit der naturphilosophischen Begründung, die bei jenen meist fehlt.

Aus der Lehre des Anaxagoras ist vor allem der Satz bedeutungsvoll: die Erscheinung der Dinge sei die Sicht des Unsichtbaren (S. 129). Durch seine Nous-Lehre wurde die Entwicklung teleologischer Gedankengänge weiter gefördert.

Eine wertvolle Bereicherung bietet die Einbeziehung des Atomismus in die Geschichte des Werdens der wissenschaftlichen Medizin. Es wurde gezeigt, daß das Atom des Leukipp und Demokrit etwas ganz anderes darstellt als das moderne; es ist eigentlich nichts anderes, als das logische Ergebnis der (pythagoreischen) Lehre vom κενόν (das hier zum absoluten Nichtsein wird) und der eleatischen Anschauung vom »Sein«. Es wurde auch hier der Versuch gemacht, die verloren gegangenen medizinischen Anschauungen Demokrits aus den sinnesphysiologischen und ethischen Anschauungen wiederzugewinnen. Als bedeutungsvoll für die Weiterentwicklung der Wissenschaft wurde vor allem die Art hingestellt, mit der Leukipp und Demokrit logische Deduktionen mit exakter Naturbetrachtung verbunden haben, um so dem Ziel aller Wissenschaft nahezukommen, auf wenige, einfache Axiome das Weltgebäude in seiner Mannigfaltigkeit der Erscheinungen aufzubauen.

Bezüglich der Epigonen und Eklektiker wurde als wichtigste Tatsache herausgestellt, daß die Naturphilosophie gerade in der von diesen vertretenen synkretistischen Form den Beifall der Ärzte fand. Näher besprochen wurde Diogenes von Apollonia. Auch hier erlaubten die sinnesphysiologischen Darlegungen wertvollste Rückschlüsse auf seine sonst unbekannten medizinischen Ansichten. Es wurde der Versuch gemacht, aus seiner Erklärung des Magnetsteins und der Lehre von den ἀναθυμίασεις Folgerungen für die Theorien der Alten über Ernährung und Verdauung zu ziehen. Das Resultat mußte aber hypothetisch bleiben.

Die Untersuchungen über das Corpus Hippocraticum ergaben zunächst: weder Empirie noch Spekulation, weder Ätiologie noch Teleologie noch Kunst können, jedes für sich genommen, das Wesen der hippokratischen Medizin hinreichend kennzeichnen, da keines dieser »signifikanten Merkmale« der Eigenart hippokratischer Denkweise gerecht zu werden vermag; deshalb ist auch der Versuch, die »echten Hippokratiker« nach einem dieser Merkmale von den unechten zu scheiden, von vornherein zur Aussichtslosigkeit verurteilt.

Vor allem ergab sich aus innerlichen Gründen und ganz eindeutig belegten Stellen: 1. Hippokratismus ist nicht wesentlich gleich Empirie (S. 178 Anm. 2); 2. die Charakterisierung als »Kunst« ist nur in gewisser Beziehung zutreffend und muß unbedingt abgelehnt werden, wenn man — wie Hans Much u. a. — damit die hippokratische Medizin — bzw. die Medizin überhaupt — ihrem Wesen nach als unwissenschaftlich hinstellen will; 3. Hippokratismus ist — so wenig wie das antike Denken überhaupt — in moderne Begriffe zu fassen.

Die hippokratische Medizin erwies sich als aufs stärkste eingebaut in die Philosophie ihrer Zeit, und Kenntnis des ideengeschichtlichen Entwicklungsganges der letzteren ist die unbedingte Voraussetzung für das Verständnis des medizinischen Denkens gleicher Periode. Selbst die »philosophiefeindlichen« Schriften wurden als zutiefst naturphilosophisch begründet erwiesen.

Am tiefsten erscheint das Wesen der hippokratischen Betrachtungsweise aber gekennzeichnet mit der »naturphilosophischen Schau«, wie sie in der Einleitung und sonst öfter dargelegt wurde. Und ob der eine von ihnen die φῦσαι, der andere die στοιχεῖα, ein anderer die δυνάμεις oder die χυμοί als Ursache von Krankheit und Gesundheit fassen, für alle bilden diese Dinge das gleichsam gestaltgewordene Substrat, an dem und durch das sich die biologischen Vorgänge vollziehen und das an und für sich nicht Sinnenhafte sinnenhaft vorgestellt wird. Diese Fähigkeit ist die eigentliche τέχνη, die »Kunst«, etwa vergleichbar der Fähigkeit des Künstlers, die Idee eines Werkes oder einer Handlung da zu schauen, wo andere nur Farbe, Form oder eine Aufeinanderfolge von Geschehnissen wahrnehmen.

Der Hippokratiker ist also weit entfernt, »wirklichkeitsfremder Spekulant« zu sein: er, der die Wirklichkeit wahrscheinlich viel inniger umfaßte, als manche »Techniker« unserer Zeit sie mit den raffiniertesten Instrumenten zu erfassen vermögen.

Bezüglich der Vier-Säfte-Lehre wurde gezeigt, daß auch diese durchaus nicht das Charakteristikum des Hippokratismus bildet, und daß deswegen auch hier, wer sie zum entscheidenden Merkmal der echten Bücher machen will, notwendig in die Irre geht. Es besteht kein Grund anzunehmen, daß die verschiedenen Verfasser von der alten Elementenlehre abgewichen seien.

Die Begriffe »Gesundheit« und »Krankheit« erscheinen weitgehend differenziert und können nicht einfach, wie es auch neuerdings immer wieder geschieht, durch »Eukrasie« und »Dyskrasie« bzw. durch »Harmonie« und »Disharmonie« wiedergegeben werden.

Die Bemerkungen über die vielfache Verkehrung des Sinnes der »hippokratischen Frage« mögen nicht nutzlos gewesen sein.

Auch die Gedankengänge Platons erfuhren auf Grund der allerdings meist nur angedeuteten Untersuchungen teilweise eine ganz neue Würdigung.

Die Ausführungen über seine Gedankengänge ergaben, daß die »Ideenlehre« unserer Lehrbücher — wie auch W. Pater schon gesehen hat — erst das Erzeugnis der Nachwelt ist. Platons Denken ist, soweit es naturphilosophisch bestimmt ist, in seiner Gesamtheit die eindeutige Bestätigung der neuen Auffassung dieser Arbeit, wenn sie das naturphilosophische Denken mit »Wesensschau« wiedergibt; denn Platons Gedankenwelt ist zutiefst das Spiegelbild der früheren und gleichzeitigen Systeme, die er in genialer Zusammenschau zu einem neuen, einheitlichen Gedankengebäude zusammenfügte, wobei er der oft unbeholfenen — bzw. uns vielfach überhaupt verlorengegangenen — Begründung durch die älteren Denker die klassische Form des Ausdrucks gab.

Darauf beruht denn auch seine medizinhistorische Bedeutung, die vielfach teils unter-, teils überschätzt wird; das letztere ist der Fall, wenn in seinen Darlegungen medizinischer Einzeldaten eine »vollständige Geschichte des bis dahin Erreichten« gesehen wird, das erstere, wenn man allzusehr die Naivität einzelner Darlegungen zum Kanon der Beurteilung des Ganzen machen will; was Platon wirklich geben wollte und für die Medizin in wirklich klassischen Ausführungen auch tatsächlich gab, war die Schau ihres unwandelbaren Sinnes.

Gegenüber manchen Auffassungen erschien es notwendig, darauf hinzuweisen, daß Platon für eine erfolgreiche Tätigkeit des Arztes die praktische Erfahrung am Krankenbett »von Jugend an« für notwendig hielt; dann aber auch, daß seine oft angeführte »Verachtung des Ärztestandes« sich keineswegs auf den ganzen Stand bezieht, sondern nur auf die »unphilosophischen Ärzte, die »ihre Kunst durch bloße Erfahrung erlernt haben« ohne »den tieferen Grund der Krankheit und das Wesen der körperlichen Erscheinungen«[1]) zu erforschen.

---

[1]) Plat. Legg. 720 Bf. und 857 C D; vgl. Rep. 488 Aff. u. 490 B u. ö.; vgl. auch π. ἀρχ. ἰήτρ. c. 9, I 590 L.

LITERATURVERZEICHNIS

Aall, A., Der Logos bei Heraklit, ein Beitrag zu den ideengeschichtlichen Studien. Zschr. f. Ph. u. ph. Kr. 106. 1895. S. 217—52.

Abhandlungen, 20, zur Gesch. d. Medizin. Festschr. Herm. Baas in Worms z. 70. Geburtst. gew. v. d. Dt. Ges. f. Gesch. d. Med. u. d. Naturw. Hamburg 1908.

Adams, F., The genuine works of Hippokrates. New York 1886.

Alline, H., L'histoire et la critique du texte Platonicien et les papyrus d'Oxyrhynchus 1016 bis 1017. Rev. de philol. 34, 1910. S. 251—58.

Anonymus Londinensis ex Aristotelis iatricis Menoniis et aliis medicis eclogae ed. Herm. Diels. Berlin 1893.

— Londinensis. Auszüge eines Unbekannten aus Aristoteles-Menons Handbuch d. Medizin u. aus Werken anderer älterer Ärzte. Übers. von H. Beckh u. F. Spät. Berlin 1896.

Anthologia lyrica Graeca. Ed. Ern. Diehl. 1—2 u. Suppl. Leipzig 1925.

— lyrica Graeca ed. Diehl. Vol. I, Ed. II. Leipzig 1936.

Aoki, J., Über die Philosophie des Parmenides. Tetzugaku 1931.

Apelt, Otto, Platonische Aufsätze. Leipzig 1912.

Apologie, die, der Heilkunst. Bearb., übers. u. erl. v. Th. Gomperz. 2. Aufl. Leipzig 1910.

Aristotelis opera graece et latine. Ex rec. Im. Bekkeri. 5 voll. Berlin 1831—70.

Aristotelis qui ferebantur fragmenta coll. Val. Rose. Leipzig 1886.

Arnim, H. von, Die europäische Philosophie des Altertums. Kultur der Gegenwart T. I, Abtg. V. 1909. 115—287.

Artelt, Walter, Studien zur Geschichte der Begriffe „Heilmittel" und „Gift". Habilitationsschrift. Leipzig 1937.

Auerbach, Gualterus, De principio Heracliteo. Eos 32, 1929. S. 301—14.

— Walter, Zur Gegenüberstellung von Sein und Schein bei Heraklit. Eos 33, 1930/31. S. 651—64.

Bachofen, J. J., Der Mythos von Orient und Occident. Hrsg. v. H. Schroeter. München 1926.

Bäumer, E., Die Bedeutung des Hippokratismus für die moderne Medizin. Ärztl. Rundschau, 20. Jahrg. Nr. 19 u. 20. 1910. S. 217—220; S. 229—32.

— Von ärztlicher Kunst und den Grenzen medizinischer Wissenschaft. Heft 1. Der Hippokratismus. München 1910.

Baeumker, Clemens, Die Übersetzung des Alfanus von Nemesius' περὶ φύσεως ἀνθρώπου. Wschr. f. klass. Philologie. 1896. S. 1—14.

Bakker, C., Iets over een invloed von Empedokles en Aristoteles op de geneeskunde en de magie bij de oude Grieken en Romeinen. Bijdr. Gesch. Geneesk. 10. 1930. S. 29—44.

Baldry, H. C., Embryological analogies in presocratic cosmogony. Class. Quart. 26, 1932. S. 27—34.

Balss, H., Die Zeugungslehre und Embryologie in der Antike. Quell. u. Stud. z. Gesch. d. Naturw. Bd. 5, 1936, 2/3. S. 1—82.
Barth, Hrch., Eidos und Psyche in der Lebensphilosophie Platons. Tübingen 1932.
Bauch, Bruno, Das Substanzproblem in der griechischen Philosophie bis zur Blütezeit. Heidelberg 1910.
— Das Substanzproblem in der griechischen Philosophie bis zur Blütezeit. [Referat von N. Hartmann.] Dtsch. Literaturzeitung 33. 1912. S. 1303—07.
— Das Naturgesetz (= Wiss. Grundfragen 1). Leipzig u. Berlin 1924.
Baumann, E. D., De heilige Ziekte. Een Bijdrage tot de Geschiedenis der Geneeskunde in de Oudheed. Rotterdam 1922.
— Die heilige Krankheit. Janus 29. 1925. S. 7—32.
— De phthisi antiqua. Janus 34. 1930. S. 209—25 u. S. 255—72.
— Du médecin philosophe d'Hippocrate. Janus 38. 1934. S. 25—32.
— Über die Magenkrankheiten im klassischen Altertum. Janus 38, 1934. 11/12. S. 241—65.
— Historische Betrachtung über die vis medicatrix naturae. Janus 40. 1936. S. 9—12; S. 51; S. 148—70; S. 197—217.
Beardlee, J. W., The use of φύσις in fifth-century Greek lit. Phil. Diss. Chicago 1918.
Beare, John, Greek theories of elementary cognition from Alcmaeon to Aristotle. Oxford 1906.
Becher, Erich, Geisteswissenschaften und Naturwissenschaften. Unters. z. Theorie und Einteilung der Realwissenschaften. München u. Leipzig 1921.
Beck, Th., Das wissenschaftliche Experiment in der hippokratischen Büchersammlung. Verhandlg d. 49. Versammlg. dtsch. Philolog. u. Schulmänner. Basel 1907, S. 197—201.
— Hippokrates Erkenntnisse. Jena 1907.
Bergsträsser, G.: Hunain Ibn Ishāk und seine Schule. Sprach- u. literaturgesch. Unters. zu den arab. Hippocrates- u. Galen-Übersetzungen. Leiden 1913.
— s. Pseudogaleni . . .
Bernays, J., Gesammelte Abhandlungen, hrsg. von H. Usener. Berlin 1885.
Bibliotheca philologica classica (= Jahresbericht über die Fortschr. d. klass. Altertumswissensch. Abt. 4). Leipzig 1897—1938.
Bieganski, W., Medizinische Logik. Übersetzung von A. Fabian. Würzburg 1909.
Bier, August, Über medizinische Betrachtungsweisen, insbesondere über die mechanistischen und über die teleologischen. Münch. med. Wschr. 1922. Nr. 23. S. 845—49.
— Gedanken eines Arztes über die Medizin. Anhang zum III. Abschnitt. Münch. med. Wschr. 1926, Nr. 33 u. 34. S. 1360—64; S. 1403—07.
— Gedanken eines Arztes über die Medizin. IV. 2. Münch. med. Wschr. 1927, Nr. 26, 27, 28. S. 1100—04; S. 1141—47; S. 1186—88.
— Gedanken eines Arztes über die Medizin. IV, 4. Münch. med. Wschr. 1928, Nr. 6—8. S. 265—68; S. 307—11; S. 350—53.
— Beiträge zur Heilkunde aus der chirurg. Universitätsklinik in Berlin. VIII. Abhandlg. Wesen und Grundlagen der Heilkunde. 1. Teil: Naturalismus.

Münch. med. Wschr. 1930, Nr. 49, S. 2112—14; II. Teil: Hippokratismus S. 2193—95; 1931, Nr. 9, S. 355—59, Nr. 10, S. 408—11.

— Hippokratische Studien. Quell. u. Stud. zur Geschichte der Naturwissenschaft u. d. Medizin. 3. Bd. 1933, S. 1—28.

Bignone, Ettore, I Poeti filosofi della Grecia. Empedocle: Studio critico, traduzione e commento delle testimonianze e dei frammenti. Torino 1916.

— Parmenides e Claudiano laud. Stil. II 6 19. Bollet. filol. class. 23. 1916/17; p. 212.

— Note critiche a Democrito. Riv. filol. class. 2. 1924; p. 514—21.

— Ennio ed Empedocle. Riv. filol. class. 7. 1929. p. 10—30.

Binswanger, L., Heraklits Auffassung des Menschen. Antike XI. 1935, S. 1—38.

Bissing, F. W. v., Ägyptische Weisheit und griechische Wissenschaft. Neue Jahrb. f. d. klass. Altertum 29. 1912. S. 81—97.

Blass, Fr., Die pseudohippokratische Schrift περὶ φυσῶν und der Anonymus Londinensis. Herm. 1901. XXXVI, S. 405—10.

Bloch, Bruno, Die geschichtlichen Grundlagen der Embryologie bis auf Harvey. Nova Acta, Abhandlg. d. Kaiserl. Leop.-Carol. Deutsch. Akademie der Naturforscher. Bd. 82, Nr. 3. Halle 1904, S. 215—28.

Blumenthal, Albrecht v., Anaxagoras und Demokrit. Festschrift f. Judeich. Weimar 1929. S. 13—27.

Boeckh, A., Philolaos, des Pythagoreers Lehren nebst den Bruchstücken seiner Werke. Berlin 1819.

Boehm, Fr., De Symbolis Pythagoreis. Diss. Berlin 1905.

Boehringer, Rob., Das Antlitz des Genius Platon. Breslau 1935.

Bohr, Niels, Atomtheorie und Naturbeschreibung. Berlin 1931.

Bolchert, Paul, Aristoteles' Erdkunde von Asien und Libyen. Berlin 1908.

Boll, F., Art. „Hebdomas". Bei Pauly-Wissowa VII 2. 1912. S. 2547—56.

— Die Lebensalter; ein Beitrag zur ant. Ethnologie und zur Geschichte der Zahlen. Neue Jahrbücher f. d. klass. Altert. 31, 1913. S. 89—145.

— Sternglaube und Sterndeutung. Die Geschichte und das Wesen der Astrologie. Unter Mitw. von C. Bezold. 4. Aufl. nach der Verff. Tod hrsg. von W. Gundel. Leipzig 1931.

Bonitz, H., Platonische Studien. 3. Aufl. Berlin 1886.

Boruttau, H., Versuch einer krit. Geschichte der Atmungstheorien. Arch. f. Gesch. d. Med. 1909. Bd. II, Heft 5, S. 301—50.

Bovet, Theodor, Einführung in die philosophischen Grundprobleme der Medizin. Zürich 1934.

Bräunig, Karl, Hippokrates und die heutige Medizin. Hum. Gymn. 43. 1932; S. 25—44.

Braeutigam, Gualtarius, De Hippocratis epidemiarum libri sexti commentat. Regimont. 1908.

Brandis, Chr. August, Über die Zahlenlehre der Pythagoreer und Platoniker. Rhein. Mus. 1828, S. 208—226; S. 558—72.

— Handbuch der Geschichte der griech.-römisch. Philosophie. T. 1—3. Berlin 1835—66.

Brecht, Franz Joseph, Heraklit. Ein Versuch über den Ursprung der Philosophie. Heidelberg 1936.

Brecht, J. G., Praelectiones de Coacis Praenotionibus. Berlin 1796.
Brieger, Adolf, Das atomistische System durch Korrektur des anaxagoreischen entstanden, Hermes 36. 1901, S. 171—86.
— Die Urbewegung der Atome und die Weltentstehung bei Leukipp und Demokrit. Halle 1884.
— Empedokles' Lehre vom Raum, vom Leeren und vom All und die Lucrez. Beweise für die Unendlichkeit des Alls, des Raumes und des Stoffes. Philologus 60, 1901, S. 510—40.
— Demokrits angebliche Leugnung der Sinneswahrheit, Hermes XXXVII. 1902, S. 56—83.
— Die Urbewegung der demokritischen Atome. Philologus 1904. 63. Jg. S. 584—96.
Brieger-Wasservogel, Lothar, Plato und Aristoteles. Leipzig 1906.
Brink, B. ten, Democriti liber περὶ ἀνθρώπου φύσιος. Philologus VIII, 1853. S. 414—24.
Brown, Webster, Philosophy in Hippokrates. Medical Record 139, 1934, S. 667.
Bütschli, O., Mechanismus und Vitalismus. Leipzig 1901.
Burchard, Walter Th., Der Logos und die Reflexivität des Logos in Heraklits Lehre. Ein neuer Versuch, Heraklits System in Einheit zu verstehen. Diss. Marburg a. L. 1922.
Burckhardt, Jakob, Griechische Kulturgeschichte. Hrsg. von Oeri. 4. Aufl. 4 Bände. Stuttgart 1908.
Burckhardt, R., Über antike Biologie. Aarau 1904.
Burnet, John, Die Anfänge der griech. Philosophie. Aus dem Engl. übers. v. E. Schenkel. Leipzig 1913.
Bury, R. G., Zu Platon. Philol. Wschr. 56. Jg. 1936. S. 1134.
Busse, Adolf, Der Wortsinn von λόγος bei Heraklit. Rhein. Mus. 75, 1926, S. 203—14.
Buttersack, F., Triebkräfte des Lebens. Jena 1934.
— Seelenstrahlen und Resonanz. Leipzig 1937.
Cantor, Moritz, Vorlesungen über Geschichte der Mathematik. I. Leipzig 1880.
Capelle, Wilhelm, Altgriechische Askese. Neue Jahrb. f. d. klass. Altertum. 13. Jahrg. 25. Bd. 1910. S. 681—708.
— Auf Spuren alter φυσικοί. Hermes 45, 1910. S. 321—36.
— Anaxagoras. Neue Jahrbücher f. d. klass. Altertum. 43. 1919. S. 81—102 u. S. 169—98.
— [Besprechung von] Eduard Zeller, Die Philosophie der Griechen in ihrer geschichtlichen Entwicklung dargestellt. I. Teil. 1. Hälfte. 6. Aufl., hrsg. von Wilh. Nestle. Philol. Wschr. 1920. Sp. 505—13; 529—37; 554—62.
— [Besprechung von] Eduard Zeller, Die Philosophie der Griechen in ihrer geschichtlichen Entwicklung dargestellt. I. Teil 2. Hälfte 6. Aufl., hrsg. von Wilh. Nestle. Philol. Wschr. 1922. Nr. 45. Sp. 1061—69 und Nr. 46. Sp. 1081—90.
— Der Geist der Hippokratischen Medizin. Verhdlgn. d. 53. Philol. Vers. 1921. S. 26/27.
— Geschichte der Philosophie. I. Die griechische Philosophie. 1. Teil: Von Thales bis Leukippos. Berlin 1922.

— Zur Hippokratischen Frage. Hermes 57, 1922. Bd. 2. S. 247—65.
— Das erste Fragment des Herakleitos. Hermes 59, 1924, S. 190—203.
— Heracliteum. Hermes 59. 1924, S. 121—23.
— Der Geist der hippokratischen Medizin. Janus 32, 1928. S. 416.
— Art. Straton von Lampsakos bei Pauly-Wissowa IV A, Sp. 278—315.
— Μετέωρος — μετεωρολογία. Philologus LXXI. 1912. S. 414—48.
— s. Vorsokratiker.
Cardini, Maria, Eraclito d'Efeso. Frammenti e testimonianze. Lanciano 1919.
Cartier, E., La médecine d'Hippocrate et celle d'aujourd'hui. Paris 1926.
Carton, Paul, L'essentiel de la doctrine d'Hippocrate. Paris 1923.
Carus, C. G., Psyche. Zur Entwicklungsgeschichte der Seele. Leipzig 1931.
Castiglioni, Artur, Il pensiero di Ippocrate. Atti III. Congr. Naz. d. Ital. di stor. d. scienca med. e nat. Venetia 1925. S. 21—30.
— Il volto di Ipporcate. Istorie di medici e medicine d'altri tempi. Mailand 1925.
Cataudella, Q., L'Anonymus Jamblichi e Democrito. Studi ital. di filol. class. 10. 1932/33. S. 1—22.
Cauer, P., Das Altertum im Leben der Gegenwart. 2. Aufl. Leipzig 1928.
Chance, Burton, On Hippocrates and the aphorism. Ann. med. hist. N. S. 2, 1930. S. 31—46.
Chauvet, E., La médecine grecque et ses rapports à la philosophie. Rev. phil. 16. 1883. S. 233—63.
— La philosophie des médecins grecs. Paris 1885.
Cherniss, H. Fr., Parmenides and the Parmenides of Plato. Americ. Journ. of Philol. 53. 1932. S. 122—38.
Chiapelli, A., Su alcuni frammenti di Eraclito. Atti della Accad. di scienze mor. e polit. della Soc. Reale di Napoli, 22 1888, S. 105—43.
— Sui frammenti e sulle dottrine di Melisso di Samo. Rendic. dell'Acc. dei Lincei 1890, S. 377—413.
Choulant, L., Geschichte und Literatur der älteren Medizin. 1. Tl. Handbuch der Bücherkunde für die ältere Medizin. Leipzig 1841 und 1911.
Christ, W. v., Geschichte der Griechischen Literatur. 7. Aufl., bearb. v. W. Schmid und O. Stählin. München 1929.
Classen, Johannes, Geschichte des Wortes Natur. Festschr. d. Senckenberg. Stiftg. zu Frankfurt a. M. Frankfurt 1863.
Clementis Alexandrini opera omnia, rec. Stählin. Leipzig 1905—1909.
Clologe, Ch. H., Essai sur l'histoire de la gynécologie dans l'antiquité grecque jusqu'à la collection Hippocratique. Bord. 1905.
Cocchi, Antonio, Del vitto pitagorico per usu della medicina. Firenze 1743.
Codellas, Pan S., Alcmaeon of Croton, his life, work and fragments. Proc. Roy. Soc. Med. 25, 1932. Sect. History Med. S. 25—30.
Conradi, Joh. Wilh. Heinr., Über die von Hippokrates geschilderten Fieber, mit Rücksicht auf Littré's Meinung von denselben. Aus dem 2. Bde. der Abhandlungen d. Kgl. Gesellsch. d. Wissensch. z. Göttingen. Göttingen 1844.
— Bemerkungen über die medizinischen Grundsätze der Koischen und Knidischen Schule. Abhandlg. d. Kgl. Gesellsch. d. Wissensch. zu Göttingen, 7. Bd. 1856/57. S. 131—48.

Cornford, F. M., Anaxagoras' theory of matter. I. II. Class. Quart. 24. 1930. S. 14—28 und S. 83—98.
Corpus medicorum graecorum auspiciis academ. assoc. edid. academiae Berolinensis, Hauniensis, Lipsiensis. Leipzig 1908 ff.
— medicorum latinorum ed. consilio et auctoritate instituti Puschmanniani Lipsiensis 1 ff. Leipzig 1915 ff.
Costomiris, G., Études sur les écrits inédits des anciens médecins grecs. Revue des études grecques. III. Nr. 10. Avril-Juin 1890. S. 145—79.
Covotti, Aurelio, Intorno agli attributi dell' Essere Parmenideo. Atti. Nap. 53. 1930. p. 80—119 und p. 153—92.
— Intorno alla polemica di Parmenide contro Eraclito. Atti Nap. 53, 1930, p. 75—79.
— I voluti frammenti di Epicarmo. Atti Nap. 53, 1930. p. 192—203.
— Epicarmea. Atti Nap. 54. 1931. p. 1—9.
— Intorno al framm. 30. (Diels) di Eraclito. Atti della Reale Acad. di science moral. et polit. Napoli 54. 1931. p. 171—80.
Crönert, Wilhelm, Sprachliches zu griechischen Ärzten, eine Untersuchung über den Verfasser des griechischen Papyrus Lond. Nr. 155. Archiv für Papyrusforschung. Hrsg. von Ulrich Wilcken, Leipzig 1903. 2. Bd. 4. Heft. S. 475 bis 482.
— Zu den Handschriften der antiken Ärzte. (Griech. Abtlg.) Wschr. f. klass. Philologie. 1907. 24. S. 494—96.
— Variae Lectiones. Rh. Mus. 1910, LXV, S. 461—71.
Dannemann, Friedrich, Grundriß einer Geschichte d. Naturwissenschaften. Bd. 2. Die Entwicklung der Naturwissenschaften. 2. neu bearb. Aufl. Leipzig 1903.
Daremberg, Charles, Oeuvres choisies d'Hippocrate. Paris 1855.
— περὶ γυμναστικῆς. Paris 1858.
— L'État de la médecine entre Homère et Hippocrate. Revue archéologique. 1869. S. 63—72; 199—212; 259—67.
— Histoire des sciences médicales. Paris 1870.
Darmstaedter, Ludwig, Handbuch zur Geschichte der Naturwissenschaft und der Technik. 2. Aufl. Berlin 1908.
Deichgräber, Karl, Die griechische Empirikerschule. Berlin 1930.
— Die Epidemien und das Corpus Hippocraticum. Voruntersuchungen zu einer Geschichte der koischen Ärzteschule. Berlin 1933.
— Goethe und Hippokrates. Arch. f. Gesch. d. Med. u. d. Naturwissensch. Bd. 29, Heft 1 u. 2. 1936. S. 27—56.
— Zu Hippokrates' περὶ ἀρχαίης ἰητρικῆς. Hermes Bd. 68, 1933, 3. S. 356—58.
— Die Stellung des griechischen Arztes zur Natur. Göttinger Akadem. Reden 6. 1938. S. 13—32.
— s. Hippokrates.
Delatte, A., Études sur la littérature pythagoricienne. Bibliothèque de l'École des hautes études; fasc. 217. Paris 1915.
— La légende de Pythagore de M. J. Lévy. Revue belge de Philologie et d'histoire, Tome IX, Bruxelles 1930, S. 407—20.
Deussen, P., Allgemeine Geschichte der Philosophie. I. Bd. 2. Aufl. Leipzig 1906—14.

Diels, Hermann, Studia Empedoclea. Hermes XV. 1880. S. 161—79.
— Empedokles und Gorgias. Sitz. Berl. Akad. 1884. S. 343—68.
— Herodot und Hekataios. Hermes XII. 1887. S. 436.
— Leukippos und Diogenes v. Apollonia, Rhein. Mus. 42, 1887, S. 1—14.
— Über die ältesten Philosophen-Schulen der Griechen. Philos. Aufs. Ed. Zeller gewidmet. Leipzig 1887. S. 239—260.
— Ein gefälschtes Pythagorasbuch. Arch. f. Gesch. d. Philosophie. III. 1890. S. 452—72.
— Über das physikalische System des Straton. Sitzungsber. d. Kgl. Preuß. Akad. d. Wiss. 1893. S. 101—27.
— Über die Excerpte von Menons Iatrica in dem Londoner Papyrus 137. Hermes 28. Berlin 1893. S. 407—34.
— Über Anaximanders Kosmos. Arch. f. Gesch. d. Philos. X. 1897. S. 228—37.
— Elementum. Leipzig 1899.
— Poetarum philosophorum fragmenta. Berlin 1901.
— Über die auf den Namen des Demokritos gefälschten Schriften. Sitzungsberichte d. Kgl. preuß. Akademie d. Wiss. zu Berlin. Gesamtsitzung 1902. Nr. 50. (4. Dezember.) 8. 1101—08.
— Die Handschriften der antiken Ärzte. II. Teil: Die übrigen griechischen Ärzte außer Hippokrates und Galenos. Abhandlg. d. Kgl. Preuß. Akad. d. Wissenschaften. Berlin 1907. S. 25—29.
— Über das neue Corpus Medicorum. Neue Jahrb. f. d. klass. Altertum. 1907. XIX. S. 701—05.
— Bericht über den Stand des interakademischen Corpus medicorum antiquorum. Berlin 1908.
— Hippokratische Forschungen I. Hermes 1910, 45. Bd. S. 125—50.
— Über einen neuen Versuch, die Echtheit einiger Hippokratischer Schriften nachzuweisen. Sitzungsber. d. Kgl. Preuß. Akad. d. Wissensch. Heft 53. 1910. S. 1140—55.
— Eine vermeintliche Entdeckung einer Incunabel der griechischen Philosophie. Dtsch. Literaturztg. 32. 1911. S. 1861—66.
— Hippokratische Forschungen. II. III. Hermes 1911. 46. Bd. S. 261—85.
— Hippokratische Forschungen. IV. Hermes 1913. 48. Bd. S. 378—407.
— Über Leukipp und Demokrit. Verhandlungen der 35. Philol.Vers. zu Stettin 1880. S. 96—109.
— Hippokratische Forschungen V: Eine neue Fassung des XIX. Hippokratesbriefes. Hermes 53, 1918. S. 57—87.
— Italienische Forschung zur antiken Philosophie. Dtsch. Literaturztg. 41. Jg. 1920. Nr. 43. S. 657—61.
— Anaximandros v. Milet. Neue Jahrb. f. d. klass. Altert. 51. 1923. S. 65—75.
— Antike Technik. 7 Vorträge. 3. Aufl. Leipzig 1924.
Diepgen, Paul, Geschichte der Medizin. Bd. I, Altertum. (Sammlg. Göschen Nr. 679.) Berlin und Leipzig 1913. 2. Aufl. Berlin und Leipzig 1923.
— Über das Verhältnis der Geschichte der Medizin zur modernen Heilkunde und den Wert medizinhistorischer Forschung für diese. Naturw. I. 1913. S. 1290—94.

Diepgen, Paul, Geschichte der Medizin. Bd. 2, Mittelalter. (Sammlg. Göschen Nr. 745.) Berlin u. Leipzig 1914.
— Geschichte der Medizin I. II. (Literaturbericht.) Arch. Kulturgesch. 21 1931, S. 240—56, S. 357—84.
— Vitalismus und Medizin im Wandel der Zeiten. Klin. Wschr. 10. 1931, S. 1433—38.
— Virchow und die Romantik. Dtsch. med. Wschr. 58. 1932, S. 1256—58.
— Die Lehre von der Konstitution in der vitalistischen Medizin. Klin. Wschr. 12. 1933, S. 30—32.
— Das Schicksal der deutschen Medizingeschichte im Zeitalter der Naturwissenschaften und ihre Aufgaben in der Gegenwart. Dtsch. med. Wschr. 60. 1934, S. 66—70.
— Der Untergang der antiken Welt und die Medizin. Jkurse ärztl. Fortbild. 25. 1934, S. 1—13.
— Die antike Heilkunde und ihre Bedeutung für die Weltmedizin. Münch.med. Wschr. Jg. 81. 1934. S. 1431—36.
— Zur Geschichte der Lehre von der Konstitution. Konstitutions- und Erbbiologie, hrsg. v. Walther Jaensch, Leipzig 1934, S. 1—15.
— Weltanschaulich bedingte Wandlungen in der Medizin. Med. Welt 9, 1935, S. 1861—65.
— Die volkstümlichen und wissenschaftlichen Grundlagen der Therapie in der Geschichte der Medizin. Fschr. Ther. 12, 1936, S. 14—23.
— Les influences religieuses sur le développement de la médecine. Bull. Soc. franç. Histoire Méd. 30, 1936, S. 136—44.
— Die Frauenheilkunde in der Alten Welt = Geschichte der Frauenheilkunde I. (Veit-Stoeckel, Handbuch der Gynäkologie, 3. Aufl., Bd. 12, Tl. I.) Berlin 1937.
— Hippokrates oder Paracelsus? (Kleine Hippokrates-Bücherei, hrsg. von Kurt Klare, Bd. IX.) Stuttgart 1937.
— Volksmedizin und wissenschaftliche Heilkunde. Ihre geschichtlichen Beziehungen. Volk und Volkstum. Jb. f. Volkskunde, hrsg. von Georg Schreiber, Bd. 2. München 1937, S. 37—53.
Diller, Hans, Ὄψις ἀδήλων τὰ φαινόμενα. Hermes 67, 1932. S. 14—42.
— Die Überlieferung der Hippokrat. Schriften π. ἀέρων, ὑδάτων, τόπων. Philologus Suppl.Bd. 23, 1932, H. 3, S. 176.
— Die sogen. 2. Fassung d. 19. Hippokratesbriefes. Quell. u. Stud. z. Gesch. d. Naturw. u. d. Medizin. Bd. 3, 1933, 4. S. 35—44.
— Zur Hippokratesauffassung des Galen. Hermes 68. 1933. S. 169—81.
— Wanderarzt und Aitiologe. Leipzig 1934. (Philologus, Suppl.Bd. 26, 3.)
— Eine stoisch-pneumatische Schrift im Corpus Hippocraticum. Arch. Gesch. Med. 29. 1936. S. 178—95.
— Der griechische Naturbegriff. Neue Jahrbücher f. Antike und deutsche Bildung. Heft 6. 1939. S. 241—57.
Dilthey, W., Schriften I: Einleitung in die Geisteswissenschaft I. Leipzig 1922.
Dingler, H., Der Zusammenbruch der Wissenschaft und der Primat der Philosophie. München 1926.
— Das Experiment, sein Wesen und seine Geschichte. München 1928.

Diogenes Laertius: De clarorum philosophorum vitis. Libri decem. Ed. C. G. Cobet. Paris 1878.

Dioscuridis, Pedanii Anazarbei, de materia medica libri quinque ed. Max Wellmann, vol. II. Berlin 1906.

— Pedanii Anazarbei, de materia medica libri quinque ed. M. Wellmann. vol. 1. Berlin 1907.

Dörfler, Joseph, Die kosmogonischen Elemente in der Naturphilosophie des Thales. Arch. f. Gesch. d. Philos. XXV, 1912, S. 305—31.

— Zur Urstofflehre des Anaximenes. Freistadt 1912.

Döring, August, Geschichte der griech. Philosophie. Leipzig 1903.

Dornseiff, F., Das Alphabet in Mystik und Magie. 2. Aufl. Leipzig 1925.

Doxographi graeci, coll., rec., prolegomenis indicibusque instruxit H. Diels. Ed. II. Berlin 1929.

Driesch, Hans, Geschichte des Vitalismus (= Natur- und Kulturphilos. Biblioth. Bd. 3). Leipzig 1922.

— Philosophie des Organischen. 4. Aufl. Leipzig 1928.

— Das Lebensproblem im Lichte moderner Forschung. Leipzig 1931.

Dümmler, F., Akademika. Gießen 1889.

— Kleine Schriften I., Zur griech. Philos. Leipzig 1901.

Dyroff, Adolf, Demokrit-Studien. Leipzig 1899.

— Über die Abhängigkeit des Aristoteles von Demokritos. Philologus Bd. 63, 1904, Heft 1, S. 41—53.

— Kritik zu Karl Reinhardt's Parmenides. Bonn 1912. Berl. philol. Wschr. Nr. 39, S. 1212.

— Zur griechischen und germanischen Kosmogonie. (Anaximandros, Pherekydes und Völuspà.) Arch. f. Religionswissensch. 31. Bd., 1934, S. 112—23.

Ebstein, W., Zur Geschichte der Entwicklung des Krankheitsbegriffes. Rivista di Scienza, Anno II, Vol. 3, 1908, S. 67.

Eckmann, Gerhard, Über die praktische Rolle der Diätetik in der hippokratischen Medizin. Berlin 1936.

Edelstein, Ludwig, Antike Diätetik. Antike 7. 1931. S. 254—70.

— περὶ ἀέρων und die Sammlung der Hippokratischen Schriften. Berlin 1931. (Problemata H. 4.)

— Die Geschichte der Sektion in der Antike. Quell. u. Stud. z. Gesch. d. Naturw. u. Med. 3. 1932. S. 50—106.

— Nachträge zum Artikel Hippokrates. Pauly-Wissowa. Supplementband VI. 1935. S. 1290—1345.

— Greek Medicine in its Relation to Religion and Magie. Bull. Inst. History Med., Baltim. 5. 1937. S. 201—46.

Edens, E,. Über die Behandlung von Krankheiten und Kranken. Klin. Wochenschr. 10. Jahrg. Nr. 31. 1931. S. 1460—64.

— Begriff und Begrenzung der Allergie. Med. Welt 11. 1937. Nr. 36. S. 1231 bis 1234.

Edmann, J., The philosophy of Plato. New York 1930.

Egger, J. B., Begriff der Gymnastik bei den alten Philosophen und Medizinern. Freib. i. d. Schweiz 1903.

Einheitsbestrebungen in der Medizin. Kongreß zur Förderung medizinischer Synthese und ärztlicher Weltanschauung. Verhandlungsberichte, hrsg. von Th. Brugsch. Bd. I u. II. Dresden u. Leipzig 1933—35.
Eisler, Robert, Weltenmantel und Himmelszelt. 2 Bde. München 1910.
Eisler, Rudolf, Geschichte des Monismus. Heidelberg 1913.
— Handwörterbuch der Philosophie. Berlin 1922.
— Philosophenlexikon. Leben, Werke und Lehren der Denker. Berlin 1925.
— Wörterbuch der philosophischen Begriffe. 4. neu bearb. Aufl. Bd. 1—3. Berlin 1927—30.
Empedoclis Agrigentini Fragmenta. Dispos., rec., adnot. Henricus Stein. Bonnae 1852.
— Carminum reliq. coll. ill. F. W. Sturz. Leipzig 1805.
— Carminum reliquiae. Rec. S. Karsten. Amstelod. 1838.
Engelmann, Wilhelm, Bibliotheca philologica. Leipzig 1853. S. 165—73.
— Bibliotheca scriptorum classicorum. Abt. 1. 8. Aufl. Leipzig 1880. S. 386-92.
Englert, Ludwig, Die gegenwärtige Situation der Forschung zur Geschichte der antiken Medizin. Arch. Gesch. Med. 20, 1928. S. 307—26.
— Untersuchungen zu Galens Schrift Trasybulos. Heft 18 der Studien zur Geschichte der Medizin. Leipzig 1929.
Ermerins, F. Z., Hippocratis liber de victus ratione. Lugd. Batav. 1841.
— Emendationen zu Galen. Text des Hippokrates und Galen's Commentar zum Prognostikon. Janus II, Heft 1. 1847. S. 1—15.
Erotiani, Galeni et Herodoti, Glossaria in Hippocratem, graece et latine, comment. Henr. Stephani et alior. recens. varietatem lectt. e Mss. Codd. Dorvillii et Mosquensi addidit, suasque animadvers. adjecit J. G. F. Franz. Lipsiae 1780.
— ed. E. Nachmanson. Upsala 1918.
Esser, A. A. M., Die theoretischen Grundlagen der altindischen Medizin und ihre Beziehungen zur griechischen. Dtsch. med. Wschr. Jg. 61, 1935, 15. S. 600—02.
Ettmüller, M. E., Progr. diligentiam Hippocratis continuandam esse. Lips. 1719.
Exakte Wissenschaften von A. Rehm u. K. Vogel. 4. Aufl. Leipzig 1933. (Gercke-Norden: Einleitung in die Altertumswissenschaft, II. Bd. 5. Heft.)
Eymin, A., Médecins et philosophes. Notes historiques sur les rapports des sciences médicales avec la philosophie depuis le VIe siècle avant J. C. jusqu'-aux premières années du XIXe siècle. Lyon 1903.
Fabre d'Olivet, Antoine, Die goldenen Verse des Pythagoras. Hrsg. v. Baronin Wolff. München 1926.
Fabricius, J. A., Bibliotheca graeca sive notitia veterum scriptorum graec. 14 Bde. Hamburg 1705—28, ed. IV cur. C. G. Harles, 12 Bde. Hamburg 1790—1809.
Faggi, Adolfo, Eraclito di Efeso. Atti R. Accad. di Torino 59, 1924, S. 182—193.
— Eraclito di Efeso. II. Atti R. Accad. di Torino 63, 1927/28, S. 223—36.
— Parmenide di Elea ed il concetto dell' essere. Atti Tor. 67, 1932, S. 293—308.
Falco, Vitt. de, Ad Heraclitum, A 19 Diels. Riv. Indo-Gr.-It. 7, 1923, S. 18.
Field, G. C., Plato and his contemporaries. London 1930.

Fimmen, Diedr., Die Kretisch-mykenische Kultur. Leipzig 1921.
Fränkel, H., Parmenides-Studien. Gött. Nachr. 1930. S. 153—92.
— A Thought-Pattern in Heraclitus. Amer. Journ. of Philol. 59, 1938, S. 309 bis 337.
Fragmente der Vorsokratiker. Griech. u. dt. v. Herm. Diels. 5. Aufl. hrsg. v. W. Kranz. 1—3. Berlin 1934—37.
Frank, Erich, Plato und die sog. Pythagoreer. Halle 1923.
Frank, Philipp, Das Kausalgesetz und seine Grenzen (= Schriften zur wiss. Weltauffassung. Bd. 6). Wien 1932.
Fredrich, C., De Libro περὶ φύσιος ἀνθρώπου pseudippocrateo. Gottingae 1894.
— Hippokratische Untersuchungen (Phil. Untersuchungen v. Wilamowitz-Kiessling 15). Berlin 1899.
Freund, E., Aristoteles' Stellung zur platonischen Ideenlehre. Diss. Breslau 1936.
Freymann, W., Platons Suchen nach einer Grundlegung aller Philosophie. Leipzig 1930.
Fries, Karl, Zur Pythagoras-Vita. Ph. Wschr. 49, 1929, S. 61.
Fritz, Kurt von, Die Ideenlehre des Eudoxos v. Knidos und ihr Verhältnis zur platonischen Ideenlehre. Philologus 82, 1926, S. 1—26.
Fritzsche, R. A., Der Magnet und die Atmung in antiken Theorien. Rh. Mus. 57, 1902, S. 363—91.
Froelich, Guil. L. Fr. J., De Hippocratis Coi medendi methodo. Vratislav. 1821.
Fronmüller, W., Demokrit, seine Homerstudien und Ansichten. Erlangen 1901.
Fuchs, Robert, Anecdota medicorum Graeca. Rhein. Mus. XLIX. 1894. S. 557/58.
— Geschichte der Heilkunde bei den Griechen, in Puschmann, Th., Handbuch der Geschichte der Medizin. Jena 1902, S. 153—402.
Gadamer, H. Gg., Platons dialektische Ethik, phänomenolog. Interpretationen zum Philebos. Hab.-Schr. Leipzig 1931.
— Antike Atomtheorie. Ztschr. ges. Naturwiss. 1. 1935. S. 81—95.
Galeni, de usu partium libri XVII ad codicum fidem recensuit Georgius Helmreich. Lips. 1907.
— de usu partium libri XVII ad codicum fidem recensuit Georgius Helmreich. Vol. II. Libros IX—XVII continens. Lips. 1909.
Galenus de Placitis Hippocratis et Platonis libri novem. Rec. et expl. Iwanus Müller. Vol. 1. Leipzig 1874.
— Gesamtausg. von C. G. Kühn. Leipzig 1821—33.
— Thrasybulos. (Textausg.) Scripta minora. Bd. 3. Leipzig 1893. (Übers.) Berlin 1936.
Galenus, In Platonis Timaeum commentarii fragmenta. Coll., disposuit, explicavit Henricus Otto Schröder. Appendicem arabicam addidit Paulus Kath. Leipzig 1934. (Corp. Med. Gr. Suppl. Vol. 1.)
Ganszyniec, R., De principio Heracliteo. Eos 32; 1929, S. 740.
Geazie, Walter, Empedokles' psychological doctrine. Archives of Philos. 1924, S. 10—23.
Geffcken, Johannes, Griechische Literaturgeschichte. I Heidelberg 1926. II 1934.

Gerber, P., Medizinische Philosophie. Wien. klin. Wschr. Nr. 36, 1927, S. 975.
Gesner, Joh. Math., De animabus Heracliti et Hippocratis ex huius libro I de diaeta. Göttingen 1752.
Ghinopulos, S., Pädiatrie in Hellas und Rom. Jena 1930.
Gigon, O., Untersuchungen zu Heraklit. Diss. Leipzig 1935.
— Anaxagoras. Philologus 91, 1936 I, S. 1—14.
Gilbert, Otto, Die meteorologischen Theorien des griechischen Altertums. Leipzig 1907.
— Jahresbericht über die vorsokratische Philosophie. Arch. f. Gesch. d. Philos. 21, 1908, S. 419—35.
— Aristoteles' Urteile über die pythagoreische Lehre. Arch. f. Gesch. d. Philos. 22, 1909, S. 28—48 u. S. 145—65.
— Ionier und Eleaten. Rh. Mus. 64, 1909, S. 185—201.
— Griechische Religionsphilosophie. Leipzig 1911.
Gillespie, C. M., The use of εἶδος and ἰδέα in Hippocrate. In the Class. Quarterly, Vol. 6, 1912, S. 179.
Glaser, K., Gang und Ergebnis des platonischen Lysis. Wien. Studien, 53. Bd., 1935, S. 47—67.
Glockner, H., Lotzes Deutung der Platonischen Ideen. Die pädagogische Hochschule, II. Jahrg., 1930, S. 7—16.
Goebel, Karl, Die vorsokratische Philosophie. Bonn 1910.
Goedeckemeyer, A., Epikurs Verhältnis zu Demokrit in der Naturphilosophie. Diss. Straßburg 1897.
Glöttermann, E., Zur Hippokratischen Schrift περὶ φύσεως ἀνθρώπου. Hermes 1907. XLII. S. 138—45.
Goldbeck, E., Der Untergang des kosmischen Weltbildes der Antike. Die Antike, Bd. I, Heft 1, 1925, S. 61—79.
Goldstein, W., Studien zur Entwicklung der psychophysischen Probleme Platons. Breslau 1932.
Gomperz, Heinr., Die Lebensauffassung der griechischen Philosophen. Jena 1904.
— Heraklit's Einheitslehre von Alois Patin als Ausgangspunkt zum Verständnis Heraklits. Wien. Stud. 43, 1923, S. 115—35.
— Zur Theogonie des Pherekydes von Syros. Wien. Stud. 47, 1929, S. 14—26.
Gomperz, Theodor, Zu Heraklit's Lehre und den Überresten seines Werkes. Sitz. Wien. Akad., 113, 1886, S. 997—1057.
— Einige Bemerkungen zum Corpus hippocraticum. Anzeiger der Kaiserl. Akademie der Wissenschaften in Wien. Jahrg. 1910, Nr. IV, Sitzung der philos.-histor. Klasse vom 3. Febr. S. 20—25.
— Die Hippokratische Frage und der Ausgangspunkt ihrer Lösung. Phil. Wschr. 1911, LXX, S. 213—41.
— Griechische Denker. 1. Bd. IV. Aufl. Berlin 1922.
— Zu Alkmaion's frg. 1 Diels. Phil. Wschr. 48, 1928, S. 1597.
— Zu Heraklit's frg. 129. Phil. Wschr. 48, 1928, S. 156—59.
— Ὄψις τῶν ἀδήλων τὰ φαινόμενα. Hermes Bd. 68, 1933, 3. S. 341—46.
— s. Apologie der Heilkunst.
Goodall, E. W., On infections diseases and epidemiology in the Hippocratic collection. Proc. Roy. Soc. of Med. 27, 1933/34, I, S. 525—32.

Gossen, Hans, Art. Hippokrates. Bei Pauly-Wissowa Suppl.-Bd. III, 1918, S. 1801.
Grassi, E., Il problema della metafisica platonica. Bari, Laterza 1932.
Grönert, Wilh., Sprachliches zu griechischen Ärzten, eine Untersuchung über den Verfasser des griechischen Papyrus Lond. Nr. 155. Arch. f. Papyrusforschung. Hrsg. v. Ulr. Wilcken, Lipsiae 1903. 2. Bd. 4. Heft. S. 475—82.
Gronau, Karl, Platons Ideenlehre im Wandel der Zeit. Braunschweig 1929.
Grote, L. R., Grundlagen ärztlicher Betrachtung. Berlin 1921.
— u. Alfr Brauchle, Gespräche über Schulmedizin und Naturheilkunde. Leipzig 1935.
Grube, G. M. A., The sense of taste in Timaeus 65 B—66 C. Class. Philol. 25. 1930. S. 72—74.
Grundlagen u. Ziele der Medizin der Gegenwart. 5 Vortr. geh. v. Th. Brugsch, K. Elze, L. R. Grote, E. Liek, W. Mayer-Gross. Leipzig 1928. (Vortr. d. Inst. f. Gesch. d. Med. a. d. Univ. Leipzig 1.)
Gruner, Chr. G. , Censura librorum Hippocraticorum. Vratisl. 1772.
Günther, H. F. K., Platon als Hüter des Lebens. München 1928.
Gundel, Wilhelm, Beiträge zur Entwicklungsgeschichte der Begriffe Ananke und Heimarmene. Gießen 1914.
Györy, Tiberius v., Sinapius, der Urheber der antihippokratischen Bewegung am Ende des XVII. Jahrhunderts. Arch. f. Gesch. d. Naturwiss. Bd. 6. 1913. S. 132—43.
Haas, Artur Erich, Antike Lichttheorien. Arch. f. Gesch. d. Philos. N. F. 20, 1907, S. 345—86.
— Ästhetische und teleologische Gesichtspunkte in der antiken Physik. Arch. f. Gesch. d. Philos. Bd. 22, 1908, S. 80—113.
Haberling, W., Die Grundgedanken des Hippokrates. Ztschr. ärztl. Fortbildung 34, Nr. 6, 1937, S. 175/76.
Haeser, Heinrich, Lehrbuch der Geschichte der Medizin. 1. 3. Aufl. Jena 1875.
— Grundriß der Geschichte der Medizin. Breslau 1884.
Haldane, J., Die philosophischen Grundlagen der Biologie. Berlin 1932.
Haller, Albr. v., Collectio Artis medicae principes. 11 Bde. Lausanne 1769—74.
— Bibliotheca medicinae practicae. 4 tomi. Bernae 1776—88.
Handbuch der Geschichte der Medizin. Begr. v. Th. Puschmann. Hrsg. v. Max Neuburger u. Jul. Pagel. 3 Bde. Jena 1902—05.
Handschriften, Die Handschriften der antiken Ärzte. I. Teil: Hippokrates und Galenos. Im Auftrage der akademischen Kommission hrsg. von H. Diels. (Aus d. Abhdlgn. d. Kgl. Preuß. Akad. d. Wiss. vom Jahre 1905). Berlin 1905. S. 3—56.
Hankel, H., Zur Geschichte der Mathematik im Altertum und Mittelalter. Leipzig 1874.
Harder, R., Plato und Athen. Neue Jahrb. f. Wiss. u. Jugendbildung X, 1934. S. 492—508.
Hardy, E., Der Begriff der Physis in der griechischen Philosophie. Berlin 1884.
Hartmann, Fritz, Über das Denken in der klinischen Medizin. Graz 1931.
— Max, Biologie und Philosophie. Berlin 1925.
— Das Weltbild der Biologie (= das Weltbild der Naturwissenschaften, hrsg. von L. Grote). Stuttgart 1931.

Hartmann, Fritz, Nicolai, Platons Logik des Seins. Gießen 1909.
— Problem des Apriorismus in der platonischen Philosophie. Sitzungsber. d. preuß. Akad. d. Wiss. Berlin, Phil.-hist. Kl., 1935, S. 223—60.
Hatano, M., Herakleitos. Tokyo 1932.
Haupt, Hans, Das Homologieprinzip bei Rich. Owen, ein Beitr. zur Gesch. d. Platonismus i. d. Biologie. Leipzig 1935. Hamb. Phil. Diss. 1936.
Haussleiter, Johannes, Der Vegetarismus in der Antike (Religionsgeschichtl. Versuche und Vorarb. Bd. 24). Berlin 1935.
Hauvette-Besuault, Am. et M. Dubois, Inscriptions de l'ile de Cos. Bull. de corresp. hellén. V. 1887. S. 201—40.
— Pseudodemokritische Studien. Abh. Berl. Akad., philos.-hist. Kl. 1913, Nr. 4.
Heiberg, J. L., Die handschriftliche Grundlage der Schrift: περὶ ἀέρων, ὑδάτων, τόπων. Hermes 39. 1904. 1. H. S. 131—45.
— Naturwissenschaften, Mathematik u. Medizin im klassischen Altertum. 2. Aufl. (Aus Nat. u. Geistesw. 370). Leipzig 1920.
— Geisteskrankheiten im klassischen Altertum. Berlin 1927.
Heidel, W. A., Πέρας und Ἄπειρον in der Pythagoreischen Philosophie. Arch. f. Gesch. d. Philos. VII, 3. 1901. S. 384—99.
— Qualitative change in Pre-Socratic philosophy. Arch. f. Gesch. d. Philos. XII, 1906. S. 333—79.
— περὶ φύσεως. A study of the conception of nature among the Pre-Socratics. Proceedings of the Americ. Acad. of Arts and Sciences 45. 1910. S. 77—133.
— Hippocratea. Harvard Studies in classical philology, vol. 25, 1914. S. 139—203.
Heinze, M., Die Lehre vom Logos in der griechischen Philosophie. Oldenburg 1872.
Heisenberg, Werner, Wandlungen in den Grundlagen der Naturwissenschaft. 2 Vorträge. Leipzig 1935.
Hell, G., Untersuchungen und Beobachtungen zu den platonischen Briefen. Diss. Berlin 1933.
Helmreich, Georg, Observationes criticae in Galeni de elementis secundum Hippocr. libros. Erlangen 1877.
— Galen περὶ τῶν ἐν ταῖς τροφαῖς δυνάμεων I, 13. Philologus 43, 1904, 2. Heft. S. 310/11.
— Neue Fragmente zu Hippokrates περὶ ἑβδομάδων. Hermes 46, 1911, S. 437 bis 443.
Heraklit, seine Gestalt und sein Künden. Einführung, Übertragung, Deutung von G. Burckhardt. Zürich u. Leipzig 1925.
— Über das All. Neue Übertr. u. Hrsg. d. Fragm. mit bes. Berücks. d. Goetheschen Gedankenwelt von Fr. Herrmann. Berlin 1929.
Herodoti Historiarum libri IX, Ed. Henr. Rudolph. Dietsch, Editio altera, curavit curatamque emendavit H. Kallenberg. Vol. I. Lips. 1911.
Herrlich, S., Epidaurus, eine antike Heilstätte. Wissenschaftl. Beilage zum Jahresber. d. Humboldt-Gymn. zu Berlin. Berlin 1898.
— Antike Wunderkuren. Wissenschaftl. Beilage zum Jahresbericht d. Humboldt-Gymn. zu Berlin. Berlin 1911.

Herrligkoffer, C. B., Natura sanat-medicus curat. Münch. med. Wschr. 82. Jg. 1935. S. 1693—97.
Herzog, R., Knidos und Kos. Hermes XXX, 1895, S. 154—56.
— Koische Forschungen und Funde. Leipzig 1899.
— Wunderheilungen v. Epidauros. Leipzig 1931.
Heshusii, A. G., De dogmate Pythagorico de abstinentia carnium. Diss. Leipzig 1668.
Hildebrandt, Kurt, Platon, Der Kampf des Geistes um die Macht. Berlin 1933.
Hildiger, E., Das Farbenempfindungssystem der Hellenen. Natur und Offenbarung, Münster i. Westf. 1905, LI, Heft 1, S. 31—41.
Hippokrates: Abhandl. von der Luft, den Wässern u. den Gegenden. Bearb. des Dr. Corray von G. Ritter v. Högelmüller. Wien 1804.
— Aphorismen. Dt. m. Anm. v. G. R. Lichtenstein. Helmst. 1778.
— Aphorismen. Durchaus bericht. griech. Urschrift. Dt. Übers. v. Fr. A. Menke. Bremen 1844.
— Der Volkskrankheiten (De morbis popularibus) Buch 1 u. 3. A. d. Griech. übers., eingel. u. erl. v. G. Sticker. Leipzig 1923.
— Des ouvrages d'Hippocrate. Extrait du Tome LXXII du catal. des livres imprimés de la Bibl. Nationale. Paris 1921.
— Oeuvres compl. par E. Littré. 10 voll. Paris 1839—61.
— Sämtl. Werke. Übers. u. comment. v. Rob. Fuchs. 3 Bde. München 1895—1900.
— Über Entstehung und Aufbau des menschl. Körpers (περὶ σαρκῶν). Hrsg., übers. u. komment. v. Karl Deichgräber. Leipzig 1935.
— Werke. Die Hippokratische Schriftensammlung in neuer deutscher Übersetzung. Hrsg. v. Rich. Kapferer unter Mitw. v. Georg Sticker. Stuttgart 1934ff.
— Works With Engl. transl. by W. H. S. Jones. Vol. 4. (Heracleitus, On the universe). London 1931.
— Works. With Engl. transl. by W. H. S. Jones. 1—3. London 1923—27.
Hippocratis de aëre, aquis, locis, mit der alten lateinischen Übersetzung, hrsg. von G. Gundermann. Bonn 1911.
— opera quae feruntur omnia ed. H. Kühlewein. 1—2. Leipzig 1894—1902.
Hirsch, A., Biographisches Lexikon der hervorragenden Ärzte aller Zeiten und Völker. 6 Bde. Leipzig 1884—88.
Hirschberg, Julius, Ärztliche Bemerkungen über die in der hippokratischen Sammlung überlieferten Schrift περὶ τέχνης. Arch. f. Gesch. d. Nat. und Techn. Bd. 6, 1913. S. 163—75.
— Vorlesungen über hippokrat. Heilkunde. Leipzig 1922.
Hirzel, Rudolf, Ἄγραφος Νόμος. Abhandlg. d. sächs. Gesellsch. d. Wissensch. Phil.-hist. Klasse. 20. Bd. 1900. S. 3—98.
Höfller, Max, Zur altgermanischen Heilkunde. Janus VIII. 1904. 7. Livr. (Juli) S. 371—77. 8. Livr. (Aug.) S. 419—25. 9. Livr. (Sept.) S. 472—76. 10. Livr. (Okt.) S. 538—45. 11. Livr. (Nov.) S. 592—96. 12. Livr. (Dez.) S. 641—48.
Hönigswald, R., Philosophie des Altertums. München 1917.
Hoffmann, E., De Aristotelis Physicorum libri septimi origine et auctoritate. Pars prior. Diss. Berlin 1905.

Hoffmann, E, Die Sprache und die archaische Logik. Tübingen 1925.
— Platonismus und Mystik im Altertum. Heidelberg 1935.
— Platon und der Platonismus. Das humanist. Gymnasium. 47. Jg. 1936. S. 69—82.
Hofschläger, Reinhard, Über den Ursprung der Heilmethoden. Festschrift zum 50jährigen Bestehen des Naturwissenschaftlichen Vereins zu Krefeld. Jahresber. d. naturw. Vereins zu Krefeld 1908. S. 135—218.
— Die Entstehung der primitiven Heilmethoden und ihre organische Weiterentwicklung. Arch. f. Gesch. d. Medizin. Bd. II. 1909. S. 81—103.
Holtorf, H. P., Platon im Kampf gegen die Entartung der nordischen Rasse. Deutsch. Philologenblatt 42, 1934, S. 269—72.
Hommel, Hildebrecht, Moderne und hippokratische Vererbungstheorien. Arch. Gesch. d. Med. 19. 1927. S. 105—22.
Honigmann, Georg, Das Problem der ärztlichen Kunst. Gießen 1922.
— Das Wesen der Heilkunde. Leipzig 1924.
— Geschichtliche Entwicklung der Medizin. München 1925.
Hopf, Ludwig, Die Anfänge der Anatomie bei den alten Kulturvölkern (Abhandlungen zur Gesch. d. Med., Heft IX). Breslau 1904.
— Die Heilgötter und die Heilstätten des Altertums. Eine archäolog.-medizin. Studie. Tübingen 1904.
Hoppe, Edmund, Mathematik und Astronomie im klassischen Altertum. Heidelberg 1911.
Horna, Const., Empedocleum. Wien. Stud. 48. 1930. S. 3—11.
Hornstein, S., Untersuchungen zum hippokratischen Corpus. Primitiae Czernovicienses 1911. S. 54—82.
Hornyánsky, Julius, A görög felvilágosodás tudománya. Hippokrates. Budapest 1910.
Houdart, M. S., Études hist. et crit. sur la vie et la doctrine d'Hippocrate. Paris 1837. 2. éd. 1840.
— Histoire de la médecine grecque depuis Esculape jusqu'à Hippocrate excl. Paris 1856.
Howald, E., Heraklit und seine antiken Beurteiler. Neue Jahrb. f. d. klass. Altert. u. f. Pädag. 21, 1918. S. 18—92.
— Eine vorplatonische Kunsttheorie. Hermes 54. Bd. 1. H. 1919. S. 187—207.
— Die Schrift des Philolaos. Essays on the Hist. of Med. presented to K. Sudhoff. Zürich 1924.
— Die Anfänge der europäischen Philosophie. München 1925.
— Leukippos. Festschr. f. K. Joel z. 70. Geburtstag. Basel 1934. S. 159—64.
Ilberg, Joh., Studia Pseudippocratea. Diss. Inaug. Lipsiae 1883.
— Zur Überlieferung des hippokratischen Corpus. Rh. Mus. 42. 1887. S. 436 bis 439.
— Über das hippokratische Corpus. Verhandlg. d. 40. Philologenversammlg. Leipzig 1889. S. 393—402.
— Das Hippokrates-Glossar des Erotianos und seine ursprüngliche Gestalt. Abhandlg. d. Kgl. Sächs. Gesellsch. d. Wissensch. XIV. Bd. 1893. S. 103—45.
— Die medizinische Schrift über die Siebenzahl und die Schule von Knidos. Leipzig 1894.

Ilberg, Joh., Asklepios. Neue Jahrb. f. d. klass. Altertum. 3. Jg. 1901, II. Abtlg. VIII. Bd. S. 297—314.
— Aus der antiken Medizin. Neue Jahrb. f. d. klass. Altertum. 6. Jahrg. 1904. XIII. u. XIV. Bd. 6. Heft. S. 401—23.
— Die Erforschung der griech. Heilkunde. Neue Jahrb. f. d. klass. Altertum. 10. Jg. 1908. XXI. Bd. S. 585—602
— Hippokrates und Demokrit. Arch. f. Gesch. d. Med. 1912/13, VI. S. 1—11.
— Philologische Probleme der Medizingeschichte des Altertums. Neue Jahrb. f. d. klass. Altertum. Jg. 1921. I. Abtg. XLVII. Bd. Heft 1/2. S. 31—45.
— Die Ärzteschule von Knidos. Bericht über d. Verhandlg. d. Sächs. Akad. d. Wissensch. zu Leipzig. Philol.-hist. Kl. 76. Bd. 1924. 3. Heft. S. 1—26.
— Das Corpus medicorum antiquorum. Wirtschaft und Idealismus. Festschr. z. 60. Geburtstag von A. Giesecke. Leipzig 1928. S. 27—38.
— Von der Heilkunde und Gesundheitslehre des Altertums. Münch. med. Wschr. 1931. Nr. 7. S. 280 und Nr. 8 S. 321.
Inlow, Prez, de, The philosophy of medicine. Med. Life 44. New York 1937, S. 399—401 u. S. 432/33.
Ivanka, E. v., Die Polemik gegen Platon im Aufbau der aristotelischen Metaphysik. Scholastik Bd. 10, Frankfurt a. M. 1935, S. 520—42.
Jablonski, Walter, Die Theorie des Sehens im griech. Altertum bis auf Aristoteles. Arch. f. Gesch. d. Med. 23. Bd. Leipzig 1930. S. 306—45.
Jacoby, Felix, Zu Hippokrates περὶ ἀέρων ὑδάτων τόπων. Hermes 1911, 26. Bd. S. 518—67.
— Naturwissenschaft und Kulturgeschichte. Natur und Kultur. Ztschr. f. Schule und Leben, München 1904, II. Jahrgang, Heft 2, S. 53—55.
Jäger, Guil., Fragmenta dynamices Hippocratico-Galenicae sparsis monumentis memoriae prodita. Tübingen 1759.
Jaeger, Werner, Das Pneuma im Lykeion. Hermes 48. 1913. S. 29—74.
— Nemesios von Emesa. Berlin 1914.
— Aristoteles. Berlin 1923.
— Über Ursprung und Kreislauf des philosophischen Lebensideals. S.-Ber. Akad. Berlin 1928. S. 390—421.
— Ἀπαρχαί. Hermes LXIV. 1929. S. 22—40.
— Die geistige Gegenwart der Antike. Antike 5. 1929. S. 167—86.
— Das Problem des Klassischen und die Antike. Acht Vorträge, gehalten auf der Fachtagung der Klassischen Altertumswissenschaft zu Naumburg 1930. Hrsg. von W. Jaeger, Leipzig 1931.
— Paideia. Die Formung des griech. Menschen. Bd. 1, 2. Aufl. Berlin 1936.
— Humanistische Reden und Vorträge. Berlin u. Leipzig 1937.
— Diokles von Karystos. Berlin 1938.
Iamblichi liber de vita Pythagorica ed. Deubner. Leipzig 1937.
Joannou, Petros-Perikles, Die Erfahrung in Platons Ideenlehre. Die Idee als Gestalt der Erfahrung. Phil. Diss. München 1936.
Jöcher, Chr. G., Vom pythagoräischen Bunde. Altenburg 1797.
Joel, Karl, Zur Erkenntnis der geistigen Entwicklung und der schriftstellerischen Motive Platons. Berlin 1887.
— Philosophenwege. Freiburg 1901.

Joel, Karl, Der Ursprung der Naturphilosophie aus dem Geiste der Mystik. Jena 1906.

— Die Auffassung der kynischen Sokratik. Arch. f. Gesch. d. Philos. 20, 1907. S. 1—24 u. 145—70.

— Geschichte der antiken Philosophie. I. Tübingen 1921.

Jüthner, J., Körperkultur im Altertum. Jena 1928.

Kafka, Gustav, Zur Physik des Empedokles. Philol. 78. N.F. 32. 1922/23. S. 202—29.

Kaiser, W., Kosmos und Menschenwesen im Spiegel der platonischen Körper. Basel 1930.

Kalbfleisch, K., u. Schöne, H., Griechische Papyri medizinischen und naturwissenschaftlichen Inhaltes. Berliner Klassikertexte, hrsg. von der Generalverwaltung d. Kgl. Museen zu Berlin. Heft III. Berlin 1905.

Kanngießer, F., Medizinische Erläuterung zu Herodot. Prager med. Wschr. XXXVIII Nr. 47. 1913. S. 652—54.

Kant, Jmmanuel, Kritik der reinen Vernunft. Riga 1781.

— Sämtliche Werke. Hrsg. v. K. Rosenkranz und F. W. Schubert. Leipzig 1838—40.

Kapp, E., Besprechung von: H. Langerbeck, ΔΟΞΙΣ ΕΠΙΡΥΣΜΙΗ. Studien zu Demokrits Ethik und Erkenntnislehre. Berlin 1935. Gnomon 12. 1936. S. 65—77 u. 158—69.

Karmann, A., Methodologische und systematische Untersuchungen erkenntnistheoretisch wichtiger sachlicher Grundprobleme in der platonischen Ideenlehre. Würzburg 1936.

Katsch, J. F., Medizinische Quellenstudien. Entwicklungsgang des Ähnlichkeitsaxioms von Empedokles bis auf Hahnemann. Stuttgart 1891.

Kayserling, A., Die Medizin Alcmaeons v. Kroton (um 520 v. Chr.). Ztschr. f. klin. Medizin. Berlin 1901. S. 178/79.

Kerényi, Karl, Pythagoras und Orpheus. Berlin 1938.

Kern, O., Die griechischen Mysterien der klassischen Zeit. Berlin 1927.

Kerschensteiner, H., Nekrolog auf Georg Honigmann. Münch. med. Wschr. 1931. S. 157/58.

Kesters, H., Platoons Phaidros als strijtschrift. Leuven 1931.

Keus, Alfons, Über philosophische Begriffe und Theorien in den Hippokratischen Schriften. Diss. Bonn 1914.

Kinkel, Walter, Geschichte der Philosophie als Einleitung in das System der Philosophie. I. Teil. Gießen 1906.

Klippel, Maurice, La médecine grecque dans ses rapports avec la philosophie. Paris 1937.

Klüger, J., Die Lebensmittellehre der griechischen Ärzte. Primitiae Czernovicienses 1911, S. 1—54.

Klussmann, R., Bibliotheca scriptorum classicorum. 1. Bd. 1. Tl. Leipzig 1909. S. 594—98.

Kuiper, K., De mente Anaxagorea. Mnem. 47. 1919. S. 124—37.

Koch, Richard, Die Bedeutung der Geschichte der Medizin für den Arzt. Fortschr. d. Medizin 1921, Nr. 7, S. 217—24.

Koch, Richard, Ärztliches Denken. Abhandlungen über die philosophischen Grundlagen der Medizin. München 1923.
— Der Anteil der Geisteswissenschaften an den Grundlagen der Medizin. Arch. f. Gesch. d. Med. Bd. XVIII. 1926. H. 4. S. 273—301.
Körner, O., Geist und Methode der Natur- u. Krankheitsbeobachtung im griechischen Altertum. Rostock 1914.
— Über die Spuren des jonischen Forschungstriebes in Ilias und Odyssee und über die Verwertung homerischer Erkenntnisse im Corpus Hippocraticum und in der Tiergeschichte des Aristoteles. Arch. f. Gesch. d. Med. Bd. 24. H. 2. 1931. S. 185—201.
Kövendi, D., Platons Theorie der Materie. Egyetemes philologiai Közlörcy 56, 1932, S. 16—21.
Kolb, Jos., De medicina Hippocratica. Diss. Monach. 1833.
Kolbe, Hermann, Chemischer Rückblick auf das Jahr 1871. Journal f. prakt. Chemie, hrsg. von Ernst v. Meyer, Bd. 4. 1872, S. 464/65.
— Moden der modernen Chemie. Ebd. S. 241.
— Chemischer Rückblick auf das Jahr 1873. Ebd. Bd. 8. 1874. S. 417—20.
— Zeichen der Zeit. Ebd. Bd. 14. 1876. S. 268/69 und Bd. 15. 1877. S. 473/74.
— Kritik der Rektoratsrede von August Kekulé: Über die wissenschaftlichen Ziele und Leistungen der Chemie. Ebd. Bd. 17. 1878. S. 139/40.
— Zur Kennzeichnung der modernen Chemie. Ebd, Bd. 17. 1878, S. 346.
Kraemer, A., Besprechung von: H. Kesters, Platoons Phaidros als strijtschrift. Leuven 1931. Philol. Wschr. Jg. 52. 1932. Sp. 1465—69.
Kranz, W., Die ältesten Farbenlehren der Griechen. Herm. 47. Berlin 1912. S. 126—140.
— Empedokles und die Atomistik. Hermes 47. 1912. 1. Heft. S. 18—42.
— Kosmos und Mensch in der Vorstellung frühen Griechentums. Gött. gelehrt. Nachrichten N. F. II T. 1938.
Krause, E., Diogenes von Apollonia. T. 1, Janus 1909. S. 228; T. 2, Janus 1909. S. 570; T. 3, Janus 1914. S. 380; T. 4, Janus 1915. S. 314; T. 5, Janus 1915. S. 318.
Krayl, K., Contraria und Similia. Württ. Mediz. Korr.-Bl. 1932. Nr. 23. S. 259 u. 459.
Krische, A. B., De societatis a Pythagora in urbe Crotoniatarum conditae scopo politico commentatio. Göttingen 1830.
— Forschungen auf dem Gebiet der alten Philosophie. I. Die theologischen Lehren der griechischen Denker. Göttingen 1840.
Krömer, J., Quaestionum Hippocraticum capita duo. Diss. Greifswald 1914.
Kroll, W., Bolos und Demokritos. Hermes 69. 1934. S. 230—45.
Kühlewein, H., De prognostici Hippocratici libri manuscriptis. Leipzig 1876.
— Beiträge zur Geschichte und Beurteilung der hippokrat. Schriften. Philologus 42. 1884. S. 119—33.
Kühn, K. G., Spec. comment. Galeni in Hippocratis librum de humoribus. Lips. 1819.
— Opuscula Academica. Lips. 1827/28.
Lackenbacher, H., Beiträge zur antiken Optik (Sehtheorien v. Herakleitos,

Alkmaion, Empedokles, Leukippos, Demokritos, Platon). Wien. Stud. 35. 1913. S. 35—48.

Lagercrantz, O., Elementum. Leipzig 1911.

Lagrange, M. J., Le logos d'Héraclite. Rev. bibl. 1922/23. S. 96—107.

Lange, F. A., Geschichte des Materialismus und Kritik seiner Bedeutung in der Gegenwart. 2 Bde. Leipzig 1921.

Langguth, Geo. Aug., De Hippocratis medicinam a studio sapientiae non omnino separante. Vitemberg 1744.

Langerbeck, H., Δόξις ἐπιρυσμίη. Studien zu Demokrits Ethik und Erkenntnislehre. Diss. Berlin 1935.

— De paradoxo Hippocratio ad librum de Arte V. 20. 4. Vitemberg 1754.

Langie, A., Hippokrates über die Ärzte. Lemberg 1905.

Last, Hugh, Empedokles and his Klepsydra again. Class. Quart. 18. 1924, S. 169—73.

Latte, K., Hippocrateum. Hermes 64. 1929, S. 385—88.

Lauterbach, Marcell, Gesundheit und Krankheit in der Anschauung alter Zeiten. Allgem. Wiener med. Zeitung Nr. 46. Leipzig 1901. S. 526.

Lavignini, Br., Sul nuovo frammento dei Giambi d'Ippocrate. Ann. Univ. Tosc. N. S. 12. 1929.

Leisegang, Hans, Griechische Philosophie von Thales bis Platon. Breslau 1922.

Leon, P., The Homoiomeries of Anaxagoras. Class. Quart. 21, 1927. S. 137—42.

Levi, A., Sulla dottrina di Parmenide e sulla teoria della δόξα, Athen. 5. 1927, S. 269—88.

Lévy, J., Autour de „La légende de Pythagore". Revue belge de Philologie et d'histoire, Tome IX. Bruxelles 1930. S. 73—93.

Lichtenstädt, J. R., Platons Lehren auf dem Gebiete der Naturforschung und der Heilkunde. Leipzig 1826.

Liepmann, H. C., Die Mechanik der Leukippischen-Demokritischen Atome. Leipzig 1885.

Liétard, G. A., La médecine grecque avant Hippocrate. Bulletin médical des Vosges. Année 11, No. 41. 1896. S. 47—63.

Link, H. F., Über die Theorien in den hippokratischen Schriften nebst Bemerkungen über die Echtheit dieser Schriften. Abhandlg. d. Kgl. Akad. d. Wissenschaft. Berlin 1818. S. 225—33.

Literatur, Die griechische und lateinische und Sprache. Hrsg. von P. Hinneberg, 3. Aufl. Leipzig 1924.

Lobeck, Just. Flor., Quaestionum Jonicarum liber. Quo novam Hippocratis editionem indicit auctor. Fasc. I. Regimont. 1850.

— Beiträge zur Kenntnis des Dialektes d. Hippokrates. Philologus, 8. Jg. 1853. S. 14—48.

Löffler, E., Die Zahlzeichen der alten Kulturvölker. 3. Aufl. Leipzig 1928.

Loew, E., Zu Parmenides. I 31, 32. Philol. Wschr. 44. 1924. S. 300—02.

— Ὄνομα und ὀνομάζειν bei Parmenides. Philol. Wschr. 45. 1925. S. 666—68.

— Das Lehrgedicht des Parmenides. Philol. Wschr. 48, 1928. S. 605—08 und Rhein. Mus. 78, 1929, S. 148—61.

— Das Lehrgedicht des Parmenides. Eine Kampfschrift gegen die Lehre Heraklits. Rhein. Mus. Neue Folge. 79. Bd. 1930. S. 209—214.

Loew, E., Heraklit v. Ephesus, der Entdecker des empirisch-physikalischen Weges der Forschung. Rhein. Mus. 79. Bd. 1930. S. 123—52.
— Verhältnis von Leben und Logik bei Heraklit. Wien. Stud. 51. Bd. 1933. S. 15—23.
— Verhältnis von Logik und Leben bei Parmenides. Wien. Stud. 53. Bd. 1935. S. 1—37.
Löwy-Cleve, Felix, Die Philosophie des Anaxagoras. Versuch einer Rekonstruktion. Wien 1917.
Lommatzsch, S., Die Weisheit des Empedokles. Berlin 1830.
Lortzing, F., Über die ethischen Fragmente Demokrits. Berlin 1873.
— Bericht über die griechischen Philosophen vor Sokrates für die Jahre 1876 bis 1897. Jahresber. über d. Fortschritte d. kl. Altertumswiss., Bd. 116, Abt. 1, 1904. S. 1—158.
Lotze, Hermann, Mikrokosmos. Ideen zur Naturgeschichte und Geschichte der Menschheit. Versuch einer Anthropologie. I. Bd. 5. Aufl. Leipzig 1896. II. Bd. 5. Aufl. Leipzig 1905. III. Bd. 5. Aufl. Leipzig 1909.
Lubowski, A., Zur Geschichte der Fiebertheorien. Diss. Erlangen 1903.
Luccarelli, Vincenzo, Icco da Tarento. Riv. di storia delle science med. e natur. Anno 21. Vol. 12. 1930. S. 209/10.
Lübkers Reallexikon des klassischen Altertums. 8. Aufl. Leipzig 1929.
Lukinger, Jos., Aphorismorum Hipp. censurae tentamen. Landishut 1823.
Lulofs, H. J., Hippocrates' Geschrift: παραγγελίαι, Praecepta. Neder-Landsch Tijdschrift voor Geneeskd. 65. Jg. 1921, I. Hälfte A. S. 650—60.
— Over het Begrip „Natuur" bij Hippocrates. Bijdragen tot de Geschiedenis der Geneeskunde. Jaargang VI. 1926. S. 272—77.
Luria, S., Zur Leukippfrage. Symbolae Osloenses. Fasc. 15, 16. 1936. S. 19—28.
Mabilleau, L., Histoire de la philosophie atomistique. Paris 1895.
Macchioro, Vitt., Eraclito. Nuovi studi sull' orfismo. Bari 1922.
Magister, R., Hippocratis doctrina, aphorismi, leges, iudicia. Paris 1613.
Magnien, Victor. Les facultés de l'âme d'après Platon, Hippocrate et Homère. L'Acropole 1. 1926. p. 300—14.
Magnus, Hugo, Die Augenheilkunde der Alten. Breslau 1901.
— Kritik der medizinischen Erkenntnis. Abhandlg. zur Gesch. d. Med. X. 1904. S. 8—13.
— Die Volksmedizin, ihre geschichtliche Entwicklung und ihre Beziehung zur Kultur. Breslau 1905.
— Entwicklung der Heilkunde. Breslau 1907.
Malgaigne, J. F., Sur l'organisation de la médecine et chirurgie avant Hippocrate. Journ. de médecine et de chir. 1846. p. 608—10.
Mandes, M., 'Αρμονία ἀφανής. Recueil. Gébélev. Exposé sommaire, Leningrad 1926. S. 10.
Mandolfo, Rodolfo, L'infinito nel pensiero dei greci (Studi filosofici diretti da Giovanni Gentile, Seconda serie X). Firenze 1934.
Marchi, E. de, L'ontologia e la fenomenologia di Parmenides Eleate. Torino 1905.
Marouzeau, J., Dix Années de Bibliographie classique 1914—24. P. 1. 2. Paris 1927/28.

Martinelli, S., Verità e opinione nel poema di Parmenide. Edonismo negativo nei Pensieri del Leopardi. Milano 1929.

Menier, Massio, Les vers d'or. Hiéroclès commentaire sur les vers d'or des Pythagoriciens. Traduc. nouvelle avec prolégomènes et notes par Massio Menier. Paris 1925.

Mennier, Léon, Le médecin et la médecine dans la Collection Hippocratique. Janus IX. 1905. 3. Livr. (Mars). S. 81—93; 4. Livr. (Avril) S. 145—57.

— Le vitalisme en médecine (aperçu historique). Bull. de la Société franç. d'histoire de la médecine, Bd. X, 1911. S. 347—364.

Mewaldt, Joh., De Aristoxeni Pythagoricis sententiis et vita Pythagorica. Diss. Berlin 1904.

— Galenos über echte und unechte Hippocratica. Hermes Bd. 44. I. H. 1909. S. 111—34.

— Die Editio princeps von Galenos. In: Hippocratis de natura hominis. Sitzungsber. Preuß. Akad. d. Wissensch. 1912. Heft XXXIX. S. 892—903.

— [Besprechung von] L. Edelstein: Περὶ ἀέρων und die Sammlung der hippokratischen Schriften. Berlin 1931. D.L.Z. Bd. 53 (= 3. Folge. Jg. 3). Sp. 254—63.

— Palm, Studien zu περὶ διαίτης. Gnomon, 12. Bd. 5. Heft. Berlin 1936. S. 246—52.

— und Nachmanson, Zur Technik d. Hippokratesedition. Sitzungsber. d. Preuß. Akad. d. Wiss. Nr. 17, 1931. S. 1—8.

Meyer, Ad., Wesen und Geschichte der Theorie vom Mikro- und Makrokosmos. Bern 1900.

Meyer, Eduard, Geschichte des Altertums. Stuttgart-Berlin 1893—1928.

— Geschichte des Altertums. 2. Aufl. 1. Bd. 1. Hälfte. Einleit. Elemente d. Anthropologie. Stuttgart und Berlin 1907.

Meyer, E. v., Geschichte der Chemie. Leipzig 1914.

Meyer-Steineg, Theodor und Sudhoff, Karl, Die Bedeutung der Prognose in den Hippokratischen Schriften. Arch. f. Gesch. d. Naturw. u. Technik. 1913, VI. S. 258.

— — Geschichte der Medizin im Überblick. 3. Aufl. Jena 1928.

Mieli, Aldo, Le Scuolo ionica pythagorica ed eleata. I prearistotelici. I. Firenze 1916.

Millerd, Clara Elis., On the Interpretation of Empedocles. Diss. Chicago 1908.

Millous, P. L. E., Essai sur la médecine officielle dans l'antiquité gréco-latine. Diss. Bordeaux 1904.

Minor, Albert, De Galenis libris ΠΕΡΙ ΔΥΣΠΝΟΙΑΣ. Diss. Marburg 1911.

Moebius, P. G., Hippokratische Krisenzeiten. Med. Mitt. 7. Jg. 1935. S. 47—51.

Mollet, M., La médecine chez les Grecs avant Hippocrate. Paris 1906.

Mollowitz, G., Kants Platoauffassung. Königsberg 1935.

Monrad, M. J., De vi logicae rationis in describenda philos. historia. Christiania 1860.

Moon, R. O., The influence of Pythagoras on Greek medicine. 17. Internat. Kongreß d. Med. 1913, Sect. 23. London 1914.

— Hippocrates and his successors in relation to the philosophy of their time. London 1923.

Much, Hans, Hippokrates der Große. Stuttgart 1926.
— Hippokratismus. Ärzteblatt für Bayern. 2. Jg. 1935. S. 316—18.
Mühe, Arthur, Pythagoras in neuem Lichte und die Lösung des Fermat-Problems. Ein elementarer Vier-Gleichungs-Satz. Ausg. 1923 (bis 1930 erg.). Berlin 1931.
Mühll, P. van der, Epikurs κύριαι δόξαι und Demokrit. Festgabe Ad. Kaegi. Frauenfeld 1919. S. 164—78.
Mühsam, E., Zur Lehre vom Bau und der Bedeutung des menschlichen Herzens im klassischen Altertum. Janus XIV. 1910. S. 797—833.
Müller, Friedr. von, Über Diätetik. Dtsch. med. Wschr. 62. 1936. S. 1—5.
Müller, Joh., Über den glatten Hai des Aristoteles. Abhandlungen d. Kgl. Akad. d. Wissensch. zu Berlin. Phys. Abh. 1840. S. 187—257.
Müri, W., Arzt und Patient bei Hippokrates. Studien z. Corp. Hipp. Bern 1936.
— περὶ ἀρχαίης ἰητρικῆς. Kap. 9. Hermes 71. 1936, 4. S. 467—69.
Naber, H. A., Das Theorem des Pythagoras, wiederhergestellt in seiner ursprünglichen Form und betrachtet als Grundlage der ganzen Pythagoreischen Philosophie. Haarlem 1908.
Nachmanson, E., Hippokrates och hans tid. Stockholm 1922.
— Hippocratea. Aus Aufzeichnungen u. Vorarbeiten. Symbolae philologicae Danielson dicatae. Upsala 1932. S. 185—202.
Nakahara, J., Der babylonische Logosgedanke als die originale Form der Herakliteischen Logoslehre. Tetzugaku-Kenkyu 1932.
Nasse, Herm., De insania. Comment. secundum libros Hippocraticos. Diss. inaug. med. Lipsiae 1829.
Natorp, P., Diogenes v. Apollonia. Rhein. Mus. 41. 1886. S. 350—63.
— Diogenes und Leukippos. Rhein. Mus. 44. 1887. S. 374—86.
— Zur Philosophie und Wissenschaft der Vorsokratiker. Philos. Monatshefte, Bd. XXV, 1889. S. 204—23.
— Platos Ideenlehre, eine Einführung in den Idealismus. Leipzig 1903. 2. Aufl. Leipzig 1921.
— Die Ethika des Demokrit. Marburg 1893.
Nebel, Conr. Dav., Comment. in Hipp. doctrinam de spasmis atque convulsionibus. Marburg 1791.
Nelson, Axel, Die Hippokratische Schrift περὶ φυσῶν. Text und Studien. Diss. Upsala 1909.
— Zur Hippokratesbibliographie. Eranos IX, 1909. S. 179.
Nestle, Wilhelm, Bemerkungen zu den Vorsokratikern und Sophisten. Philologus LXII, 1908. Heft 4, S. 531—81.
— War Heraklit Empiriker? Arch. f. Gesch. d. Philosophie. XXV. 3. 1912. S. 275—304.
— Besprechung von: Jos. Dörfler, Zur Urstofflehre des Anaximenes. Freistadt 1912. Deutsche Literaturzeitung 1914, Bd. 35, Spalte 338/39.
— Geschichte der griechischen Literatur. 2 Bde. (Sammlung Göschen Nr. 70 und 557). Berlin 1923/24.
— Rez. zu E. Hoffmann: Die Sprache und die archaische Logik. Tübingen 1925. Phil. Wschr. 45, 1925. S. 1155—59.

Nestle, Wilhelm, Älterer Pythagoreismus. Wien. Blätter f. Freunde d. Antike. 9. J. 1932/33. S. 66—69.
— Hippocratica. Hermes 73. 1938. S. 1—38.
Neuburger, Max, Zur Entwicklungsgeschichte der Prognostik. Wien. med. Presse 1907. S. 1—7.
— Antike Grundgedanken in der modernen Heilkunde. Wissen und Leben. Jg. 14. 1920. S. 16—20.
— Die Lehre von der Heilkraft der Natur im Wandel der Zeiten. Stuttgart 1926.
Neuhäuser, Joseph, Anaximander Milesius sive vetustissima quaedam rerum universitatis conceptio restituta. Bonnae 1888.
Neveu, R., Sur la médecine grecque dans l'antiquité (depuis les origines jusqu'à l'école d'Alexandrie). Paris 1906.
Newton, Richard Cote, The hippocratic era in medicine. New-York med. Record LXIX., 14. S. 538.
Nietzsche's, F., Werke, Bd. I—XIII, hrsg. von F. Kögel. Leipzig 1896 ff.
Oehler, Richard, Friedrich Nietzsche und die Vorsokratiker. Leipzig 1904.
Oettinger, Alb., Hippocratis vita, philosophia et ars medica. Diss. Berol. 1835.
Olivieri, A., Gli ἰατρικά di Aetios nel Codice Messinese No. 84. Firenze 1904. Studii di Filologia classica, t. IX, p. 294—347.
Oppermann, Hans, Eine Pythagoraslegende. Bonner Jahrb. 130. 1925. S. 284 bis 301.
— Die Einheit der vorsophistischen Philosophie. Xenia Bonnensia 1929. S. 1—34.
Orth, Emil, Zu Melissos und Asklepiades von Pergamon. Phil. Wschr. 50, 1930. S. 1230—36.
— Rhetorische Forschungen. 3. Anaximenea. Leipzig 1934.
Pabst, A., De Melissi Samii fragmentis. Diss. Bonn 1889.
Pagel, Julius, Die Analogien in der Geschichte der Medizin. Monatsschrift für praktische Medizin. 5. Jahrgang, H. 11, 1901. S. 566.
— Bemerkungen zu M. Roth's Artikel: „Geschichte der Medizin und Hippokrates". Münch. med. Wschr. Nr. 35. 1904. S. 1560.
— Medizin und Philosophie. Ein Beitrag zur medizin. Kulturgeschichte. Reichsmedizinalanzeiger 32. Jg. Leipzig 1907. S. 243, S. 245.
Palm, Adolf, Studien zur hippokratischen Schrift περὶ διαίτης. Diss. Tübingen 1933.
— Besprechung von: Diller, Wanderarzt und Aitiologe. Gnomon 13. Bd. Heft 6, Berlin 1937. S. 297—308.
Papadopulos, N., Die Erkenntnislehre des Demokrit. Leipzig 1933.
Parmenides Lehrgedicht. Griech. u. Dt. v. Herm. Diels. Berlin 1897.
Pasquali, G., Il frammento fiorentino d'Ippocrate. Stud. ital. fil. 6; 1928. p. 301—05.
Pater, Walter, Plato und der Platonismus. Übers. v. H. Hecht. Jena u. Leipzig 1904.
Paterson, Edith Bruce, Hippokrates. Med. Life 37. 1930. S. 303—08.
Peck, A. L., Anaxagoras and the parts. Class. Quart. 20. 1926. S. 57—63.
— Anaxagoras, Predication as a problem in physics. I. II. Class. Quart. 25, 1931. S. 27—33.

Peithmann, Ernst Ch. H., Heraklit. Biographia antiqua. 2. Serie, Heft 1. Bitterfeld u. Leipzig 1901.
— Die Naturphilosophie vor Sokrates. Archiv f. Gesch. d. Philosophie N. F. XV. Bd. 1902. Heft 2 u. 3. S. 214—63; 308—42.
Pergeus, E., Discours sur l'évolution de la physiologie antique. Janus 8. 1903. S. 602.
Petersen, Chr., Hippocratis scripta. Hamburg 1838.
— Hippocratis nomine quae circumferuntur scripta ad temporum rationes disposita, pars prior. Hamburg 1839.
Petersen, J., In Galeni de Placitis Hippocratis et Platonis Libros. Göttingen 1888.
Pfaff, Fr., Die nur arabisch erhaltenen Teile der Epidemienkommentare des Galen und die Überlieferung des Corpus Hippocraticum. S.-Ber. Akad. Berlin 1931. S. 558—81.
— Die Überlieferung des Corpus Hippocraticum in der nachalexandrinischen Zeit. Wien. Stud. L. 1932. S. 67—82.
Philippson, R., Demokrits fr. 218 und 281 D. Phil. Wochenschr. 43, 1923. S. 623/24.
— Zu Demokrits frg. 157 D. Phil. Wschr. 46. 1926. S. 1100/01.
— Platons Kratylos und Demokrit. Phil. Wschr. 49. 1929. S. 923—31.
Pingel, Victorinus, Zur Geschichte der griechischen Heilkunde (Herodot III 131). Fleckeisens Neue Jahrb. f. Philol. u. Pädagogik. Bd. 151. S. 183—85.
Platonis Dialogi graece et latine. Ex rec. Imm. Bekkeri. Berlin 1816—23.
— dialogi rec. C. F. Hermann. Leipzig 1893.
— Opera recognovit brevique adnotatione critica instruxit Iohannes Burnet Tom. 1—5. Oxonii 1900—1907.
Pognon, H., Une version syriaque des Aphorismes d'Hippocrate. Texte et Traduction. Seconde partie, Traduction. Leipzig 1903.
Pohl, Wenzel, Die Synthese der platonischen Ideenlehre und der aristotelischen Formenlehre als Lösung von Grundfragen der Philosophie. Wien 1934.
Pohlenz, M., De prisca medicina, 20. Kapit. v. Hippokrates. Hermes 43. 1918. S. 396—421.
— Der Geist der griechischen Wissenschaft. Berlin 1922 (= Nachr. d. Gött. Gesellschaft d. Wiss. 1922).
— Hippokratesstudien. Göttingen 1937. (Nachrichten v. d. Ges. d. Wiss. z. Göttingen. Phil.-hist. Kl. Fachgr. 1 N. F. 2, 4.)
— Hippokrates und die Begründung der wissenschaftlichen Medizin. Berlin 1938.
Poschenrieder, Fr., Die platonischen Dialoge in ihrem Verhältnis zu den hippokratischen Schriften. Landshut 1882.
Powell, I. U., The simile of the clepsydra in Empedocles. Class. Quart. 17. 1923. S. 172—74.
Praechter, K., Heraklit-Fragm. 51 D und die Aristoteles-Kommentare. Philologus 88. Suppl.-Bd. 23, 3. S. 342—46.
Preller, H., Das Altertum, seine staatliche und geistige Entwicklung und deren Nachwirkungen. Leipzig 1920.
Pressler, Br., Die naturphilosophischen Anschauungen Heraklits v. Ephesos im Anschluß an Diels' Fragm. d. Vors. dargestellt. Magdeburg 1908.

Procli Diadochi in Platonis Timaeum commentaria ed. E. Diehl. I. Leipzig 1904.
Pseudogaleni in Hippocratis de septimanis comment. ab Hunaino q. fertur Arabice vers. ex cod. Monac. primum ed. et German. vert. G. Bergsträsser. Leipzig 1914 (Corpus med. Graec. XI, 2, 1).
Puschmann, Th. s. Handbuch d. Gesch. d. Medizin.
Pythagoras: The golden verses of Pythagoras. Transl. by Fabre d'Olivet. Engl. by N. L. Redfield. London 1917.
Ràdl, Emil, Geschichte der biologischen Theorien. Teil I, 2. Aufl. Leipzig 1913. Teil II, Leipzig 1909.
Raeder, H., Platons philosophische Entwicklung. Leipzig 1920.
Rathmann, W., Quaestiones Pythagoreae Orphicae Empedocleae. Diss. Halle 1933.
Rau, Reinhold, Demokrits frg. 124 Diels. Philol. Wschr. 43, 1923. S. 838—40.
Rauschenberger, W., Heraklit und die Eleaten. Arch. Gesch. Philos. 32, 1919. S. 108.
Regenbogen, Otto, Symbola Hippocratea. Diss. Berlin 1914.
— Eine Forschungsmethode antiker Naturwissenschaft. Quell. u. Stud. z. Gesch. d. Mathemat. Abt. B. Bd. 1, 1929/30. S. 131—82.
Reinhardt, Karl, Hekataios v. Abdera und Demokrit. Herm. 47. 4. 1912. S. 492—513.
— Parmenides und die Geschichte der griechischen Philosophie. Bonn 1916.
Renzi, Salvatore de, Storia della Medicina. Napoli 1845.
Rick, Hub., Neue Untersuchungen zu Platons Dialogen. Bonn 1931.
Riezler, Kurt, Parmenides. Frankfurt 1933.
Ritter, Constantin, Bericht über die in den letzten Jahrzehnten über Platon erschienenen Arbeiten. Jahresber. über d. Fortschr. d. klass. Altertums. 225. Bd., 56. Jahrgang, 1930 I. Abtlg. S. 121—68.
Ritter, Heinrich, Geschichte der pythagoreischen Philosophie. Hamburg 1826.
— Geschichte der Philosophie. 12 Bde. Hamburg 1829—53. Bd. I—IV in neuer Aufl. 1836—38.
Rodemer, W., Die Lehre von der Urzeugung bei den Griechen und Römern. Diss. Gießen 1928.
Röck, H., Das hippokratische Wort von der Gottesgleichheit des „philosophischen" Arztes. Arch. f. Gesch. d. Med. 1913. S. 253—72.
Rohde, Erw., Die Quellen des Jamblichus in seiner Biographie des Pythagoras. Kleine Schriften II. Bd. Tübingen u. Leipzig 1901. S. 102—72.
— Psyche. 3. Aufl. Tübingen 1903; Bd. 2, Tübingen 1921.
Rohlfs, Heinrich, Über den Geist der Hippokratischen Medizin. Dt. Archiv f. Gesch. d. Med. u. med. Geographie. Bd. 4. 1881. S. 3—61.
Roscher, W. H., Die Hebdomadenlehren der griechischen Philosophen und Ärzte. Abh. d. Kgl. Sächs. Ges. d. Wiss., phil.-hist. Kl. 24. Nr. 6. 1906.
— Enneadische Studien. Vers. einer Gesch. der Neunzahl bei d. Griechen mit bes. Berücks. d. ält. Epos, d. Philos. u. Ärzte. Ebd. 26, Nr. 1. 1907.
— Die Tessarakontaden und Tessarakontadenlehren der griechischen und anderer Völker. Ebd. 61. 27. Nr. 4. 1909. S. 21—206.
— Über Alter, Ursprung und Bedeutung der Hippokratischen Schrift von der Siebenzahl. Ebd. 28. Nr. 5. 1911.

Roscher, W. H., Die neuentdeckte Schrift eines altmilesischen Naturphilosophen und ihre Beurteilung durch H. Diels in der Deutsch. Lit.-Ztg. 1911, Nr. 30. Stuttgart 1912.

— Die hippokratische Schrift von der Siebenzahl in ihrer vierfachen Überlieferung zum erstenmal hrsg. u. erläutert. Stud. z. Gesch. u. Kult. d. Altertums, hrsg. v. E. Drerup, H. Grimme u. J. P. Kirsch, VI 3. 4. Paderborn 1913.

— Die hippokratische Schrift von der Siebenzahl und ihr Verhältnis zum Altpythagoreismus. Ebd. 71. 1919.

Roth, M., Geschichte der Medizin und Hippokrates. Münch. med. Wschr. Nr. 31. 1904. S. 1396.

Rothenbücher, Ad., Das System der Pythagoreer nach den Angaben des Aristoteles. Berlin 1867.

Rudberg, Gunnar, Anaximandros' biologi. Eranos 20, 1923. S. 52—61.

Ruder, Jos., Hippocratis περὶ ἀέρων, ὑδάτων, τόπων. Griech. verb. Urschrift, dtsch. Übersetz. Sulzbach 1849.

Rupprecht, K., Empedokles' Fragment 133. Philologus 79. N. F. 33, 1923. S. 112.

Saenger, Ed., Empedokles. Wien. Blätter f. Freunde d. Antike. 8. 1932. S. 106.

Sander, J., Alkmaion von Kroton. Wittenberg. Gymnas. Programm. 1893. S. 26.

Sandulescu-Godeni, Const., Das Verhältnis von Rationalität und Irrationalität in der Philosophie Platons. Neue Dtsch. Forschungen, Abt. Philos. 27. Berlin 1938.

Scoon, R., Philolaos frg. 6. Diels Stobaeus I 21, 460. Class. Philol. 17, 1922. S. 353.

Seligmann, R., Jahresbericht über die Medizin bei den Griechen und Römern. Jahresber. üb. d. Fortschr. d. klass. Altertumswiss. Wien. 7. 1879. 19. S. 224—310.

Senn, G., Über Herkunft und Stil der Beschreibungen von Experimenten im Corp. Hippocraticum. Sudhoffs Arch. f. Gesch. d. Med. Bd. 22, Heft 3. 1929. S. 217—89.

— Nochmals die Experimente im Corpus Hippocraticum. Verhandlg. d. naturforschenden Gesellsch. i. Basel, 1930. Bd. XLI. S. 109—28.

— Welcher Richtung von Ärzten ist der historische Hippokrates zuzurechnen? Verhandlg. d. Schweizer Naturforschergesellsch. 114. 1933. S. 437/38.

Siebeck, H., Geschichte der Psychologie. I. 1. Gotha 1880.

— Untersuchungen zur Philosophie der Griechen. Halle 1873. 2. Aufl. Freiburg 1888.

Sigerist, Henry E., Antike Heilkunde. München 1929.

— Wandlungen des Konstitutionsbegriffs. Internat. ärztl. Fortbildungskurs, Karlsbad 1928. Jena 1929. S. 97—108.

— Fragment einer unbekannten lateinischen Übersetzung des hippokratischen Prognostikon. Arch. f. Gesch. d. Med. 23. 1930. S. 87—90.

— Probleme der medizinischen Historiographie. Arch. f. Gesch. d. Med. 27. 1931. S. 12—17.

— On Hippokrates. Bull. Inst. History Med. The Johns Hopkins Univ. 2. 1934. S. 190—214.

Simon, Alfred, Hippokrates und die Philosophie. Med. Welt. Nr. 2, 1930. S. 70.

Simon, Max, Geschichte der Mathematik im Altertum in Verbindung mit antiker Kulturgeschichte. Berlin 1909.
Simplicii in Aristotelis Physicorum libros quattuor priores et posteriores comment. ed. H. Diels = Commentaria in Aristotelem graeca, ed. cons. et auctor. acad. litterar. regiae Borussicae. Bd. 9/10. Berol. 1882—95.
Slonimsky, H., Heraklit und Parmenides (philos. Arb. hrsg. v. H. Cohen u. P. Natorp, Bd. VII, Heft 1). Gießen 1912.
Snell, B., Die Sprache Heraklits. Herm. 61, 1926. S. 353—81.
Sokratiker, Die, in Auswahl übers. u. hrsg. v. W. Nestle. Jena 1922.
Solovine, M., Démocrite. Paris 1928.
Souilhé, J., L'énigme d'Empedocle. Archive de Philos. 9. H. 3. 1932. S. 1—23.
Souques, A., Étapes de la neurologie dans l'antiquité grecque (d'Homère à Galien). Paris 1936.
Soury, Jules, Nature et localisation des fonctions psychiques chez l'auteur du traité de la maladie sacrée. École pratique des hautes édudes, section des sciences historiques et philologique. Annuaire, 1907. S. 1—35.
Spaet, F., Die Begründung der „Humoralpathologie" in der Schule von Knidos. Wien. Klin. Rundschau 11. Jg. 1897. S. 773/74.
— Die geschichtliche Entwicklung der sogenannten Hippokratischen Medizin im Lichte der neuesten Forschungen. Berlin 1897.
Sprengel, Kurt, Versuch einer pragmatischen Geschichte der Arzneikunde. 4. Aufl. I. Leipzig 1846.
Sudhoff, Karl, Richtungen und Strebungen in der medizinischen Historik. Arch. f. Gesch. d. Med. 1. Bd. 1908. S. 1—7.
— Kos und Knidos. Münch. Beitr. z. Gesch. der Naturwissenschaftund Medizin. 1927. Heft 4/5. S. 209—324.
Schatz, P., Theorem des Pythagoras. Anthroposophie XVI. 1933/34. S. 263—67.
Scheffer, Thassilo v., Die Kultur der Griechen. Wien 1935.
Schelenz, H., Organtherapie im Laufe der Jahrtausende. Arch. f. Gesch. d. Medizin. 4. 1910/11. S. 138—56.
Schilter, Joh., Diss. de disciplina pythagorica. Jena 1676.
Schleiermacher, F. E. D., Sämtliche Werke. Berlin 1835—64.
— Geschichte der Philosophie (Werke III 4 a). Berlin 1839.
Schlesinger, Max, Die Geschichte des Symbolbegriffes in der Philosophie. Arch. f. Gesch. d. Philos. 22, 1909. S. 49—79.
Schlestow, L., Παρμενίδης δεσμώτης. Logos 20, 1931, S. 17—87.
Schlichting, Th. H., De grondgedachten von Hippocrates. Bijdr. Gesch. Geneesk. 16. 1936. S. 133—140.
Schmid, Wolfg., Epikurs Kritik der platonischen Elementenlehre. Leipzig 1936.
Schmid, W. s. Christ-Schmid.
Schnizer, E. v., Moderne medizinische Probleme bei Platon. Fortschr. d. Medizin. 44. 1926. S. 102/03.
Schöne, Herm., [Rezension von:] Fredrich, Hippokratische Untersuchungen. Götting. Gel. Anz. 1900. VIII. S. 654—62.
— Bruchstücke einer neuen Hippokrates-vita. Rhein. Mus. N. F. LVIII. 1903. S. 56—66.

Schöne, Herm., Echte Hippokratesschriften. Dtsch. med. Wschr. 36. Jg. 1910. S. 418—66.
— Hippokrates περὶ φαρμάκου. Rhein. Mus. 73. 1924. S. 434—48.
— Das Experiment in der Biologie und Physik der Griechen. Verhdlg. d. 55. Versammlg. deutsch. Philologen u. Schulmänner in Erlangen. Leipzig 1925. S. 8/9.
Schonack, Guilelmus, Curae Hippocraticae. Königsberger Diss. 1908.
— Zur Hippokrates-Philologie. Janus XIII. 1909. S. 661—83.
— Coniectanea in nonnulla scripta Hippocratea. Philologus 69. 1910. S. 428-39.
Schorn, W., Anaxagorae et Diogenis Apolloniatae fragmenta. Bonn 1829.
Schröder, Bruno, Der Sport im Altertum. Berlin 1927.
Schumacher, J., Die philosophischen Grundlagen der hippokratischen Medizin. Vortrag in der „Rhein. Gesellsch. f. Gesch. d. Naturwissensch., Medizin und Technik" am 4. April 1938 in Düsseldorf (Ref. Münch. med. Wschr. 1938, Nr. 30. S. 1172).
— Die pythagoreische Diätetik und ihr Verhältnis zum pythagoreischen Gesundheits- und Krankheitsbegriff. Vortrag in der „Rhein. Gesellsch. f. Gesch. d. Naturwissensch., Medizin und Technik" am 25. April 1939 in Düsseldorf (Ref. Münch. med. Wschr. 1939, Nr. 34. S. 1333).
Schwalbe, Ernst, Vorlesungen über Geschichte der Medizin. 3. Aufl. Jena 1920.
Schwarz, Hermann, Natur- und Geisteswissenschaft in der Geschichte der Philosophie. Neue Jahrb. f. d. klass. Altertum, 7. Jahrg. 1904, Bd. 13 u. 14. Heft 5. S. 361—69.
Schwyzer, H. R., Zu Plotins Interpretation von Platons Timaeus. Rhein. Mus. N. F. 84. 1935. S. 360—68.
Stadler, Hermann, Bericht über die Literatur zur antiken Naturgeschichte 1895—97. Jahresber. üb. die Fortschr. d. klass. Altertumswissenschaft. Bd. CXIV. 1902. III. S. 26—82.
— Biologie und Teleologie. Neue Jahrb. f. d. klass. Altertum 1910, II Abt.. XXVI. Band. S. 146—57.
Stähelin, F., Ärzte und Kurorte bei den alten Griechen. Basel 1904.
Stefani, Ed. Luigi de, Zu Demokrits Fragmenten. Berl. phil. Wschr. 31. 1911. S. 286.
Steier, Aug., Biologie im Altertum. Würzburg 1926.
Stein, Henricus, Die Fragmente des Parmenides περὶ φύσεως. Symbola phil. Bonn 1864—67. S. 763—806.
Steinschneider, Moritz, Die griechischen Ärzte in arabischen Übersetzungen. Berlin 1891.
Stemplinger, Eduard, Antike und moderne Volksmedizin. Leipzig 1925.
Stenzel, Julius, Literarische Formen und philosophischer Gehalt des platonischen Dialogs. Jahresber. d. Schles. Ges. f. vaterl. Kultur. Breslau 1916.
— Art. Leukipp bei Pauly-Wissowa Bd. 12, II. 1925, S. 2266—68.
— Zur Entwicklung des Geistbegriffes in der griechischen Philosophie. Antike I. Heft 1. 1925. S. 244—72.
— Platon der Erzieher. Leipzig 1928.
— Studien zur Entwicklung der platonischen Dialektik von Sokrates zu Aristoteles. 2. Aufl. Leipzig 1931.

Stenzel, Julius, Zahl und Gestalt bei Platon und Aristoteles. 2. erw. Aufl. Leipzig 1933.
— Platonismus einst und jetzt. Festschr. H. Zangger, Zürich 1935, S. 1025—32.
Sticker, G., Die Pathologie des Hippokrates. Janus 26, 1922. S. 101.
— Wert und Aufgaben der Medizingeschichte in Studium und Berufsleben des Arztes. Fortschr. d. Med. Jg. 40. 1922. Nr. 8. S. 175.
— Fieber und Entzündung bei den Hippokratikern. Arch. f. Gesch. d. Med. 22, 1929/30; S. 313—43; S. 361—81. 1930 S. 21—25; S. 92—100.
Stier, E. H., Νόμος βασιλεύς, Studien zur Geschichte der λόγος-Idee, vornehmlich im V. u. VI. Jahrh. v. Chr. Diss. Berlin 1927.
Stobaeus, Anthologium. 1. Teil: Eclogae physicae et ethicae. 2. Teil: Anthologion. Rec. K. Wachsmuth et O. Hense. Berlin 1884—94.
Stöcklein, Paul, Über die philosophische Bedeutung von Platons Mythen. Leipzig 1937. (Philologus Suppl. 30, H. 3.)
Strunz, Franz, Naturbetrachtung und Naturerkenntnis im Altertum. Hamburg 1904.
— Über die Vorgeschichte der Lehre von den Elementen. Chemiker-Zeitung 31. Nr. 10. 1907. S. 111—13.
— Beiträge und Skizzen zur Geschichte der Naturwissenschaften. Hamburg 1909.
Tannery, Paul, Pour l'histoire de la science Hellène. Paris 1887.
— Sur un fragment de Philolaos. Arch. f. Gesch. d. Philos. II. 1889. S. 379—86.
— Pseudonymes antiques. I. Leucippe. II. Hicétas. III. Ecphante. Rev. d. ét. gr. 1897; S. 127—37.
— Sur les intervalles de la musique grecque. Rev. d. ét. gr. 1902. S. 336—52.
— Á propos des fragments philolaïques sur la musique. Rev. d. philol. 28. 1904. S. 233—49.
Taylor, A. E., The words of εἶδος, ἰδέα in preplatonic Literature in Varia socratica. Oxford 1911.
— Varia Socratica. First Series. St. Andrews Univ. Publications Nr. IX. Oxford 1911.
— A Commentary on Platons Timaeus. Oxford-New York 1928.
Taylor, Henry Osborn, Greek biology and medicine. Boston 1922.
Teichmüller, Gustav, Studien zur Geschichte der Begriffe. Berlin 1874.
— Neue Studien zur Geschichte der Begriffe, I—III. Gotha 1876—79.
Temkin, Owsei, Der systematische Zusammenhang im Corpus Hippocraticum. Kyklos Bd. 1. 1928. S. 9—43.
— Die Krankheitsauffassung von Hippokrates und Sydenham in ihren Epidemien. Arch. f. Gesch. d. Med. Bd. 20. Heft 4. 1928. S. 327—52.
— Epidemiologie und Geschichte der Medizin. Kyklos Bd. 2. 1929. S. 85—105.
Theiler, W., Zur Geschichte der teleologischen Naturbetrachtung bis auf Aristoteles. Zürich 1925.
Thesaurus linguae Latinae editus auctoritate et consilio Academiarum quinque Germanicarum: Berolinensis, Gottingensis, Lipsiensis, Monacensis, Vindobonensis. Vol. I. Leipzig 1900, Vol. II Leipzig 1906, Vol. III Leipzig 1911, Vol. IV Leipzig 1909, Vol. V, pars 1 Leipzig 1934. Vol. VI, pars 1 Leipzig 1913—27. Pars 2 Leipzig 1934. Pars 3 Leipzig 1936. Vol. VII, pars 1 Leipzig 1934. Vol. VIII Leipzig 1936.

Thimme, O., Φύσις, τρόπος, ἦθος. Diss. Göttingen 1935.
Tiedemann, D., Geist der spekulativen Philosophie von Thales bis Sokrates. 7 Bde. Marburg 1791—97.
Traglia, Ant., Riflessi omerici nei frammenti di Empedocle. Pescara 1931.
— Himmelsbild und Weltanschauung im Wandel der Zeiten. Übersetzung von Leo Bloch. 5. Aufl. Leipzig 1929.
Turley, L. A., The history of the philosophy of medicine. Norman. Univ. of Oklahoma Press 1935.
Überweg, Friedrich, Grundriß der Geschichte der Philosophie. I. Teil: Die Philosophie des Altertums, 12. Aufl., hrsg. von Karl Praechter. Berlin 1926.
Unger, F. C., Liber Hippocraticus περὶ καρδίης. Mnemos. 51, 1923. S. 1—101.
Untersteiner, Mario, Parmenide. Turin 1925.
Uphues, Gosw., Abhängigkeit der griechischen Philosophie in ihrem Entstehen von Überlieferungen der Vorzeit, des Pythagoras und Sokrates, insbesondere von der griechischen Religion. München 1897. S. 184—88 u. 242—44.
Usener, H., Vorträge und Aufsätze. 2. Aufl. Leipzig 1914.
Uthmöller, A., Die Entwicklung der Medizin vom Altertum bis zur Neuzeit. Das human. Gymnasium 1926, VI. S. 209—64.
Veazie, Walter, Empedokles psychological doctrine in its original and its traditional setting. New York 1922.
Veckenstedt, E., Geschichte der griechischen Farbenlehre. Paderborn 1888.
Vincentiis, E., Un Tarantino illustre della LXXVII Olympiade, Icco, Medico-Ginnasiarca. Trani 1895.
Virchow, R., Alter und neuer Vitalismus. Virchow's Arch. 9. Bd. 1856. S. 3—55.
Voigt, Georg, Die Wiederbelebung des klassischen Altertums. 3. Aufl. Berlin 1893.
Vorländer, Karl, Geschichte der Philosophie. Leipzig 1932.
Vorsokratiker, Die, in Auswahl übers. und hrsg. von W. Nestle. 2. Aufl. Jena 1922.
Vorsokratiker, Die. Die Fragmente u. Quellenberichte übers. u. eingel. v. W. Capelle. Leipzig 1935. 2. Aufl. 1938.
Wachtler, J., De Alcmaeone Crotoniata. Leipzig 1896.
Wageningen, J. van, De quattuor temperamentis. Mnemos. N. S. 46, 1918. S. 374—82.
Wagner, A., Eine moderne deutsche Platondeutung. Ztschr. f. deutsch. Geistesgeschichte. 1, 1935. S. 106/07.
Walcker, N., Heraklit und die deutsche Romantik. Diss. Tübingen 1923.
Weber, Wilhelm, Harmonia, eine Norm des Lebens im klass. Griechentum. Mitteilungen des Vereins der Freunde d. human. Gymnasiums 29/30. 1931. S. 93—113.
Weerts, Emil, Plato und der Heraklitismus. Beiträge zum Problem der Historie im Platonischen Dialog. Leipzig 1931.
Weirich, R., Körper und Körpererziehung bei Platon. Phil. Diss. München 1932.
Weiss, G., Die ethischen Anschauungen im Corpus Hippocraticum. Arch. f. Gesch. d. Med. 1910. Bd. IV. S. 235—62.
Welcker, F. G., Kleine Schriften. Bonn 1850.

Wellmann, E., Artikel Alkmaion bei Pauly-Wissowa. Bd. I, 2. 1894. S. 1556 bis 1559.
Wellmann, Max, Die pneumatische Schule. Berlin 1895.
— Die Fragmente der sikelischen Ärzte. Berlin 1901.
— Artikel Euryphon bei Pauly-Wissowa Bd. VI, 1. 1907. S. 1342.
— Über eine spätorphische Schrift medizinischen Inhalts. Sitzgs.-Ber. d. Preuß. Akad. d. Wiss. 1911. S. 838—41.
— Zur Geschichte der Medizin im Altertume. Hermes 47. 1912. 1. Heft. S. 1—18.
— Eine pythagoreische Urkunde des 4. Jahrh. v. Chr. Hermes 54. 1919. S. 225—48.
— Der Verfasser des Anonymus Londinensis. Hermes 57. 1922. S. 366—429.
— Hippokrates, des Thessalos Sohn. Hermes 61. 1926. S. 329—334.
— Zu Demokrit. Hermes 61. 1926. S. 474/75.
— Alkmaion von Kroton. Archeion 11. 1929. S. 156—69.
— Die Schrift περὶ ἱρῆς νούσου des Corpus Hippocraticum. Sudhoffs Arch. 22. 1929. S. 230—312.
— Hippokrates, des Herakleides Sohn. Hermes LXIV. 1929. S. 16—21.
— Spuren Demokrits von Abdera im Corpus Hippocraticum. Archeion 11. 1929. S. 297—330.
— Beiträge zur Geschichte der Medizin im Altertum. Hermes 65. 1930. S. 322—31.
— Der Physiologos. Eine religionsgeschichtlich-naturwissenschaftliche Untersuchung. Leipzig 1930 (Philologus, Suppl.Bd. 22, 1).
— Die pseudohippokratische Schrift περὶ ἀρχαίης ἰητρικῆς. Arch. f. Gesch. d. Medizin, 23, 1930. S. 299—305.
— Hippokrates' Glossare. Quell. u. Stud. z. Gesch. d. Naturwiss. u. Med. Bd. 2. Berlin 1931. S. 1—88.
— Das Hygieinon des Hippokrates. Quell. u. Stud. z. Gesch. d. Naturwiss. u. d. Med. Bd. 4. 1933, I. S. 1—5.
— Die Pseudohippokratische Schrift περὶ ἑβδομάδων. Quell. u. Stud. z. Gesch. d. Naturw. u. d. Medizin. Bd. 4. 1933. I. S. 6—10.
Wenkebach, Ernst, Pseudogalen. Kommentare zu den Epidemien des Hippokrates. Berlin 1917. Abhdlg. d. Preuß. Akad. d. Wiss. Jg. 1917. Phil.-hist. Klasse Nr. 1. S. 3—62.
— Untersuchungen zu Galens Kommentar zu den Epidemien des Hippokrates. Abhdlg. Preuß. Akad. d. Wiss. phil.-hist. Kl. 1925, 1. Berlin 1925. S. 1—53.
Wenz, J., Quaestiones grammaticae ad vetustam translationem libri Hippocratis qui inscribitur π. ἀέρ. ὑδ. τόπ. pertinentes. Diss. Marburg 1935.
Westermann, Guilelmus, De Hippocratis in Galeno memoria quaestiones. Diss. Berlin 1902.
Weygoldt, G. P., Zu Diogenes von Apollonia. Arch. f. Gesch. d. Philos., I 1888. S. 161—71.
Wieleitner, H., Der Gegenstand der Mathematik im Lichte ihrer Entwicklung. Leipzig 1925.
Wilamowitz-Moellendorff, U. v., Die hippokratische Schrift περὶ ἱρῆς νούσου. Sitzungsber. der Akad. d. Wisss., Berlin 1901, I. S. 1—22.

Wilamowitz-Moellendorff, U. v., Platon I. Leben und Werke, II. Beilagen und Textkritik. 1. Aufl. Berlin 1919. 3. Aufl. Berlin 1929.
— Lesefrüchte 176: Hippokrates περὶ φύσιος παιδίου. 13, 490. Hermes 58, 1923. S. 79/80.
— Die griechische Literatur des Altertums (Kultur der Gegenwart, Teil I, Abtlg. VIII). 3. Aufl. Berlin 1924.
— Die Gedichte des Empedokles. Forsch. u. Fortschr. 6 1930. S. 50/51.
Willerding, F., Studia Hippocratica. Göttingen 1914.
Willmann, O., Geschichte des Idealismus. Bd. I, 2. Aufl. Braunschweig 1907.
Windelband, W., Geschichte der alten Philosophie, nebst einem Anhang: Abriß der Gesch. d. Mathem. und d. Naturwiss. i. Altertum, v. S. Günther. Nördlingen 1888.
— Zu Platons Phaidon. Straßb. Festschr. zur 46. Versammlg. dtsch. Philol. u. Schulmänner. Straßburg 1901. S. 287—97.
— Die Geschichte der neueren Philosophie in ihrem Zusammenhange mit der allgemeinen Kultur und den besonderen Wissenschaften. 3. Aufl. 2 Bde. Leipzig 1904.
— Lehrbuch der Geschichte der Philosophie. 9. u. 10. Aufl. Tübingen 1921.
— Geschichte der abendländischen Philosophie im Altertum. 4. Aufl. München 1923 (Handb. d. klass. Altertumswissenschaft 5, I. 1).
Wolters, H., 'Αρχιατρὸς τὸ δ'. Jahresh. d. österr. archäol. Inst. Bd. IX, 1906, S. 295—97.
Wundt, M., Geschichte der griechischen Ethik. Leipzig 1908.
— Griechische Weltanschauung. Natur und Geist Nr. 329. Leipzig 1917.
Zeller, Eduard, Über Systeme und Systembildung. Dtsch. Rundschau, Bd. 101, 1899. S. 78—91.
— Zu Leukippus. Arch. f. Philos., 1. Abtlg. Bd. 15, 1902. S. 137—40.
— Die Philosophie der Griechen in ihrer geschichtlichen Entwicklung. 6. Aufl. I. Teil, 1. Hälfte, hrsg. von Wilhelm Nestle, Leipzig 1919. I. Teil, 2. Hälfte, Leipzig 1920. II. Teil, 1. Abteilung, 5. Aufl. Leipzig 1922 mit einem Anhang von E. Hoffmann: Der gegenwärtige Stand der Platonforschung S. 1051 bis 1105. II. Teil, 2. Abteilung 4. Aufl. Leipzig 1921.
Zeller-Nestle, Grundriß der Geschichte der griechischen Philosophie. Leipzig 1928.
Zeuthen, H. G., Théorème de Pythagore, origine de la géométrie scientifique. IIme Congrès International de Philosophie, Genève, 4—8 septembre 1904. Extrait des comptes-rendus du Congrès, S. 833—54.
— Die Mathematik im Altertum und im Mittelalter. Leipzig 1912.
Ziegler, K., Menschen- und Weltenwerden, ein Beitrag zur Geschichte der Mikrokosmosidee. Neue Jahrb. 31. 1913. S. 529—73.
Zwanzig Abhandlungen zur Geschichte der Medizin, Festschrift, Hermann Baas in Worms zum 70. Geburtstage gewidmet v. d. Deutschen Gesellschaft f. Gesch. d. Medizin und der Naturwissenschaften. Hamburg 1908.

VERZEICHNIS DER NAMEN UND SACHEN

E

F

G

M

N

O

P

VERZEICHNIS GRIECHISCHER WÖRTER UND BEGRIFFE

Papier | Fördert gute Waldnutzung
FSC® C083411

Zeitfracht Medien GmbH
Ferdinand-Jühlke-Straße 7
99095 Erfurt, Deutschland
produktsicherheit@kolibri360.de